公共生活伦理研究

——以中国的社会转型为背景

杨清荣◎著

人民出版社

责任编辑：杜文丽

责任校对：张杰利

封面设计：汪 莹

图书在版编目（CIP）数据

公共生活伦理研究：以中国的社会转型为背景 / 杨清荣 著 . —北京：人民出版
　社，2016.6

ISBN 978－7－01－015503－6

I.①公… II.①杨… III.①公共管理－伦理学－研究－中国 IV.① B82-092

中国版本图书馆 CIP 数据核字（2015）第 270944 号

公共生活伦理研究
GONGGONG SHENGHUO LUNLI YANJIU
——以中国的社会转型为背景

杨清荣 著

人民出版社 出版发行

（100706　北京市东城区隆福寺街 99 号）

北京文林印务有限公司印刷　新华书店经销

2016 年 6 月第 1 版　2016 年 6 月北京第 1 次印刷

开本：710 毫米 × 1000 毫米 1/16　印张：22.25

字数：380 千字

ISBN 978－7－01－015503－6　定价：69.50 元

邮购地址 100706　北京市东城区隆福寺街 99 号

人民东方图书销售中心　电话：（010）65250042　65289539

目 录
CONTENS

前　言

　　这里所说的公共生活，是和中国当前的社会转型相联系的概念。它不是专指一种具体的社会（组织）形式，如市民社会、社团组织；也不是特指某一活动领域，如公共领域、公共场所等，但它又包含了上述诸方面。公共生活指的是一种不同于传统生活的新的生活样式和交往方式，即从和熟人打交道变为与陌生人交往；从固定的、封闭的空间向变动的、开放的空间转化的一种活动方式。其特点是：其一，非排他性，即是人人都可以进入的领域；其二，公开性，活动是在公开场合进行的。这两个特点和人们所说的公共领域有些相似，例如哈贝马斯说："举凡对所有公众开放的场合，我们都称之为'公共的'"[①]，但哈贝马斯认为"公共的"并不能等同于公共领域，公共领域是有限定的："有些时候，公共领域说到底就是公众舆论领域，它和公共权力机关直接相抗衡。"[②]"就形式而言，企业属于私人领域，权力机关则属于公共领域。"[③] 按哈贝马斯的意思，公共领域属于政治生活范畴，包括公共权力、公共舆论以及人们为达成某种共识所进行的商谈等，不在此范畴之内的都不能称为公共领域，所以他把企业和市场都划为私人领域。[④] 但是，

---

　① 　哈贝马斯：《公共领域的结构转型》，曹卫东等译，学林出版社1999年版，第2页。
　② 　同上。
　③ 　同上书，第180页。
　④ 　参见哈贝马斯：《公共领域的结构转型》，曹卫东等译，学林出版社1999年版，第59页。

从"公共生活"的视角看，市场活动也具有非排他性与公开性的特点，它应该属于公共生活范畴。黑格尔就把市场归为市民社会的范畴，认为"市民社会是处在家庭和国家之间的差别的阶段"，[①] 在这一阶段，每个人作为独立自由的个体，一方面谋取个人利益，另一方面彼此之间又发生普遍联系。"由于特殊性必然以普遍性为其条件，所以整个市民社会是中介的基地；在这一基地上，一切癖性、一切秉赋、一切有关出生和幸运的偶然性都自由地活跃着；又在这一基地上一切激情的巨浪，汹涌澎湃，它们仅仅受到向它们放射光芒的理性的节制。"[②] 市场是人们满足需要体系的中介，在其中人们发生着普遍联系，这种联系就带有公共生活性质。至于企业，其内部活动固然不属于公共生活，但企业和客户的关系以及企业的市场活动也具有公共特征。这样，我们所讨论的公共生活，就是除了家庭和所有私人交往外的生活领域，它包括了所有和陌生人打交道的领域。

这样的研究视域，是基于当前中国社会转型的考虑。关于社会转型，学术界各自从不同的角度作了阐述，大致有以下观点：(1) 从产品经济、计划经济体制的社会向商品经济、市场经济体制的社会转型；(2) 从农业社会向工业社会转型；(3) 从乡村社会向城镇社会转型；(4) 从封闭、半封闭社会向开放社会转型；(5) 从同质的单一性社会向异质的多样性社会转型；(6) 从伦理型社会向法理型社会转型。[③] 在西方探讨现代性理论的论述中，也将古典社会向现代社会的转变作了概念上的区分，如：共同社会与利益社会（滕尼斯），有机团结与机械团结（涂尔干），自然经济社会与货币经济社会（西美尔），休戚与共的社会与竞争社会（舍勒）以及神魅化社会与合理化社会（韦伯）。[④] 这些观点，基本上都是从经济学、社会学的角度在分析社会转型，满足于以一种概念或一种社会形态来说明问题，因而更多的只是涉及社会转型的形式和结构等，还没有探讨其深层次的意义。

探讨社会转型，不能不涉及到人自身的转型问题。社会和人是两个不能

---

① 黑格尔：《法哲学原理》，范扬、张企泰译，商务印书馆 1961 年版，第 197 页。

② 同上书，第 197—198 页。

③ 参见郭德宏：《中国现代社会转型研究评述》，《安徽史学》，2003 年第 1 期。

④ 参见刘小枫：《现代性社会理论绪论》，上海三联书店 1998 年版，第 6 页。

分割并相辅相成的范畴，社会是人的社会，人是社会的人。"其中的任何一个，都不能离开另一个而存在。两者从一开始即已共同在场，个人在他人的社会之中。"① 社会是由个人组成的社会，社会的组织形式、社会关系、制度体系等都是人自身发展程度的体现。人是怎样的，人的社会生活就会是怎样的，和这种社会生活相适应的社会组织、结构、制度等就会是怎样的。马克思指出："手推磨产生的是封建主的社会，蒸汽磨产生的是工业资本家的社会。"② 这里指的是生产力状况决定社会形态，但由于人在生产力诸要素中处于首要地位，因而也还是表达了这样的意思：人是怎样的，其社会生活就是怎样的。因此，以公共生活伦理的眼光看，探讨中国的社会转型，应着眼于这种转型对中国人的意义，特别是对我们民族的精神气质、道德品质和国民性格等发生现代转型的意义。我们只要看看世纪之交的思想家们对转型期的国人的希冀，就能明白人的转型与社会转型的关系了：康有为《大同书》中的"新人"、梁启超的"新民说"、陈独秀的"新青年"、冯友兰的"新原人"、李大钊的"青春说"等，无一不是把中国社会的成功转型寄希望于中国人的精神面貌焕然一新，因此，将社会转型和人自身的发展结合起来考察，所揭示的意义就会深刻得多。

本书将以中国的社会转型为背景和论述前提，探讨社会转型与人的发展的双向互动，将人自身的现代转型作为其中的逻辑重点。因此，本书并不想提出一种中国社会的公共生活模式，而只是在揭示公共生活的一般形式与表征的基础上，分析转型期中国的制度变革与人的精神气质的现代转型的维度。旨在说明，一种健康的公共生活，关键因素是生活于其中的个人的精神品质，而制度不过是人的精神品质的结构化表达。因此，本书将重点揭示人的精神品质的现代转型对组建公共生活的重要性，并由此探讨中华民族民族性格的重塑问题，至于制度因素，只是在和人的精神品质现代转型相关的方面进行分析。

---

① 诺贝特·埃利亚斯：《个体的社会》，翟三江、陆兴华译，译林出版社 2003 年版，第 11 页。

② 《马克思恩格斯选集》第 1 卷，人民出版社 1995 年版，第 142 页。

第一章
中国的社会转型：意义与问题

中国的社会转型，并不是从改革开放才开始的，要说明这一点，首先必须明白究竟什么是社会转型，以及这种转型对人究竟有何意义。

第一节　社会转型：人发展的新起点

社会转型一般是指社会的组织形式、结构、功能等由一种模式向另一种模式的转变，在最一般的意义上，社会转型就是由传统社会向现代社会转变。但是，尽管社会转型的中心词落在"社会"上，却并不意味着只关注社会形式就能实现转型的。社会是人活动的组织形式，不同的社会形式归根到底都是由人的实践能力、实践方式所决定的。这早已被马克思深刻地指出了。[①] 这说明，社会只是人活动的结果，它的形态、变化以及如何变化，都在根本上取决于人的实践活动。根据马克思的观点，社会的变革在根本上源于生产力的发展与生产关系的矛盾。[②] 但是，生产力本质上是一个与实践主体相联系的概念：人在生产力诸要素中占有主导地位，无论是生产工具、还是劳动对象的改进，都不仅依赖于人的生产技能，而且还依赖于人的精神品

① 参见《马克思恩格斯选集》第 2 卷，人民出版社 1995 年版，第 32 页。
② 同上书，第 32—33 页。

质。同时，生产力的发展必然引起生产关系或财产关系的变化，对这种变化的把握和重新组织这些关系，也要依靠实践主体的内在品质。所以，社会的发展和进步归根到底是由人的实践活动引起的，而社会转型不过是社会发展进步的一种形式而已。

社会转型有一个从酝酿、渐变到急剧变革的过程。西方从传统社会到现代社会的转型始于文艺复兴，经过宗教改革再到启蒙运动，最终确立了资本主义制度，其间大体经历了五个世纪。在一般意义上，现代性可以从这样几个方面去理解：其一，在社会的组织结构方面：开始建构世俗化的社会，建立商品和劳动力市场，并建立与之相应的现代法律体系和现代行政组织；其二，在思想文化方面，人开始运用理性考察社会历史和人自身，现代教育体系建立，各种学科和思想流派纷纷产生，知识创造和传播大规模展开并进入世俗生活。其三，确立人的价值本位，并开始确立自由、民主、平等、正义等观念。这些特征对人具有两方面意义：世俗化一方面还原了人的生活世界，使人的生活更真实；另一方面又因为发达的市场交换使人被商品（物）所奴役而产生物化现象，人的价值可能被物的价值所贬损甚至淹没。启蒙运动赋予人们以理性，但工具理性的过度张扬不仅会挤压人的精神世界，使之变得越来越荒芜和苍白，而且会由于工具理性的算计特性使得人与人之间的关系充满紧张。以人的价值为本位的自由、民主、平等、正义等观念的确立，一方面使人有了价值诉求和利益诉求的渠道，但另一方面，这种价值诉求和利益诉求可能使得上述这些观念处于难以把握的状态，从而可能使这些观念难以真正落实到生活之中。例如：自由总是有条件的，一个一无所有的人所谓的"自由"只是一种虚幻的自由，而一种不受任何约束的自由则是一种荒诞的自由。前者是说自由必须具备相应的物质生活条件，后者是说自由必须有制度条件作为保障。这两方面的条件使得自由陷入了悖论——自由要以不自由为前提，这是现代人必须面对的现实困境。而上述自由条件的获得，是以人们必须具备现代人的精神品质如自律、遵守规则、尊重他人等为前提的。

因此，透过社会转型所展示的社会形式、结构等的改变，我们会发现，所谓社会转型，实质上乃是人自身发展进入到了一个新阶段。马克思对人的发展阶段作了这样的描述："人的依赖关系（起初完全是自然发生的），是最初的社会形式"；"以物的依赖性为基础的人的独立性，是第二大形式"；"建立在个人全面发展和他们共同的社会的生产能力成为从属于他们的社会财富这一基础上的自由个性，是第三个阶段。第二个阶段为第三个阶段创造条件。"① 我们所说的"现代社会"正处于人发展的第二阶段，即"以物的依赖性为基础的人的独立性"阶段。这一阶段正如马克思所说的，"形成普遍的社会物质变换、全面的关系、多方面的需要以及全面的能力的体系"。② 这就使社会具有了新的特征并使人的发展呈现出新的方式。

　　社会普遍世俗化导致神圣性的消解，致使某种无需论证而深信不疑的超越性信仰淡出生活世界，这是此时的第一个特征。现代社会是从世俗化起步的，而世俗化是伴随着生产能力的发展、物质交换的扩展、交往关系的扩大以及人的需要和欲望被充分激发而逐渐形成的。西方社会的文艺复兴运动就是世俗化的典型标志，在这场运动中，人要把交给神的东西再要回来，恢复人的尊严，重新衡量人的价值，确立人新的生活样式，把自己还原为有血有肉、有欲望、有激情的活生生的个体。随后的宗教改革则使社会向世俗化又迈进了一步。宗教改革将"救赎"从纯宗教活动变成了日常的世俗活动，从而使人的俗事俗务都成了"天职"，这使得职业化成了社会的基本要素。韦伯指出了路德宗教改革对西方社会职业化的影响。③ 职业化是神圣社会向世俗社会转变的标志之一，职业既是世俗社会人们实现利益的场所，又是人们实现自身价值的舞台，整个社会的价值取舍也会因此而变。"寻找天国的热忱开始逐渐被审慎的经济追求所取代；宗教的根系慢慢枯萎，最终为功利主义的世俗精神所取代。"④ 在韦伯看来，职业和由此产生的职业责任不仅是由传统社会向近现代社会转型所具备的基本特征，而且是资本主义的重要基

---

　　① 《马克思恩格斯文集》第 8 卷，人民出版社 2009 年版，第 52 页。

　　② 同上。

　　③ 参见马克斯·韦伯：《新教伦理与资本主义精神》，陕西师范大学出版社 2002 年版，第 151 页。

　　④ 同上书，第 169 页。

础。① 在世俗活动中，职业与职业活动对公共生活的影响十分明显：职业生活与职业行为能培养人们的责任感，尽心尽力做好一件事，是一种责任感；给自己的服务对象提供符合质量的产品与服务，也是一种责任。所以涂尔干说："如果要让责任观念深入人心，我们就必须得具有持续维持这种观念的生活条件。"② 此外，由于职业活动所锤炼的职业品质、个性、人格等需要在生活中确立起来，个人作为独立的个体也有建立某种公共性组织的要求。因此，"如果我们想在各种各样的经济职业中确立一种职业道德和法律准则，来代替支离破碎、混乱一团的法人团体的话，就得建立一种更加完善的组织群体，简言之，就是建立公共制度。"③ 在这一意义上我们可以说，职业及职业活动是"以对物的依赖为基础的人的独立性"的显著标志。如果说宗教改革还只是为了让宗教信仰服从世俗的需要，那么，启蒙运动则实现了彻底的"祛魅"，最终完成了世俗化。启蒙运动 [Enlightenment] 以理性、知识和科学为依据，使作为主体的人可以拒绝任何外在的权威，去争取自己的权利。康德说："要有勇气运用你自己的理智，这就是启蒙运动的口号。"④ 当然，启蒙运动完成了世俗化，并不意味着使人同时具有了现代人的精神品质，这需要在公共生活中进行历练，也需要相关的制度安排。

社会的世俗化真正开始了人的独立性进程。人的独立性有两重含义：其一是指人从神的统治下解放出来，其二是指人开始摆脱各种自然形成的关系的束缚。前者表征人作为类的独立性，后者则标志人作为个体的独立性。其实，就一般意义而言，这两种独立性是相互联系的：只有当人的生产能力发展到一定阶段，从而人类社会演进到一定程度，人才不会再对神或某种未知力量产生恐惧或盲目崇拜。能使人从崇拜外力到相信自己的力量（自信）的关键，在于人确信自己具有了安顿自己的法宝——理性。理性使人具有了两

---

① 马克斯·韦伯：《新教伦理与资本主义精神》，陕西师范大学出版社 2002 年版,，第 26 页。

② 埃米尔·涂尔干：《社会分工论》，渠东译，生活·读书·新知三联书店 2000 年版，第 16 页。

③ 同上书，第 19 页。

④ 康德：《历史理性批判文集》，何兆武译，商务印书馆 1990 年版，第 22 页。

方面的自由，一是由于自己能独立思考而使自己避免了盲从和迷信以及由此产生的被控制和受动性（free from），二是具有可以自主地追求理想生活的能力和条件 (free to)。但是，人在任何时候都必须凭借一个对象才能表现自己的生命、实现自己的价值，并借以使自己能得到发展。在摆脱了对外部力量的依赖之后，尽管人必须也能够自己主宰自己的命运，但从人自身发展的意义上说，不过是改变了人表现自己生命、实现自身价值的对象，即由把神或人（某种自然形成的人的关系）作为对象转变为把物作为对象，只有实现这样的转变，人的独立性才能成为现实。因为无论是对神的依赖还是对人的依赖，神和人都不能成为客体，而是一种关系，一种和自己命运相关的联系，犹如一根把婴儿和母体相连的脐带一样。当人把对象转变为物之后，就把这根脐带剪断了，此时的人必须靠自己去独立地谋求生存与发展。但是，作为个体的人的独立性绝不仅仅意味着不需要依赖别人就能过上好的生活，而必须同时在思想上也成为一个独立的个体，这就需要人积极地运用自己的理性，用自己的头脑去思考。康德认为，社会上有不少人处于"不成熟"状态，"如果我有一部书能替我有理解，有一位牧师能替我有良心，有一位医生能替我规定食谱，等等；那么我自己就用不着操心了。只要能对我合算，我就无需去思想，自有别人会替我去做这类伤脑筋的事。"①康德认为这种不成熟状态是因为这些人图安逸，懒得去思考，其实，其中还有很重要的原因：人以物为依赖开始其独立发展的历程，既改变了人的生活世界，又改变了人的意义世界。就生活世界而言，获取物质财富的活动已从其他社会生活中独立出来并凌驾于其他生活之上，政治生活、经济生活、文化生活等都要服从于物质财富的获取、分配、占有的需要。就意义世界而言，对神的信仰已不再虔诚，彼岸世界已不再具有诱惑，人的一切追求、梦想和幸福都要也都能在此岸世界实现。因此，超越性的信仰既不时髦也无必要，某种终极关怀也会因被现实需要的遮蔽而黯淡无光。人与人之间的关系也变得更直接、更透亮，也更利益化。因此，人们并不是因为图安逸而懒得思考，而是因为利害的计算而过分使用工具理性，把价值理性丢在一边，把培育自己的精神

---

① 康德：《历史理性批判文集》，何兆武译，商务印书馆 1990 年版，第 22—23 页。

品质抛在脑后，结果很可能被物所统治，这是启蒙运动没有想到的。

把物作为对象——既是占有和享受的对象，又是实现自身价值的对象——是从资本主义开始的。就人类的发展历程而言，资本主义的兴起是一次解放。这种解放对个体而言意义特别明显——无论是对自然力量的依赖还是对他人的依赖，都表明个体还没有真正独立。当把这一切天然形成的关系全部斩断之后，① 个体开始原子化的同时也拥有了真正意义上的个人身份，并由此开始人新的发展进程，即以物的依赖性为基础的人的独立性。独立性是个人能得到自由发展的条件，马克思在《共产党宣言》中指出："每个人的自由发展是一切人的自由发展的条件"。② 可见个人的独立与发展对整个人类生活是多么重要。弗洛姆也说："从动植物种类演化角度看，人类历史的特点也可以说是一个个体化和自由不断加深的过程。人走出前人类舞台，就标志着迈出了摆脱强制本能的束缚，谋求自由的第一步。"③ 这也是说，个体化是自由发展的第一步，但并不是说个体化就等同于人的自由发展。"摆脱束缚，获得自由"与积极的自由即"自由地发展"之自由并不是一回事。④ 在人的独立性阶段，人在自然力方面所获得的自由度越大，人就越应该具有自我约束的能力。康德说："人越是能够少以物理的方式被强制，就反过来越是能够多以道德的方式（通过义务的纯然表象）被强制，因而就越自由。"⑤ 这说明人的自由发展逻辑性地包含了人的自律能力的提高，人的精神品质的提升，个人的自我完善。

人的独立性只是相对于以往依赖各种天然关系而言的，并不是说每个人都是"没有窗户的单子"（莱布尼茨语），可以自顾自地发展自己。黑格尔说："在市民社会中特殊性和普遍性虽然是分离的，但它们仍然是相互束缚和相互制约的。其中一个所做的虽然看来是同另一个相对立的，并且以为只有

---

① 参见《马克思恩格斯选集》第 1 卷，人民出版社 1995 年版，第 274 页。

② 同上书，第 294 页。

③ 弗洛姆：《逃避自由》，刘林海译，国际文化出版公司 2000 年版，第 21 页。

④ 同上书，第 24 页。

⑤ 康德：《道德形而上学》，《康德著作全集》第六卷，李秋零主编，中国人民大学出版社 2007 年版，第 395 页。

同另一个保持一定距离才能存在，但是每一个毕竟要以另一个为其条件。"①一个简单的逻辑是，如果每个人都只关注自己的权利和利益，那么，个人和公众、个人与他人之间就会处于紧张状态，甚至使得社会生活难以为继。这种紧张状态如何化解——如何更顺利地实现每个人的利益、保障每个人的权利，如何使个人的利益和权利诉求与公共性建构统一起来，是诸多西方思想家如霍布斯、斯密、卢梭、康德等所重点关注的问题。尽管自由、民主、平等、人权、契约、多元等成为这一时期的主题词，但其背后则表达着某种公共性诉求，这种公共性诉求在当代思想家如罗尔斯、哈贝马斯、阿伦特等那里已上升到政治层面，成为现代性的一个深刻问题。

因此，以物的依赖性为基础的人的独立性阶段，一方面是每个人满足自己的利益、争取个人的权利、充分发展自我的个性、实现自我价值的阶段，另一方面，又是适应"社会"②生活，培养公共理性和公共精神，学会自律，训练教养，历练精神品质的阶段。

第二节　中国的社会转型

关于中国的社会转型始于何时，学界一般认为，鸦片战争是中国近代社会的开始，五四运动是中国现代社会的开端。从鸦片战争到五四运动的社会转型标志着中国正在选择现代性方向，正在开始迈入现代社会。但是，中国的社会转型究竟始于何时？毛泽东有过如下判断："中国封建社会内的商品经济的发展，已经孕育着资本主义的萌芽，如果没有外国资本主义的影响，中国也将缓慢地发展到资本主义社会。"③对资本主义萌芽的考察，一般是从

---

① 黑格尔：《法哲学原理》，范扬、张企泰译，商务印书馆1961年版，第198页。

② 在严格意义上，人与人的依赖阶段是没有"社会"概念的，只有当个人真正独立之后，才谈得上"社会"，"社会"是与"个体"相对的概念。

③ 《毛泽东选集》第二卷，人民出版社1991年版，第626页。关于这个问题，学术界有各种不同的看法。笔者认为，若是在较宽泛意义上使用资本主义这一概念，实际上就是指的市场经济；若是在狭隘意义上使用资本主义（如韦伯）这一概念，则毛泽东这一判断的确值得商榷。

生产力水平、产品的商品性、自由雇佣劳动的规模等几方面进行的。其实，我们完全没有必要拘泥于"资本主义"这一概念，而只需看是否出现商品经济的萌芽，即是否出现以追求交换价值为生产目的、并具有初具规模的雇佣劳动和生产能力。有研究表明，明中叶时，在苏州、杭州等地的丝织业，广东佛山的冶铁、锻铁业中，已出现带有商品经济生产性质的手工作坊。至清中叶，江南一些地区的丝织业，陕西南部的冶铁、锻铁和木材采伐业，云南的铜矿业，山东博山和北京西部的煤矿业，四川的井盐业，山西河东的池盐业，江西景德镇和广东石湾的制瓷业，其他一些地方的制茶、制烟、蔗糖、榨油等农产品加工业等，也已经出现商品经济的萌芽。① 商品经济作为一种新的社会形态和人们新的实践方式与生存方式，并不仅仅是生产能力和生产方式的转变，同时也要求人们的精神需求、价值标准和精神品质也发生相应转变，而中国社会恰恰在出现商品经济萌芽的同时，中国人原有的信仰也出现了危机，发生了一场类似于"启蒙"②的思想解放运动，不过，这场运动并没有真正起到启蒙的作用，至多只是表达了对原有信仰体系的怀疑和对某种世俗生活的向往。不久，中国社会又重回原有的运行轨道，直到 19 世纪40 年代。据此我们似乎可以这样认为，从明中叶开始的经济关系（商品经济萌芽）的变化以及追求世俗生活的思想解放运动，可以看作是中国社会转型的躁动期。

鸦片战争敲响了中国传统社会的警钟，也把中国社会逼到了转型的十字路口。认真分析中国社会自鸦片战争开始的社会转型，对我们认识今天中国的社会转型是有重要意义的。在被外国列强的利炮轰开国门时，中国人并没有意识到这是一场被迫进行的深刻的社会转型，而只是认为自己国力虚弱、技不如人。由"师夷之长技以制夷"而引发的洋务运动，未能改变中国被列

---

① 参见陆瀛涛、王永年：《中国资本主义萌芽与近代资本主义的产生》，《贵州文史论丛》1984 年第 3 期。

② 所谓类似于"启蒙"运动，是指它并不像西方启蒙运动那样高扬理性的旗帜，并没有赋予个人独立思考的理性能力。但是在对原有信仰体系的怀疑与批判，以及对世俗生活的向往方面，则带有启蒙的特征。如李贽提出"童心"、"私心"概念，并主张个性解放与平等；黄宗羲为"自私自利"作辩护并提出"移风易俗"的主张；顾炎武对君主专制进行猛烈批判等，都多多少少带有启蒙特征。

强欺凌的命运；随后兴起的以改变体制为诉求的"变法"运动，也以短命而告终。最后国人自认为找到了问题的症结：归根到底是文化问题。中国国力衰弱，制度腐朽，民智顽愚，这一切一切的总根源都在中国的文化。要想解决中国的问题，应该彻底铲除文化的腐朽之根，移植先进文化（西方文化），这就是"吾人最后之觉悟"（陈独秀语）。应该说，比起明代中叶开始的那场对传统文化的批判运动，20世纪早期开展的新文化运动更像是启蒙。因为它不是对原有的信仰体系小修小补地进行改良，而是彻底摧毁旧的文化体系，企图建立新的精神大厦。它高举民主与科学两面旗帜，实际上就是呼唤用理性之光照耀中华大地。

但是，这仍然是一场"类似于"启蒙的运动。或者说，是一场"救亡"重于"启蒙"的运动。尽管它摧毁了旧的精神支柱代之以新的精神信仰，但它把传统连根拔掉的做法则使得这种"启蒙"失去了根基，有"病重下猛药"之嫌。它呼唤以科学和民主为标志的理性，但基本上还只停留在观念层面上，并没有以理性推动社会结构的转换，也没有设计并构建以理性为基础的制度体系。此外，这场运动只是发生在精英层面，对于处于社会中下层的大众来说，几乎没有感受到这场运动所包含的思想解放的意义。对新文化运动作这样的评价，丝毫没有贬低这场运动的意思，相反，它对中国社会发展所起的作用是任何人都无法否认的。不过，就社会转型而言，仅有思想解放运动是不够的，还必须有社会结构的实实在在的变革，社会利益团体的分化和重组，理性个体的产生和公共生活的形成，民智的开启和个体新的精神品质的塑造等，很显然，这不是一场思想解放运动所能承担的。

随后的中国社会经历了几十年的内忧外患，同时也在对社会的转型方式进行着艰难选择。历史终于选择了马克思主义，并以马克思主义为指导取得了夺取政权的胜利。1949年新中国成立之后，中国社会以另一种逻辑实行社会转型。无论是转型的诱因还是社会转型的方向与社会现实，都是前两次社会转型所不能比拟的。尽管这次社会转型作了十分具有意义的尝试，但毕竟也是一次不成功的转型。

中国社会最近的一次转型是人所共知的，它始于以改革开放为主要特征、以发展经济为主要目的、以探索社会主义市场经济模式为基本诉求的社会变革。经过三十多年的发展建设，中国取得了举世瞩目的成就。但是，这次社会转型的目标不仅远没有达到，而且任务还十分艰巨。尽管经济建设的成就，人民生活水平的提高，国家的富裕程度，体制改革的力度，都是以往的中国社会所不能比的。但社会结构、功能、体制、政府职能、文化、公共交往与公共生活、公权与私权的关系、社会成员的精神面貌乃至个人理性与公共精神的培育等，不仅没有随着改革的深入而得到改善，反而由于改革的不断深入而使问题暴露得越来越明显。

到此为止，我们已讨论了中国社会转型的四个阶段，[①] 除第一阶段（明代中叶）基本上没有形成社会成果之外，[②] 其他各阶段都形成了各自相应的社会成果，都不同程度地改变了中国的社会现实。正是每一个阶段所形成的社会现实，不断地把中国的社会转型引向深入并推向更高的阶段。因此，每一阶段只能完成那一阶段所能完成的任务，而这些不同的阶段就构成了中国社会迄今为止所进行的社会转型的全部历程。

有学者以民主化的历程为主线分析了中国社会演变的四个周期：第一个周期是民权解放，即推翻帝制，摆脱君主专制，确立国家权力源自人民的政治逻辑；第二个周期是主权解放，即争取民族的解放与国家的独立，摆脱帝国主义的侵略与压迫；第三个周期是阶级解放，即以工人阶级为领导的人民在制度上成为国家的主人；第四个周期是个体解放，即社会个体成为自由与独立的社会主体。[③] 这里虽是以民主化为线索分析中国社会转型，但也从一个侧面印证了笔者所指出的中国社会转型的四个阶段，只是时间跨度有些出

---

① 之所以称"四个阶段"而不是称"四次转型"，是因为在笔者看来，我们现在正在进行的社会转型其实是从明代开始躁动的社会转型的延续和深化。把社会转型分为几个阶段，是为了能更深入细致地分析中国社会转型的经验和教训，以便使当前的社会转型能够顺利成功。

② 这里所说的社会成果主要指社会的结构和体制的变化，以及社会大众实际支配社会生活的思想观念的变化。我们说明代中叶进行的社会转型没有明显的社会成果，主要是指直接的成果。从一定意义上说，辛亥革命结束帝制可以看作是那一个阶段社会转型的间接成果。

③ 参见林尚立：《社会转型、民主演进与国家成长》，《文汇报》2009 年 11 月 14 日第 6 版。

入。不过，由于该文旨在探讨中国民主化的演进历程，所以并没有深入分析中国的社会转型问题。而且，文中所说第四个周期即个体解放，实际上是我们当前社会转型的目标而不是已经成为了社会现实，事实上，我们目前离这一目标还有很远的距离。

为了使我们更清晰地了解中国社会转型的历程，我们对迄今为止四个阶段的社会转型作一简单分析，以便明确我们现在所面临的任务。

从明代中叶开始的社会转型，发源于中国社会自身的要求，其动力也来自中国社会内部，因此可称为"内生性"的社会转型。此阶段的主要特征是：利用中国本土的思想资源，改造中国的文化，试图推出能彰显和维护私人利益及个人权利的思想观念与文化导向，以便适应当时已经在酝酿并开始萌芽的商业经济和商业生产方式。这场类似于启蒙的运动，其矛头直指宋明理学，无论是在学理上对宋明理学的批判总结，还是在思想观念上对宋明理学的反叛，都是在呼唤一种新的文化形态与价值观念，以便在其引导下将生活世界还给人。那些压抑人性和人的需求的文化价值观必须推翻，以往那些神圣的东西必须走下神坛，让社会及各种社会关系都世俗化。不过，这一时期的社会转型还仅仅是一种萌动，一种向往世俗生活、释放人的欲望的萌动，就像经历了中世纪的西方社会那样，呼喊"凡是人具有的我都应该具有"。从这个意义上说，这场运动其实更像是"文艺复兴"运动，只不过无论是时间跨度还是运动的力度都比不上西方的文艺复兴运动。

自鸦片战争开始直至以新文化运动和五四运动为标志的第二阶段社会转型，可称为"外源性"的社会转型。一方面，外力的推动是这次转型的重要契机，如果没有外国列强用大炮轰开中国国门，这次转型恐怕还不会进行。另一方面，这次社会转型所利用的材料，主要是本土之外的，无论是"师夷之长技"、变法维新以求改变政体，还是彻底摧毁本土文化以求全盘西化，都企图借用外国（西方）的力量、因素和价值观来推动中国的社会转型。和第一阶段的社会转型相比，此阶段社会转型具有以下几个重要特征：其一，它不是在中国社会自然延续中的转型，而是打破这种延续性以突变或巨变的方式进行，犹如一辆行驶在路上的车来了个急转弯。其二，社会结构、功能、组织以及民心民智的革新成为这一阶段转型的关注重点。其三，也是最重要的，它并不是仅仅要求将世界世俗化，而且还要将社会现代化。它打出的两面旗帜"民主"与"科学"，就是现代性的两个基本要素，说明此阶段社会转型已经不仅仅是张扬人的欲望，而更重要的是关注人的权利和理性。

以中华人民共和国建立为标志的第三阶段社会转型，在现代中国具有十分重要的地位和意义。它以全新的社会形态（社会主义）为转型的目标，以源自西方而又渗入了中国文化因子的（中国化马克思主义）价值观作为指导思想，以阶级解放为社会发展的动力，以"一大二公"的所有制为基础安排社会制度。它高扬理想的旗帜，认为人的精神价值重于物质享受，认为每一个"小我"只有融入"大我"之中才能实现自己的价值。此阶段社会转型，使古老的中国以一种全新的姿态和面貌展现在世界面前，它试图以另一种模式表达"现代化"诉求。① 和前两个阶段相比，这一阶段所获得的社会成果要明显得多，但仍然是前两个阶段社会转型的继续。如果说，第一阶段主要通过改造本土文化呼吁社会世俗化，第二阶段借用西方文化改造国民性而向往现代性，那么，第三阶段则以马克思主义改造社会、改造国民性，以达到某种共同性和公共性，尽管这种共同性与公共性的弊端在今天看来是显而易见的，但它毕竟作了某种有意义的尝试。

中国社会第四个阶段的转型是以我们耳熟能详的"改革开放"为标志展开的。所谓"改革"，就是革除社会原有各种体制的弊端，把一切不利于经济发展、综合国力增强、人民生活水平提高的体制通通改掉，换之以能充分激发社会活力的体制。所谓"开放"，即让中国能够融入世界，既在经济上适应经济全球化的潮流，又在文化上融入世界，借用世界上的一切优秀文化，并使中国的核心价值观和带有本民族特色的文化能在国际大家庭中找到自己的席位。此阶段社会转型，继承了第一阶段要求社会世俗化的愿望，承载着第二阶段富国强民以及达到现代性的任务，肩负着第三阶段要求建立某种共同性和公共性的使命，所以是前三个阶段社会转型的继续与深化。尽管我们今天的综合国力和人民的富裕程度是三十年前不可比的，但这并不意味

---

① 刘小枫认为，对现代化过程的不同解释，实际体现了两种社会思想的价值立场的冲突：自由主义与社会主义的论争。（参见刘小枫：《现代性社会理论绪论》，上海三联书店1998年版，第39页）

着我们的社会转型已经完成，相反，此路还十分漫长，也十分艰难，因为前三个阶段所追求的目标都还没有真正实现。

先看世俗化。世俗化是一个西方宗教学概念，一方面是指宗教的领地已日益退缩，日常的社会生活已不受宗教控制，宗教成为一个相对独立的领域。另一方面是指固有的宗教信仰经过改造已与现实生活相适应特别是与经济活动相适应。席纳尔在题为"经验研究的世俗化概念"一文中，指出了世俗化的六个特征：第一，宗教的衰退，宗教思想、宗教行为、宗教组织失去其社会意义。第二，宗教团体的价值取向从彼岸转向此岸，即宗教从内容到形式都变得与现代社会的市场经济相适应。第三，宗教与社会的分离。宗教失去其公共性与社会职能，变成纯私人的事务。第四，人的信仰和行为的转变。在世俗化过程中，各种主义发挥了过去由宗教团体承担的职能，扮演了宗教代理人的角色。第五，世界渐渐摆脱其神圣特征，社会的超自然成分减少，神秘性减退。第六，"神圣"社会向"世俗"社会的变化。① 其实最重要的是前四个特征，最后两个特征只不过是前面的表现罢了。中国的世俗化和西方相比既有相似的地方又有不同的地方：就社会转型必然要求世俗化而言，它们是相似的；但中国的封建社会并不是一个政教合一的社会，宗教在中国一直没有拥有绝对权力，只是由于宋明理学事实上构建了一个神圣社会，因而中国社会才有向世俗化转向的任务。应该说，到现在为止，这一任务还没有完成。因为世俗化不仅仅要求还原人的生活世界，即不仅仅在于人拥有满足自身欲望、实现自身利益、追求个人幸福的权利，同时还应该有世俗的人所应该具有的精神品质，还应该有超出追求利益之外的某种信仰——此时信仰本身并没有消失，用席纳尔的话说，此时只是信仰和行为的转变。此外，原有的宗教信条和价值观要实现由彼岸向此岸的转化，以便适应人的世俗活动。在这方面中国还有很多事情要做：明末清初开始旨在以批判传统儒学建立世俗世界精神家园的努力半途而废，从当时经过五四运动直至新中国成立，我们对传统儒家文化都是破的多立的少，甚至是只破不立，这使得

---

① 参见希尔·米歇尔主编：《宗教社会学》，基础图书公司1973年版，第228—251页。

社会世俗化的过程中应该具有的精神信念缺乏本土文化的支持，因而世俗化对当前中国来说还有很长的路要走。

现代性与世俗化是两个相互联系的概念。世俗化表示的是从神圣社会脱离出来的"祛魅"过程，现代性则是世俗社会健康发展所必须建立起来的准则、制度、精神生活样式与行为方式。从一定意义上可以说，世俗化是社会转型的过程，而现代性则是社会转型的完成。中国以新文化运动为标志揭开了现代性的帷幕，但迄今为止还只是在门外徘徊，并没有真正进入现代性的大门。为了探索一条具有中国特色的现代化道路，我们必须审慎地对待源于西方的现代性概念及其价值内涵，这应该是可以理解的。不过，作为现代社会所应该共有的一些因素和条件则应该作为我们现代性建构的目标，如现代政治生活和公共生活的制度架构，权利的分配、制衡与保障，能实现社会公正、社会成员的平等与个体自由的社会关系和运行规则，社会个体与共同体以及他人的理性互动、宽容、尊重、参与、协商等的行为规范与行为素质，社会成员必须具备的与现代性相适应的精神气质以及由此形成的社会精神风貌，本土文化的现代性转换等，都是我们今天还需下大力去做的事情。

与上面所说的世俗化和现代性相联系，共同性和公共性的建构也是社会转型的题中应有之义。从传统社会向现代社会的转型，是一个将各种自然形成的关系逐渐剥离的过程，同时也是每个个体独立的过程。世俗化的社会，尽管人人都追求现世的幸福，满足自己的欲望和需要，但一个人人为自己的社会是难以为继的，它要求社会成员在运用自己的个人理性追求个人利益的实现时必须有某种共同性追求和公共性关切。新中国成立之后，我们曾经建立了让世人瞩目的共同性与公共性，但那种公共性不是建立在个人理性的充分发育和健康运用的基础上的，或者毋宁说，那是以统一思想、统一意志、统一行为而削弱个体建立起来的公共性，它是虚弱的，没有基础的。因此，今天如何在充分激发个人活力、保障每个人的权利与利益实现的同时建构新时代的公共性，仍是我们面临的新课题。

由以上可知，尽管中国的社会转型迄今为止已经历了四个阶段，尽管每个阶段都提出了自己的社会改革任务，但社会转型所蕴含的世俗化、现代性和公共性依然是我们今天需要解决的问题。就当前的现实而言，如何建立真正体现符合中国社会演进逻辑的现代性，并同时构建与之相适应的公共生活，是当前的社会转型必须解决的问题。

第三节 中国社会转型的伦理困境

社会转型意味着人们生活样式的改变。人的生活样式在一定的意义上决定于人自身的发展状况，但在其实际生活中，生活样式受制于当时形成的社会关系以及将社会关系程序化的制度，而任何制度其实都是某种伦理关系和伦理精神的结构化，因此，社会转型总是和伦理关系的改变以及伦理精神的更新联系在一起的。中国社会目前还处于转型期，这是一个新旧交织的时期，原有的伦理关系已经或正在被瓦解，新的伦理关系正在建立却还没有形成有效的规约，此时的人们会遇到诸多伦理困境。

一、社会结构变迁导致个人身份认同与归属感的缺失，个人失去了伦理方位感

转型之前的中国社会，是由各种自然形成的关系所构织的一个巨大的网络组织，每个人都只有在这个网络中找到自己的位置，才能确认自我。这个网络的基本内涵是血缘关系，它的最坚固的核心是家庭中的父子、夫妇、长幼、兄弟间的伦理关系。往外一层，是由多个核心家庭组成的宗法关系（仍然是同宗同祖的血缘关系），由宗法关系组成的宗族是比家庭大的共同体，其中的行为准则和组织架构宛如一个社会。再往外一层，就是朋友和邻居等熟人关系，处理这些关系也有相应的准则。最外一层就是普通人也就是陌生人关系，在这种关系中，一切与血亲关系和熟人关系的交往准则都不适用，这里适用的是等级社会对个人身份的识别，如士、农、工、商、大人（官员）、草民（老百姓）等，根据这些来确定自己的交往方式。因此，这样的社会里是没有"社会交往"的，所有的交往都属于私人交往。

受儒家思想支配的中国传统社会，人们的交往遵循着差等原则。"君子之于物也，爱之而弗仁；于民也，仁之而弗亲。亲亲而仁民，仁民而爱

物。"①爱、仁、亲是三个在感情上递增的概念。就个人情感来说，"亲亲"（对与自己血缘关系最近的亲人之亲，主要是父母）是最坚硬的内核，由此推己及人，才达到仁，继而才有爱。情感的厚薄不同，自然在对待上也由于亲疏关系不同而采取相应的行为准则，这就呈现为从一个人自身逐层向外展开的圆。第一层是由其家庭成员和其大家族成员构成的，第二层是由朋友和邻居构成的，这就是狭隘意义上的私人交往圈，第三层是远亲、同学和同事等构成，这是比第二层大一些的私人交往圈。②以上三个层次都属于私人交往的圈子，再向外就是陌生人圈子了。在传统社会，与陌生人交往也不是真正意义上的社会交往，其实质仍然是私人交往。从熟人圈子里走出来的个人，依然用与熟人交往的方式和准则与生人交往。这里无非有两种方式，要么在交往中把生人变成熟人，那他就会轻车熟路地按既有准则进行交往；要么是根据等级制的身份识别原则，来确定自己应该具有的行为范式与准则。而对于那些既不可能变为熟人又没有等级身份之虞的其他人（这部分人是绝大多数），他就显得毫无规矩和满不在乎，他在熟人圈子和生人领域判若两人。

之所以出现这种情况，是因为那时的交往基本上遵循的是某种共同性：血缘的共同性（家庭成员、家族成员），地缘共同性（邻居、老乡），业缘的共同性（同学、同事），利益与志趣的共同性（朋友），等等。这就是说，当时的交往实际上是在形形色色的共同体中进行的。"在每一种共同体中，都有某种公正，也有某种友爱。至少是，同船的旅伴，同伍的士兵，以及其他属于某种共同体的成员，都以朋友相称。"③"'朋友彼此不分家'这个俗语也说得对，因为友爱就在于共同。在兄弟与伙伴之间一切都是共同的。在其他人群中，则某些特殊的东西是共同的。有些人群中这类东西多些，有些则少些，因为友爱也是有些深些，有些浅些。"④中国传统社会的私人交往就是在各种各样的"共同"中进行的，在那些天然形成的共同体中，共同是自然存在的。而在其他人中，能找到某些共同东西的人就变成了"熟人"，否则就

---

① 《孟子·尽心》，《诸子集成》第一卷，长春出版社1999年版，第101—102页。

② 参见费孝通：《乡土中国·生育制度》，北京大学出版社1998年版，第69—75页。

③ 亚里士多德：《尼各马可伦理学》，廖申白译，商务印书馆2003年版，第245页。

④ 同上书，第246页。

是"生人"了。

对于熟人和对于生人有不同的交往原则和方式。对于熟人，中国自古以来就有非常丰富的伦理观念和伦理准则，如父慈子孝、兄友弟恭；再如父子有亲、君臣有义、夫妇有别、长幼有序、朋友有信；更有中国人耳熟能详的仁、义、礼、智、信，礼义廉耻，温良恭俭让，等等。在与熟人交往时，这些准则能有效地发挥作用，因为熟人都是与自己具有某种共同性的人，即圈子里的人，这就意味着，我与他不仅具有共同的血缘、地缘、情感、兴趣等，更重要的是具有某种共同的利益（物质的和精神的）。这种共同利益既表明此利益是我们共有的，还表明我们是彼此承担的：我身上承担着你的利益，你身上也承担着我的利益，我和你成了不可分割的整体。我对你履行爱、尊重、关心、帮助等，是为了从你身上也能获得相同的东西，尽管这种期望是潜在的、不明确的。此外，由于交往在圈子里进行，彼此知根知底，因此如果有失信、失礼、不义等行为，就有可能冒失去人缘的风险。一旦失去人缘，就意味着他得不到圈子的认可，在这种情况下，不仅他人对自己的一切担待和利益共享都将不复存在，而且还因为自己"丢人"的行为而使自己很"没面子"，即失去了在圈子里继续存在的资格。

由于传统社会的私人交往是在人与人的依赖关系中进行的，一旦没有了这种依赖关系，情况就不一样了。尽管儒家要求人们把对自己亲人的情感推移到普通人身上，要求"老吾老以及人之老，幼吾幼以及人之幼"，但实际上，由于和陌生人之间没有依赖关系，既没有利益共享和彼此担待，又不会有"丢面子"之虞，因而在熟人圈子的那些交往准则似乎很难在与陌生人交往时得到坚持。更重要的是，熟人圈子不仅是可以信赖的群体，而且能在这个群体中给自己一个准确定位，以便确立自己的行为方式，它是安全的、温暖的、能够获得人格认同和价值实现的。在这一意义上，陌生人群就是一种异在，一种异己的力量。他在陌生人群中会感到不自在，甚至会有一种压迫感。

这说明，中国人的交往资源和交往领域几乎完全是私人性质的，这种交往完全是由自己所承担的角色决定的，它只是在履行角色所赋予的义务。也就是说，它不是作为一个"个人"在进行交往，而是由他所扮演的角色在从事活动。这样，一旦进入陌生人领域，就不知道自己该承担何种角色了，而这正是我们今天在公共生活领域所遇到的主要问题之一。

社会转型使原有的私人交往的条件发生了根本改变，原来以血缘为基础、以宗法等级为核心的社会关系已经打破，这显著地表现在我们所说的社会转型的第三、第四阶段，而这两个阶段对私人交往的影响又不同。

自新中国成立到改革开放是中国社会转型的第三阶段，这一阶段的社会转型使中国传统的社会结构发生了翻天覆地的变化。生产资料公有制和计划经济体制，加上全国的思想一致、舆论一律和一次又一次的思想改造运动，使私人利益被挤压到可有可无的程度；与此相伴随，私人领域和私人空间也被挤压到极致。真正意义上的"个人"并不存在，每个人都是某一"单位"的人，或称"公家人"。"单位似乎是一个不可分离的整体，个人只是它的一个'元件'；单位是一个无形的主体，个人只是它占有的资源；单位才是重要的、有意义的，个人则是微不足道的。"① 这带来了相互联系的两种后果：单位（其实质是政府）对个人的刚性控制以及个人对单位的过度依赖。前者使个人失去了自由选择的机会，后者则使个人失去了自由选择的能力。这就导致了个体意识和独立人格的极度萎缩，从而也就不可能有真正意义的公共生活领域。不过，此时表现了另一种"公共性"，一种没有充分发育的个体、没有个人的自由选择、而唯有整体性（如上所述，个人只是"元件"）的"公共性"。这当然不是现代意义上的公共性，而只是一种变相的共同体，个人在这种共同体中可以获得自己的身份认同：他总归会是哪个"单位"的人，而这单位又服从于一个更大的群体；他可能是农民、工人、军人、知识分子、机关干部等，但由于这都是"革命工作"（只有分工的不同，没有高低贵贱之分）而使他能从他所从事的职业中获得身份、责任、使命以及意义的认同，同时也具有了归属感。可以看出，这一时期的人的交往方式只是形式上有些不同，并没有实质上的区别，仍然是遵循共同体伦理的原则，仍然是在熟人之间交往。只不过共同体发生了变化，由家庭共同体、家族共同体变为"单位"共同体，熟人则由亲属关系变成了同事、领导等。当然，这一

---

① 参见廖申白、孙春晨：《伦理新视点》，中国社会科学出版社1997年版，第5页。

阶段与前两个阶段最大的不同也是最明显的成果是，把个人从家庭的依赖关系中解放出来，[①] 为了一个共同的目标而奋斗，培育了某种形式的公共精神，但独立的、健全的个体培育，仍然被忽略了。

中国社会转型的第四阶段即改革开放以来的阶段，是人们感到最迷茫的时期。传统社会的那种自然形成的共同体已基本打破（不过基于这种共同体的传统观念并没有真正打破），新中国前三十年建立的那种整齐划一的整体性也被彻底瓦解，而新的共同体或公共领域又还没有建立起来，于是，个人成了无依无靠、没有归属的个体。更何况，这些个体并没有经过充分发育，并不真正具有审慎思考、理性行为的能力，其作为现代人所应该具有的心智、品质和理性能力都还处于成长状态。这就要求社会提供成长的空间和条件，既需要培育个人进行交往的公共生活领域，又需要培育真正独立的、具有理性思考和行为能力的个体。

二、市场经济诱发的利益追求导致个人的自我实现与公共角色认同的张力与矛盾

纵观市场经济的发展历程，可以发现这样的问题：在市场经济（商品经济）发展的初始阶段，都会出现物质欲望膨胀、功利意识高涨从而导致社会生活失序的状况。由于社会正在经历"祛魅"的过程，由于对彼岸世界的幸福向往变成了对现世幸福的追求，由于物（商品）的交换价值成了衡量人的价值的尺度，还由于商品经济所要求的社会体制、规则等还没有完全建立起来，因而快快发财成了此时的强烈冲动，这种现象在西方文艺复兴时期表现得很明显。随着人的发展程度的不断提高，人们觉得社会的这种无序状态是不应该继续下去的，也是不能容忍的，因为这既不符合人的生存状态，又不能真正顺利地实现每个人的利益。于是，随着宗教改革和启蒙运动的发展，人们开始关注精神层面的东西，建立起适应人间生活的精神信仰，学会如何

---

① 其实，在中国社会转型的第二阶段，即 20 世纪初的新文化运动，就已经有了把个人从家庭关系中解放出来服务于社会大目标的努力，这可以从当时的文学作品看得很清楚，巴金的《家》就是典型代表，只是当前并没有同时进行相应的社会改革，这样的努力还只是停留在观念上。

做一个审慎、节制、遵守规则、尊重他人的人，如何在一个个人原子化、人与人之间异质化的社会中学会合作、协商、宽容、理解。霍布斯告诉人们要摒弃丛林法则，人和人的关系不应该成为狼与狼的关系，因此要懂得让渡自己的部分权利而不是极端地、无边界的使用自己的权利，而由每个人让渡权利而形成的组织（国家）则应该履行保护个人权利的职责。① 斯密虽然提出"理性经济人"的主张，鼓励人们最大限度地实现自己的利益，但他同时也强调了对他人的"同情心"：每个人要"关心别人的命运"，要"把别人的幸福看成是自己的事情"。② 康德则公开宣称"人是目的"而不是手段。③ 因此，个人在追求自己的利益和幸福时，不能妨碍和损害他人的相同追求。"一个排斥他人幸福的准则，在同一意愿中，就不能作为普遍规律来看待。"④ 正是由于西方诸多这样的思想家对社会大众不断地"教化"与启蒙，加上与这些思想相应的制度不断完善，才使得一个以追求世俗幸福和物质利益为主要目的、充满激烈竞争的社会能够有序地发展，也才使得社会个体具有了和社会发展阶段相适应的精神品质，这种品质可概括为："成为一个人，并尊敬他人为人"。⑤ 也就是说，西方成熟的市场经济是通过两方面的变革才得以不断完善的，一方面是制度的不断创新，另一方面是人的观念和精神品质不断更新，而这两方面是一个相互作用的过程。

目前的中国社会在实现世俗化的过程中，把主要注意力放在了经济体制的变革，即由原来的计划经济体制逐步转变为市场经济体制，这无疑极大地激发了社会活力，调动了社会大众的积极性，使得中国人的功利欲望前所未有地高涨。在思想文化方面，则更多的注重于对原有束缚人们世俗利益追求的思想观念的批判和瓦解，一方面批判传统的重义轻利的观念，另一方面批判计划经济时期只重精神激励而轻物质刺激的观念。这种批判的确起到了思

---

① 参见霍布斯：《利维坦》，黎思复、黎廷弼译，商务印书馆 1985 年版，第 92—142 页。

② 亚当·斯密：《道德情操论》，蒋自强等译，商务印书馆 1997 年版，第 5 页。

③ 康德：《道德形而上学原理》，苗力田译，上海人民出版社 1986 年版，第 81 页。

④ 同上书，第 95 页。

⑤ 黑格尔：《法哲学原理》，范扬、张企泰译，商务印书馆 1961 年版，第 46 页。

想解放的作用，但是，任何一种真正意义上的思想解放，都不仅仅在于破除旧的观念，更重要的是要建立新的思想观念。破本身并不是目的，而是立的条件；如果没有立，破至多只是一束火苗，不会成为燎原大火；至多只是天空中的一道闪电，而终究不是明媚的阳光。明末清初的思想解放和五四时期的思想启蒙的结果都已经证明了这一点。因此，如果没有立，破的任务就没有完成。还须明白，无论是旧思想的破还是新思想的立，都不仅仅是在思想领域能完成的，而必须有切切实实的社会变革和制度创新，让思想观念的要求成为实实在在的社会现实，否则就只是坐而论道。[①]今天，物质利益需求的欲望已经充分诱发出来了，个人的自我实现也具有了前所未有的冲动，社会世俗化已有两个指标——物质利益需求的普遍性，个人在原子化的状态下谋求自我实现——基本实现，但仅有这两个指标是不可能维系世俗社会正常运行的。

这里至少有这样几个问题需要我们认真思考：

第一，追求个人利益是否就是个人实现的唯一方式？我们把问题放在"以对物的依赖为基础的人的独立性"这一背景下讨论，并不意味着依赖物是人的唯一生存方式，毋宁说，不仅依赖物只是条件，连人的独立性都只是条件，其目的都是为了人的发展。诚然，人的物质生活的丰富也是人发展的内在组成部分，但丰富的精神世界，某种超越物质需求的情怀，对他人和公共利益的关切等，更应该随着物质生活的丰富而不断发展起来。若将利益满足作为唯一的目的，会使社会将物的占有作为评价人的价值的单一标准，这种物化的社会与物化的人是与人的发展方向背道而驰的。

第二，个人实现的真实含义是，每个人都是作为平等的个体在追求自我实现，因而个体之间是一种既排斥又相互需要的关系。由于单个意志之间的

---

①　马克思曾经以消灭私有财产为例说明思想与实际行动的关系："要消灭私有财产的思想，有共产主义思想就完全够了。而要消灭现实的私有财产，则必须有现实的共产主义行动。"（《马克思恩格斯全集》42卷，人民出版社1979年版，第140页）很明显，马克思是反对企图仅用一种思想来消灭另一种思想的，因为思想是依赖于社会存在的，如果没有真正的变革社会的行动，那么依附于此社会存在之上的某种思想是不可能真正消亡的。思想的作用在于唤起民众参与社会变革，在于确立社会的精神信念，在于指明社会变革的方向与目标，而不是社会行动本身。

冲突导致个体之间的排斥，而由于这种排斥的无限扩大会使得任何个人利益的满足和自我实现都会化为乌有，因而在客观上，个体之间会产生彼此的相互需要，这种需要本来应使得每个利益主体能审视个人权利的边界，正确运用个人权利，产生某种公共性需求，以便能顺利达到自我实现的目的，但这需要每个个体将彼此之间的客观需要化为彼此互为的主观意愿，并将这种意愿上升为每个人普遍恪守的准则，即形成制度。这就是说，真正意义上的个人实现有待于社会个体的成熟，而个体的成熟又不可能自然发生，有效的制度规约和个体的精神品质提升是不可缺少的条件，但这两者如何才能产生？

第三，个人实现与公共角色之间的张力，这一判断本身就隐含着一个潜在的条件：只有构建某种公共性，才能为利益追求、权利保障和个性彰显确立一个维度，使得不同利益主体的利益边界与权利边界清晰起来。独立的个体之间是靠公共性维系的，而公共性又是靠个体的公共意识和相应的制度设计来维系的，于是，我们又遇到了和上面所述的相似困境：个体的公共意识是公共性得以建立的必要条件，而唯有健全的公共性体系才能保证每一个体具有公共意识并自觉承担公共角色，解决这一困境的出路在哪里？

随着中国改革开放的不断深入，社会转型所遇到的问题与矛盾则会越来越复杂。今天中国大众的社会生活和日常生活获得了前所未有的自由度和宽容度，多元的生存样式、多元的价值观念、多元的利益需求不再被限制或被强行禁止。但是，多元并不意味着各方自以为是而不彼此沟通和相互联系，更不是相互对立、仇视。真正的多元是建立在具有某种共享价值的基础上的，是需要每一个体具有宽容、理性、谅解、尊重等品质的，否则，多元就会成为紧张、冲突的借口。罗尔斯指出："一个组织良好的社会是一个被设计来发展它的成员们的善并由一个公开的正义观念有效地调节着的社会。因而，它是一个这样的社会，其中每一个人都接受并了解其他人也接受同样的正义原则，同时，基本的社会制度满足着并且也被看作是满足着这些正义原则。"① 这说明，在多元的社会状况下，这样两个条件必不可少：每个人都应该并能发展自己的善；社会具有公开的正义观念并能有效地调节各方的行

———————————
① 罗尔斯：《正义论》，何怀宏等译，中国社会科学出版社 1988 年版，第 440—441 页。

为。就处于转型期的中国而言，这两方面条件都不成熟，无论是民众的文化价值观、精神品质，还是社会公开的正义观念，都还呈现新旧交织、传统与现代混杂的格局，这使得当前的伦理困境表现得特别明显。

三、过度的制度依赖导致制度失效

过度的制度依赖在这里有两种含义，一是指片面依赖制度的刚性约束，认为只要有了制度，就能解决一切问题；与之相反的一种意思是，对某些失范、失序的行为，由于没有明确可依的制度，往往对其束手无策。这两种过度的制度依赖内含着同样的观念：我们只能相信制度，只有制度才是有效的约束。但其中隐含的问题却是持这种观念的人没有认识到的：其一，真正起作用的制度是如何产生的；其二，制度和人的德性（就精神品质而言）是何种关系；其三，制度对人的行为约束究竟意味着什么。思考和回答这些问题对我们今天的公共性构建是有意义的。

西方新制度经济学把制度的变迁（变革）分为诱致性制度变迁和强制性制度变迁。诱致性制度变迁指的是现行制度安排的变更或替代，或者是新制度安排的创造，是由个人或一群（个）人，在响应获利机会时自发倡导、组织和实行。强制性制度变迁由政府命令和法律引入并实现，变迁的主体是国家。[①] 诱致性制度变迁是自发的、由下而上的、渐进式的制度更新，即它是由社会民众的某种自觉需要所引发的，因而比较容易得到"一致性同意"，即能得到社会大众的认同。强制性制度变迁由于是由国家或政府的命令和法规而实现的制度更新，因而是强制的、由上而下的、突变式的。这样的制度更新虽然能节约制度的组织成本和实施成本，但会受制于政府的利益立场、意识形态以及偏好等，加上由政府主导和突变式的制度供给，使得制度要求与民众的制度需求存在一定的差距，其有效性就会大打折扣。当然，并不是说只有诱致性制度变迁才是制度供给的唯一合理方式，其实这两种制度变迁方式都各有优劣，诱致性制度变迁由于缘起于社会普通成员，因而已有了由

---

① 参见卢现祥：《西方新制度经济学》，中国发展出版社 1996 年版，第 108、113 页。

心理、利益等引起的基本的制度需求倾向，一旦制度确立，比较容易对制度产生认同感。但这种"一致性同意"并不如想象中的那么容易达成，往往需要各利益方的多次博弈、妥协才能达成一致，这也许需要一个相当长的时间，因而往往成本较高。与之相比较，强制性制度变迁无疑具有成本优势。不过，其成本优势可能更多地表现在组织成本上，至于实施成本，则由于难以获得社会成员的认同而使实施成本居高不下。过多过快的制度变迁，由于缺乏民众的心理和价值认同（没有经过有民众参与的协商、沟通与博弈，即使是合理的制度也会引起民众的反感与排斥），因而制度往往形同虚设。这样的制度依赖其实只是依赖写在纸上的条文，不仅不会见效，而且会损害制度的威信。

过度制度依赖容易犯的第二个错误，是将制度与人的精神品质分割开来或者无视精神品质对制度的作用。犯"制度依赖症"的人，往往以为制度就是由规则所形成的刚性约束，往往只看到了制度的表现形式，认为有了可依的规则就有了一切，却不知道制度约束与人的精神品质是一种相辅相成的关系，或者说，是一种形式与内容的关系。其实，制度的真正意义在于将其所认可的精神价值用规则的形式公开向社会昭示，因而真正起作用的、好的制度，只不过是将人们的精神需求用规则确立起来而已。每一时代的人们总会在一定的实践基础上形成"应该如何"的精神需求，这些需求可能是散在的，有的可能是不合理的，要想把这样的一些需求整合成一种共识并能在现实生活中起作用，就必须用制度的形式将这种精神需求实体化和结构化。因此，制度之所以必要，是因为它能使实践主体避免行为的随意性、盲目性和行为结果的不可预测性。制度规约的内容是一定实践活动产生的社会关系（包括财产关系）以及其中的权利义务关系，而对这些关系的理解、组织与安排又与人的精神品质紧密相连，因此，制度与人的精神品质可以视为人自身发展程度的两个尺度：一个标示人对当时所处社会关系的理解、把握与安排的能力（制度），一个则表明人处理各种关系时所秉持的观念（精神品质）。人自身是怎样的，他对社会关系之"应当"的把握就会是怎样的，由此所形成的社会关系的稳定结构（制度）也就会是怎样的。在人的精神品质与制度的这种互动中，制度与人的精神需求是融为一体的，制度约束的目标指向与人的价值趋向是基本一致的。因此，我们需要制度，但更需要社会大众对制度中所内含的精神价值的理解、领悟与践行。没有对法律与规则的敬畏，制度不过是一些条文的汇总罢了。而敬畏法律规则，实质上乃敬畏人们内心的法则——某种精神信念和信仰。

制度对人的行为约束究竟意味着什么，是需要制度依赖症者思考的第三个问题。在中国的文化传统中，制度一般由掌握权力的统治集团供给，其他阶层和利益集团只能被动地服从。这种以强权为后盾的制度设计，一开始就把制度置于人民的对立面，在制度设计者的心中，制度的唯一功能就是"管制"，就是"禁暴"，让老百姓在制度面前规规矩矩、服服帖帖。韩非说："夫严家无悍虏，而慈母有败子，吾以此知威势之可以禁暴，而德厚之不足以止乱也。"[①] 将"威势"与"德厚"对立起来，取威势而舍德厚，充分显露出这种制度的内在本质。按照这种制度设计，每个人除了趋利避害、趋乐避苦的本能之外，没有也不会有任何高尚的精神需求，因而制度之要义，就是通过赏与罚这两端来调控人们的行为，韩非对此说得很明确。[②] 客观地说，这种制度意识和制度设计理念，已成为中国的文化基因，其影响一直流传至今。这样造成的后果是，人们对制度中所含的精神底蕴和价值意义几乎一无所知，即不知道为什么必须遵守这一规则，这一规则对我究竟有何意义。可以想象，这样的社会个体，随时会以"遇到红灯绕着走"的心态钻制度的空子，或是将一切刚性的规则变成可以任意揉搓的橡皮泥。今天社会上流行的"上有政策，下有对策"的信条以及几乎无处不在的潜规则，正是这种心态的反映。须知，制度的基本功能是保护所有的正当权利和利益，管束或约束正是为了更好地实行保护功能，它本身并不是目的，而是达到目的（保护正当权利）的手段。如果制度能处处以保护人的权利的姿态示人，民众就会慢慢体悟到制度的价值内涵及其对自身的积极意义。这就是制度本身的"默示"作用，即用制度的良性运作对社会大众进行价值诱导和精神教化，通过这样的规约，能使制度的他律转化为每个个体的自律，只有这样，制度才算是真正

① 《韩非子·显学》，《诸子集成》第二卷，长春出版社1999年版，第480页。

② 参见《韩非子·八经》，《诸子集成》第二卷，长春出版社1999年版，第467页。

起作用了。可见，制度在形式上表现为他律，而实际起作用的还是人们的自律。根据诺贝特·埃利亚斯的观点，社会戒律与禁令（制度），是被作为人的自我约束建立起来的，而人的自我约束则是人的心灵构造的表征。①有了某种心灵构造，才会有自我约束的精神需求，这样的制度才不是与人疏离的。

制度的设计理念、执行程序与实际功效对今天能否成功实现社会转型的意义不可小视。如果社会没有基本的秩序，如果各利益主体没有敬畏规则的意识及由此产生的良好的行为方式，社会就将永远处在转型的过程之中，至于社会的公共性建构和社会大众的公共理性、公共精神等，都将是一句空话。

分析社会转型的伦理困境，是为了揭示当前社会转型的艰巨性。此处所谓困境，有两个意谓：一谓当前中国的社会转型已经陷入了由伦理问题引发的困境。如果把一个社会比作一个人，伦理问题（广义地讲，包含一切精神领域的问题）犹如一个人的心，经济问题（包含一切物质生活领域）好比一个人的身，目前的社会转型使"身"与"心"发生了分裂——在经济发展取得显著成效的同时，人们的精神状况并没有得到相应的提升和改善，反而由于物的世界迅速变化而迷失了心智，或者心中充满焦虑、紧张。既有的生活方式、行为方式和做人准则已被社会生活的迅速变化所瓦解，新的一套又还没有建立起来，甚至还不知道如何建立新的心智模式和生活样式，因而无所适从、焦虑、浮躁以及由于精神空虚而引发的贪婪的物欲几乎成为常态。信念缺乏、精神不振的人，只会适应现实而不会去改变现实，更不会去创造一个崭新的世界。伦理困境的第二个意谓是，作为与社会转型相适应的伦理精神与价值观念转型（它应该为社会转型导航），似乎目标并不明确，难以找到突破口。这关涉到我们要建构什么样的现代性（其中内在地包含构建什么样的公共性）问题，单靠中国的传统思想资源不能承担起构建现代性的重任，何况从明代中叶开始的对本土文化的批判、改造与转型被迫中断，本土

---

① 参见诺贝特·埃利亚斯：《个体的社会》，翟三江、陆兴华译，译林出版社 2003 年版，第 32—33 页。

文化迄今未能融入现代潮流，清理、甄别、改造文化遗产也不是一蹴而就的事。马克思主义不仅需要对当前中国发展道路做出明确而清晰的回答，而且还应该认真思考与本土文化的关系以及与当代西方文化的关系，鲜明地表达自己对国际秩序、世界性难题、中国发展模式以及中国人生活样式的态度。至于西方文化，无论是回避还是对抗都是不明智的，毕竟我们处在全球化的时代，不同文化之间的对话甚至碰撞是不可避免的，在与别的文化对话或碰撞的过程中，一方面吸收或借鉴异质文化为我所用；另一方面敢于旗帜鲜明地亮出自己的核心价值观，今天的中国在这方面还有很多事要做。

四、公共生活的制度性建构缺乏核心理念

公共生活的制度性建构是公共性建构的一个组成部分，它和人的公共理性培育、社会公共精神的确立一起，构成整个公共性架构体系。制度性建构、人的公共理性与社会的公共精神本来是不可分割、相互联系的整体，此处之所以单独讨论，是因为公共生活的制度性建构是一个社会公共性建构的显性标志，也是社会大众能否具有真正的公共生活的根本保障。但给予制度性建构这样的地位，并不意味着它可以无视社会个体的公共理性培育，可以罔顾社会公共精神的彰显。实际上，这三者之间是紧密联系着的。

公共生活的制度性建构要求提供一套关于社会公共生活的制度体系。如公域与私域、公权与私权的界定以及其中的权利义务关系；公共环境、公共信息、公共交往、公共安全、公共组织、公共管理、公共资源、公共产品、公共福利等方面的运作程序及其所依据的准则；公共权力与私人权利的使用边界、目标诉求、协调机制及其所依据的准则；公共生活领域的培育及其所依据的价值理念，等等。每一种关于公共生活的制度建构，都伴随着一定的伦理价值诉求或以某种伦理价值为依据。当社会的公共生活处于自发甚至自然状态时，其价值诉求是混乱的、无序的，难以真正形成健康的公共生活。混乱而无序的价值诉求会使人们放弃真正有意义的价值而选择不良的或是实用价值，特别是当物质利益需求成为社会生活的第一需求时，工具价值或工具理性必然大行其道，这将会成为公共性建构的最大腐蚀剂，因此，需要提

供一套可用于社会的公共性建构的核心价值。

　　和前面讨论的问题一样，提供何种核心价值用于构建当前中国社会的公共性，同样还是一个悬而未决的问题。公共性建构的核心价值是关于一个社会公共性的最基本准则，它直接决定公共性构建的途径、方式、作用机制以及要达到的目标。在这方面有两种基本方案可供选择：A、以自由个体为基准，以个人的自由意志和自由选择为条件，以强大的社会机构为保障，构成一种理性个体之间的交往、协作并形成某种合力的公共性。B、以公共性组织或共同体为基准，以公共的价值认同和精神目标为条件，以确保个人权利的制度为保障，构成一种个体之间融合、团结的公共性。当然，以上的划分只是就公共性建构的基本途径而言的，并不是说它们是两种截然不同的公共性。无论选择哪种途径与方式，一些基本的内容和要求都是不可或缺的，如，每个个人的自由和权利都能得到保障，个人对法律与规则的敬畏和遵守而表现的审慎与理性的行为，公共理性能作为价值理性制约并引导个人理性，公共精神深入人心并能成为社会的精神风貌。无论我们以何种途径构建公共性，都应该表达上述基本要求。

第二章

公共生活：一个概念的分析

第一节　公共生活与共同生活

  "公共生活"是一个在学术界颇有争议的概念，究竟如何界定公共生活，似乎并没有一致性的、被普遍认同的观点。在西方，市民社会是一个较为普遍的代表公共生活的概念，但黑格尔却在扬弃了市民社会的层面（国家）上探讨公共性，实际上把国家生活作为公共生活；而哈贝马斯则是将公共生活限定在国家与市民社会的中间地带。中国学术界对公共生活的界定也颇有分歧，一部分人沿用西方传统，用市民社会或文明社会（civil society）来说明公共生活，一部分人则按照哈贝马斯的思路，指那种完全由私人集合，用以共同对抗公共权力以表达共同的意愿和共同的私人利益的公共生活。有学者将公共生活按社会发展的不同阶段分为三种类型：一是组织化的公共生活，二是私域性的公共生活，三是有机的公共生活，即把促进国家与社会的有机互动、相互协商、相互合作以实现个体利益和公共利益的最大化作为公共生活的基本目标。① 但也有学者认为，应该严格区分共同生活与公共生活，古希腊那种共同生活(城邦生活）并不能称为公共生活，因为那时还没有"公"、

---

  ① 参见林尚立：《有机的公共生活：从责任建构民主》，《复旦政治学评论》第四辑2009 年 12 月 15 日。

"私"之分，公与私相分离是近代以后的事，而现代社会则是公共性正在消逝的社会。[①] 笔者认为这其实是哈贝马斯关于公共生活的另一种表达，不过作者强调用公共性作为衡量公共生活的标准，倒是值得关注的。但是，公共性又是什么？它是在人类生活的某一阶段才出现的，还是一开始就内涵在人类的生活之中并随着人类生活的演进而不断彰显？公共性与共同性是不是在人类历史的某一阶段有过重合，或者在人类迄今为止的每一时期都具有共时性，甚至根本就是相伴相随？必须承认，公共性（Publicness）与共同性（Commonality）毕竟是两个不同的概念，分别表示不同的含义，前者既然以"公"为标识，就表明有"私"相对应，"私"之"共"就成了"公"。因此，在这一意义上，只有出现了私（私人生活、私人权利、私人利益等），才能谈得上公，没有公私分化的生活是不能称为公共生活的。后者以"共"为前提，而以"同"作为其基本特征，说明此时还是同质化的社会，所谓公共性就没有存在的土壤。

但是，这两个概念并非完全隔绝的。最广泛的意义上，人类最初的群居生活（共同生活）就是带有某种公共性的生活。中国战国时期的思想家荀子早就发现了"人能群"的特性。[②] 和中国的荀子相差不过几十年的亚里士多德也认为，人类自然是趋向于城邦生活的动物，或者说，人类在本性上正是一个政治动物，[③] 后一句往往被译作"人天生 [by nature] 是一种政治动物"。在《尼各马可伦理学》中，亚里士多德又一次谈到："人是政治的存在者，必定要过共同的生活。"[④] "政治动物"、"政治的存在者"不过表明，人不能像动物那样忍受自然驱使，而应该承担起共同体的责任，履行对城邦的义务。在这里构成共同体的成员之间既有分工，又有协作，是一个有机的整体。同样，中国思想家荀子所说的"群"，也既表明群体的共同性，又表达了由不同社会分工（包括等级制度）所展示的差异性，即人所组成的群是共

---

① 参见张康之、张乾友：《从共同生活到公共生活》，《探索》2007 年第 4 期。

② 荀子认为，人"力不若牛，走不若马，而牛马为用，何也？曰：人能群也，彼不能群也。"（参见《荀子·王制》，《诸子集成》第一卷，长春出版社 1999 年版，第 140 页）

③ 亚里士多德：《政治学》，吴寿彭译，商务印书馆 1965 年版，第 7 页。

④ 亚里士多德：《尼各马可伦理学》，廖申白译，商务印书馆 2003 年版，第 278 页。

同性与差异性的统一。的确，在早期的人类各种共同体的生活中，还没有真正的私人领域和私人生活，只有共同生活。

共同生活在一开始既是自然的，又是必然的：作为类，群居具有和其他动物一样的自然性，结伙和合作可以弥补单个人自然力的不足，生存的需要迫使人们必须联合起来，所以，"我们也看到，氏族作为社会单位出现以后，氏族、胞族和部落这整个社会组织就怎样以几乎不可抗拒的必然性（因为是天然性）从这种单位中发展出来。"[①] 但是，即使是人类早期的共同生活，也并非完全是被迫或无奈，更不是全然受自然力的驱使，而包含着某种类似于主体性的因素。[②] 这种与主体性类似的因素，还没有清晰的人我界限，也没有清晰的物我概念，更谈不上自身灵与肉的区分与紧张。换言之，此时的主体性还没有表现为清晰的、独立而自由的个体，没有表现为作为客观外界对立面的理性个体，甚至没有现代人津津乐道、视为人之本质规定的自由意志，而更多的表现为对自身身份的认同与确证，以及对这种确证条件（人身安全、利益实现、个体的归属以及被认同）在情感、思想和行为方面的维护。"部落始终是人们的界限，无论对另一部落的人来说或者对他们自己来说都是如此：部落、氏族及其制度，都是神圣而不可侵犯的，都是自然所赋予的最高权力，个人在感情、思想和行动上始终是无条件服从的。这个时代的人们，虽然使人感到值得赞叹，他们彼此并没有差别，他们都仍依存于——用马克思的话说——自然形成的共同体的脐带。"[③] 这样的共同生活，更多地体现了"群"的特征，但个人正是在这样的群中得到成长、得到发展。

自然形成的共同体是人类最初共同生活的组织形式，这样的组织形式一开始可能受自然所展示的必然性的支配，但随后就渗入了人的自愿成分。既"合群"又"独立"，是人的社会性的两个基本特征。马克思说："人是最名

---

① 《马克思恩格斯选集》第 4 卷，人民出版社 1995 年版，第 94 页。
② "主体性"尽管是近现代才出现的概念，但并不表明主体性只是在近现代才出现的。毋宁说，主体性是在近现代才"凸显"出来的，而在此之前，主体性经历了一个从萌芽、充实、丰富到最后"凸显"这样漫长的发展过程。毫无疑问，这一过程与人自身的发展是一致的。从根本上说，主体性是人的生产劳动史的杰出成果。
③ 《马克思恩格斯选集》第 4 卷，人民出版社 1995 年版，第 96 页。

副其实的政治动物，不仅是一种合群的动物，而且是只有在社会中才能独立的动物。"① 不过，在人类社会和人自身的发展历史上，这两个特征都有其不同的表现形式，前一个特征可用"状态"来表征，后一个特征可用"程度"来衡量。"群"（共同体）可以有不同的状态，人类最初的族群、氏族乃至其后的部落，就是群的一种原始状态。在其中，个体与群几乎是合一的，个体的自由意志与自由选择可能还只体现在领袖与权威身上，对其他个体而言，自由如果不是奢侈品就是无用之物。构成此种共同体的条件就是天然的血缘关系及由此萌发的天然情感。随后，群又表现为家庭的形式。黑格尔认为："伦理的实体，它的法律和权力，对主体说来，不是一种陌生的东西，相反地，主体的精神证明它们是它所特有的本质。在它的这种本质中主体感觉到自己的价值，并且像在自己的、同自己没有区别的要素中一样地活着。这是一种甚至比信仰和信任更其同一的直接关系。"② 尽管黑格尔所说的伦理实体是指精神发展的高级阶段，在其《法哲学原理》中，是指主客观相统一的法的现实，但如果我们从现实出发而不是从观念或精神出发，就会发现伦理实体实际上也是在不断变化演进的。黑格尔只是在有了权利意识并形成法律之后的人类发展阶段（在黑格尔那里是精神的发展阶段）上使用伦理实体，而从最一般意义上说，所谓伦理实体不过是生活在其中的人们关于自己生活样式的稳定性、结构性的表达，因而在人类的不同时期可能有不同的表达样式。人最初组成的族群、氏族、部落这样的组织，一方面是共同体，另一方面也可以视为最早的伦理实体。当然，这样的伦理实体还不是出于其成员的自由意志和自由选择，由于人们还没有脱掉"自然血缘联系的脐带"③，此时的伦理实体更多地是靠习俗、禁忌、权威等维系的，个人和集体（乃至他人）还没有区别，权利与义务也还没有差别，但伦理实体的基本功能仍然在起作用，如秩序、惩戒、激励、教化、协调、精神慰藉与满足乃至对共同体的情感认同，因此，在这样的组织或伦理实体中，个人也同样"像在自己的、同

---

① 《马克思恩格斯选集》第 2 卷，人民出版社 1995 年版，第 2 页。
② 黑格尔：《法哲学原理》，范扬等译，商务印书馆 1961 年版，第 166 页。
③ 参见《马克思恩格斯文集》第 5 卷，人民出版社 2009 年版，第 97 页。

自己没有区别的要素中一样地活着"[1]。

人类最初的共同体尽管还是个人之间彼此没有区别的浑然一体的组织，但这种组织已经在共同性的特征里包含着一些公共性的因素——这表明共同性与公共性一开始就有某些相通的地方。首先，血缘共同体有着全体成员的共同利益、共同需求与共同目标，如谋取食物、维护安全、抵御外族侵略、共同体内部的正常秩序等，都既带有共同性，又带有公共性，因为它能惠及每一个体，既是共同体的共同利益，又是每一成员的实际利益。（其他共同体也类似，只是由于在非血缘共同体中，个体已出现了某种独立性而与共同体利益有某种张力，但这种张力不能否认其中的共同利益）。

其次，无论是血缘共同体还是非血缘共同体，除了上面所说的共同利益、共同目标之外，都有某种大家普遍认可的规则，这与公共生活中的规则极为相似。不同的是，共同生活的规则也许来自于某种权威、对神灵的信仰（特别是血缘共同体）、个体之间的契约或是个人的自律与榜样作用，而公共生活的规则则主要来自于每个社会成员的社会意识、权利意识，规则的制度安排是每个自由意志理性表达的结果。但无论是共同生活还是公共生活，其成员都能普遍遵守规则，且规则都能受到普遍尊重并能成为公共善的精神依据，这却是相同或相似的。

再次，在共同生活中，个人的美德是共同体所期望的，也是其成员所追求的目标。在麦金太尔看来，美德只有在共同体的生活环境中才能产生，个人在共同体的道德传统中做得"好"、"优秀"或是"出色"（Excellence），就是美德。这种美德不仅是一种精神品质，而且具有公共善的性质。[2] 黑格尔也指出："当社会和共同体还处于未开化状态时，尤其可以常常看到德本身的形式，因为在这里，伦理性的东西及其实现在很大程度上是个人偏好和个人特殊天才的表现。"[3] 而在公共生活中，理性被作为一种精神品质，无论是行使公权还是行使私权，理性能力都是一种必不可少的素质。它要求行为者敬重法律，遵守规则，尊重他人人格，把每个人都看作是和自己一样的具

---

[1] 黑格尔：《法哲学原理》，商务印书馆 1961 年版，第 166 页。

[2] 参见麦金太尔：《追寻美德》，宋继杰译，译林出版社 2003 年版，第 242 页。

[3] 黑格尔：《法哲学原理》，商务印书馆 1961 年版，第 169 页。

有自由意志、独立人格和权利意识的个体。更重要的是，公共生活中的每一行为主体都应该具有公共性关切，其视野和胸怀都要跳出纯粹自我的计算，将自我的特殊意志与利益融入带有公共性的普遍意志与利益之中。因此，尽管理性不是美德，尽管公共生活中的个体不需要靠做得"优秀"或"出色"来获得认可，但美德（在广泛的意义上就是德性）在其中随时相伴。如果没有个体对法律与规则的敬重和自觉遵守，没有对他人权利和利益的尊重，没有公共性关切和个人行为的基本自律，良性的公共生活是不可能的。①

最后，如果把"群"作广义理解，那么共同生活与公共生活就都有个人与群的关系问题，即都有一个特殊性与普遍性的关系问题。不同的是，在共同体中，由于有血缘、地缘、业缘乃至感情这样一些纽带，因而人和人之间的联系是比较紧密的，其共同利益与共同目标也是较为明显的，对"群"的认同比较容易实现。这使得共同体似乎并不带有公共性质，因为在公共生活中，个人都是分散的、具有独立意识与特殊利益的个体，既没有天然形成的联系纽带，又没有由于社会分工和地域环境所构成的维系条件，也没有像共同体内那样由身份、地位、科层制等所规定的角色，在这里，每个人都可以还原为具有独立人格、自由意志和个人权利的个体，人与人之间没有隶属关系，人人都是平等的。也就是说，公共生活的基础是一个个具有平等人格的个体，即一个个具有私权的个体。公共生活中的人际关系或人伦关系，不像共同生活中那样是立体的、纵向的结构，而是平面的、横向结构。但是，公共生活毕竟也要处理个人与群的关系，尽管这种"群"可能是无形的、松散的、甚至充满紧张的。无论如何，"我"与"他者"的关系是无法摆脱的。同样需要建构某些制度来规定个体与个体、个体与群的权利义务，划定私权与私权、私权与公权的边界；同样需要有某种大家都能认可并接受的精神理念，作为每一个体的精神依托和支配行为的内在依据；同样需要每一个体具备"合群"的行为品质，以及某种对"群"的超越性关怀。就这一意义说，

---

① 现代社会的德性已不是传统意义的美德（Virtue），它更多地指一种能将个体的特殊性（意志、利益、权利乃至其所信奉的某种完备性学说理论）与普遍性（在公共生活中，主要是公共性、公共理性、公共精神、公共利益等）融为一体的精神品质以及受这种品质所支配的行为能力。

共同生活与公共生活也具有相通性。

分析共同生活与公共生活的相通之处，是为了更好地探讨公共生活的缘起、特征与性质。公共生活并不是天外来物，也不是人类突然遭遇到的一种生活方式，而是人自身发展必经的阶段。类的发展进程类似于个体的发展进程：人猿揖别伊始，人作为类的力量相当弱小，还无法通过自己的力量改变环境，只能依赖自然所能提供的生存条件，因而只能结成群才能有生存的可能。在这样的生存条件下，任何想独立的个体无异于自断生路。涂尔干在《宗教生活的基本形式》中分析人类早期的宗教生活时指出，那时的人不仅不能把自己与群分开，甚至不能把群里的人与物分开。"人们把他们氏族中的事物视为亲戚或同伴，称它们为朋友，并认为它们也是由如同自己一样的血肉构成的。"[①] 这就犹如人类个体发育成长的路径一样，婴儿刚出生时，是没有能力自己谋取食物的，只能借助于外部的供给，因此家庭或外部保护几乎是婴儿生存的全部条件。直到个体的童年乃至少年阶段，家庭或亲属都是他生活的重要条件，只有当他成年之后，才会想到独立、自谋生路、成为一个完全的个体等问题。群与共同体中的个体也如此，在人类早期，群就起到了后来的家庭所起的作用，共同体的情况也与此类似。但是，随着人的实践能力的不断增强，人改造外部世界的成果越来越丰富，人自身的主体性（类和个体都如此）也越来越丰富。个体不仅有了证明自身价值、追求自身目的的意愿（亦即自由意志），而且具备了这样的能力与条件。当社会分工广泛到一定程度，使得个体逐渐从原来没有差别性的群中分离出来，以专门化、专业化作为自己的活动领域，使个体的专业技能不断深化和稳定，其特殊利益也越来越被他自己了解并得到确定，而他的特殊个性和精神世界也与自己的特殊活动方式和利益需求相互促进。与此同时，统一的宗教信仰开始分裂，宗教的神圣性的光环也已褪去，对天国的向往让位于对世俗幸福的追求，对上帝的崇拜已在很大程度上被人自身的理性所取代，因而宗教的约束性也越来越弱。因此，同人的任何品质与特性一样，独立与自由也是"后

---

① 涂尔干：《宗教生活的基本形式》，渠东、汲喆译，上海人民出版社 1999 年版，第196 页。

天"获得的，即是随着人的发展历程而获得的。所谓"人生而自由"，只是人为争取自由而打出的一面旗帜。没有个体与群的分离及其自我意识的不断发展，自由就是不可能的。诚如弗洛姆所言："自由是人存在的特征，而且，其含义随人把自身作为一个独立和分离的存在物加以认识和理解的程度不同而有所变化。"①涂尔干也认为，早期人类只有对事物进行简单分类的能力，"相似的形象彼此吸引，而相反的形象彼此排斥。正是以这些相互吸引或相互排斥的感觉为基础，他们才把相应的事物划归到了这儿或那儿。"②只是随着人的发展程度的提高，才对事物有了较为细致的区分，包括个人与群、个人与他人的区分，所以说，"认识的基本观念和思维的基本范畴，乃是社会因素的产物。"③

几乎可以这样说，人的发展历程就是人与各种自然形成的关系不断地"分离"的过程，是一个由统一到离散的过程，原来用来维系人际关系和共同体利益的如血缘的、信仰的、文化的甚至地域的等因素，都因为不断地分离或离散而越来越弱化。到了这样的时候，原有的共同体中的身份、地位等标识已越来越模糊，原来贴在个人身上表明身份、地位的各种标签已被撕掉，每个人都还原为具有人格尊严和权利义务的个体，人际关系的纵向网也逐步瓦解，被横向网络所取代，立体式的"群"被平面式的社会所取代。到了这样的时候，公共生活就成为一种必然的生活样式。

这说明，尽管共同生活与公共生活有着明显的区别，但并不是说它们之间存在着不可逾越的鸿沟。一般说来，共同生活是公共生活的前期阶段，并且为公共生活做好了一系列准备：在其中，人们学会了关注共同利益，将个人利益与共同利益统一起来；学会了与他人的交往（尽管这种交往与公共生活中的交往有很大不同），并在这种交往中表达自己的意志和愿望，学会协调、妥协、互助；人们在共同体中接受某种精神熏陶和教化，使之能具备作为一个社会人所应有的基本精神品质。此外，即使在公共生活较为发达的今

---

① 弗洛姆：《逃避自由》，刘林海译，国际文化出版公司 2000 年版，第 16 页。

② 涂尔干：《宗教生活的基本形式》，渠东、汲喆译，上海人民出版社 1999 年版，第192 页。

③ 同上。

天，共同生活也依然有其存在的领域，如某个团体、一个社区、一个村落等。

第二节　公共生活与公共领域

在当代公共伦理学和公共哲学中，公共领域受到广泛重视并得到深入研究与讨论。自哈贝马斯出版其名著《公共领域的结构转型》之后，公共领域就成了当代政治学或政治伦理学、公共伦理学的核心概念。对于什么是公共领域（Publicsphere），学术界的看法不尽相同。哈贝马斯所说的公共领域，指的是一种介于市民社会中日常生活的私人利益与国家权力领域之间的空间和时间。具有理性与批判精神的个体在这一领域聚集在一起，共同讨论他们所关注的公共事务，形成某种接近于公众舆论的一致意见，并组织对抗武断的、压迫性的国家与公共权力形式，从而维护总体利益和公共福祉。哈贝马斯把这一领域称为"资产阶级公共领域"。[1] 这些人以私人社团如学术协会、阅读小组、共济会、宗教社团这样的机构为核心，自发聚集在一起。剧院、博物馆、音乐厅，以及咖啡馆、茶室、沙龙等提供了一种公共空间。很明显，哈贝马斯在使用公共领域这一概念时，有一种特定的限制，他特指称为"资产阶级"的这一群体，而这一群体还不是以阶级整体面貌出现的，更多的是自发的、群集性的，更像是"小众社会"。哈贝马斯认为，在资产阶级公共领域形成之前，存在着一种"代表性公共领域"，即由拥有权力的阶级（如封建领主）所代表的公共性，这不是一种真正的公共领域，而只是一种身份的象征。[2] 随着重商主义的形成，代表性的公共领域结构被资本主义所瓦解，此时形成了一个新的群体：有着自己商业利益的富人群体；形成了一种不同于封建领主经济的新的经济结构，使得自由与平等成为必需。此时，代表性公共领域主要体现为公共权力。[3] 对于此时的资产阶级来说，公共权力成了一种否定的力量，成了他们的对立面，因为他们被排除在公共权力之

---

[1]　哈贝马斯：《公共领域的结构转型》，曹卫东等译，学林出版社1999年版，第2页。

[2]　同上书，第7页。

[3]　同上书，第17页。

外。^① 逐步意识到自己是公共权力的对立面的，是正在形成的资产阶级公共领域中的公众。于是形成了以市民阶级为主体对公共权力进行讨论（批判）的公众。按照哈贝马斯的理解，"资产阶级公共领域模式的前提是：公共领域和私人领域的严格分离，其中，公共领域由汇聚成公众的私人所构成，他们将社会需求传达给国家，而本身就是私人领域的一部分。"^② 可见哈氏所说的公共领域，是公共权力领域与私人领域之间的一块中间地带。由于意在摆脱公共权力的控制，因而公共领域以批判性为其精髓。人们以对公共权力的批判为目的，形成公认的可以作为讨论论据的理性尺度，并形成真诚坦率展开商讨的交往氛围，由此对公共事务作出独立于公共权力领域之外的理性判断。随着资产阶级统治地位的确立且统治地位越来越巩固，即进入现代社会以来，这种理性的公共批判领域发生了变化。公众使用理性而培植的文化阶层所具有的共识基础坍塌了。公众分裂成没有公开批判意识的少数专家和公共接受的消费大众。由于文化批判的大众转化为文化消费的大众，公众丧失了其独有的交往方式，公共领域被"伪私人化了"。^③

哈贝马斯所说的公共领域，有这样几个特征：其一，它是一个相对小的空间，指的是公共权力与私人领域之间的地带，参与者也基本上属于有钱和有闲的阶级，其他公众被排除在外。其二，参与这一公共领域的人，以商谈为主要交往方式，以培养理性为交往原则，以对公共权力的批评为交往目的。其三，从上面两点引出，哈氏所谓公共领域，是一帮有教养、有理性的人参与的空间，他并不涉及整个公共生活，只是面对和公众作为对立面的公共权力，而且对公共权力也只以批判为目的。可见，这是一个相对狭小的公共领域。

汉娜·阿伦特把公共领域作为人之所以为人的必须条件："一个人如果仅仅去过一种私人生活，如果像奴隶一样不被允许进入公共领域，如果像野蛮人一样不去建立这样一个领域，那么他就不能算是一个完完全全的

---

① 哈贝马斯：《公共领域的结构转型》，曹卫东等译，学林出版社 1999 年版，第 17 页。
② 同上书，第 201 页。
③ 同上书，第 200—201 页。

人。"① 在阿伦特看来，劳动、工作和行动是人的三种最基本的活动。劳动属于必须品领域，即保障生存、维系生命延续的活动；工作则是一种创造性的活动，即人通过自己的努力改变乃至改造自然，在自然界打上人的烙印，营造一个有别于自然世界的人工世界；行动是唯一不需要中介的自主性活动，主要指政治实践，它本身就具有自主价值。以上这三类活动，依次表现为离必然越来越远而离自由越来越近的序列，劳动是必需品领域，它受自然力的必然支配（为了维持生存、延续生命）。按照古希腊时期的说法，从事劳动的人并不真正获配人的称号，因为那时候只有奴隶才从事劳动，因此阿伦特用了"劳动动物"（animal laborans）这样的称谓，其实它相当于亚里士多德所说的"创制"这一概念；而阿伦特所说的"行动"，则相当于亚里士多德的"实践"概念，特指人的政治生活实践活动，这是人之为人的最重要条件。在这样的意义上，阿伦特似乎也是把政治领域作为公共领域。当然，和哈贝马斯仅仅把公共领域作为与公共权力的对立面不同，阿伦特的公共领域似乎空间要更大一些，人的政治实践行动，绝不仅仅是以批判公共权力为限，它还有更广的活动空间。况且，阿伦特所说的公共生活并不仅仅指政治生活，她还把人与人之间的相互联系、相互依赖也看作是一种公共性活动。② 这样的公共领域不是我们想不想进入的问题，而是人能不能避开的问题："公共世界是我们一出生就进入、一死亡就弃之身后的世界。它超越了我们的寿命，过去是如此，将来也一样。它在我们出生之前就已存在，在我们的渺渺一生之后仍将延绵持续。"③ 在这里，阿伦特实际上已经离开了其所说的公共领域，而转入一个更为广阔的空间：公共生活。④ 但她自己并没有明确意识到这一点，由于她把人参与公共的政治活动不仅看作是人的自由与权利的保证，而且看作是人之为人的

---

① 汉娜·阿伦特：《人的条件》，竺乾威译，上海人民出版社 1999 年版，第 38 页。

② 参见汉娜·阿伦特：《人的条件》，竺乾威译，上海人民出版社 1999 年版，第 47 页。

③ 同上书，第 42 页。

④ 公共领域与公共生活是两个联系紧密的概念。在很多论者的著作中，它们几乎是当作同一个概念来使用的，不过笔者认为，它们是有区别的：公共领域的边界要更为清晰一些，其所指要更为明确一些，对公共性的表达更为直接一些，而后者所指则要模糊一些，其对公共性的表达也要间接一些。

依据和条件，所以她把一切的公共交往与公共活动都视为公共领域。这实际上是说，个人不能在自己身上得到自我确证，只有在和别人的联系中才能确证自己。而这一点，正是我们探讨公共生活（而不仅仅是"公共领域"）的核心旨趣。

无论是阿伦特还是哈贝马斯，他们所使用的公共领域概念，都有着某种限制，即都是指政治公共领域。他们看到，资产阶级统治地位稳固之后，由于资本和权力的结合，使得原有公共领域赖以存在的基础如批判精神等逐步瓦解，加上公共权力不断向诸如家庭、职业生活渗透，公域与私域的界限越来越模糊，所谓公共舆论也越来越商业化，并对个人发挥着越来越大的宰制功能，批判者变成了接受者和消费者，这些都造成了原有公共领域的淡出。我们看到，阿伦特与哈贝马斯都是在资本主义既有的框架内讨论公共领域问题，其目的是为了批判资本和国家权力对人的支配与统治，还人以自由发展的空间。

明白了阿伦特与哈贝马斯对公共领域的限制及其所要表达的意旨，我们就能读出他们行文之外的意蕴。人是个体的，也是公共性的。人不可能不借助任何中介而自我确证，公共领域就是这样的中介。在其中，每个人都是自由而独立的个体，都有自由表达自己意志的权利。这样的个体通过公共性交往，培养了理性、心智与教养，并通过商谈达成某种共识，在这种共识中个人获得了认同和肯定，由此获得了交互主体性。与此同时，这种公共交往所达成的共识会作为一种公众舆论，与作为个人生活宰制的公共权力相抗衡，从而确保个人能免于强权与资本的宰制。可见，这种公共领域就是人自由发展的空间，是人既能成为独立自由的个体，又能具有公共性情怀的重要条件。

但是，如果要达到上述目的，仅仅把公共领域限定在公共权力或政治生活领域是不够的。何谓公共领域？公共领域是相对于私人领域而言的。之所以称为公共领域，在于生活领域的公共性或公开性。公共性表明公共领域是向所有人敞开的生活领域，即不是哪类人专属的活动领域，只要你符合进入的条件，具备进入的资格，[①] 就可以参与公共活动，这一领域就是对你开放

---

① 这里所说的条件与资格不是就身份、地位、血统等传统的人身标识而言的，而是指必须具备在公共领域活动的行为素质和精神品质。良好的公共生活应该摒弃身份、地位、血统等。

的，所以公共性在这里表达的其实就是共享性。雷蒙特·戈斯这样说明公共场所："公共场所就是一个我能被任何'一个可能碰巧出现在那里的人'观察到，这就是说，被那些我没有私人交情的人和那些不需同意就能进入与我的亲密互动中的人观察到。"① 即使阿伦特把公共领域限定在政治活动领域，但她仍然是在一个更广阔的空间谈论公共性："公共一词……它首先意味着，在公共领域中展现的任何东西都可为人所见、所闻、具有可能最广泛的公共性。对于我们来说，展现——既可为我们亦可为他人所见所闻之物——构成了存在。"② 这说明，公共领域的公共性或共享性本身就表示它也是公开的社会领域，这与纯属私人活动空间的私人领域有着明显的区别。私人领域不仅仅具有隐秘性、私密性和封闭性，即私人生活所具有的不可或不应公示性，而且还在于，在私人领域，个人是特殊的个体，他能在这一领域充分展示自己的特殊性，比如他的爱好、兴趣、情感，他的生活方式，他的信仰或某种完备的价值体系，他的个性等。总之，在私人领域，他就是他，他的行为具有私密性和私人自主性，这是他的私人性的自由展示空间。但是，一旦进入公共领域，个人的特殊性就要纳入普遍性之中，其爱憎、取舍、予夺，都要以社会即普遍性所能接受的方式表现出来，即使是私人生活中最隐秘的思想情感，都要摒弃个性化偏好而转化为一种公共性可接受的形态来展现。在这样的意义上，我们可以说，凡是公共性的生活领域都可以称为公共领域，或者说，除私人领域之外的活动空间和场所都属于公共领域。人的现实生活其实只有两个领域：公共领域与私人领域。这两个领域是相互依存的：如果没有真正的"私人"，就不会有由不同个体自由组成的公共领域；反过来，没有公共性的空间与存在物，也就谈不上"私人"。这两个相互依存的领域是一个完全的人不可或缺的，一个人如果不参与公共生活，不融入社会，不仅他的利益、需要、权利等都是虚无，而且他的尊严、人格、价值等都得不到确认。这也就是为什么阿伦特说，一个人如果仅仅去过一种私人生活，不能算是一个完完全全的人的意思。而一旦进入公共生活，个人的行为就不再是

---

① Raymond Geuss, *Public Good,Private Good,* Princeton University Press,2001,p.13.

② 汉娜·阿伦特：《人的条件》，竺乾威译，上海人民出版社1999年版，第38页。

纯粹的私人行为，尽管个人仍然是在争取和维护自己的利益与权利，但他必须把自己的特殊性转化为社会可以接受的公共性，否则，个人的特殊性就是任性与冲动，这样不仅会毁掉他人，最后也会毁掉自己。因为"特殊性本身是没有节制的，没有尺度的，而这种无节制所采取的诸形式本身也是没有尺度的"。[①] 因此，"特殊性的原则，正是随着它自为地发展为整体而推移到普遍性，并且只有在普遍性中才达到它的真理以及它的肯定现实性所应有的权利"。[②] 尽管黑格尔是想用绝对精神之光普照大地，把社会生活的每一环节都纳入绝对精神的发展轨道，但其中所含的逻辑还是合理的：特殊性必须转化或升华为普遍性。只不过，这种转化不是抹杀特殊性（这是我们与黑格尔的区别），而是能让特殊性得以更好地实现，如果不能做到这一点，就不是我们所需要的公共性。

第三节　市场与公共生活

我们把问题放在这样的层面讨论，会发现公共领域其实有其更广的空间和更深的意蕴，为了使我们讨论的问题不受公共领域现有的边界束缚，也许用"公共生活领域"这样的概念更为妥当。公共生活领域指的是除私人领域之外的一切领域，即一切带有公共性特征的活动领域。

公共生活是随着公共性交往而产生的，公共性交往是最经常发生的公共生活活动。在一般意义上，任何公共活动都包含有公共交往，反过来说，没有公共交往就不会有公共生活。只不过，有些交往是直接发生的，而有些则是间接发生的。公共性交往之所以发生，与社会的演进和人的发展是密切相关的。其演进逻辑是，人的不断增长的需要刺激人们不断地提高生产力，改进劳动技能，促成社会生产中日益广泛的分工与交换，这一方面促进了劳动生产率的提高，另一方面使得不同劳动者的专业技能也不断提高，因此斯密

---

① 黑格尔：《法哲学原理》，商务印书馆 1961 年版，第 200 页。
② 同上书，第 201 页。

认为劳动生产力的增进，以及运用劳动时所表现的更大的熟练技巧和判断力，似乎都是分工的结果。① 广泛的分工和不同分工主体之间的市场交换是市场经济的基本图景，人们通过交换使私人劳动变为社会劳动从而实现自己的私人利益，这不仅会作为一种结果固定起来，而且会把分工与交换不断地再生产出来。社会分工越是发展，交换越是普遍，人就越是变得片面，这使得人越是要相互依赖。"交换和分工互为条件。因为每个人为自己劳动，而他的产品并不是为他自己使用，所以他自然要进行交换，这不仅是为了参加总的生产能力，而且是为了把自己的产品变成自己的生活资料。以交换价值和货币为中介的交换，诚然以生产者互相间的全面依赖为前提，但同时又以生产者的私人利益完全隔离和社会分工为前提，而这种社会分工的统一和互相补充，仿佛是一种自然关系，存在于个人之外并且不以个人为转移。普遍的需求和供给互相产生的压力，作为中介使漠不关心的人们发生联系。"② 在这样的社会条件下，私人利益是完全隔绝的，即每个人都独占自己的那份利益，带有强烈的自我性。但是，私人利益的实现方式则是非自我的，必须通过社会、借助于他人的媒介才能最终实现私人利益，这就客观上使得人们联系起来，所以马克思说"仿佛是一种自然关系"，这种联系不是你愿意不愿意的问题，而是你是否能避开的问题，这应该是公共交往的最深层基础。

不过，提出这样的观点，似乎与学界讨论的公共性、公共领域等概念不尽符合。这里的问题是，市场领域究竟属于私人领域还是公共领域？如果我们仅就"公共领域"这个概念本身讨论问题，似乎很难把市场领域归于公共领域，这几乎是西方在讨论公共问题时的共识。无论是霍布斯所说的"利维坦"，洛克所说的"政府"，还是卢梭通过社会契约达成的"公众意志"，都是把公共性限定在政治领域。哈贝马斯就明确把市场领域称为私域。③ 在黑

---

① 参见亚当·斯密：《国民财富的性质和原因的研究》上卷，商务印书馆 1997 年版，第 5 页。

② 《马克思恩格斯文集》第 8 卷，人民出版社 2009 年版，第 52 页。

③ "我们称市场领域为私人领域。"（参见哈贝马斯：《公共领域的结构转型》，曹卫东等译，学林出版社 1999 年版，第 59 页）

格尔那里，公共领域指的是政治国家，市民社会只是向国家过渡的一个环节，这样看来，似乎黑格尔认为只有国家才是公共领域，其实，黑格尔是把一个个分散、独立并相互排斥的个体走向公共领域看作是一个发展的历程。他认为，一个分裂的、追逐私利并停留于任性、冲动与主观需要基础上的市民社会很难成为人类最终的生活状态。因为这种"自然状态"是有缺陷的："在自然状态中，他只有所谓简单的自然需要，为了满足需要，他仅仅使用自然的偶然性直接提供给他的手段。……因为自然需要本身及其直接满足只是潜伏在自然中的精神性的状态，从而是粗野的和不自由的状态。"① 当然，黑格尔把公共性的实现看作是绝对理念在人间的实现，政治国家不过是绝对精神在地上实现的伦理实体，个人必须纳入这一实体，才能有真正的自由，也才能真正实现自己的权利，满足自己的利益。因此，黑格尔赋予政治国家以公共性特征实际上把个人（私人）视为一个无足轻重的环节，以普遍性消解了特殊性。但他将被称为私人性的市场活动作为公共性的基础，而且认为公共性的建构与实现就是由特殊性达于普遍性的过程，这一过程同时就是伦理理念的实现，亦即，个人之所以以公共生活为生活目的，不是因为制度的架构和对个人的规约使之必须如此，也不是因为只有这样才能更好地实现自己的利益，维护自己的权利，而是因为人通过精神的反思认为受普遍性规约的生活才是真实的生活，这些观点还是值得关注的。②

　　将市场领域纳入公共生活范畴，并不是说市场本身就是公共领域，而是说市场是带有公共性特征的领域。市场经济是个人（经济活动主体）决策，

---

　　① 黑格尔：《法哲学原理》，商务印书馆1961年版，第208页。
　　② 在严格意义上，黑格尔用以消解特殊性的普遍性并不能称为"公共性"，因为没有了私人领域，也就没有公共领域。但黑格尔是在寻找如何在社会分裂的状况下（个人与个人的分裂，市民社会与国家的分裂）使社会生活有序之道，在这一意义上，笔者认为黑格尔的普遍性的伦理实体就是某种公共性。我们甚至可以据此推论出公共生活的几种可能的形态：其一，以消解私人为手段来构建所谓公共生活；其二，虽保留私人，但人只是手段，既以他人为手段，又以自己为手段，于是公共性只是顺利实现利益的条件；其三，人本身是目的。公共生活不仅仅是为了使人更有自由，更能实现自己的权利，同时使社会更有秩序，并能增加社会的整体利益，而且本身就是某种伦理追求。笔者认为，第三种形态才是我们所需要的公共生活。

风险自担，利益自享，看起来是一个典型的私人领域，其实不然，其中的一些问题值得认真分析。

任何市场活动都要和他人打交道，这其实也是一种公共性交往，不过人们几乎都意识不到这是一种带有公共性质的交往，更多地只是作为一种谋利的手段。市场活动中的主体尽管是一个独立的主体，但却不是一个自足的主体。由于社会分工和交换，全面的需要体系使得人们处于相互依赖之中。"在劳动和满足需要的上述依赖性和相互关系中，主观的利己心转化为对其他一切人的需要得到满足时有帮助的东西，即通过普遍物而转化为特殊物的中介。这是一种辩证运动。其结果，每个人在为自己取得、生产和享受的同时，也正为了其他一切人的享受而生产和取得"。① 在川岛武宣看来，主观的利己心能转化为满足他人需要的东西，是"共情"在发挥作用："利己心的主体把他人也作为利己心的主体，即作为与自己同样的人格而相互交涉"。② 这与儒家所说的"推己及人"的致思方式颇为一致，只是出发点和前提正好相反。但是，主观的利己心并不能自然地转化为满足他人需要的东西，推己及人只对有道德心的人才有效，若是纯粹的利己心，他会使用各种极端的、纯工具性的手段来获取利益。黑格尔在谈及这一点的时候用了"通过普遍物而转化为特殊物的中介"这样的说法，这其实已涉及伦理问题；普遍物是属于伦理的东西，它就是要扬弃主观的任性与冲动，因而也涉及市场规则问题。川岛武宣在谈到利己心转化的时候也说："在这里，已经不是原始的、本能的单纯自我保护，即不是否认除自己以外的所有人的主体性，而是把他人也作为与自己同样的存在而加以承认，由此而意识到自己的存在，这已是一个伦理的世界。"③ 因此，如果自利之心不能转化为利他之行，人与人的关系就会像狼对狼的关系一样，而一旦发生转化，就会涉及公共性问题。这首先需要个体能够"觉"到他人是与自己一样的个体，即自由的、独立的、有自身利益和权利要求的人，换言之，每个人在权利、人格和尊严方面都是平

---

① 黑格尔：《法哲学原理》，商务印书馆 1961 年版，第 210 页。

② 川岛武宣：《现代化与法》，王志安等译，中国政法大学出版社 1994 年版，第 35 页。

③ 川岛武宣：《现代化与法》，王志安等译，中国政法大学出版社 1994 年版，第 35—36 页。

等的，并能努力地成为这种观念的实践者。要做到这一点，个体必须具有相应的教养、精神品质和理性能力，即把个人的特殊要求转化为某种普遍性的东西，转化为每个人都能接受的东西。除此之外，还必须有反映公共性要求的另一方面：规则或制度。个体将利己之心转化为利他之行的觉识，必须由规则、制度将之实体化，形成稳定的规约方式，才可能形成公共性的制度架构，才能真正保证个人能将利己之心变为合理的利己之行，即客观上的利他之行。否则，完全靠个人的自觉与良心，不仅不可能真正收效，而且仍然停留在特殊性领域。凭良心将利己之心变为利他之行，尽管符合公共交往的要求，但仍然属于主观偏好的范畴，这种"良心型"行为选择也带有很强的或然性，很容易出现"意外"或是良心"不作为"——当他遭遇困境或是行为受挫的时候。另一种可能的情况是，利用工具理性将利己之心变为客观上的利他之行，即由于发现他人是自己实现利益的手段，为了顺利实现自己的利益，所以不能妨碍他人也能实现其利益，否则，自己也有可能不能实现利益。这种行为的出发点和归属都是自己的利益，所以，虽然已摆脱了任性与冲动，但仍然属于特殊性范畴。尽管以上两种特殊性表现都符合公共伦理的要求，但都具有或然性，一旦条件发生变化，就可能回归任性与冲动，因此，反映普遍性要求的规则与制度是公共性建构不可缺少的因素。

但规则与制度不会自动发生作用，因为制度不会自发产生，它本质上是人们实践的产物。制度其实是对社会关系及其所包含的权利义务关系进行结构性安排的结果。这需要实践主体对自己所处的社会关系进行甄别、审视和整合，将人们认为合理的社会关系及利益关系固定化、秩序化，使之具有某种稳定的形式和结构，以便使社会关系符合当下实践的需要。因此，制度只是一定时代人的主体性和内在品质的体现形式，是人自身发展程度的尺度。在这个问题上，公共选择学派的观点有失偏颇，尽管他们在强调个人的自由、自主、选择权等方面是有建树的，但他们片面强调市场机制的作用，认为一切选择（包括规则与制度的选择）都是源于个人的利益考量，因为每个人都是理性经济人，他们遵循利己主义原则在不同的组织、规则、利益之间做选择，通过交换与博弈来达到一致同意。毫无疑问，人们的确是在市场活动中基于自身利益进行行为选择，但与此同时，人们还根据自己认为"应该如此"的生活样式在做选择，后一方面使人把自己不仅仅视为经济动物，而同时还看作是"人"。在人的意义上，他就会有情感和精神需求，他要求有正常的市场秩序和顺利实现利益的市场机制与规则，这是毋庸置疑的。但一个只想使自己利益最大化的人，一个时时以是否对自己有利为考量原则，只知道趋利避害的行为主体，会是一个时刻准备钻制度空子的机会主义者。如果没有对正义的精神需求所产生的正义感，就不会产生正义的制度。即使有了正义的制度，在面临一群满怀利己打算的人时，正义就成了一个抽象的符号。所以罗尔斯认为正义感能"引导我们接受适用于我们的、我们和我们的伙伴们已经从中得益的那些公正制度。"①"正义感产生出一种为建立公正的制度（或至少是不反对），以及当正义要求时为改革现存制度而工作的愿望。"② 当涉及正义感时，就已经涉及公共性问题了。

制度的形成已经表明市场领域并不属于纯私人领域，只是在个人谋取自身利益、满足个人需要、自我决策、自担风险这样的意义上，我们才说它属于私人领域。换言之，只是在个人权利不应受到公共权力干涉和侵犯这样的意义上，市场活动才属于私人领域。但个人在谋取自身利益、满足个人需要、实现个人权利时，面对的是和自己有相同需求的个体，如果没有相应的规则或制度调节和维系市场活动中的各种关系，所谓个人利益的实现就只能是一句空话。这样，个人的市场活动就涉及了公共资源与公共权力问题，任何市场活动，都需要有诸如工商、税务、质检、司法部门等参与其中。

工商、税务、质检、司法部门等其实就是规则与制度的执行者，他们代表的是公共权力，这些部门的人员的素质如何，是否具有正义感和公共精神，不仅直接关系到制度是否有效，而且也关系到每一个体是否能受到公正的对待，以及个体的利益是否能顺利实现。影响公职人员正义感和公共精神的因素有这样几个方面：其一，自身的道德感以及教养。公职人员

---

① 罗尔斯：《正义论》，何怀宏等译，中国社会科学出版社 1988 年版，第 461 页。

② 同上。

虽是私人，但在运用公权力时就已进入公共领域。作为私人，其所持的道德观念如何，完全是他私人的事，任何人都无权干涉；但是，作为公职人员掌握和运用公共权力时，就必须摒弃一切个人的主观偏好，根据法律规范所规定的行为方式行为，这就需要公职人员具有一定的正义感和依法办事的精神品质。其二，制度规约。制度是将各种特殊性偏好和主观任性纳入普遍性要求的结构性表达，公职人员作为个人，也有自己的特殊利益，制度规约就是使公职人员不能因自己的特殊利益影响秉公办事。如果一个制度是切实有效的，就能慢慢培养起公职人员的公共精神。其三，在制度的有效性问题上，我们似乎陷入了一个困境：公共权力的运用者是否能秉公办事，除了自身的道德感与教养外（这是一种弱约束），主要靠制度的规约，而制度本身是否具有效力，又与公职人员能否严格按制度办事有着密切联系，如果这些人员玩忽职守或以权谋私，那制度也只是摆设。所以，社会大众的监督就成了制度是否有效的关键因素，而社会个体与公共性社会组织的培育、民众的监督能力以及如何监督等，就成了一个典型的公共性问题。

这就把由市场活动引发的公共生活带入了政治生活领域，即典型意义上的公共领域。市场规则以及一系列制度都是受政治制度支配的，更重要的是，国民的权利义务的分配与安排，公权与私权的边界及其保障，公众参与公共权力的方式与程度，社会成员公共理性与公共精神的培育等，不仅与良好健康的政治生活密切相关，而且会直接影响到市场秩序。所以，在全部公共生活中，市场是最坚实的基础，人民权利、公共权力、政治活动、法律制度、意识形态等都是这一基础上的产物。马克思在这方面有过经典的论述："法的关系正像国家的形式一样，既不能从它们本身来理解，也不能从所谓人类精神的一般发展来理解，相反，它们根源于物质的生活关系，这种物质的生活关系的总和，黑格尔按照18世纪的英国人和法国人的先例，概括为'市民社会'，而对市民社会的解剖应该到政治经济学中去寻求。"① 当然，马克思不仅不把市民社会纳入公共生活的范畴，就连国家在他眼里也不属于公

---

① 《马克思恩格斯选集》第 2 卷，人民出版社 1995 年版，第 32 页。

共生活的领域，① 但他始终从现实的物质生产关系出发而不是从某种既定的观念出发，始终把个人的自由、发展作为论述问题的根本鹄的，并把人的自由全面发展与人所处的社会关系结合起来考察，这样的思路，对我们考察公共生活无疑具有指导意义。

我们把市场纳入公共生活的范畴，是根据公共生活的演绎逻辑。公共生活（包括诸多论者所说的公共领域）不会凭空产生，它的根深扎入人们的物质资料生产活动中，市场活动则是物质资料生产活动的重要环节。市场的发育状况，市场的制度建设与监管，市场主体的行为品质，市场秩序对整个社会生活秩序的影响，市场体制（经济体制）与政治体制的相互作用等，这些使得我们很难将市场排除在公共生活的视域之外。

第四节 公共生活与人的发展

公共生活不是外加于人的一种生活方式，而是人在其发展的某一阶段的必然结果。人从群居生活到共同体生活再到公共生活，正反映了人在不同发展阶段的不同生活样式。在人的全部发展阶段上，影响人生活样式的主要有这样几个因素：生产能力、人自身的主体性，以及这两者能动结合的产物——反映人对所处社会关系把握程度与处理能力的制度安排。这些因素在人的发展史上表现为两条并行的线索，一条是人支配外在环境的能力（包括

---

① 马克思是在超越市民社会与国家的意义上探讨公共生活的，他用"类生活"、"真实的集体"、"自由人的联合体"等概念来说明公共生活。在他看来，在资本主义社会里，公共利益与私人利益是分裂的，并由于这一分裂产生了国家这种虚幻的共同体形式，"正是由于私人利益和公共利益之间的这种矛盾，公共利益才以国家的姿态而采取一种和实际利益（不论是单个的还是共同的）脱离的独立形式，也就是说采取一种虚幻的共同体的形式"。（《马克思恩格斯全集》第 3 卷，人民出版社 1960 年版，第 37—38 页）因此，在这样的社会是不可能有真正的公共生活的："只要人们还处在自然形成的社会中，也就是说，只要特殊利益和共同利益之间还有分裂，也就是说，只要分工还不是出于自愿，而是自然形成的，那么人本身的活动对人来说就成为一种异己的、同他对立的力量，这种力量压迫着人，而不是人驾驭着这种力量。每个人都处于一定的特殊的活动范围之内，他不能超出这个范围。"（《马克思恩格斯选集》第 1 卷，人民出版社 1995 年版，第 85 页）

自然环境、社会环境、人与人的关系），另一条是人自由、发展的程度，制度就是这两条线的结合平台。随着人支配外在环境的能力不断增强，人的主体性的不断丰富，个体的自由度也越来越大，个性越来越鲜明，独立性越来越强。与之相适应，人的生活样式与制度结构也会发生相应变化。当人不仅具有了独立的能力与意识而且事实上是独立的时候，当个人利益具有了实体性并与共同体利益相分离的时候，当个人与个人相分离已经发生，个人原有的依赖关系全部斩断、只有对物的依赖才能谋求生存与发展的时候，公共性问题就必然要提上议事日程。

但是，问题又出现了：当我们把市场活动纳入公共生活领域，认为公共生活是一个从物质利益的谋取活动直到政治生活的立体式结构时，似乎是把个人的权利保障和利益实现作为唯一的诉求。其中的逻辑是，由于个体已经分裂，他们都是利益互不相干的主体，个人的独立与自由的意识及其追求建立在对他人冷淡的基础上，每个人都成为原子式的人，而由于每个人在市场活动中是相互依赖的，无论他们是否意识到，这是客观存在的事实，这种依赖使得个人利益的实现被其他相同个人的相同需求所制约，因此，为了顺利实现自己的利益，就不得不适当考虑他人利益及彼此的共同利益，这就需要有公共性的活动方式。如果是这样的逻辑，那下面的问题又摆在我们面前：我们究竟是避不开公共生活还是需要公共生活？如果是后者，难道我们仅仅是为了自己的利益与权利的实现才需要公共生活吗？在西方语境中，市场活动（市民社会）一般并不属于公共领域，当阿伦特将人类活动区分为劳动、工作和行动，并认为只有行动是人类最富自我意识的活动时，实际上把市场活动划分在了劳动这一范畴之内。在她看来，市场活动只是谋生和谋利的行为，只是满足肉体需要的活动，否则就不会使用"劳动动物"（animal laborans）这样的称谓。哈贝马斯也只是在以公共舆论抗衡公共权力这样的意义上使用公共领域这一概念，市场活动同样在他的公共领域范畴之外。①黑格尔也不主张把市民社会视为具有公共性的生活，不过他认为市民社会是

———————

① 哈贝马斯明确地说："就形式而言，企业属于私人领域，权力机关则属于公共领域。"（参见哈贝马斯：《公共领域的结构转型》，曹卫东等译，学林出版社1999年版，第180页）

达到公共生活的一个环节，因为在市民社会中，尽管每个人都以自身为目的，但他如果不同别人发生关系，就不能达到他的全部目的。① 尽管黑格尔认为市民社会是谋取私利的战场，但他看到了人与人在其中的联系，虽然个人是把他人作为达到自己目的的手段，但这种特殊的目的一旦纳入普遍性（在黑格尔那里表现为国家）之中，公共性就会呈现出来。因此哈贝马斯认为，在黑格尔看来，"公共性只是用来整合主观意见，赋予它以国家精神的客观性。"②

我们并不认同黑格尔以国家精神的客观性作为公共性的观点，但其中有很多合理的思想是值得我们关注的。首先，公共性并不是一个空中楼阁，被我们称为公共领域的那些领域（公共权力、公共舆论、公共场所）其实有着坚实的基础，没有这一基础，公共领域就会是无本之木、无源之水。重要的是，这一基础并不是与我们称之为公共领域隔绝的，它本身就是公共生活的一部分，这一基础就是市场活动及由此构成的市民社会。正是因为有了追逐个人利益的市民社会，才有了个人权利的正当性、合理性、合法性的问题，才有了私权与公权、私权与私权的关系问题，由此出发，才谈得上自由、平等、公正等政治领域的问题。所以黑格尔说："从自由的角度看，财产是自由最初的定在，它本身是本质的目的。"③

其次，公共性问题是和整个人的权利的生发、展开、整合、实现紧密联系的，其实就是个体的人如何从自然状态成为理性的人的问题，换言之，公共性是与人自身的发展紧密相连的。在一定意义上可以说，公共理性、公共精神就是衡量人发展程度的重要指标。几乎凡是探讨公共生活的理论如公共哲学、公共伦理、公共管理等，都把权利作为其中的核心问题进行分析。不错，在公共性问题中，权利的界定、安排、保障、监督、制约等的确是其主要问题，但权利本身并不是一个先验的概念而是一个"获得性"概念，犹如奴隶社会不可能提出"个性解放"的口号一样，那时也根本不知道权利为何物。根据阿伦特的研究，在古希腊城邦中，尽管有公民大会，但个人权利并

① 参见黑格尔：《法哲学原理》，商务印书馆 1961 年版，第 197 页。
② 哈贝马斯：《公共领域的结构转型》，曹卫东等译，学林出版社 1999 年版，第 138 页。
③ 黑格尔：《法哲学原理》，商务印书馆 1961 年版，第 54 页。

没有受到特别注意，公民的政治生活要优先于个人的私人生活，个人尽管有财产权、人身权等权利，但都是受到自然的必然性制约的，并不是一个自由的精神领域。① 对权利的诉求所产生的权利意识以及争取权利实现而发生的各种社会活动，是进入资本主义社会以后的事。所以，尽管资产阶级打出"天赋人权"的旗帜，但并不意味着自有人类以来就有了人的权利，也不是说每个人是带着自己固有的权利来到这个世界的，而只是表明，权利在此时已经成为一个需要解决的问题了。"问题和解决问题的手段同时产生"② 这一观点就说明，研究公共生活及其中的权利问题，不能依据某种先验的观念和既定的原则，而只能结合人的发展历程来考察，因为人的权利的获得与实现都与人的实际社会生活联系在一起。马克思对这一点说得更清楚："每个原理都有其出现的世纪。例如，权威原理出现在 11 世纪，个人主义原理出现在 18 世纪。……如果为了顾全原理和历史我们再进一步自问一下，为什么该原理出现在 11 世纪或者 18 世纪，而不出现在其他某一世纪，我们就必然要仔细研究一下：11 世纪的人们是怎样的，18 世纪的人们是怎样的，他们各自的需要、他们的生产力、生产方式以及生产中使用的原料是怎样的；最后，由这一切生存条件所产生的人与人之间的关系是怎样的。"③ 我们也应该用这样的思路来考察公共性及公共生活。自个人主义在 18 世纪作为一种理论产生之日起，公共性就作为一个问题潜在地存在于人们的生活之中。与此同时，试图解决这一问题的各种理论也相继问世，洛克、霍布斯、休谟、孟德斯鸠、格老秀斯、卢梭、康德、斯密等一大串名字，无论他们的立场、出发点和观点有何差异，其关注的核心问题都是在分裂的社会中如何使人们通过某种方式联系起来，在增进个人利益的同时也能增进公共

---

① 参见汉娜·阿伦特：《公共领域和私人领域》，载汪晖、陈燕谷主编：《文化与公共性》，生活·读书·新知三联书店 1998 年版，第 63 页。

② 《马克思恩格斯文集》第 5 卷，人民出版社 2009 年版，第 107 页。马克思此命题是在研究作为一般等价物的货币如何产生时阐发的。以物易物的交换不需要货币，简单的或偶然的商品交换也不会产生货币，只有当商品交换纷繁复杂到一定程度，才需要有一个充当交换媒介的一般等价物。亦即，当需要一般等价物的问题出现时，解决这个问题的手段也已经具备了。

③ 《马克思恩格斯选集》第 1 卷，人民出版社 1995 年版，第 146—147 页。

利益；如何既保证个人的权利不受侵犯，又能使这种权利纳入一种公共性目的。[1] 其后所有的这方面理论，近现代的政治哲学也好，公共哲学或公共伦理学也好，无不将主要精力放在人的权利的分配、制约、实现等问题上，这也正好说明公共性问题其实就是人的问题，是一个与人的发展紧密联系的问题。

再次，与上一点相联系，既然公共性是与人的发展紧密相连的，那么，在公共生活中，人除了保障和实现个人权利、实现自己的利益（包括公共利益）之外，就还应该有与这种生活样式相应的品质、情操与精神气质，这是有关人的发展这一话题的应有之义，也是一个构建公共生活的核心理念与目标指向问题。人的发展不应该仅是人的谋生技能的增强与物质生活水平的提高，同时也是人的理性能力的增强和精神气质的提升，是一个标志人处理人与自然、人与社会、人与人之间关系的能力与方式的综合指标。根据这一观点，公共性构建和公共生活本身就不能只具有手段价值，而同时也应该是人的目的，即人应该在精神品质上达到与公共生活相一致的要求，除了争取权利保障和利益实现之外，还应该有真切的公共性情怀，公共理性与公共精神就是这种公共性情怀的体现。

把公共生活与人的发展联系起来考察，就应该将人的一切公开的活动都纳入公共生活领域，其中当然也包含市场活动。如果这一观点成立，公共生活就包含了这样一些领域：（A）一切开放的、非固定场所的陌生人之间的交往领域。市场的交换行为，无论是商品、劳务还是服务，看起来是交换双方之间的事，其实无论是交换所遵循的规则，还是交换的过程及所产生的后果，都已远远超出了交换双方的范围，因而应该视为公共生活行为。（B）

---

① 例如霍布斯在谈到公共理性时说："关于这一点，我们不能让每一个人都运用自己的理性或良知去判断，而要运用公共理性，也就是要运用上帝的最高代理人的理性去判断。"（参见霍布斯：《利维坦》，黎思复、黎廷弼译，商务印书馆 1985 年版，第 354—355 页）洛克不同意这种观点，认为这无异于"为了避免野猫或狐狸可能给他们带来的困扰，而甘愿被狮子所吞噬"。（参见洛克：《政府论》，叶启芳等译，商务印书馆 1963 年版，第 57—58 页）主张人们通过转移部分权利，构成维护人们利益的政府。至于卢梭、康德等在这一问题上也各自有自己的范畴与相应表述。但是，这些差异掩盖不了他们所关注问题的一致性，即如何理性地运用权利，如何处理公权与私权的关系等。

任何一个可能被一个人或一群人偶然进入的公开场所如图书馆、电影院、公园、商店等乃至一条马路，只要发生了陌生人之间的交往行为（无论是有意识交往还是无意识交往），都属于公共生活范畴。（C）一切社会组织、共同体如村落、社区、街道、民间自治团体等在内的活动。（D）与社会政治生活有关的活动如行使公众权利、发挥公众舆论的作用等。

第三章
公共生活的伦理维度

在人的发展历程上，公共生活是一种新的生活样式。根据个体与社会组织关系的历史演变过程，大体会经历"合"→"分"→"合"这样几个阶段，目前的公共生活正处于第三阶段（合）的起点。第一阶段的合，几乎完全是源于外部的自然力量，是被一种自然的必然性所迫使的合。当时的人无论是与自然抗争的能力，还是把握物我、人我、心身关系的能力，都还处于萌芽阶段。物质力量的低下使得人必须结成群才能生存，而心智、情感和认识能力的低下又使得人只有盲目接受自然的安排。因此，第一阶段的合是处于愚昧、蛮荒时期的人的一种非自觉的自然结果。涂尔干的研究表明，在氏族社会，人们只要拥有共同的姓氏和图腾，就会像一家人那样紧密联系在一起。[1] 这是因为，"劳动越不发展，劳动产品的数量、从而社会的财富越受限制，社会制度就越在较大程度上受血族关系的支配。"[2] 随着人的劳动生产能力的提高，出现剩余产品之后，对剩余产品的占有和支配以及由此产生的人对人的支配，导致了自然形成的共同体的分裂，"与此同时，私有制和交换、财产差别、使用他人劳动力的可能性，从而阶级对立的基础等等新的社

---

[1] "有一个时期所有氏族都紧密结合在一起，都拥有同一个图腾。所以，无论在哪儿，只要对共同起源的记忆还没有完全淡漠，每个氏族就仍然会有彼此相连的感觉，仍会认为他们的图腾并非毫不相干。"（参见涂尔干：《宗教生活的基本形式》，渠东、汲喆译，上海人民出版社1999年版，第172页）

[2] 《马克思恩格斯选集》第4卷，人民出版社1995年版，第2页。

会成分，也日益发展起来"。① 于是人类进入"分"的阶段。尽管在分裂的社会，人与人的关系也处于紧张对立状态，但在这一阶段，一方面由于交往空间的不断扩大和交往程度的不断深入，使人们客观上处于联系之中；另一方面，个体的独立人格、自由意志、权利意识等也随之发展起来，这就出现了"客观上的联系"与"主观上的独立"的深刻悖论，解决这一悖论的办法就是人们再一次的"合"，这种"合"我们就称为公共生活。涂尔干从社会分工的角度也谈到了这种联合，同样认为这种联合是社会发展的产物："社会的发展绝对不是一种持续的解体过程，恰恰相反，人类越是进步，社会对自身与自身的统一性就越有深切的感受。这种感受一定是另一种社会纽带造成的，它非劳动分工莫属。"② 不过，此时的"合"与第一阶段的"合"具有完全不同的特征与意义，它不是被迫的合群，而是个体自觉地选择与他人联合；这是在每个人具有独立、自主、自由意志与个人权利的基础上实现的个人之间的联合与合作，既保持了个人的独立性，又让每一独立的个体与他人处于联系之中。因此，这种联合不是无差别个体之间的融合，而是独立、自由个体之间通过某种伦理关系及其制度建构组织起来的联合生活样式。

第一节　公共生活的伦理关系

公共生活作为一种新的生活样式，它的人际关系的伦理意蕴及其规约方式也应该区别于以往的生活形态，因而会展现为一种新的伦理关系。

一、横向的、平面的人际网络

在自然形成的共同体中，由于血缘起着决定性的作用，因而并没有真正意义上的人际关系，所有的人都被血缘凝聚在一起，没有个体与整体的分

---

① 《马克思恩格斯选集》第 4 卷，人民出版社 1995 年版，第 2 页。
② 埃米尔·涂尔干：《社会分工论》，渠东译，生活·读书·新知三联书店 2000 年版，第 133 页。

别。涂尔干用"机械团结"来指称这样的共同体。① 在君主权力至上的等级社会，社会呈现出宝塔结构，人们之间的联系基本上都是纵向的。这种纵向的人际关系里所包含的伦理要求也是不平等的，在上者优于位下者，其所享有的权利要大于其所应尽的义务。由于国家权力的强大，私人生活处于极度萎缩状态，被限制在极小的范围之内。即使这样，私人生活还是不能摆脱公权力的控制。掌握权力的人与无权之人的行为并不使用同一道德标准衡量，在中国传统社会，君权、父权、夫权可以主宰其对应一方的命运，社会伦理也为这种主宰与服从关系作合理辩护。总之，在传统社会中，一个庞大的纵向网络将每个人都包容其中，一切伦理评价都是根据一个人在此网络上所处的位置作出的。此时的个人缺乏个人意识，"个人意识不仅完全依赖于集体类型，它的运动也完全追随于集体运动，就像被占有的财物总要追随它的主人一样。"② 在这样的共同体中生活的人，还没有真正的社会概念，当然也没有个人的概念，因而不可能认同他人。"惟一使他认识到自己是个'个人'的途径便是他的社会角色(即其天然角色)。他也未视其他人为'个人'。到城里来的农民是陌生人，甚至城里不同社会群体之间的成员，也都彼此视对方为陌生人。"③ 这样的伦理关系，实际上是身份与地位的伦理安排。

在公共生活中，每个人都还原为一个真实的个体，每个人都是独立的，具有自身利益关切的，具有自由意志并能自主选择的，有其独特个性的和自我实现方式的人，一切人身依附和从属关系都已斩断，个人作为独立而自由的个体活动于社会生活中。纵向的、立体式的人际网络已经瓦解，人们通过公共交往发生横向联系，他参加社团组织或各种联合体，是完全以一个独立的个体加入的，他和其中的每一个个体都是完全平等的关系；他在市场活动中发生的交易关系，也和对方是一种平等关系；他参与政治生活，是以独立、自由、平等的身份进行的。在这里，一切宰制均不存在，社会结构开始平面化。因此，在公共生活中，不会再用有区别、有差等的道德标准去衡量

---

① 埃米尔·涂尔干：《社会分工论》，渠东译，生活·读书·新知三联书店 2000 年版，第 91 页。

② 同上。

③ 弗洛姆：《逃避自由》，刘林海译，国际文化出版公司 2000 年版，第 30 页。

某一行为，每个人都会适用统一的评价标准；不再适合用人的身份、社会地位所内含的权利义务进行评价，而只是根据一个个体所应该具有的行为方式和品质进行评价。

二、构建性的伦理关系

传统社会伦理关系的形成主要有以下途径：第一，以血缘为依据，如父子、兄弟之间的亲亲、孝悌等；第二，以辈分或角色为依据（这只是血缘关系的扩展），如长幼、夫妇、朋友、君臣等。孟子最早提出"五伦"：父子有亲，君臣有义，长幼有序，夫妇有别，朋友有信。[①]《礼记·礼运》又提出"十伦"：父慈、子孝、兄良、弟弟（悌）、长惠、幼顺、夫义、妇听、君仁、臣忠。[②] 这些伦理关系都只是限于熟人圈子，主要是由身份、年龄等人们无法选择的因素来确定其中的应然要求。第三，以社会分工或共同体的需要为依据，如教师、医生、军人这样的职业，其伦理关系是比较确定的，其中的伦理要求也是比较恒定的。与此相似，各行各业、各岗位的伦理关系也是由分工确定的，一旦你进入了这个行业，你就进入了其中的伦理关系，也就承担着相应的伦理义务。此外，无论是由行业组成的共同体，还是如村落、团体、单位等组织，其成员与共同体之间以及此共同体与彼共同体之间都有相应的伦理关系。

纵观传统社会的伦理关系，可以发现这样一些特征：一是非选择性，血缘是个人无法选择的，由血缘关系引发的辈分也无法选择，一旦你成为某一血缘关系中的一个个体，就自然地承担了某种道德义务和伦理责任。二是非自愿性。有些角色是可以选择的，如夫妇、朋友、君臣等，进入某一职业而承担的角色，也是可以选择的，但角色的可选择并不意味着其中的伦理关系是出于自愿而构成的，选择角色只是由于人们的社会活动或是职业活动的需要，而伦理关系中所包含的应然的要求，则是由其所处的地位、身份或职业

---

① 参见《孟子·滕文公》，《诸子集成》第一卷，长春出版社 1999 年版，第 64 页。
② 参见《十三经注疏·礼记正义》，北京大学出版社 1999 年版，第 689 页。

本身所规定的，无论你是否愿意，你所处的伦理关系就会起到制约作用。三是重伦常关系，强调人际之间的交往规矩。在没有伦常关系的场合，重交互关系即彼此的相互对待关系。四是封闭性，传统的伦理关系一般都是在较小的熟人圈子里有相应要求，这使得伦理行为只是经验的并可重复的。在熟人圈子里起作用的伦理规则，一旦超出这一圈子就不起作用了，哪怕每个圈子里的伦理关系所规约的人和事都大抵相同，但此圈子里的人进入彼圈子不一定会意识到其中的伦理要求，因而其伦理关系也不会发生作用。五是非主体性，在传统社会，伦理关系是随着血缘、亲情、友情、角色、职业等产生的，即先确定血缘、身份、地位、职业，然后才有了其中的应然要求。这样的伦理关系，只是把人作为血缘、身份、地位、职业等的承担者，他不是因为是一个完整的人而是因为进入了某种血缘、身份、职业才会面临这样的伦理关系，而无论这个人是谁，在这种伦理关系中，人的个性、自由意志以及主体性存在等是微不足道的。在这种伦理关系中，义务带有很浓的自然性质，"自然义务的特征是它们在用于我们时并不涉及我们自愿的行为。"[1]

与传统社会的伦理关系不同，公共生活中的伦理关系是构建性的。原有的由血缘、亲戚、朋友等形成的伦理关系留在了私人领域，身份在公共生活中已被瓦解，职业的伦理关系有的成为对个人德性的要求，有的则是共同体内部的伦理要求。在公共生活中，人已被还原为相互独立并有其独特个性的个体，无论是自然形成的依赖关系还是人自身制造的依赖或从属关系都已不复存在，因此，与以往社会的伦理关系不同，公共生活的伦理关系是每个个体内在精神的外部表达，是个体（主体）关于"应该如何"要求的程序性的外在表达，它是从传统社会"我被规定"的伦理关系向"我应该如何"的伦理关系的转变。每一个体关于生存环境的外在秩序和个人行为方式的内在要求，通过协商、对话达成某种共识，并将这种共识以制度的形式确立起来，形成一个由这样几个部分构成的伦理生态：伦理精神（包含时代精神与民族精神中的精华）；涵纳并体现伦理精神的制度体系；个人的精神品质与合理的

---

①　罗尔斯：《正义论》，何怀宏等译，中国社会科学出版社 1988 年版，第 109 页。

行为方式。这样的伦理关系，每个人都是主动的、自觉的参与者。在这样的伦理关系中，没有纵向的道德要求，人与人之间都是横向的、平面的交往关系，因而都是独立的、自由的个体。和传统社会从既定的伦理关系出发确定权利义务不一样，公共生活的伦理关系是从独立个体出发，以权利义务关系之应然去构建伦理关系的。

三、契约性的伦理关系

公共生活的伦理关系都带有契约性，只不过有些伦理关系的契约性比较明显，而有些则是间接契约关系。市场的交换行为，无论是商品交换，还是劳务或服务交换，其契约关系本身就具有伦理约束，既有职业本身的伦理要求（这些要求可能是自有该职业以来就已经确立起来的），又有不同主体之间相互对待的伦理要求。这些伦理约束，在有明确契约的情况下似乎容易被人们感知到，比如有书面合同时。但大多数市场交换行为并不如此，而是具有偶然性、一次性、匿名性（买卖双方互不知晓对方）等特征，尽管如此，其中所含的契约关系还是存在的，交换双方对自己所转让的劳务、服务、商品等都应该承担相应的契约责任，即向受让方或购买方负责。这样的责任，虽然表现在商品与服务的质量上，但已经超出服务和商品本身，而是指向了人与人的关系：尊重每一个人，就应该在与人的交往（这里表现为交换）中表现出诚信，承担应该承担的伦理责任。

除市场交换行为之外，公共生活中典型的契约关系当属公共权力的执行者与民众的关系。公共权力，顾名思义就是社会公众所享有的权利，只不过这些权利委托给了一个代理机构，即各个公共权力机关，这些机构只不过是代理社会大众行使权力。这样，公共权力的掌握者、执行者与社会大众之间就构成了契约关系。其伦理约束是双向的：对公权力的执行者而言，应充分运用公权力为社会大众服务，而不是用该权利谋取个人私利；同时，要严格把握公权力的边界，防止其对私权的侵犯，并要在此职务履行过程中尽职尽责、恪尽职守；对于社会大众而言，应该明确意识并认真履行与公权力执行者的契约关系，既要自觉接受公权力的管理，服从制度约束，又要自觉行使对公权力的安排与监督的权利。

契约型的伦理关系把传统社会以身份为标准的伦理关系彻底瓦解了，它将所有人都只是视为人，除了在权利义务方面需要根据相应关系进行界定之外，在人的人格、尊严、私人权利等方面则都是平等的。关于这一点，黑格尔说得很清楚："就人的意志说，导致人去缔结契约的是一般需要、表示好感、有利可图等，但是导致人去缔结契约的毕竟是自在的理性，即自由人格的实在（即仅仅在意志中现存的）定在的理念。契约以当事人双方互认为人和所有人为前提。"[①] 缔结契约必须以每个人的人格平等为前提，而契约的履行过程及其结果又进一步确认了这种平等。

四、伦理约束的非"美德"指向

这里所说的美德，是专指用英语 virtue 表达的这一概念。美德概念在伦理学史上颇具争议，麦金太尔就列出了三种美德概念："我们至少遇到了三个非常不同的美德概念：美德是一种使个人能够履行其社会角色的品质（荷马）；美德是一种使个人能够朝实现人所特有的 telos(目的）而运动的品质，无论这目的是自然的抑或超自然的（亚里士多德、《新约》、阿奎那）；美德是一种有利于获得尘世或天国的成功的品质（富兰克林）。"[②] 这三种美德概念虽然有区别，但都在某一方面符合美德所需要的条件：存在某种共同体；个人在共同体中承担某种角色并做得出色或优秀（excellence）；个人生活有着完整的叙事秩序；主体的行为是为了获取实践的内在利益而非外在利益。[③] 因此在麦氏看来，美德必须具备三个背景条件：一是实践，二是个人生活的叙事秩序，三是道德传统。但是，在现代社会里，统一的生活方式和共同体所一致期待的个体品质已逐渐淡化或瓦解，人生的统一性也已经消失，"现

---

① 黑格尔：《法哲学原理》，范扬等译，商务印书馆 1961 年版，第 80 页。

② 麦金太尔：《追寻美德》，宋继杰译，译林出版社 2003 年版，第 235 页。

③ 所谓内在利益，是指这个行为本身所含的规则和精神价值，而外在利益则是指从事该行为所期待的行为结果或对行为者的好处。（参见麦金泰尔：《追寻美德》，宋继杰译，译林出版社 2003 年版，第 242 页）

代性把每一个人的生活分割成多种多样的部分，每一部分都有其自身的行为规范与模式。"① 由于"美德是一种获得性的人类品质"，② 因而一旦失去了能让其获得的条件和背景，它就丧失了存在的土壤，这应该是麦氏的结论。可将其归结为：现代性使美德失去了存在的条件。

对于这一结论须稍作分析：A，现代性究竟是瓦解了美德本身还是瓦解了传统美德，抑或是改变了美德所表达的方式？ B，美德与现代社会、现代性乃至公共生活是什么关系？由于这些问题需要专门论证，在这里只作扼要阐述。关于 A，一个首要的观点是，犹如任何一个人都应该具有美德一样，任何一个时代和社会也都需要美德。当然，此处所谓美德已经不是麦金太尔所指的那个美德概念了，但仍然带有那个概念的主要特征：它是以追求内在利益为目的的；它是以自律为约束机制的；它是以人的精神品质来表现人自身内在精神的丰富性的；它同样会成为社会、群、共同体之中的标杆，即使我们不用美德来指称它，它也同样是优秀者（excellence）。如果这样看，在现代社会，美德并没有消失，而只是改变了其存在的样式以及人们对其评价的表达方式。

关于 B，可分为两点来谈：其一，现代性的确伴随着祛魅的过程，它消解了一切神圣性与权威，但它在把人的权利还给人的同时，也把人的心灵交给了人自己，人除了要争取和护卫自己的权利外，还必须承担责任(对社会、对他人)，必须有教养，有情操，有精神境界，否则，现代性给人的就不是人的权利和心灵，而只是动物间的争斗以及人与人心灵之间的相互撕咬。因此，或许我们不再用美德这一概念来评价现代社会的人，但谁能否认责任、教养、情操、境界等就不具备美德的特质？其二，在美德与公共生活的关系问题上，可扼要以如下几点来说明：a，公共生活是否需要美德，b，公共生活的伦理诉求是否以美德为指向，c，私德与公德的关系。由于前处已指出美德与现代社会的关系，很自然现代社会就已包含了公共生活，因而 a 点的答案是肯定的。但是，公共生活需要美德，并不意味着其伦理关系与伦理诉

---

① 麦金太尔：《追寻美德》，宋继杰译，译林出版社 2003 年版，第 258 页。
② 同上。

求要以美德为鹄的，毋宁说，公共生活的伦理诉求旨在正确处理公共领域与私人领域、公权力与私人权利、公共利益与私人利益之间的关系，因而正义是其首要诉求。而美德具有双重身份：作为个人德性，它属于私德范畴；但作为有私德的个人，他又是公共领域的参与者，因而私德又渗入到了公共领域，甚至与公德相交织。尽管不能认为个人在私人领域"做得好"就一定是一个公共领域的合格行为者，但私德不好的人也一定不会有好的公德，这应该是可以肯定的。因此，尽管公共生活的伦理关系不以个人美德为指向，但却以私人美德为必备条件。当然，此时的美德，或许就是罗尔斯所说的"正义感"，或许是亚当·斯密所说的对他人"同情"的情操，还可能是康德所说的必须如此行动的"绝对命令"。总之，他必须具有正确对人对事、对公对私的精神品质，我们仍然可以用"个人德性"来指称它。当然，这种品质的培育本身并不是公共生活的任务，但却是健康公共生活的条件。这算是对问题 b 和问题 c 的回答。

我们说公共生活的伦理关系不以德性为指向，是说公共生活的伦理规约并不要求每一个体都能成为"圣人"，人人都是道德楷模，而只是要求每个人都是公共生活合格的参与者。但并不能由此认为德性对个人来说是可有可无的，因此韩非的治道理论我们必须慎重对待。[①] 不期望人人都是善人，并不意味着人人不需有德行。恰恰相反，不具备基本德性或精神品质的人，是不可能以正确方式参与公共生活的。以为单靠刚性的法律规范和制度就能维系良好的公共生活秩序，无异于承认每个人都是无头脑、无灵魂的，而事实并非如此。因此，"仅凭单纯的权利压制，人的道德是得不到完成的。"[②]

---

① 韩非说："圣人之治国，不恃人之为吾善也，而用其不得为非也。恃人之为吾善，境内不什数；用人不得为非，一国可使齐。为治者用众而舍寡，故不务德而务法。"《韩非子·显学》，《诸子集成》第二卷，长春出版社 1999 年版，第 480 页。

② 川岛武宜：《现代化与法》，王志安等译，中国政法大学出版社 1994 年版，第 22 页。

第二节　公共生活的伦理准则

公共生活有着与私人生活不一样的活动范围、行为方式以及目标诉求，因而具有和私人生活相异的特质。公共生活的接触人群一般都是陌生人，场所都是非自有的，交往则是主动的、带有明显的利益诉求与权利诉求的目的，因而以往那些以感情为基础、以个人自我完善为诉求、以杰出为评价标准的道德准则就不太适应公共生活的伦理要求了。不过，个人德性（品质、教养等）仍然在其中扮演重要角色。

一、平等的权利

权利及权利关系是公共伦理所关注的核心问题，由此所引发的伦理原则就包含了正义、公平、人权等，而所谓正义、公平、人权、自由这些概念，几乎都内含着平等的要求：正义与公平意味着社会成员以彼此平等的身份对某种制度安排达成共识；人权一般指人的财产权、人身权、生命权等，在法律抽象意义上就是人格，"人格一般包含着权利能力"[①]。毫无疑问，在公共生活时代，所有人的基本人权都是平等的；自由权也是人的一项基本权利，在洛克看来，自由"也是一种平等状态，在这种状态中，一切权力和管辖权都是相互的，没有一个人享有高于别人的权利。"[②] 因此，权利的平等是公共生活伦理的首要准则。

权利在西方语境中几乎是与自由等同的概念，只是在论证权利概念时思想家们的观点有所差异，可分为"自然论"与"意志自由论"两种。前者一般强调天赋人权，如格劳秀斯、洛克、孟德斯鸠、卢梭等人都认为人权是自然获得的，不过格劳秀斯把权利确定为一种"道德

---

① 黑格尔：《法哲学原理》，商务印书馆 1961 年版，第 46 页。

② 洛克：《政府论》下卷，瞿菊农、叶启芳译，商务印书馆 1985 年版，第 4 页。

资格"，①而洛克、孟德斯鸠、卢梭等认为自然状态就是人的自由平等状态，洛克说：自然状态是"完备无缺的自由状态，他们在自然法的范围内，按照他们认为合适的办法，决定他们的行动和处理他们的财产和人身，而无需得到任何人的许可和听命于任何人的意志。"②康德和黑格尔则把自由与意志联系起来，所谓自由就是意志自由，黑格尔认为："自由是意志的根本规定，正如重量是物体的根本规定一样。"③其实，意志自由也是一种自然权利论，因为它假设或先定每个人的意志都是生而自由的，因而也可算是一种天赋人权论。当然，黑格尔也指出："不做什么决定的意志不是现实的意志；无性格的人从来不做出决定。"④但这只是就意志的现实性而言的，并不因此否认每个人的意志都是自由的，只是这类人放弃了自由选择而已。自然权利论在西方之所以深入人心，与西方社会的历史演变紧密相连。文艺复兴运动实际上就是一场从神回到人的祛魅运动，这场运动毁坏了原有的信仰殿堂，高扬人自身的世俗欲望，声张人为了自身利益所具有的权利。同时，作为第三等级的新兴资产阶级，也需要打出自由、平等、人权的旗帜为自己取得统治地位张目，"天赋人权"无疑就是最有感召力的口号。恩格斯指出："权利的公平和平等，是18、19世纪的资产者打算在封建制的不公平、不平等和特权的废墟上建立他们的社会大厦的基石。"⑤因此，在西方，天赋人权几乎就成了具有某种宗教情怀的政治诉求。

在笔者看来，天赋人权论只是思想家们为了强调个人权利的至上价值而做出的理论预设，实际上没有任何一个思想家在个人权利与自由方面仅仅停留在这一预设而止步不前。无论是洛克、霍布斯、卢梭、密尔还是康德、黑格尔，都无不从各自的思路探讨和阐明了权利的实现问题，即理论上或道

---

① 格劳秀斯认为，在某些情况下，自然法则本身载明了权利。但人正是理性洞察到公正是一种内在于自身并为了自身的美德，是一种善行，因而人很自然地要去寻求建立与他人联系的社会。所以人生来就是一个理性的社会性的动物。（参见列奥·施特劳斯、约瑟夫·克罗波西：《政治哲学史》，河北人民出版社1993年版，第456—457页）

② 洛克：《政府论》下卷，瞿菊农、叶启芳译，商务印书馆1985年版，第4页。

③ 黑格尔：《法哲学原理》，商务印书馆1961年版，第11页。

④ 同上书，第24页。

⑤ 《马克思恩格斯文集》第4卷，人民出版社2009年版，第205页。

义上的权利如何成为现实的权利问题。因此，权利问题应从两个层面进行分析：一是道义层面，当强调天赋人权时，实际上就是在强调"人人生而平等"，每个人与生俱来的作为一个个体所应享有的权利是没有区别的——他的意志是自由的，他能为自己的生存和发展自由地处理自己的事务，只要他不侵害社会或他人，他的行为就不应该受到任何限制；他有基本的人格与尊严，这是作为一个人与生俱来的神圣不可侵犯的权利；他有思想与言论的自由，有结群的自由等。这方面的权利，实际上是将每个人都放在一个水平线上，将各色人等还原为在基本权利方面都没有区别的个体，这应该就是道义权利论的意义。权利的第二个层面就是通过制度安排保障权利的实现，如果说前一个层面指的是应然的权利，这一层面指的就是实然的权利，即权利由可能性向现实性的转化。在第一个层面，我们承认人人有生而具有的不可剥夺的权利，即自由行使自己权利的权利，但事实上，不加约束的个人自由无疑是一场灾难。这就是权利与自由的深刻悖论：权利必须靠另外的权利（权力）来制约，自由必须靠限制自由来获得。黑格尔分析了为什么有些人不为自己的行为做出决定，那是因为怕受限制："如果作出规定，自己就与有限性结缘，就给自己设定界限而放弃了无限性。"[1] 他还引用歌德的话说："立志成大事者，必须善于限制自己。"[2] 密尔在他的名著《论自由》中指出："唯一实称其名的自由，乃是按照我们自己的道路去追求我们自己的好处的自由，只要我们不试图剥夺他人的这种自由，不试图阻碍他们取得这种自由的努力。"[3] 这里连续使用了两个"不试图"，而这恰恰是问题的关键。试图剥夺他人的自由，试图阻碍别人取得自由的努力，在一个仅标榜自由、权利、自由意志这样一些主张和理念的领域是随时都可能发生的，因为这还只是一个应然领域。

因此，关键在于权利的真正获得与实现，切实保障没有人试图剥夺他人的自由，没有人试图阻碍他人取得自由的努力。前者指关于平等权利的观念，即人人都必须树立他人与自己具有同等权利的信念，不可自视特殊；后

① 黑格尔：《法哲学原理》，商务印书馆 1961 年版，第 24 页。
② 同上。
③ 约翰·密尔：《论自由》，程崇华译，商务印书馆 1959 年版，第 13 页。

者指关于平等权利的行为，即每个人（无论身处何种地位，手中掌握着何种权力）都不能恣意妄为，阻碍或剥夺他人的权利。权利的以上两个层面的含义是相辅相成的：只有树立人人具有平等权利的观念或信念，社会才能形成维护平等权利所需要的正义感，制度和规则才能得到道义和相应的精神品质的支持；而只有真正在每个人的每一次行动中都能体现或维护平等的权利，只有规则和制度对每一次损害平等权利的行为都能切实履行纠偏的功能，人人具有平等权利的信念才能深入人心。

与权利相伴的是自由的理念与实现。没有选择与行动的自由，权利只是一句空话，犹如水中之月和镜中之花。但这恰恰就是权利平等问题所面对的难题：权利必须以自由为前提，权利的获得与保障又必须以限制自由作为前提。这种限制既是为了权利能由观念变为现实，又是为了权利之间的平等。黑格尔把这种限制称为义务，只有履行了相应义务的权利才是现实的权利，这种权利里才会有自由："义务所限制的并不是自由，而只是自由的抽象，即不自由。"[1] 在这里，义务首先是作为义务感深入主体内心的，然后才以制度的形式将义务确立下来——制度只是将个体的内心需要结构化、实体化罢了。实际上，在现实生活中，每一个体要想真正享受平等的权利，就应该自觉地履行自己应尽的义务，因为"一个人负有多少义务，就享有多少权利；他享有多少权利，也就负有多少义务。"[2] 自己的义务就是别人的权利，反过来也一样。因此，要想获得平等的权利，每个人就必须具备某种自我约束的意识与能力。格劳秀斯之所以把权利确定为一种"道德资格"，也是在这样的意义上说的："只有当人的行为符合社会的愿望，并与社会所喜闻乐见的行为相合拍的时候，这种行为才是公正合情理的。"[3] 这就要求权利主体具备某种超越单纯工具理性的价值理性，即在权利的获得方面，把他人也能作为一个完整的人看待，这意味着，权利的获得必须以自我的道德自律作为前提。因此黑格尔说："个人只有成为良好国家的公民，才能获得自己的权

---

① 黑格尔：《法哲学原理》，商务印书馆 1961 年版，第 168 页。

② 同上书，第 172—173 页。

③ 列奥·施特劳斯、约瑟夫·克罗波西：《政治哲学史》，河北人民出版社 1993 年版，第 457 页。

利。"①西方思想家一般将这种道德自律称为理性、理性能力或道德能力，近代以来的自由主义思想传统中，一切有关个人权利、自由以及合理的社会安排的论证，都离不开每个人都是理性的个体这样一个逻辑前提。在自由主义思想家看来，作为理性的存在者，每一个人都具有基本的道德能力，这种能力使得他们不仅知道自己的利益需要得到满足，而且也知道他人的利益也同样应该得到满足，因而能够以正当的方式增进自己的利益；他们不仅知道自己的偏好、观念和利益应该得到尊重，他人的偏好、观念与利益也同样应该得到尊重，因而他们能够正当地行使自己的权利，在社会生活中理智地行动，并且能够审慎地权衡个人行动可能产生的得失，从而能选择正当的行为方式。

只不过，感性主义者一般诉诸于个人的自我感受，并由此能推演出别人的感受，从而产生同情之心，斯密所谓的"公正的旁观者"以及对他人的"同情"就表达了上述理念："当我努力考察自己的行为时，当我努力对自己的行为作出判断并对此表示赞许或谴责时，在一切此类场合，我仿佛把自己分为两个人：一个我是审查者和评判者，扮演和另一个我不同的角色；另一个我是被审查和被评判的行为者。第一个我是个旁观者，当以那个特殊的观点观察自己的行为时，尽力通过设身处地设想并考虑它在我们面前会如何表现来理解有关自己行为的情感。第二个我是行为者，恰当地说是我自己，对其行为我将以旁观者的身份做出某种评论。前者是评判者，后者是被评判者。"②在这里，行为考量的出发点和归属都是自己，但整个过程都有一个"他人"相伴随，他在观察，在思考，这样做是否合理？尽管行为者运用的仍然是工具理性，但已包含了某种超越性情感在内，因为他已考虑到他人的感受与权利。只不过，行为者在考量行为的合理性时并不是从道德情感出发，而是从利益出发的。③理性主义一般都强调理性的作用，康德就用德国

---

① 黑格尔：《法哲学原理》，商务印书馆 1961 年版，第 172 页。

② 亚当·斯密：《道德情操论》，蒋自强等译，商务印书馆 1997 年版，第 140 页。

③ "虽然在这一社会中，没有人负有任何义务，或者一定要对别人表示感激，但是社会仍然可以根据一种一致的估价，通过完全着眼于实利的互惠行为而被维持下去。"（亚当·斯密：《道德情操论》，蒋自强等译，商务印书馆 1997 年版，第 106 页）

式思维表达了个人的理性及理性的正确运用对自由的作用，他在谈到启蒙运动时说："启蒙运动除了自由而外并不需要任何别的东西，而且还确乎是一切可以称之为自由的东西之中最无害的东西，那就是在一切事情上都有公开运用自己理性的自由。"① 公开运用自己理性的自由，就意味着自我约束和限制下的自由。和感性主义不同的是，个人的自我约束与限制并不是出于利益的考量，不是因为不如此我就不能自由行动，不能顺利实现自己的利益，而是一个理性的人必须具备的品质，是个人意识走向自我超越的必由之路。在法律意义上，自由的这种约束与限制称为义务，而在道德意义上，则是对人进行反思从而理解人之真正生存意义后的精神升华，所以称之为自我约束。在这样的约束下，人所追求的不仅仅是行动的自由，而且还是心灵与精神的自由，因此黑格尔说："具有拘束力的义务，只是对没有规定性的主观性或抽象的自由、和对自然意志的冲动或道德意志（它任意规定没有规定性的善）的冲动，才是一种限制。但是在义务中个人毋宁说是获得了解放。……在义务中，个人得到解放而达到了实体性的自由。"② 如果你真正意识到每个人都有基本的权利，如果你能做到尊重每个人（无论他是谁），如果你能意识到个人的行为无论是过程还是结果都不仅仅关乎自己，那你不仅能约束或限制自己的行为，而且由于在其中得到精神的升华而获得双重自由：行动的自由与精神的自由。

平等权利的观念与制度保障，对处于转型期的中国是一个挑战。由于处于转型期，新旧观念的交织和新旧体制的交错在同一时空存在着。传统社会那些重身份、地位、等级的观念还有不小的市场，因此人人基本权利平等的观念被真正接受还有很长的路要走。现实生活中几乎随处可见将人区别对待甚至歧视的现象，如不同的户籍、地域、职业、行业、性别、年龄等，都存在有形或无形的区别对待乃至歧视。这一方面说明人们的观念与我们的社会实践所要达到的目标很不一致，另一方面表明我们的制度创新的任务还很重。其实，这是一个问题的两个方面：如果真正具备了一视同仁的观念，就

① 康德：《什么是启蒙运动》，《历史理性批判文集》，何兆武译，商务印书馆1990年版，第24页。

② 黑格尔：《法哲学原理》，商务印书馆1961年版，第167—168页。

会形成真正起作用的维护平等权利的制度；而一种真正一视同仁的制度体系，无疑能启示和深化人们的平等权利的观念：或通过明示，即明确的规则和严格的监管；或通过默示，即制度本身的运作是有效的、健康的，任何人都不能在制度面前享有豁免权，制度本身就成为平等权利的现实形象。其实，默示比明示更为有效，良好的制度默示本身就表明制度是有效的，公正的，能一视同仁的。

二、多元价值下的和谐共识

由传统的自然经济社会向商品经济或市场经济社会转变，是我们讨论公共生活伦理的前提与平台。在自然经济条件下，由于自然的原因或囿于当时的生产方式，人们更多地以同一性方式生活，而以商品交换为基础的市场社会是以肯定个人对特殊利益的追求为前提的，这就意味着我们进入了一个异质社会。马克思说，在商品经济社会中，人们都是独立的人，是"仅仅通过私人利益和无意识的自然必然性这一纽带同别人发生联系的独立的人"。①这一判断很精准地指出了市场经济社会人们之间关系的特征：既是独立的，又是相互联系的，尽管是"通过私人利益和无意识的自然的必要性这一纽带"进行联系的。但这也就意味着，这种社会不是以人们之间利益的同一性相互联系，而是以人们之间利益的差异性作为联系的纽带。利益的差异性必然导致异质思维和不同的价值取向，从而形成价值多元的局面。但人们又必须在彼此的联系中才能获取私人利益，这就是马克思所说的"无意识的自然的必要性"。因为正是人们之间相互差异的需要和这些需要的相互满足，才使人们能够而且必须进行商品的交换，并以此为基础结合为一个"相互需要"的社会联合体。这就形成了市场经济社会基本的伦理取向和伦理规约特征：既要肯定差异性，又要达成某种同一性（或统一性）；既要支持个人的独立性，又要促使人们能以某种方式联合起来。于是就有了这样的伦理准则：社会成员在价值多元的前提下达成某种共识。

---

① 《马克思恩格斯文集》第 1 卷，人民出版社 2009 年版，第 312 页。

　　罗尔斯在《政治自由主义》中提出了他所要解决的问题："政治自由主义力图回答这样一个问题：在自由而平等的公民因相互冲突、甚至是不可公度的宗教学说、哲学学说和道德学说而产生深刻分歧的情况下如何可能使社会能够成为一个稳定而正义的社会？"① 这一问题是所有的市场经济社会都无法回避的。由于市场经济社会是一个以个人利益为基础的异质性社会，就不仅会造成人们之间的利益冲突，而且会发生不同的观念、思想、文化乃至信仰之间的冲突，即罗尔斯所说的"不可公度的宗教学说、哲学学说和道德学说"之间的冲突。如果我们信奉人人具有平等的权利，如果我们承认每个人有自我选择的自由，我们就会认为这种冲突是一种很自然的现象。但是，自然的现象并不就是合理的现象，寻求异质社会健康、稳定和人际和谐之路，一直是政治哲学与公共伦理学努力的方向。罗尔斯把社会中存在的各种不同的学说、观念等称为"理性的多元事实"(the fact of reasonable pluralism) 而不是现存的多元事实，就说明在各种文化与观念的相互冲突中寻求它们之间的和谐共存，是一个出于理性的过程，而其结果也应该是合乎理性的。

　　因此，罗尔斯认为必须建立起公共正义，即社会中的多元主体所形成的重叠共识 (overlapping consensus)。这就意味着，无论你持有何种整全理论和完备学说，无论从各种综合学说的内部作出怎样的回答，它们都必须服从这种公共正义观而承认合理的多元事实。重叠共识作为一种正义观，并非源于利益或价值观的冲突，也不是各方基于理性博弈的让步或妥协，而是一种道德共识甚或是道德理想。因此，建立公共正义必须有社会成员的公共美德支持，这些美德包括：人与人之间相互尊重的美德、宽容的美德、追求公共合理性的美德、公平感或正义感的美德。② 由具有这些美德的国民构成的政治社会，就能公平地对待各种价值观从而支撑起社会的繁荣。可见，由公共理性、公共美德所支撑的公共正义，对一个多元社会的和谐稳定是多么重要。"在目标互异的个人中间，一种共有的正义观建立起公民友谊的纽带，对正

---

① 　罗尔斯：《政治自由主义》，万俊人译，译林出版社 2000 年版，第 141 页。

② 　参见罗尔斯：《政治自由主义》，万俊人译，译林出版社 2000 年版，第 194 页。

义的普遍欲望限制着对其他目标的追逐"，这样就"构成了一个组织良好的
人类联合体的基本条件"。①

对公共正义的欲求与恪守，是公共生活必须遵循的伦理准则。这样的伦
理准则区别于传统社会或自然经济条件下的"熟人道德"。美国斯坦福大学
的政治哲学、伦理学教授艾伦·伍德 (Allen Wood) 对"道德的善"与"非道
德的善"作了区分。② 其实，艾伦·伍德所谓的"非道德的善"，还是在伦
理的范畴之内，只是现代社会特别是在公共生活中，传统的基于良心与道德
律令的"道德善"已不能够维系社会生活的稳定与和谐，而对公共正义的欲
求和恪守，则是每个人都必须具备的道德品质。这样看问题，我们对公共性
的构建，公共理性的培育与运用，就不会局限在利益和"好生活"的层面，
即公共性、公共理性之所以需要，不是因为它能为我们带来好处，让我们能
顺利获利或能更好地维护我们的权利，而是因为它本身就是一种新的道德前
景，是现代社会人的主体性发展的必由之路。因此，如何看待多元价值的事
实，如何应对不同利益主体之间的矛盾与冲突，就不仅是权衡、妥协、忍让
等基于利益考量的权宜之计，而是现代人的精神品质。当然，行为者能对他
人与自己的冲突采取妥协的方式，最初的动机也许是由自身利益引发的博弈
行为，即工具理性在起作用，但事事从自身利益出发的工具理性是很难支撑
起全社会的和谐稳定的，因为人人把别人作为手段，必然是人人相互算计甚
至是相互撕咬。更何况，在文化与价值观的冲突中，很难通过相互算计来获
得现实的物质利益。因此，在利益与价值多元的社会里，人们从妥协、协调
到形成共识，很清楚地表达了人们怎么样从自身的利益考虑到对别人尊重、
谅解、以至于追求公共正义的精神升华。

之所以会有这样的精神升华，在于当他以妥协、忍让来对待与别人的冲

---

① 罗尔斯：《正义论》，何怀宏等译，中国社会科学出版社 1988 年版，第 3 页。

② 参见艾伦·伍德：《马克思论权利与正义：答胡萨米》，《现代哲学》2009 年第 1 期。
他认为非道德的善包括自由、共同体、自我实现和安全等。其实，所谓非道德善，只是
针对狭隘意义的道德概念而言的，或是如黑格尔那样将道德与伦理作为两个不同的概念
时所表达的意思，因此，非道德善仍然属于伦理的范畴，这类似于罗尔斯所使用的正义
概念。

突时，在利益的考量中，他已经把别人作为与自己有着相同需要的利益主体看待了；同时，他也希望别人将他看作是与对方有着相同需要的利益主体。而这样的意愿会上升为一种精神需要，即需要彼此都能真正作为主体而存在的社会环境和社会关系，即某种公共正义的环境。即使是亚当·斯密这样从人的利己心出发的思想家，也合乎逻辑地将利益追求与精神品质的培育结合起来。他一方面说："毫无疑问，每个人生来首先和主要关心自己"。①"每一个人，在他不违反正义的法律时，都应听其完全自由，让他采用自己的方法，追求自己的利益，以其劳动及资本和任何其他人或其他阶级相竞争。"②但另一方面，他也认为，完全为自己打算的利己心是很难维系社会正常运行的，因为这会使一切社会纽带都被扯断。③因此，"理性、道义、良心、心中的那个居民、内心的那个人"，都应该存在于个人心中。④一方面需要有理性和道义，另一方面心中要有别人，这个"别人"能在行为者心中，就能成为理性与道义产生的基础。黑格尔指出："我必须配合着别人而行动，普遍性的形式就是由此而来的。我既从别人那里取得满足的手段，我就得接受别人的意见，而同时我也不得不生产满足别人的手段。于是彼此配合，相互联系，一切个别的东西就这样地成为社会的。"⑤

多元价值前提下所达成的共识与和谐，其伦理意义是明显的：首先，这是尊重个人自由、维护个人权利的体现。公共生活是以个人之间的差异为基础、以肯定私权、私意为前提的。社会生活正是在不同的私权、私意之间的相互激荡、碰撞从而形成共振而获得其活力的，恩格斯就认为单个意志的相互冲突能够创造历史。⑥其次，每一个独立的意志都以自己的方式参与社会生活，会由于不同思想、观念之间的激荡形成全新的有利于社会健康稳定的精神成果。而在同质化的社会生活中，由于文化、思想、观念等的单一，社

---

① 亚当·斯密：《道德情操论》，商务印书馆 1997 年版，第 101 页。

② 亚当·斯密：《国民财富的性质和原因的研究》下卷，商务印书馆 1974 年版，第 252 页。

③ 参见亚当·斯密：《道德情操论》，商务印书馆 1997 年版，第 106 页。

④ 同上书，第 165 页。

⑤ 黑格尔：《法哲学原理》，商务印书馆 1961 年版，第 207 页。

⑥ 参见《马克思恩格斯选集》第 4 卷，人民出版社 1995 年版，第 697 页。

会呈现出一种沉闷和僵化的状态，在精神生产方面不太能产生合作剩余。最后，尊重每一个独立的意志与思想观念，就给个人的独立、自由地发展创造了条件，使人能充分地发展并展示自己的个性，丰富自己的精神世界。只有每个人都能在多元共识的前提下按照自己的心灵之路去自由地发展，才能真正体现人人平等的原则，也才能做到人的全面发展。

三、公共美德

在公共生活的伦理调节中，公共美德是重要的支撑力量和最能或最后发挥作用的因素。任何社会的伦理生活，如果真正要起作用，归根到底还是在普通民众身上以美德体现出来。有一种观点认为，在市场经济社会，道德建设与伦理规约就是建立起刚性的制度，只要制度好了，社会的道德也就好了，这其实是一种似是而非的观点。这种观点的主要误区是，将制度与制度中的人分离开来，似乎制度是可以脱离人而独立存在的。其实，无论是制度的确立，还是制度运作的实效，人都是决定性的因素。如果社会成员没有公共正义的追求和公共正义感，就不会有真正体现公共正义的制度；即使有了调节公共生活的正义的制度，由于人们并不具有公共美德，这种制度也只能是貌似或号称正义的制度。

公共美德具有传统意义上所谓的公德与私德的双重特征。一方面，它是指向公共领域和公共交往的，是在公共生活中发生的道德行为和道德品质；另一方面，它又是个人的德性，是个人参与公共生活的精神素质和道德品质。与传统社会生活的私德相比，公共美德更为难得，但它并不是完全区别于传统美德的，诸如情感、信念、真诚、善良、宽容、仁慈等这些基本的道德基质，传统私德与公共美德在个人身上的表现都是十分相似的，只不过其表现的条件和作用机制有些不同罢了。

（一）公共理性与公共精神

在西方理性主义哲学家那里，理性首先是人的一种能力，是人之所以区别于其他动物的先天品质，康德认为："我们除了人类以外不再认识其他各类的理性存在者"，①"实践的规则始终是理性的产物，因为它指定作为手段的行为，以达到作为目标的结果。"② 而康德所说的实践其实继承了亚里士多德关于实践的观点，即主体实现自身价值的目的性活动。因此，康德的实践哲学，是以个人的道德自律为其理论基础的，道德自律是理性的一种能力，因而理性实际上就是人的道德活动能力。这样看，学术界关于个人理性与公共理性的区分就是一个值得讨论的问题。罗尔斯认为，"公共理性是一个民主国家的基本特征，它是公民的理性，是那些共享平等公民身份的人的理性，他们的理性目标是公共善，此乃政治正义观念对社会之基本制度结构的要求所在，也是这些制度所服务的目标和目的所在。"③ 对罗尔斯这段话的不同理解可能会导致对公共理性理解的歧义，罗尔斯一方面提出了公共理性的概念，使人觉得有一种与个人理性相区别的另一种意义的理性即公共理性。另一方面他又说，"它是公民的理性，是那些共享平等公民身份的人的理性"，那似乎又说，表现为公共理性的还是社会成员的个人理性。其实，并没有一个独立于个人理性之外或是凌驾于个人理性之上的所谓公共理性。根据个人理性的运用领域和运用方式，个人理性可能有不同的表现形式：就人的认识方面而言，理性指人所特有的区别于其他动物的认识和适应环境的能力；就价值意义方面而言，理性既指人谋求生存与发展的能力，即工具理性，又指人寻求精神坐标，设立美丑善恶等的评价标准，追求有意义生活的能力。但是，无论是在认识意义上还是在价值意义上，无论是用于物质生活的理性还是用于精神生活的理性，人们的行为都是在相互的关系之中进行的，个人的非私域行为总会直接或间接涉及与另外一些人的关系，因此，理性还有一种意义，就是行为方式的意义。出于理性的行为，表现为人的自我约束能力以及追求公共良知、公共目标、社会进步与社会整体利益的能力。这方面的理性就属于我们所探讨的公共理性，因为它带有明显的公共性意义。自我约束能力就是道德自律的能力，它要求行为者慎重行事，审慎克制，拒绝盲目冲动。在行使自己的权利时，不妨碍他人也能行使其权利；在

---

① 康德：《实践理性批判》，韩水法译，商务印书馆 1998 年版，第 11 页。

② 同上书，第 18 页。

③ 罗尔斯：《政治自由主义》，万俊人译，译林出版社 2000 年版，第 225—226 页。

增进自己利益的同时，不妨碍他人也能实现其利益，这就在客观上增进了公众利益，因而自我约束带有弱公共性特征。而追求公共良知、公共目标、社会进步与社会整体利益的能力，则具有强公共性特征，因为其目标直接指向公共领域。

因此，所谓公共理性，只不过是个人在合理、正当地运用自己的理性时所表现出来的公共性，或者说，公共理性就是带有公共性或运用于公共领域的理性，公共理性本质上是理性自律的个人道德能力的体现。哈贝马斯认为："在康德看来，'公共性'既是法律秩序原则，又是启蒙方法。"① 这其实也涉及了理性的公共性或公共理性，因为在康德看来，启蒙"就是在一切事情上都有公开运用自己理性的自由"。② 公开运用个人理性，就一定会遵守法律秩序，而法律秩序的获得，又是公开运用理性的结果。这样的理性，同时也是政治正义观念，是对社会之基本制度结构的诉求，因而其目标指向是公共善。

公共理性主要有这样一些特征：一是公共性。公共性是由每个个体让渡一部分权利之后形成的，它以公共权力为其代表，以法律规范作为行为是否合理的标准。即如洛克所说，这里不允许任何私人判决，而是"用明确不变的法规来公正地和同等地对待一切当事人。"③

二是共度性。尽管每个人已成为分散的独立的个体，有自己特殊的利益需求，但每个社会成员都是平等的社会主体，因此，要把每个人都看作是和自己一样有人格尊严、利益诉求的个体，要设身处地地为他人着想。这样，你在追求自己的利益和幸福时，就不能妨碍和损害他人的相同追求。

三是公开性。在市场经济社会，每个人都用理性在计算行为结果的利弊，但这种计算所确立的准则要成为社会与他人能接受和遵守的准则，就必须在阳光下公开运作，以便成为普遍准则。这就要求每个个体都能诚实守信，审慎节制，守法自律。若有不同的主张和利益表达，则应该通过公开的

① 哈贝马斯：《公共领域的结构转型》，曹卫东等译，学林出版社 1999 年版，第 121 页。
② 康德：《历史理性批判文集》，何兆武译，商务印书馆 1997 年版，第 24 页。
③ 洛克：《政府论》下篇，叶启芳、瞿菊农译，商务印书馆 1996 年版，第 53 页。

方式进行协商、沟通，以期达成某种共识。

四是公益性。我们共同生活在一个社会，这不仅表明我们有着共同的利益，还表明我们是彼此承担的：我身上承担着你的利益，你身上也承担着我的利益，我和你成了不可分割的整体。我对你履行爱、尊重、关心、帮助等，也可以从你身上获得相同的东西，尽管这种获得是潜在的、间接的。雅诺斯基在谈到社会的"总体交换"时，对这一点说得非常清楚："出于他人利益考虑的行为是中期至长期行为，集中于物质或精神利益，以群体或社会利益为目标，由普惠或单向受惠的总体交换所组成。出于他人利益考虑的行为是由一人至他人而不期待直接回报的物质或精神的商品与服务的交换。这种交换形成一条链，因而最终有某种具体的或一般的好处可能回归于其原始者。"① 因此，公共精神要求人们具有某种超越自身利益关切的情怀，关心公益事业，遵守公共准则，自觉维护公共秩序，在公共领域表现出现代人的精神素质和教养。

当今社会，人们普遍感到价值迷茫，其实这正是公共性缺失的典型表现。在市场经济社会，人人都知道自己的利益所在，并且都知道如何为实现自己的利益而努力，这种为己、为物的价值观从没有迷茫过。有人说，这是工具理性盛行的时代，价值理性无处可寻，因而感到价值迷茫。但问题是，极端为己或损人利己的利害计算根本就不能称为理性，纯粹的工具理性是不存在的，工具理性能称为理性，内在的就含有行为合理性的要求。当一个人用工具理性在进行盘算时，他必须使自己的行为做到审慎、节制，无论他是否主观上为他人着想，他在行为上都不可能完全不顾及他人，否则就是非理性。因此，当工具理性在公开运用时，就包含了遵纪守法、维护市场秩序、合理趋利等价值理性的成分。当这些成分成为每个人的自觉要求并成为一种内心信念时，就会形成一种公共性的要求，即追求一种能维护社会秩序、能保证每个人的权利既不受侵犯又能合理实现的公共正义，就会有尊重、容忍、节制、宽容、谅解等的公共交往，就会自觉营造一种含有公共意义的社

---

① 雅诺斯基：《公民与文明社会》，柯雄译，辽宁教育出版社2000年版，第96—97页。

会关系，即对自己、对他人、对全社会都有利的关系，因为"凡是有某种关系存在的地方，这种关系都是为我而存在的"。① 这样他就会拒绝人与人之间的疏远、冷漠、甚至敌视，就会在为己之外有一份公共性情怀，在求利之外有一份精神的超越。由此看来，所谓价值迷茫，其实主要就是公共理性的缺失。

和公共理性相联系的另一个概念是公共精神。公共精神经常被与公共理性用作两个并列的或是交互使用的概念，尽管它们都是公共性的表现形式，但它们还是有细微的差别。公共理性所强调的是理性，即一种行为方式；而公共精神则强调精神，指一种精神追求、精神状态或精神风貌。细究起来，公共精神应该包含了公共理性，公共理性与公共精神都是现代社会的个体与社群应有的自主、宽容、理解、同情、正义、公道、责任等理性风范和美好风尚。但公共精神除上述品质之外，还特别强调参与、奉献的精神，其超越性更为显著，因而美德特征更为明显。

（二）同情与体谅

人们在谈到同情时，一般认为只是一种情感而不是一种品质，实际上，同情既是一种情感，也是一种品质；既是道德品质，也是广泛意义上的精神品质。中国思想家最早谈到同情的是孟子，不过他将同情视为人性中的固有成分。在他看来，只要是人，其人性中就内含着"恻隐之心"，即能够感同身受地看待别人的处境与遭遇，拒绝冷漠、疏远、漠不关心、麻木不仁，因而"恻隐之心"能导致"仁"的品质。② 这样，同情（恻隐）就从一种本能的情感发展为一种道德品质。在孟子看来，只要人身上存有恻隐之心，就一定能发展为仁的品质；反过来，如果没有恻隐之心，就不能称之为人了。③ 这样就给了同情一个坚实的基础：只要是人，就天生具有同情的本能，这是不需要学习的，如果谁不能对他人同情，那是你不愿意做，而并非你做

---

① 《马克思恩格斯选集》第1卷，人民出版社1995年版，第81页。

② 参见《孟子·公孙丑》，《诸子集成》第一卷，长春出版社1999年版，第56页。

③ "无恻隐之心，非人也"。（参见《孟子·公孙丑》，《诸子集成》第一卷，长春出版社1999年版，第56页）

不到。

西方思想家也将同情作为一种道德品质，卢梭把同情与自由并列为人性的两大特征，① 并将这两个特征确立为共和政治的最根本的价值。康德所说的"道德情感"，其中也包含了同情的成分，他把道德情感视为和人的生命一样重要的东西："没有人不具有任何道德情感；因为如果对这种感受完全没有易感性，人在道德上就会死了。"② 而对同情阐发最充分的当数亚当·斯密，在其《道德情操论》中，他将同情视为一种重要的道德情操。在一定意义上，斯密在论述同情时与孟子的致思方式颇为相似，也似乎把同情看作是人性中的固有成分：即使是"最大的恶棍，极其严重的违反社会法律的人，也不会全然丧失同情心。"③ 其实，就同情心的最初出发点而言，它应该是人性中的一种原始情感，一种将别人视为同类从而引起对别人的境遇产生同感或共鸣的情感，诚如卢梭所言："怜悯心实际上也不过是使我们设身处地与受苦者起共鸣的一种情感。"④ 它会使我们将自我的情感置于他人所经历的境遇中，并以自身的想象去体会他人的境遇。⑤

不过，尽管同情始发于人的一种本能情感，但若是仅靠这种自然情感，那么同情就是一种靠不住的东西。在利益纷争与物质诱惑面前，任何自然情感都会经受考验，有时候不得不屈服于利益需要。作为一种以良心为平台的同情之心，本来就是只和人的内心世界打交道的，正如黑格尔所言："良心是自己同自己相处的这种最深奥的内部孤独，在其中一切外在的东西和限制都消失了，它彻头彻尾地隐遁在自身之中。"⑥ 生存的需要或欲望的膨胀往往

---

① 卢梭说："我所说的怜悯心，对于像我们这样软弱并易于受到那么多灾难的生物来说确实是一种颇为适宜的禀性；也是人类最普遍、最有益的一种美德。"（卢梭：《论人类不平等的起源和基础》，李常山译，商务印书馆 1997 年版，第 100 页）

② 《康德著作全集》第六卷，中国人民大学出版社 2007 年版，第 412 页。

③ 亚当·斯密：《道德情操论》，商务印书馆 1997 年版，第 5 页。

④ 卢梭：《论人类不平等的起源和基础》，李常山译，商务印书馆 1997 年版，第 101 页。

⑤ 斯密说："同情与其说是因为看到对方的激情而产生的，不如说是因为看到激发这种激情的境况而产生的。"（《道德情操论》，商务印书馆 1997 年版，第 9 页）

⑥ 黑格尔：《法哲学原理》，商务印书馆 1961 年版，第 139 页。

使良心显得十分软弱甚至消失得无影无踪，依附于之上的同情心就不免遁形了。孟子曾经告诉我们如何使同情之心时常与自己同在而不至于消失：首先是"存心"，即注意保存着与生俱来的原始情感，不能轻易让它丢失；其次是"养心"，即通过反省、修养经常呵护良心，使其不致于被物欲掩埋；再次是"尽心"，即努力将自己的良心付诸实践，让其在日常行为中体现出来。这一理论看起来很有道理，但也许只适用于传统社会，在物欲高涨和利益多元的陌生人社会则可能失效。原因很明显，他将同情心仅仅圈定在道德领域，而没有涉及政治、社会和物质生活领域；他将每个人都设想为能充分自律及能自觉"存心"、"养心"与"尽心"的人，而这些在现代社会几乎是不可能的。

现代社会的同情究竟是什么？同情作为公共生活的一种品质和公共美德，已不再仅停留在情感层面了。尽管它仍然属于精神领域，但它并不只是与精神打交道，还必须进入物质生活领域，在利益、权利面前展现自己。因此，现代社会的同情，远不止是对别人的怜悯和慈悲之心，诚然，同情作为恻隐之心的原始基础仍然在，它使得我们对完全不认识的陌生人怀有怜悯之心，为他们的不幸流泪，或者为他们的遭遇愤愤不平，愿意为他们做点什么，否则会心里不安。这样的情感应该是每个人都有的。但为什么人们往往在利益诱惑面前很难坚守同情之心？因为利益纷争的心理格局会使人与人之间划出利益的鸿沟，使自己与他人完全隔绝，对别人的状况漠不关心，甚至由于利益纠葛而对他人怀有嫉妒、算计与仇恨之心，对别人的不幸和灾难幸灾乐祸，此时，同情心就消失得无影无踪了。因此，同情不应该仅仅是一种情感，也不只是具有人道价值，它更应该具有政治与社会价值。公共生活所需要的同情，除了基本的情感所萌发的同情之心之外，还需要将同情建立在理性的基础上，用理性的思考使同情超越情感而成为一种精神品质。这样的同情就不会是偶然的、随机的、随个体的境遇而定的。

同情作为一种恒定的品质而不仅仅是情感，是与每一个体基本的个人品质相关的。如果一个人是一个具有自尊的人并认为自尊是每个人应该具备的基本品质，他就在与人交往时考虑到别人的自尊；如果一个人懂得权利的正确使用，他在与他人打交道时也会维护（至少不侵害）他人的权利。这样，他在社会生活中会对他人表示出"关心"而不是漠视。亚里士多德把这样的品质称为"友善"："这种品质……总是为着高尚 [高贵] 和有益的目的而努力使人快乐而不使人痛苦。"[①] 这样的品质使得我们从心底里把他人当作与自己平等的人类伙伴，看作与自己一样是某一群体的成员，感到自己与他人的命运息息相关，因此应该"与人为善"而不是相互冷漠和敌视。在英文中，social 这个词在一般意义上表达为"社会的"，其实它是指每一个体具有合群的品格，能善于与他人相处，能时时关照他人，能感知到与他人共同存在的意义与价值，这样就能以一种公正的眼光看待别人的行为以及与自己的关系，这样的眼光或品质被亚里士多德称为体谅。[②] 这里所说的体谅，不是指对别人做错事时的原谅，而是将别人与自己都看作是同等的、平等的个体，设身处地地为别人着想，所以亚里士多德用了"同公道相关的事情"这样的说法，这类似于斯密所说的"公正的旁观者"，即站在公正的立场、以一颗公道之心来衡量人与己的关系。因此，具有体谅品格的人才能真正具有同情的品质，而体谅与儒家所说的"恕道"的内涵具有相当的一致性，儒家"恕道"将体谅表达为"己所不欲，勿施于人"，这就是由体谅所生发的同情。你如果不想别人这样对你，那你就不应该这样对待别人。因此，当你在与他人打交道时，如果你具有体谅的品质，就会将别人看作是与自己一样的个体，就会设身处地地为别人着想，这就是基于理性思考后的同情。这时候，同情已经具备了社会品格和政治品格，没有这样的品格，不可能有正常的社会生活，也不可能形成一个好的政治或社会群体。在人与人相互冷漠、戒备、怀疑，甚至互相加害、充满敌意的群体中，普遍的道德沦落和政治腐败便是不可避免的了。

　　根据同情和体谅我们可以追问一个问题：我们为什么需要结成群、组成共同体？为什么需要公共（社会）生活？难道仅仅是因为个人力量太单薄，只有结成群才能维持生活？抑或我们需要群就是为了我们可以相互利用？亚里士多德这样揭示城邦生活对个人的意义："城邦不仅为生活而存在，实在

---

① 亚里士多德：《尼各马可伦理学》，廖申白译，商务印书馆 2003 年版，第 117 页。

② 同上书，第 184 页。

应该为优良的生活而存在。"① 为了生活下去是一回事，追求优良生活则是完全不同的另一回事。因此，公共生活中，每一个体都应该寻求在某一群体中共同存在的意义和价值，我们生活在一起，除了能顺利实现自身的利益之外，还需要相互认同，相互尊重，相互扶持和彼此关照，让我们不仅能获得物质利益的满足，而且能在群体中得到精神的满足，这应该是我们需要同情与体谅的最终理由。

四、诚实与正直

无论哪种文化和哪一民族，都把诚实看作是一种美德，这是与人本身的特性相联系的。人作为个体，能真切地了解自己的内心世界与生存意义，这是别人不能代替的，他自己的喜怒哀乐、得失取舍，只有他自己最清楚。从这一意义上说，人对自己总是不会欺骗的，即诚实地对待自己。因此《大学》在谈到"诚意"时说，所谓诚，就是"毋自欺"② 诚乃自诚，即不要自己欺骗自己，不是做给别人看的。人们闻到难闻的味道，自然会厌恶，见到好看的颜色，自然会喜欢，这里没有半点虚假。如果做到了毋自欺，就会心安理得（自谦），因此诚和良心一样，都是自己和自己打交道的那种内心的绝对孤独。无论身处何地，无论有没有人看见，自己都不能有恶念、做坏事，即使别人不知道，但你自己内心是清清楚楚的，因此，诚是一种自己对自己负责的精神。③

但是，人不可能是绝对独立的个体，他总是要生活在各色各样的群中，总要和社会发生某种联系，这使得面对自我的"诚"在与他人打交道时面临种种不确定性。以异质性需要为纽带的市场经济社会是一种异质性社会，个

① 亚里士多德：《政治学》，吴寿彭译，商务印书馆 1965 年版，第 150 页。

② 《礼记·大学》，《十三经注疏·礼记正义》，北京大学出版社 1999 年版，第 1592 页。

③ 朱熹是这样解释"慎独"的"独"的："独者，人所不知，而己所独知之地也。"（参见朱熹：《四书章句集注》，中华书局 1983 年版，第 7 页）王夫之也有类似的说法，他认为"独"是"人不知而己知之矣"。（参见王夫之：《读四书大全说》，中华书局 1975 年版，第 74 页）

人的价值取向、利益需求以及权利主张都带有极强的个性化色彩。重要的
是，由于资本实际上支配着人们的生活，追求交换价值已成为一种被人们
认可的生活方式，凡是可以在市场上交换的东西几乎都可以当作资本看待，
而资本追逐利润的本性使得人们为了获利而不顾诚信，马克思在谈到资本
的原始积累时说："资本来到世间，从头到脚，每个毛孔都滴着血和肮脏的
东西。"①虽然随着市场体系和相关制度的不断完善，资本的原罪正在逐渐淡
化，资本的行为也要规矩得多，但其逐利的本性是不会改变的，若是没有完
善的制度体系约束，资本就会像一匹脱缰的野马。而所谓完善的制度体系，
内在地包含有人对规则的敬畏、对制度的认同所产生的精神品质，这一品质
就表现为诚实，即无论何时何地，无论对何人，无论有没有人监督，都老老
实实按规则办事。在康德看来，诚实首先是一个人自己对自己的责任："就
人对于纯然作为道德存在者来看（其人格中的人性）的自己的义务来说，最
严重的侵犯就是诚实的对立面：说谎。"②在这一意义上，现代社会的诚实与
正义感、正直这样的品质是非常相近的。具有正义感的人，正直的人，同时
也一定是一个诚实的人，他光明磊落、坦坦荡荡、一身正气，不会用欺骗
的、见不得人的手段对待人和事。他有一颗公正的心，不会偏执于自己的既
得利益与未得利益，不是只从自己的立场看问题，而会以公正的眼光和真诚
的态度看待自己与他人、个人与群体的关系。所以亚里士多德认为："政治
学上的善就是'正义'，正义以公共利益为依归。"③正义、正直虽然是社会性
的品德，但它与私人品德是相互贯通的，诚实就是贯通了公私两种德性的现
代人品质。一个不诚实的人，是不可能具备正义感的。亚里士多德说："我

---

① 《马克思恩格斯文集》第 5 卷，人民出版社 2009 年版，第 871 页。马克思给这段
话加了一段注释，他引用托·约·登宁发表在《评论家季刊》的文章说："一旦有适当的利
润，资本就胆大起来。如果有 10% 的利润，它就保证到处被使用；有 20% 的利润，它就活
跃起来；有 50% 的利润，它就铤而走险；为了 100% 的利润，它就敢践踏一切人间法律；有
300% 的利润，它就敢犯任何罪行，甚至冒绞首的危险。"（参见《马克思恩格斯文集》第 5 卷，
人民出版社 2009 年版，第 871 页）这说明资本只要有利可图，是可以为所欲为的。

② 《康德著作全集》第六卷，中国人民大学出版社 2007 年版，第 438 页。

③ 亚里士多德：《政治学》，吴寿彭译，商务印书馆 1965 年版，第 162 页。

们认为正义正好是社会性的品德，凡能坚持正义的人，常是兼备众德的。"①社会成员诚实、正直的品格会使每个人能对别人（普通的他者）有超出个人偏狭私利的公正态度与公正的行为方式。

因此，诚实既是私人领域的德行，又是公共领域的德行。在私人领域，诚实要求人能言行一致，表里如一，光明磊落，恪守信用，履行承诺，以一片诚心待人、做事。而在公共领域，诚实在私人领域的那些要求仍然在起作用，如严格遵守规则，认真履行职责，真诚待人做事，公开运用自己的理性，在阳光下谋取自己的利益。总之，公共领域的诚实既是一种私德，又是一种教养和品质，它展示为正直的品行和阳光的活动方式。对人对事之诚意是其内心的准则，此诚意就是其所具有的正义感。一切按照正义的要求为人做事，那他在社会交往中就是一个可信赖的人。

作为一种品格，诚实总是和正直联系在一起的。诚实的人就是一个正直的人，他只坚持真理，说明真相，恪守道义，不会因自身利害的考虑而明哲保身，更不会歪曲事实、溜须拍马、左右逢源。荀子说："君子崇人之德，扬人之美，非谄谀也；正义直指，举人之过，非毁疵也。"②正直的人，称赞别人的德性，是为了扬人之美，而不是谄谀；批判别人的过失或错误，是正义之举，而不是为了诋毁他人，这就是诚实。亚里士多德说："一个诚实的人被看作是有德性的人。因为，他在无关紧要的时候都爱讲真话，在事情重大时就更会诚实。"③康德说："在解释时的诚实也被称为真诚，而且当这些解释同时是承诺时，就被称为可靠，但一般被称为正直。"④作为正直的诚实大体上相当于亚里士多德所说的"公正"，⑤公正也是一种诚实，只是，公正一

<hr/>

① 亚里士多德：《政治学》，吴寿彭译，商务印书馆1965年版，第165—166页。
② 《荀子·不苟》，《诸子集成》第一卷，长春出版社1999年版，第115页。
③ 亚里士多德：《尼各马可伦理学》，廖申白译，商务印书馆2003年版，第120页。
④ 康德：《道德形而上学》，《康德著作全集》第六卷，中国人民大学出版社2007年版，第439页。
⑤ 亚里士多德说："所有的人在说公正时都是指一种品质，这种品质使一个人倾向于做正确的事情，使他做事公正，并愿意做公正的事。同样，人们在说不公正时也是指一种品质，这种品质使一个人做事不公正，并愿意做不公正的事。"（参见《尼各马可伦理学》，廖申白译，商务印书馆2003年版，第126—127页）

般指按某种正义原则而行动，正直则一般指个人的精神品质，前者主要对事，后者主要对人。罗尔斯就把欺骗和不忠诚说成"不公正"，[①] 而把忠诚和正直列为一类德性："社团道德的内容所具有的特征是合作德性：正义和公平，忠诚与信任，正直和无偏袒。有代表性的恶是贪婪和不公平，虚伪和欺骗，成见与偏袒。"[②] 他认为这类德性属于一种合作德性，是社团道德不可或缺的内容。

　　忠诚、正直、无偏袒等德性，都是诚实的表现形式，它们都是对某种原则和信念的坚守，例如坚持公平买卖原则和信念的人，就是一个诚实的人，也是一个正直的人。这样的信念使他对所有人都一样，不会根据对象不同以及出于自己利害关系的考虑而区别对待，所谓童叟无欺，一视同仁，这就是无偏袒。同理，对于权钱交易、权色交易、以权谋私等所有的潜规则与腐败行为，我们之所以批判、揭露并与之斗争，并不是因为对我不公平，即不是因为我自己没有机会捞到好处，而是因为一个正直的人本该如此，一个公正的行为本该如此。有些人搞腐败被抓之后，并不是觉得自己违背了正义原则，而只是怪自己运气不好；有的人痛恨腐败，只是恨没有给他腐败的机会；有的人怀着侥幸心理，还没有被抓住就拼命利用权力捞好处。这样的行为，肯定是不公正的，这样的人当然也不是诚实、正直的人。在公共生活中，一个老老实实、本本分分不以欺诈行骗谋利的人，固然是一个诚实的人，也许会得到人们的好评。但是，如果他不是出于对诚信原则的恪守，而只是出于某种自利的考虑，尽管无可非议，但还不是当前社会所需要的诚实个体。康德就认为，如果一个行为不是为了道德而作出的，而是恰好合于道德，这还不够，因为这种相合是偶然的，因而是靠不住的。[③] 他举例说明这一问题："在交易场上，明智的商人不索取过高的价钱，而是对每个人都保持价格的一致，所以一个小孩子也和别人一样，从他那里买得东西。买卖确乎是诚实的，这却远远不能使人相信，商人之所以这样做是出于责任和诚实

　　① "欺骗和不忠诚始终是不公正，因为它们违反了自然的义务与责任。"（参见罗尔斯：《正义论》，何怀宏等译，中国社会科学出版社1988年版，第462页）
　　② 罗尔斯：《正义论》，何怀宏等译，中国社会科学出版社1988年版，第459页。
　　③ 参见康德：《道德形而上学原理》，苗力田译，上海人民出版社1986年版，第38页。

原则。他之所以这样做，因为这有利于他。此外，人们也不会有一种直接爱好，对买主一视同仁，而不让任何人在价钱上占便宜。所以，这种行为既不是出于责任，也不是出于直接爱好，而单纯是自利的意图。"① 当然，由于康德是一个纯动机论者，所以他的这一结论颇有点武断之嫌，但我们不得不说，他说到了问题的关键。一个真正诚实的人，应该是将诚实作为内心信念的人。这样的人，表现出的正直或无偏袒，是出于他对诚实原则的恪守；他表现出的诚实守信，是出于他作为一个人做人的责任。他对规则的恪守时时保持一种庄重、严肃、恭敬的态度，不会因外在的条件变化而改变，也不会因自己的主观欲求而苟且。真正的诚实之人，他遵守规则，不是因为胆小、无能或天生循规蹈矩的性格，而是因为对规则怀有一颗敬畏之心，无论有没有人监督，都应该对自己的行为保持庄重、严肃、负责任的态度。诚实正直的人除了自己自觉遵守规则之外，还会对违背规则的行为提出异议或批评，而这样的批评只是出于对正义原则的维护，不是缘于这样的理由：我们都遵守规则，他为什么不？这不公平！

对处于社会转型期的中国而言，在全社会树立起诚信观念和相关的制度保障还有很长的路要走。因为市场体系还很不完善，制度建设与监管还不健全，更重要的是，社会个体还没有将诚信转化为一种公共品质，加上欲望的驱使与利益的诱惑，欺诈和失信现象每每发生：逃废债务，合同欺诈，产品质量低劣，制假售假，甚至以有毒有害产品谋取利益以及人与人之间尔虞我诈、勾心斗角等时常可见，在社会上形成了普遍的怀疑论和"陌生人恐惧症"。面对诚信缺失，人们呼吁要加强法律监管，完善制度体系，这无疑是有道理的。在市场经济条件下，仅凭个人的良心自律来达到诚信是不可能的，利益诱惑常使得良心遮蔽甚至消失，常使人们自觉不自觉地做出违背良心的事。但这并不意味着，有了强大的法律监控和制度约束就能解决一切问题，没有人们的良心自律，没有内在之诚，任何外在的约束都不能解决根本问题。弗雷德·赫希就指出，"市场经济在其早期阶段的成功"是建立在"前市场社会的精神气质的肩膀之上的"。他认为，传统道德给予个人欲望和

---

① 参见康德：《道德形而上学原理》，苗力田译，上海人民出版社1986年版，第47页。

行为的限制非常重要，没有这些传统宗教信仰中的"美德"的作用，仅仅通过亚当·斯密的"看不见的手"的作用，自私动机就很难达到有益于社会的客观效果，资本主义也不可能成功。他认为促进资本主义发展的最重要的传统道德因素有五个："真诚"、"信用"、"承诺"、"约束"、"义务"。这五个道德因素都是自古就已经存在的，而不是随着现代化过程而产生的新伦理因素。[①] 这说明，传统的精神气质在市场活动中起着重要作用，没有这样的精神气质，人们会千方百计钻制度的空子，制度和人的关系就变成了猫和老鼠的关系，制度建设会永远赶不上人的机会主义行为，制度监管就会陷入"道高一尺，魔高一丈"的恶性循环。

第三节　公共生活的伦理生态

任何社会的转型都是全方位的，既有文物典章制度的转变，又有社会整合方式的变化，还有人的心性与精神风貌的更新，而这一切，都是为了人的转型。只有真正实现了人的现代转型，才会有社会的转型。公共生活伦理作为个人的信念，属于心性培养；作为一种行为方式，表现为精神风貌；作为一种约束机制，表现为正式的和非正式的制度。因此，如果将社会转型的主要任务看作是使人向现代性转变，如果将公共生活伦理视为个人现代性因素的一个组成部分，那么，公共生活的伦理实现，最终将作为人的现代行为方式与精神气质体现出来，但要达到这一目的，必须在社会转型的过程中，着眼于构建具有新时代特征并能在公共生活中起作用的伦理生态。

所谓伦理生态，指人的精神活动的生态环境，即由含有伦理意义、具有伦理价值的诸因素所构成的一种生态系统，是在本质上与自然生态相区别的人文生态。如果说自然生态所标示的是人生存的自然环境的状态与质量的话，那么伦理生态所标示的则是人的精神生活的质量与人生存的人文环境的

---

① 参见 Fred Hirsch：*Social Limits To Growth,* Cambridge, Harvard University Press，1978. pp.11,135-151。

状态。

作为一种文化生态，伦理生态以含有伦理意义的文化因素与文化现象分布于生活世界，主要包含三个方面：观念文化，制度文化，人的精神品质。如果再细分，观念文化（伦理意义上的）大体包含有信仰、世俗精神体系、价值观这几个方面。最早的也是最持久的信仰源于某种宗教精神，宗教是人寻求灵魂安放和救赎的一种生活方式。黑格尔在《精神现象学》中说："自身异化的精神以教化世界当作它的特定存在；但是由于这个精神整体已经完全自身异化，所以存在于教化世界之彼岸的救赎纯粹意识或思维这一非现实的世界。"[①] 黑格尔在这里把宗教视为人的精神异化的产物（在黑格尔那里，异化就是精神的自我扬弃，精神由此得到发展），但这种异化精神之所以必要，是因为人需要给自己确立一个精神目标，用来规约世俗生活，以便在其中提升精神境。伦理观念文化中的世俗精神体系，是关于世俗生活的精神规约体系。它一部分来源于信仰（某种宗教教义或某种主义），一部分来自于现实生活的需要，主要表现为对人的生活样式和行为方式的应然要求，人们据此安排制度与法律规范，规约人的世俗生活。伦理观念文化中的价值观，一部分植根于信仰体系，一部分从属于世俗精神体系，是关于人对生活意义（包括社会关系、行为方式、生活态度等的精神意义）的价值判断。在社会生活中，某一社会的（或共同体，或是某种群体）价值观与生活于其中的个人价值观可能是一致的，也可能不是一致的。因为前者主要是社会对其全体成员的价值导向，而后者则是每一个人自己的价值取向，在社会新旧交替之时，二者往往会发生不一致的情况。

伦理生态中的制度文化包含正式制度与非正式制度两方面，它们都是上述观念文化的世俗存在。正式制度是将观念文化中的精神意义通过一定的程序使之结构化，以便成为一种较为恒定的、有可操作性的规约系统；非正式制度则表现为某种风俗习惯，或是某些禁忌，或表现为社会舆论。其中禁忌与风俗习惯是贯通的，而禁忌几乎是与人的生活同时发生的，在早期人类那

---

① 黑格尔：《精神现象学》下卷，贺麟、王玖兴译，商务印书馆 1979 年版，第 70—71 页。

里，禁忌起着很重要的规范作用。涂尔干在《宗教生活的基本形式》中分析了早期部落人的禁忌，人们认为有些动物和植物属于"圣餐"，是不能食用的，"谁要是触犯了这一规定，谁就会大祸临头。"① 对一个民族而言，禁忌与风俗习惯是很难改变的，它们往往能持久地发挥作用。涂尔干说："禁忌在人们的头脑里还是太根深蒂固了，即使它最初存在的原因已经不在了，它往往仍然能够继续流传。"② 正因为如此，非正式制度也一直对人们的伦理生活起着调节作用。

人的精神品质属于伦理生态的重要一极。人既是伦理观念文化的表现者，又是观念文化的继承者和革新者；人既是制度文化的规约对象，又是某种制度创新的执行者。这样，人既受着观念文化与制度文化的双重制约，又反过来改变和革新观念与制度。人的精神品质在人发展的不同阶段有不同的要求和表现形式，因而会呈现出不同的特征，概略地说，人的发展程度越是不高，其精神品质越呈现群体特征，因而越是表现为这个群（共同体）的文化特殊性。这种特殊性会随着人的发展慢慢褪色，但不会彻底消失。迄今为止，个体精神品质都呈现出特殊性与普适性共存的状态，社会越是进步（同时也意味着人的发展），普适性特征就表现得越明显。在伦理生态中，人的精神品质是最显性的表现形式，因为人的社会生活样式、社会的精神风貌等都由人的行为方式（内含精神品质）表现出来。

和自然生态一样，伦理生态同样也是一个系统。主要由以下要素构成：第一，一定的伦理精神，即上文所分析的观念文化；第二，作为与这一伦理精神的要求相一致的由社会关系(包括人际关系）为内容所构成的制度体系，这集中表现为上文所说的制度文化；第三，以这种伦理精神为价值依托，以一定的制度体系为调控机制（其实际发挥作用时表现为制度、规范、习俗等形式）下的人的具有伦理价值的观念和行为，即上文所说的人的精神品质。在这个生态体系中，伦理精神是其坚实的基础，无论是社会的制度安排，还是制度的规约方式与社会习俗、社会风尚，都应该是伦理精神的体现与展

---

① 涂尔干：《宗教生活的基本形式》，渠东、汲喆译，上海人民出版社1999年版，第169页。

② 同上书，第171—172页。

开；社会成员的观念与行为是伦理生态的最显性表达，无论这一生态是良性的还是无序的，都会通过人的思想观念与行为方式表达出来；而制度与规范则是伦理生态的承载平台和保障机制，没有这一机制和平台，伦理精神所表达的应然要求就不能在社会生活中确立起来。因此，伦理生态的各要素实际上组成一个相互联系、相互作用的系统。

伦理生态的各因素之间是相互作用的，它有两个方向的作用系统，其一是正向的作用：一定的伦理精神→与之相应的制度体系→个人的思想观念及其行为品质（品质是观念所支配的行为的稳定性趋向）。其二是反向作用：（某些）个人的思想观念与行为品质→更新伦理精神→依据新的伦理精神进行制度创新→通过新制度体系的规约来整合社会大众的思想和行为，形成社会个体新的精神品质。这一反向作用系统的基本含义是：一种新的伦理精神，要等到社会与人发展到相应的程度才会萌芽，而处于萌芽状态的伦理精神，会被那些先知先觉者最先感知，并首先作为他们的个体意识表现出来，这种个体意识包含着新的精神因素，这些新的精神因素或通过舆论、宣传、教育等方式在社会上散布开来，或通过某些个体的思想与行为表达出来，由此引发整个时代的伦理精神更新，继而推动社会的制度变革与创新，然后通过新的制度体系去规约社会大众的观念与行为，以形成新的个人德性。作为一个系统，伦理生态的上述两条途径是循环运行的：在社会的稳定与繁荣期，伦理生态主要是以正向途径发挥作用；如果原有的社会生活伦理秩序失范现象比较严重，需要进行社会变革或社会转型时，又主要是反向作用途径发挥作用。在实际的社会生活中，伦理生态中的三个要素总是通过这两种途径发挥作用，伦理精神、制度体系与人的精神品质总会在离散中寻求契合，最后融为一体，即原有的伦理生态平衡被打破后，又会达到新的平衡，这是一个循环往复的过程。

在伦理生态系统的三个要素中，伦理精神是基础的因素。如果我们将某一时代或社会单独进行考察，我们就能发现，每一个时代都有该时代的时代精神，但这种时代精神不会自动形成，它是活动于该时代的人们对自己所生活的世界的精神把握，它表明，人们总是会审问自己的实践活动与外部世界的关系以及这种关系的意义。因为每一时代的人所面对的问题，所要承担的使命，所要达到的目标都与以前时代的人不一样，因而人们需要以新的精神意义定义自己的实践方式，于是才有了对时代精神的拷问与探寻，由此形成时代精神。黑格尔在谈到"精神"时说："当理性之确信其自身即是一切实在这一确定性已上升为真理性，亦即理性已意识到它的自身即是它的世界、它的世界即是它的自身时，理性就成了精神。"① 表明人的理性总是会将外部世界纳入自己的精神把握之中，在精神中拷问世界与人的关系"应该如何"，以消除外部世界的异己特征。伦理精神是一种含有伦理意义的精神，它本身就是时代精神的一个组成部分。因此，当我们考察时代精神时，就已经包含了伦理精神；而当我们审视伦理精神时，一定不能离开时代精神的维度。否则，伦理精神的更新就无从谈起。

但是，伦理精神毕竟是含有伦理意义的精神，它对外部世界的把握也只是伦理方式的把握，而不是社会实践的全部内容，因而又和时代精神有些区别。在一般意义上，伦理精神就是实践主体关于外部世界"应该如何"的精神判断，以此判断来评价主体的实践方式是否合理，从而使自己的活动与外部世界处于一种和谐状态。黑格尔在《精神现象学》中论述了"道德世界观"，其中论述的第一个问题就是"义务与现实之间被设定的和谐"，② "设定的和谐"就是按"应该如何"的要求把握主体与对象的关系，使之处于统一之中。黑格尔并且认为，"自我意识愈自由，它的意识的否定性对象也就愈自由。"③ 据此我们可以这样说，伦理精神既是一定时代的实践主体内在本质的外在显现以及对外部世界的精神要求，又是实践主体自己给自己的精神规约，使外部世界符合自己的实践目的性。黑格尔在《逻辑学》中分析善的理念时说："目的的活动不是指向自身，以便把一个已给予的规定纳入自身并使其为己有，而不如说是要建立自己的规定，借扬弃外在世界的规定，给自身以外在现实形式中的实在。"④ 扬弃外在世界的规定，自己建立自己的规定，是伦理精神的核心意蕴。关于这一点，马克思说得更明确一些。马克思认为，人

---

① 黑格尔：《精神现象学》下卷，贺麟、王玖兴译，商务印书馆 1979 年版，第 1 页。

② 同上书，第 125 页。

③ 同上书，第 125—126 页。

④ 黑格尔：《逻辑学》下卷，杨一之译，商务印书馆 1982 年版，第 523 页。

类以四种方式掌握世界：科学精神的，艺术精神的，宗教精神的，实践精神的，①其中"实践精神的"就是指人对世界的伦理掌握方式。人在其实践过程中，一方面发展人的知识、技能等用来变换物质世界的能力；另一方面要提出与这种实践能力相适应的精神需求，即会产生实践活动"应该如何"的精神需要。因为人与实践对象（外部世界）同时发生着两方面的联系：一是以"是"表达的联系，即对实践结果或目的的真假判断；二是以"应该"表达的联系，即实践过程与结果是否符合主体的精神需要。前者主要是一个合规律性问题，后者则主要是一个合目的性问题。在马克思所说的掌握世界的四种方式中，如果说科学精神掌握世界的方式是以概念及其逻辑联系来反映世界，艺术精神是以形象表达世界图景，宗教精神是将世界神圣化、偶像化，那么，实践精神则是以"应该如何"的精神需要反映世界的价值联系。由此可知，伦理精神是从事社会实践活动的人给自己所做的精神定位，是为了使人的实践得以顺利进行并能使实践合乎目的性的精神坐标，也是一个时代或一个社会的人的安身立命之所。

但是，伦理精神并不就是善本身，而只是善的向度或者是为了达到善所进行的精神规定。善必须是已经实现了的精神价值，"实现了的善，由于它在主观目的中、即在它的理念中已经是的东西而是善。"②"已经是的东西"就是已成为现实的东西，因此黑格尔对善有了这样的规定："这种包含于概念中的，相等于概念的，把对个别的、外在的现实之要求包括在自身之内的规定性，就是善。"③黑格尔在这里所说的"外在的现实之要求"，的确抓住了善与伦理精神之间的本质联系。列宁在《黑格尔〈逻辑学〉一书摘要》里阐发黑格尔"善"的概念时，把上述提法分为两个要素分析，认为："'善'是'对外部现实性的要求'，这就是说，'善'被理解为人的实践的要求（1）和外部现实（2）。"④"要求"是指人们在实践活动中所形成的"应该如此"的精神需求，如果仅停留在此，那还只停留在精神层面，是一种没有行动的精

---

① 参见《马克思恩格斯选集》第 2 卷，人民出版社 1995 年版，第 19 页。
② 黑格尔：《逻辑学》下卷，杨一之译，商务印书馆 1982 年版，第 524 页。
③ 黑格尔：《逻辑学》下卷，杨一之译，商务印书馆 1982 年版，第 523 页。
④ 《列宁全集》第 55 卷，人民出版社 1990 年版，第 183 页。

神。诚如黑格尔所言："假如善的目的这样仍然没有实现，那么，这就会是概念退回到在它的活动以前所具有的立场。"①没有实现的善仅仅是善的概念而不是善本身，因此，要使善得到实现，必须使之成为"外部现实性"，即成为现实的东西。

"外部现实性"对我们理解伦理生态的作用十分重要，它要求实践主体将某种精神需求和价值趋向变为客观现实的行动，使对外部世界的精神掌握变为实实在在的现实掌握。将伦理精神所表达的精神需要用某种固定的形式确立起来，是善成为外部现实性的重要环节，制度就是这一环节。制度能够以一定的形式将人们的精神需求实体化和结构化，它将应然的要求与观念化为可以操作的程序，设立专门的组织与机构负责操作，并以强制性的力量予以维系，因而制度在使精神由一种善观念变为善的现实中起着强有力的保障作用。社会的制度一般有形式与内容两个方面，形式就是制度的组织架构、机构设置、规则制定等方面；内容则是其所调整的社会关系及其所展现的利益关系，制度主要以利益各方权利义务的安排为其内容。社会关系是人们在生产实践活动中结成的人与人之间的关系，它反映一定社会的人们之间的竞争、合作、冲突、交换、联合等的关系。马克思认为，要说明一个时代的人的本质，就要去考察当时的社会关系。②因为每一个时代的人们所产生的社会关系以及对这种关系的应然判断都是不同的，由此又导致人们用于调整社会关系的制度也是不同的，这种区别就是不同的人的内在本质的区别，例如传统社会认为人们之间的关系是要分等级的，因而社会实行等级制；而现代社会认为人与人之间是一种平等关系，因而其制度也是按照权利义务方面的平等来安排的。根据康德的说法，人们仅仅遵循德性法则的联合体只能称作一个伦理的社会，伦理的共同体可以处于一个政治的共同体中间，甚至由政治共同体的全体成员来构成，但伦理的共同体具有特殊的、自身特有的联合原则（德性），因而也具有与政治的共

---

① 黑格尔：《逻辑学》下卷，杨一之译，商务印书馆1982年版，第527页。

② 马克思说："人的本质不是单个人所固有的抽象物，在其现实性上，它是一切社会关系的总和。"（参见《马克思恩格斯选集》第1卷，人民出版社1995年版，第56页）

同体在本质上不同的形式和制度。① 伦理精神向现实生活渗透所形成的结构化、程序化和实体化的制度体系，最终应该以政治制度确立起来，伦理精神只是作为制度的精神价值在其中起作用，这是善实现"外部现实性"的重要一步。

除了制度之外，人的精神品质也是善的"外部现实性"的表现形式，从某种意义上说，它是比制度更重要的一种"外部现实性"。因为在伦理生态中，人的思想观念、行为方式以及由此体现出来的精神品质，处于最显相、最感性的层次，人们感知伦理生态是否平衡与和谐，往往根据人的精神品质来评价。人的思想观念和行为方式有两个主要的根源，深层次的根源是当时社会所宣示或展现的伦理精神，不管人们是否意识到，其思想观念和行为方式都是在某种程度上对某种伦理精神体认的结果，伦理精神给人们提供一种精神的目标和自我反思的精神维度，个人在其中选择自己所认可的精神价值。较浅层次的根源是一定的制度体系。制度的"默示"（即制度通过自身的良性运作给民众演示制度中的精神价值）能对社会成员培养精神品质起潜移默化的作用；而其"明示"（即通过公开的规范约束）则可以通过强制性规约来矫正民众的思想和行为，以期能形成制度所期望的精神品质。但是，个人品质的这两方面根源能否真正起作用，最后还有赖于个人的自主选择和自我培育，伦理精神若是不能被社会大众所接受和体认，不能化为个人的精神品质，这种精神需求就是无效的、不真实的；制度规约的有效性也要通过社会成员正确的观念与行为体现出来，否则，制度要么形同虚设，要么是不合理的。

在一定的社会生活中，伦理精神、制度体系和人的精神品质共同构成社会的精神风貌。人们可以通过社会展示的精神风貌直观地感受到一种伦理生态是否合理，是否健康。健康的伦理生态是一个良性的运作系统，其中的伦理精神、制度体系和人的精神品质各要素之间不仅是统一的，而且是良性互动的，这种情形我们可称之为伦理生态平衡。如果其中的构成要素之间不能

---

① 参见康德：《纯粹理性界限内的宗教》，《康德著作全集》第六卷，中国人民大学出版社 2007 年版，第 94 页。

达到良性统一，甚至相互冲突，那就是该伦理生态不平衡或遭到破坏。因此，社会生活的和谐一直是伦理生态构建的终极目标，也是衡量一个伦理生态是否合理、是否健康的重要指标。古希腊哲学家毕达哥拉斯认为："美德乃是一种和谐，正如健康、全善和神一样。所以一切都是和谐的。"[①]一种和谐的伦理生态，其社会生活的各个方面内部及各个方面之间都处于和谐状态，如社会的经济生活、政治生活、文化生活以及日常生活等各个方面不仅在其自身领域内是有序的，而且和其他各方面的关系也是良性契合的。

在伦理生态中，和谐与秩序是两个诉求与意思接近的概念：和谐一般指秩序的一种良性状态，而秩序则是社会的各种关系之应然的表达与实现，它是达到和谐的条件。因此，秩序有两方面的展现：一是作为表达的秩序，即社会的制度所设计和安排的秩序，这是每一个制度最基本的诉求；二是作为实现的秩序，即社会个体的实际行为所体现的秩序。这两者之间是有张力的，其中的张力越小，社会生活越是和谐。张力产生于制度设计与个体行为选择的不一致，其中任何一方缺乏合理性都会导致这种张力增大。因此，制度的设计者除了使用强制性规范来保证个人服从制度约束之外，一般都会把社会个体的德性作为秩序实现的保障。在传统社会，个人的德性并不真正具有个人特征，而只是体现了根据其自然身份和社会身份所应尽的自然义务。但是，在公共生活中，个人德性已完全具备个体特征，它是个人自由选择的价值，身份对人的义务约束已不复存在，这样，行为者就应该对自己的选择承担责任。因此，公共生活中秩序的确立与实现，除了制度安排的合理性（制度真正消除身份、地位等因素，体现人人平等、保障每个人能追求并实现正当权益等正义原则）之外，个人的行为方式选择至关重要。每个人都有自由选择某种价值观的权利，但这种选择应该是一个负责任的个体所为，即个人必须是理性的，而不是任性的。哈贝马斯在《交往行为理论》中指出，个人的合理性选择必须有能力提供这种合理性的论证理由。[②] 这就要求

---

① 《古希腊罗马哲学》，商务印书馆 1961 年版，第 36 页。

② 哈贝马斯说："合理的表达所要求的论证能力意味着，具有这种能力的主体在适当的情况下自身应当能够提供论证理由。"（参见《交往行为理论：行为合理性与社会合理性》，曹卫东译，上海人民出版社 2004 年版，第 12 页）

行为主体是一个审慎的、具有理智的个体，他选择一种行为方式，不应该完全是基于自己的感受和利益，若如此，就永远不会有秩序可言。在个人已成为独立个体的时代，制度规约与个人选择之间的张力不仅仅发生在制度与个人之间，还发生在不同的个体之间。因为规则制约的有效性要求社会成员对规则的普遍认同，这需要每个人有超出个人立场的考量，与其他个体通过协商、对话，对公共规则达成共识。个人在公共生活中的行为其实就是一种公共交往，应该以公共性作为自己行为选择的维度。他必须考虑到他与别人共同生活的世界所应该有的生活样式，这一生活世界是别人与他一起分享的。诚如哈贝马斯所言："通过这种交往实践，交往行为的主体同时也明确了他们共同的生活语境，即主体间共同分享的生活世界。"① 这一共同的生活世界是"交往共同体当中主体相互之间共同分享的背景知识"②。因此，他必须尊重他人，这也就意味着必须尊重自己与他人共同制定的规则，能做到这一点，就是具备了行为方式选择及公共交往的能力，这就是哈贝马斯所说的："在交往行为关系当中，如果谁作为交往共同体的成员，能把主体间所首肯的有效性要求当作其行为准则，谁就称得上是有能为的。"③ 这样，制度规约与个人行为选择之间的张力就会变小甚至消失，伦理生态就会归于秩序，达到和谐。

基于以上分析，我们可以对公共生活的伦理生态作如下概略性描述：公共生活的伦理生态是一种有别于传统社会伦理生态的全新的伦理文化生态系统，它昭示着人新的生活样式和社会新的伦理规约方式。在伦理精神方面，公共生活的伦理精神必须充分体现时代精神，指向以公平、正义、平等、自由为诉求的精神目标。就一个国家和民族而言，其伦理精神中当然地要涵纳本民族的核心价值观，但民族的价值观必须能和时代精神融为一体，必须反映社会发展的时代潮流；此外，当伦理精神作为一种道德理论和道德学说提供给社会时，应区分出"善"与"正当"（正义）的不同要求。罗尔斯在分

---

① 哈贝马斯：《交往行为理论：行为合理性与社会合理性》，曹卫东译，上海人民出版社 2004 年版，第 13 页。

② 同上。

③ 同上书，第 14—15 页。

析善与正义这两个概念时说:"一种道德学说的结构取决于它在何种程度上把这两个概念联系起来和如何规定它们之间的差别。"① 这是因为,在公共生活中,自由而独立的个体之间所持有的善观念的不同是很正常的事,"各个个人是从不同的方面确定他们的善的,许多事物可能对一个人来说是善而对另一个人则不是善。"② 这种情况的存在,是公共生活允许价值多元的体现,它能使社会充满活力,也会因不同善观念之间的对话与沟通而深化和扩展社会的精神生活,所以罗尔斯说:"一般地说,个人的关于他们的善的观念在许多重大的方面相互区别将是一件好事"。③ 当然,持不同善观念的个人都必须能在正义原则问题上达成一致,而善观念正是产生正义感的精神基础。

公共生活的制度体系应该充分反映该时期伦理精神的要求,要改变传统社会将权力、身份、地位、等级作为制度安排的核心内容,以服从、管制为制度运行模式的制度设计理念,公共生活的制度设计应该以公平、正义、平等、自由和权利义务的对等为基本诉求,以保护和服务社会民众为制度运行的基本模式。此外,与伦理精神中将善与正义进行区别相适应,只要人们认可并奉行社会的正义原则,从而能保持行为的正当性,制度就应当允许人们信奉不同的道德学说或不同的善观念,创造条件让不同的观念之间进行对话。在公共生活中,制度的强制性约束并不是每一次都要走向前台,应充分发挥社区、社群、街道和各种公共性组织成员的自治作用,让每个人作为公共生活的主体活跃在社会生活的各个方面。在传统社会,制度的供给方是掌握公权力的利益集团;而在公共生活中,制度的设计与规则的制定应是每个个体自觉参与的结果,这一方面要求公权力为广大民众服务,并接受民众的监督,另一方面每个人都应自觉遵守并尊重公共规则,因为这实际上是服从我们自己的意志。

在这种制度模式下,个人精神品质在公共生活的伦理生态中也会有不同于以往的表现形式。只有在公共生活中,个人的德性才真正带有他的个人特

① 罗尔斯:《正义论》,何怀宏等译,中国社会科学出版社1988年版,第433—434页。

② 同上书,第435页。

③ 同上。

征，尽管他仍然是按照某种精神意义的昭示和制度的要求来培养自己的品质，但他是主动的而不是被动的，是自主选择而不是盲目依从的，因而他的品质打上了他的自由意志的烙印。和以往不同，他是作为一个个体而不是社会关系中的某个角色在履行道德义务，而且他能清醒地意识到他的道德义务的社会意义。作为一个公共生活中的个体，他是在和别人（社会）的交往中形成自己的精神品质的，这样，他必须承认他人是与自己一样的个体，必须认同他人，以便在这一基础上寻找与他人联合的方式，因而他的精神品质更多的带有普适性特征，即这种品质适用于每一个人，而不是只在私人间或某一群体才适用。同时，此时对个人德性的评价，更多的是采用公共性的视角，私德或保留在私人交往领域，或只是作为品质与正义感的基础。人们更关注的是审慎、理智、节制的行为方式，是宽容、谅解、同情、善意等人际认同品质，是正直、诚实、信任、公平、正义等公共性品质。总之，用罗尔斯的话说，公共生活中人们更关注的是"合作德性"，[①] 这样的德性已经超出了私人领域，它是在公共性交往中形成的，在这种交往中，"一个人会得出一个关于整个合作系统的观念，这个观念规定着社团和它为之服务的那些目的。他了解其他的人由于他们在合作系统中的地位而有不同的事情要作。所以，他慢慢学会了采取他们的观点并从他们的观点来看待事物。"[②] 而这正是公共生活所需要的个人精神品质。

以上只是对公共生活伦理生态的概略性描述，旨在表明，尽管所有的伦理生态都追求秩序与和谐，但其性质是不同的。在传统社会，由于其中的伦理精神与制度都对人起着宰制作用，人基本上是被管制的，因而人与人之间的联系所形成的社会秩序是僵硬的，借用涂尔干的用语就是，这种联系是"机械"的，其和谐也是表面的；而公共生活由于是每个能自由选择的个体参与其中的，所以人与人在其中的联系是"有机"的，由此形成的秩序就是有活力的，而和谐则是真实的。

中国当前的社会转型，使原有的伦理生态处于较严重的不平衡甚至是失

---

① 罗尔斯：《正义论》，何怀宏等译，中国社会科学出版社 1988 年版，第 459 页。

② 同上书，第 455 页。

序状态，不仅伦理生态中的三个主要因素之间的关系失衡，而且它们各自都面临更新或转型。有学者指出，"由于现代化过程在中国是植入型而非原生型，现代性裂痕就显为双重性的：不仅是传统与现代之冲突，亦是中西之冲突。"① 这样的冲突正是社会转型期的基本特征：旧的正在被瓦解，新的还没建立起来，所以无论是伦理精神还是个人品质，都还处于新与旧的交织状态。② 这说明当今构建新的伦理生态的任务十分艰巨，而如果新的伦理生态建立不起来，公共生活就会失去伦理维度。

每当社会处于转型期，重构伦理生态的问题就会提上议事日程。中国历史上第一次社会转型发生在春秋战国时期，这次转型将维系周天下的伦理生态破坏殆尽，社会的伦理失序现象颇为突出，诸侯、大夫、君主、天子及普通人之间原有的名分已经崩溃，僭越、不服从、各行其是甚至乱伦现象时有发生，整个社会生活处于无序状态，君不君，臣不臣，父不父，子不子，这就是所谓"礼崩乐坏"。此时的社会生活状况就如有学者指出的那样："旧的标准搞乱了，新的尺度未能即时形成。这时候，人的欲望就缺乏节制，在可能与不可能之间，在公平与不公平之间，在合理要求与异想天开之间，这一切的界限，都变得模糊起来。"③ 也正是在这一时期，各家各派提出了各自的、彼此互竞的道德理论与治国方略，即所谓百家争鸣。从某种意义上说，各家都是在为重建伦理生态提出自己的主张，最后法家胜出，社会进入一个相对稳定期。在社会的较为恒定的持续期，伦理生态往往是相对稳定的，中国自秦以降直至清末，伦理生态基本上没什么变化，这就是我们所说的传统社会。这一时期伦理精神所指向的目标及其精神意蕴、制度设计的宗旨及规约方式、个人德性的特征都与现代社会有很大不同，于是才有社会转型及重建伦理生态的要求。

对当前处于转型期的中国社会来说，构建新的伦理生态不是一朝一夕就

① 刘小枫：《现代性社会理论绪论》，上海三联书店1998年版，第2页。
② "如今，共有的价值体系已名存实亡，生活的伦理秩序失去了一致性，各种利益行为的冲突和某些极端的利益行为已在把社会推向道德失序状态。"（参见刘小枫：《现代性社会理论绪论》，上海三联书店1998年版，第517页）
③ 张德胜：《儒家伦理与社会秩序》，上海人民出版社2008年版，第5页。

能完成的，伦理生态的建构与社会转型处于同一过程之中，或者说，社会转型本身就包含了伦理生态的重构这一任务，因此，伦理生态的重建只有等到社会转型最终实现时才有可能完成。但是，犹如社会转型必须有目标指向一样，构建公共生活的伦理生态也必须有其总体图谱，以便我们一步一步地接近它。马克思指出，每一种物质生产活动除了产生物质方面的成果之外，还同时产生两个方面的东西：社会关系；人们的思想观念以及某种理论。[①] 这使得社会的每一次发展都会提出变革精神规约方式与制度体系的要求，因为人们生产活动能力的每一次增强，都会使人们的实践活动向更深更广的程度发展，于是又会产生新的社会关系，这使得原有的社会关系格局发生紊乱，社会出现失序现象；而与新的社会关系同时产生的还有人们新的思想观念以及某种理论，因此人们又会根据新的思想观念去重新组织、安排社会关系，这就是一般意义上的制度创新。这样，当社会发展到某一新的生活样式时，其中的社会关系、制度形式以及人们的实践能力和精神品质会产生互动，并在这种互动中实现共生。

今天重建伦理生态和我们对待社会转型的理念一样，不应该以某种既定的伦理原则、理论或观念为教条，也不应该以某种预定的制度为框架，而应该脚踏实地，根据实际问题一点一点地进行改革，一步步迈向既定目标。马克思说："财产的任何一种社会形式都有各自的'道德'与之相适应"。[②] 对此我们可以理解为，社会形式的每一次改变，都会有相应的精神价值和法律规范（它只是精神价值的明文宣示及程序化）相伴随。而实际上，无论是社会的稳定期还是转型期，精神价值（社会的伦理精神、个人品质）与法律规范（制度）都是相互发生作用的，今天我们应在伦理精神与制度体系的互动中寻找建立伦理生态的途径，这意味着我们必须首先明了当代中国正在进行的社会实践的意义与价值目标，弄清楚当代中国人的物质生产活动、社会交往活动、思维方式与精神生活是怎样的，中国人当前的政治生活的公共性表现、法律生活与制度规约的状况以及伦理秩序和道德生活等是怎样的，而这

① 参见《马克思恩格斯选集》第 1 卷，人民出版社 1995 年版，第 142 页。
② 《马克思恩格斯选集》第 3 卷，人民出版社 1995 年版，第 114 页。

些又应该是怎样的。更重要的是，要弄清楚当前社会转型及其完成后的中国社会所要求的伦理精神应该是怎样的。这样，我们所建立的伦理生态就是符合中国的社会实际的，因为伦理精神的表达尽管要体现时代特征，但也必须和中国的文化根源、背景和核心价值观结合起来，即使是自由、平等、公正、人权、个性、正义等这些作为现代性标志的理念，在不同的实践背景、道德传统、文化底蕴和不同的社会生活中都会有不同的表现形式。因此，应该注意如何使制度体系与组织结构符合我国的民族心理与文化传统，例如，我们民族在历史长河中形成的仁爱、礼义、民本、忠信、和合等基本理念应该在何种意义上、以何种方式作为我国现代制度体系的要素？今天应该将移风易俗、人格培育、习惯养成等作为新的伦理生态的有机组成部分，使人们在日常伦理中慢慢养成现代品质。

第四章
公共生活的社会组织与个人

在公共生活的意义上，所谓社会转型，就社会形式而言，其实就是从传统社会向现代社会转变。这样的转型是全方位的：政治体制、经济体制、文化建设、人的行为方式等都需要进行相应转变，而由于社会组织与社会个体是相互联系的两个方面，因此建设公共性社会组织与培育社会个体是一个问题的两个方面。

第一节　公共性社会组织

根据社会（或是人组成的任何群）与人紧密相连的观点，任何一种社会组织形式，都与人的发展状况相联系，社会形式不过是人发展状况与发展程度的外化而已。人类从最早的族群到由自然因素所支配而组成的各种共同体，再到现代意义上的社会，就显示了人自身的发展历程。这既是一个越来越远离自然状态的过程，又是个体与群不断分离的过程。越往后发展，个体与群之间的联系越是松散，个体与个体之间的联系也越来越松散。远离自然状态和个体与群不断分离看起来是两个过程，而实际上都是人发展进程的体现。由纯自然的血缘关系所构成的族群，表明个体的独立性非常弱小，只有结成血缘族才能维持生存。而由自然分工和社会分工所组成的形形色色的共同体，仍然主要体现群的力量，个人的力量微不足道。只是，在这一阶段，个人的知识、技能和精神需求等开始以个人的形式发展起来，形成鲜明的个性特征，这就为形成"社会"作了准备。随着人的技能、知识等的不断发展，人的个性越来越鲜明，自由意志的作用也越来越大，因此个人就对群以及他人有了越来越强烈的离心倾向，个人的独立性已不可避免，而恰恰在此时，出现了"社会"这样的组织。这与人既是独立个体又是某一群中的一员；既是特殊的存在又是普遍性存在这样的存在方式是分不开的。因此，可以从一般意义上说，社会就是独立、自由的个体组成的联合体。独立与自由是为了实现自己的特殊性，而联合则是为了将特殊性融入普遍性，并在普遍性中实现特殊性。

在严格意义上，社会与公共性社会组织这两个概念是有区别的，公共性社会组织除了带有社会的一般特性之外，似乎还带有更强的政治色彩，它涉及社会个体的政治参与与权利实现等问题，而社会则更多地表示个人之间的联合形式。① 但这里所谓的公共性社会组织，是一个含义比较复杂的概念。它的直接来源是英文 civil society，这个词可以有两种翻译，一是文明社会，一是市民社会。在西方语境中，亚里士多德把那些够资格参与社会政治事务的人称为"公民"，他把公民定义为"凡得参加司法事务和治权机构的人们"，② 亚氏对公民的定义主要取政治角度："对于一切称为公民的人们，最广涵而切当地说明了他们的政治地位。"③ 但是，亚氏眼中的公民是有着严格限制的，只有自由人才能获得公民资格，即既不为生计而被迫劳动，又能自由思考的人才是公民。至于那些为生计而被迫劳动的人，如奴隶、工匠和佣工等，亚里士多德把前者称为"为私人服劳役"的人，把后者称为"为

---

① 在马克思的理论中，社会是高于市民社会的一个概念，市民社会是介于国家与家庭之间的领域，而社会则是真正的人的联合体，是消除了一切异化关系从而只把人作为目的的组织，比如他说："因为只有在社会中，自然界对人来说才是人与人联系的纽带，才是他为别人的存在和别人为他的存在，才是人的现实的生活要素。"（《马克思恩格斯文集》第1卷，人民出版社2009年版，第187页）此处所说的社会，只是指个人通过兴趣、爱好和某种价值观所组成的联合体，它可能有多种表现形式，大体上是介于国家与家庭之间的领域，因而不是马克思的社会概念。

② 亚里士多德：《政治学》，吴寿彭译，商务印书馆2010年版，第122页。

③ 同上。

社会服劳役"的人，① 很显然这些人被排斥在公民之外。此外，妇女和儿童也不能算作公民。这样，亚氏就提出了"城邦共同体"或政治共同体的概念（koìnonìa polìtìké）。到公元前 1 世纪，西塞罗将 koìnonìa polìtìké 译成拉丁文 civilis societas。至 14 世纪，civilis societas 被译成英文 civil society。从词义看，civil society 可理解为"文明"社会，它是与自然状态相对应的一个概念。17、18 世纪近代契约论者如霍布斯、洛克、卢梭等人，就是在自然与社会对应的论域中使用 civil society 这一概念的。自然状态是近代契约论者所预设的一种状况，在那里，人完全受自然欲望所支配，生活关系一片混乱，即呈现出无政府状态。霍布斯将人与人的这种关系称为狼对狼的关系；卢梭在《社会契约论》中指出："我设想，人类曾达到过这样一种境地，当时自然状态中不利于人类生存的种种障碍，在阻力上已超过了每个个人在那种状态中为了自存所能运用的力量。于是，那种原始状态便不能继续维持，并且人类如果不改变其生存方式，就会消灭。"② 这样的预设，是为了说明人应该告别和扬弃自然状态，每个人作为平等的个体与他人建立契约，从而形成国家和政治社会。此时的 civil society，是在国家与政治社会的意义上被使用的。

不过，在黑格尔和马克思那里，civil society 又有了与近代契约论者完全不同的含义。黑格尔将市民社会界定为政治国家与家庭之间的领域，即经济活动领域的需要体系："市民社会，这是各个成员作为独立的单个人的联合，因而也就是在抽象普遍性中的联合。这种联合是通过成员的需要，通过保障人身和财产的法律制度和通过维护他们特殊利益和公共利益的外部秩序而建立起来的。"③ 在市民社会里，每个人都把别人作为手段，以他人为中介实现自己的利益，因而市民社会就是个人争夺私利的战场，它只是独立的单个人的联合，表明人并没有真正达到普遍性，只有在国家中，个人才在利益和精神方面都实现了自己的普遍性。马克思则将人的发展与市民社会联系起来考察，认为"市民社会包括各个人在生产力发展的一定阶段上的一切

---

① 亚里士多德：《政治学》，吴寿彭译，商务印书馆 2010 年版，第 139 页。
② 卢梭：《社会契约论》，何兆武译，商务印书馆 2003 年版，第 18 页。
③ 黑格尔：《法哲学原理》，商务印书馆 1961 年版，第 174 页。

物质交往。它包括该阶段的整个商业生活和工业生活。"①与黑格尔一样，马克思也将市民社会视为与国家相区别的一种组织，将之限定在资本主义社会的经济活动领域，表现为经济生活中的财产关系和经济关系。但与黑格尔将市民社会作为有待于上升为国家这种普遍伦理的看法不同，马克思认为市民社会是国家的基础："市民社会这一名称始终标志着直接从生产和交往中发展起来的社会组织，这种社会组织在一切时代都构成国家的基础以及任何其他的观念的上层建筑的基础。"②很明显，黑格尔与马克思所使用的市民社会概念，与近代契约论所使用的市民社会概念有很大不同，实际上，黑格尔和马克思所说的市民社会，和 civil society 并不是直接对应的，因为它来自德文 bürgerliche Gesellschaft，在德文中该词指的是由中世纪末期以来在欧洲城市里形成的商人、手工业者、自由民或第三等级构成的社会。bürgerliche Gesellschaft 既可译为 civil society，也可译为 bourgeois society，③当使用后一种译法时，就和近代契约论者所说的市民社会区别很大了，它指的是以资产阶级为代表的第三等级所组成的组织形式。

到了现代，哈贝马斯对市民社会又有了新的解释，在解释"市民社会"(Zivilgesellschaft)④一词的涵义时，认为"这个词与近代'市民社会'一词不同（黑格尔和马克思将 societas civilis 翻译成德文的 bürgerliche Gesellschaft 一词），它不再包括控制劳动市场、资本市场和商品市场的经济领域。"。"'市民社会'的核心机制是由非国家和非经济组织在自愿基础上组成的。这样的组织包括教会、文化团体和学会，还包括了独立的传媒、运动和娱乐协会、辩论俱乐部、市民论坛和市民协会，此外还包括职业团体、政治党派、工会和其他组织等。"⑤在另一部著作中，哈氏又认为："'市民社会'[zivilgesellschaft] 这个词同时拥有了一个与自由主义传统中的那个《资产阶级社会》[bürgerliche Gesellschaft] 不同的含义——黑格尔说到底把

---

① 《马克思恩格斯选集》第 1 卷，人民出版社 1995 年版，第 130 页。
② 同上书，第 131 页。
③ 参见《马克思恩格斯全集》第 3 卷，人民出版社 2002 年版，第 650—651 页。
④ 德文 Zivilgesellschaft 可译为市民社会，也可译为民间社会。
⑤ 哈贝马斯：《公共领域的结构转型》，曹卫东等译，学林出版社 1999 年版，第 29 页。

后者从概念上理解为'需要的体系'，也就是说社会劳动和商品交换的市场经济体系。今天称为'市民社会'[zivilgesellschaft]的，不再像在马克思和马克思主义那里包括根据私法构成的、通过劳动市场、资本市场和商品市场之导控的经济。相反，构成其建制核心的，是一些非政府的、非经济的联系和自愿联合，它们使公共领域的交往结构扎根于生活世界的社会成分之中。"① 很明显，哈氏对市民社会这个概念有了与黑格尔和马克思完全不同的解释，他把社会劳动和商品交换的市场经济体系即根据私法构成的、通过劳动市场、资本市场和商品市场而展开的经济活动以及由此构成的经济生活排除在市民社会之外，把它视为一个私人自治的领域。尽管他认为公共领域的交往应该扎根于生活世界，但他却不认为经济生活属于生活世界。他的"市民社会"，既不同于近代契约论者的国家和政治社会的含义，也与黑格尔、马克思将之视为"需要的体系"和"作为国家基础的经济关系与财产关系"的含义相去甚远。哈氏实际上是用公共领域的概念取代了市民社会，而他所说的公共领域，已经淡化了政治特征，也远离了经济生活，却带有很浓的文化特征。这样的公共领域，实际上是可以用"志愿者组织"、"兴趣一致者联盟"或是"公共舆论组织"这样的民间组织来称谓的。不过，哈氏所谓的公共领域，仍然沿袭了德国传统，将之视为区别于国家的一个领域，本质上具有公众自制的特征。个人在这一领域，以真诚的态度进行交谈与商讨，既相互确立对方的主体性，又由此形成公众舆论。而这种公众舆论就构成了公共性。② 他不同意卢梭的看法，认为公众舆论的基础不在于"那些为了喝彩而聚集在一起的公民"，而应该是"有教养的公众的公开批判"，因为"公众舆论是社会秩序基础上共同公开反思的结果；公众舆论是对社会秩序的自然规律的概括，它没有统治力量，但开明的统治者必定会遵循其中的真知灼见。"③

---

① 哈贝马斯：《在事实与规范之间：关于法律和民主法治国的商谈理论》，上海三联书店2003年版，第453—454页。
② "有些时候，公共领域说到底就是公众舆论领域，它和公共权力机关直接相抗衡。"参见哈贝马斯：《公共领域的结构转型》，曹卫东等译，学林出版社1999年版，第2页。
③ 同上书，第116、113—114页。

106

　　这样，我们就有了三种关于市民社会的说法：一是近代契约论者的市民社会，以政治国家和政治社会为主要诉求；二是黑格尔与马克思的市民社会，以经济生活的需要体系（黑格尔）和以作为国家之基础的经济关系（马克思）为其内核；三是以哈贝马斯为代表的现代市民社会理论，主要以文化、自主性、自愿性、个人品质、民间团体这些要素构成。在公共生活的视域内，上述关于市民社会的说法都属于我们所说的公共性社会组织，第一种说法让我们关注每个人政治权利的获得与实现，关注每个社会成员的平等地位，关注权利与义务的正当安排以及公权与私权正当区域。第二种说法实际上具有最坚实的基础，因为它将目光投向了经济生活领域，这一领域一般被认为是私人自治领域，但是，无论是"需要的体系"还是作为国家的基础，经济领域都不是用"私人自治"就能概括和说明的，这一领域实际上蕴藏着公共性社会组织的所有要素。作为需要的体系，每个人为了满足自己的需要，把别人作为满足需要的中介，即把别人作为手段，这就决定了他必须与他人发生联系，"在满足他人福利的同时，满足自己。"① 在这样的联系中，个人必须具有与自己的特殊需求相关的普遍性观照，才能顺利实现自己的利益。也就是说，个人必须把他人也作为有其特殊需求的个体看待，自己的特殊性才能实现。因为"特殊的人在本质上是与另一些这种特殊性相关的，所以每一个特殊的人都是通过他人的中介，同时也无条件的通过普遍性的形式的中介，而肯定自己并得到满足。"② 按照休谟的说法，我让别人占有和享用他自己的财物，那么别人也会同样地对待我；约束我自己的规则同样也约束别人的行为。双方各自的行为都参照对方的行为，以对方同样做出有利于自己的行为为前提。③ 这就已经涉及权利与义务、合作、联合、平等、正义等公共性问题了。因此，这个领域并不是私人自治能说明得了的，其实它是公共生活的源泉。尽管哈贝马斯认为，在黑格尔看来，"公共性只是用来整合主观意见，赋予它以国家

---

① 黑格尔:《法哲学原理》，商务印书馆 1961 年版，第 197 页。

② 同上。

③ 参见休谟:《人性论》，关文运译，商务印书馆 1980 年版，第 530 页。

精神的客观性。"① 但其实在黑格尔那里，以国家为实体的公共性，是不可能少得了市民社会这个环节的。马克思就肯定了市民社会对单个之间联合的作用："只有到18世纪，在'市民社会'中，社会联系的各种形式，对个人说来，才表现为只是达到他私人目的的手段，才表现为外在的必然性。但是，产生这种孤立个人的观点的时代，正是具有迄今为止最发达的社会关系（从这种观点看来是一般关系）的时代。人是最名副其实的政治动物，不仅是一种合群的动物，而且是只有在社会中才能独立的动物。"②不过，马克思并不同意黑格尔关于国家决定市民社会的思想，而认为理解市民社会是理解政治国家的基础。③ 就是说，市民社会的最深刻根源就在由经济活动所构成的各种财产关系和经济关系之中，这些在马克思那里构成了决定国家上层建筑的经济基础。至于以哈贝马斯为代表的第三种关于市民社会的说法，则揭示了"公众自治"、"文化维度"、"公共舆论"以及民众的教养与精神品质这样一些特征，这同样是现代社会不可或缺的因素。

如果我们把上述三种说法归纳一下，似乎可以这样来区分：关于政治权利、政治国家方面的机构与组织，我们称为"政治共同体"；市场经济条件下的经济生活领域，可称之为"市民社会"；而民间形成的非政府组织、非盈利机构等团体可称为"民间组织"。但是，这只是为了概念的清晰所做的大体划分，实际上，在公共生活中，这三个方面是紧密联系并互相影响的，我们将之合称为"公共性社会组织"。

---

① 哈贝马斯：《公共领域的结构转型》，曹卫东等译，学林出版社1999年版，第138页。

② 《马克思恩格斯选集》第2卷，人民出版社1995年版，第2页。

③ "法的关系正像国家的形式一样，既不能从它们本身来理解，也不能从所谓人类精神的一般发展来理解，相反，它们根源于物质的生活关系，这种物质的生活关系的总和，黑格尔按照18世纪的英国人和法国人的先例，概括为'市民社会'，而对市民社会的解剖应该到政治经济学中去寻求。"（参见《马克思恩格斯选集》第2卷，人民出版社1995年版，第32页）

第二节　作为私人的个体与作为社会成员的个体

公共生活是每个人作为独立的个体参与其中的领域，但个人并不是自然就能参与公共生活的，他必须实现身份的转换：由纯粹的"私人"变为社会的一个成员，即成为"社会个体"。马克思认为，随着近代政治国家与市民社会的革命完成，个体的人被分为作为私人的个体与作为社会成员的个体，他把前者称为"市民"，把后者称为"公民"。马克思指出："政治解放一方面把人归结为市民社会的成员，归结为利己的、独立的个体，另一方面把人归结为公民、归结为法人"。① 在马克思看来，市民是只关心自己利益的人，而公民则是要关心共同体利益或公共利益的人。这样，人不仅具有双重身份，而且具有双重的利益关切和价值追求。"在政治国家真正形成的地方，人不仅在思想中，在意识中，而且在现实中，在生活中，都过着双重的生活——天国的生活和尘世的生活。前一种是政治共同体中的生活，在这个共同体中，人把自己看作社会存在物；后一种是市民社会中的生活，在这个社会中，人作为私人进行活动，把他人看作工具，把自己也降为工具，并成为异己力量的玩物。"② 实际上，自有人类以来，每个时代的人都面临着个体与群之间的这种张力：作为一个活生生的个体，他要关心自己的生存与利益；但他同时又是某个群中的一员，无论他是否愿意，他都必须关心群的发展与利益，因为他自己的生存、发展与他所处的群是息息相关的。整个人类社会的历史都充满着个体与类、个体与群的冲突与协调，个体对群一直就具有两种倾向：离心与向心的倾向，只是每一个发展时期有着不同的表现形式而已。这使得每一个人一方面是一个独立的人，另一方面又是某个共同体中的成员。

但是，从来没有哪个时代像市场经济社会那样使人本身发生巨大的分裂。随着人的独立能力越来越强，他与群的离心力就越来越大。与此同时，

---

① 《马克思恩格斯全集》第 3 卷，人民出版社 2002 年版，第 189 页。

② 同上书，第 172—173 页。

由于对物质财富的追求成为他得以独立发展的必要条件，因此他不仅与群是疏远的，而且与他人也是疏远的，甚至是敌对的，因为每个人都会是自己谋取生存与发展的潜在竞争者，在这个意义上，他人就是异己的力量；而他又必须在与他人的交往中、即必须借助别人的需要和力量才能实现自己的利益，在这一意义上，别人就是工具或手段。当以上两种分裂发生时，个人自身的身心也发生了分裂。由于原有的道德传统与精神信仰体系已经瓦解或崩溃，深深植根于宗教的精神寄托或是某种整全性的精神价值也已分崩离析。随着个人被原子化，信仰体系也已支离破碎。如果说，个人原来是依靠整体性的信仰与精神寄托来寻找自己的归属感和认同感，那么，现在的个人则要靠自己去寻找价值认同与归属。因此，以前那种一个共同体内所有成员信仰一致的局面也不复存在，代之以文化与价值多元及个体的独特性。在传统社会，共同体的信仰或信念几乎是必须的事情，共同体借助习俗、规则与舆论来维系它所认定的信仰，这种信仰或信念把每个成员凝聚在一起，形成一股合力，共同体内的某一成员如果不具有该共同体所认定的信仰是一件不可能想象的事情，这在早期自然形成的共同体里表现得尤为明显。① 个人从思想到行为都必须融入共同体内，因此共同体看起来就像一个人一样。涂尔干认为，自然共同体里人们之间的联合是很容易的事，有很多因素促成这种联合："比如说体质的相似、利益的团结、共同对付来犯之敌的需要、或仅仅是为联合而联合，都可以使人们相互结合成为不同的形式。"② 而到了商品社会，自然形成的各类共同体已经瓦解，每个人都被抛入市场经济的大海，靠自己去谋生存、求发展。自由意志主要体现为自我选择、自我决策、自我负责。追求交换价值成为社会的一种显性行为方式，商品、物质、货币很自然成为人们崇拜的对象。因此，人们关心自我的利益满足与价值实现，关注个

---

① 涂尔干在《宗教生活的基本形式》中说："由于各种难以捉摸的奇特现象不时地令人们感到惊骇，这就促使他们认为世界充斥着超自然的存在，并且感到需要与包围着他们的这种令人敬畏的力量达成一致。他们明白，免遭压迫的最好办法就是和其中的某些力量结成同盟，以确保能够得到它们的帮助。"（参见《宗教生活的基本形式》，上海人民出版社1999年版，第229页）

② 涂尔干：《社会分工论》，渠东译，生活·读书·新知三联书店2000年版，"第二版序言"第28页。

人的各种权利，以此与他人相区别并与社会（或共同体以及某个群）相分离。马克思正是在这一意义上谈论"人权"这一概念："人权，无非是市民社会的成员的权利，就是说，无非是利己的人的权利、同其他人并同共同体分离开来的人的权利"。① 可见，在马克思看来，当个体以市民身份出现时，他还只是一个自然的个体，是一个为自己谋生存与发展的、有自己的欲望与激情的活生生的个人，此时的个人还生活在尘世中："人在其最直接的现实中，在市民社会中，是尘世存在物。"② 这种存在状况对个人来说是真实的、客观的，因而可以用"是"来表述。这样的生存状况，使得诸如自由、平等、安全、财产权等人权成了个人独立的尘世生活的保护神。"自由是可以做和可以从事任何不损害他人的事情的权利。每个人能够不损害他人而进行活动的界限是由法律规定的，正像两块田地之间的界限是由界桩确定的一样。这里所说的是人作为孤立的、退居于自身的单子的自由。"③ 因此，自由这一人权不是建立在人与人相结合的基础上，而是相反，建立在人与人相分隔的基础上。这一权利就是这种分隔的权利，是狭隘的、局限于自身的个人的权利。说到底，自由就是自由应用私有财产的权利。而私有财产权是任意地、同他人无关地、不受社会影响地享用和处理自己的财产的权利。这种个人自由和对这种自由的应用构成了市民社会的基础。而所谓平等，无非是上述自由的平等，就是说，每个人都同样被看成那种独立自在的单子。至于安全，马克思认为可以看作是一个警察的概念，按照这个概念，整个社会的存在只是为了保证维护自己每个成员的人身、权利和财产。④ 总之，"任何一种所谓的人权都没有超出利己的人，没有超出作为市民社会成员的人，即没有超出作为退居于自身，退居于自己的私人利益和自己的私人任意，与共同体分隔开来的个体的人。"⑤

其实，马克思的分析既有近代契约论者的思路，又有黑格尔的逻辑，在

---

① 《马克思恩格斯全集》第 3 卷，人民出版社 2002 年版，第 182—183 页。

② 同上书，第 173 页。

③ 同上书，第 183 页。

④ 同上书，第 184 页。

⑤ 同上书，第 184—185 页。

这两者的基础上形成了他自己关于市民社会必须超越的思想，说明在市场经济条件下，人不能仅仅满足于做一个市民。当他说："把他们连接起来的惟一纽带是自然的必然性，是需要和私人利益，是对他们的财产和他们的利己的人身的保护"①，他实际上是说市民社会的人必须摆脱自然状态，即使是为了自己的私人利益，也应该以某种形式联系起来，应该让渡一些权利以便能够更好地保护私人利益。在对自由、平等、财产、安全等人权的分析时，他指出自由是有界限的，而平等就是"同样被看成那种独立自在的单子"，安全实际上是一个"警察"概念等，实际上都是在表达上述意思。当马克思把市民生活说成"尘世生活"时，又带有黑格尔的逻辑痕迹，表明这种生活是不完美的、有缺陷的、低层次的，因而还应该实现某种超越。但是，马克思绝不是像黑格尔那样，把个人看作只是实现伦理普遍性的一个环节，认为只有国家才是真实的伦理实体。在黑格尔眼里，个人是微不足道的，而马克思恰恰相反，他一生都致力于寻求人的自由解放之路，关注每个人的自由全面发展，他认为人的真正解放是消除一切压迫人、奴役人的关系，把人的世界完整地还给人。② 当然，这种解放不是一蹴而就的，而是对现实社会的逐步改造过程，正因为如此，所以马克思也谈到了民众的政治参与，实现从市民即私人向社会个体的转变。

当个人作为市民时，他眼里只有自己的权利和利益；而当他成为社会个体时，他应该也必须关心他人及公共利益。也就是说，公众权利就是将每个人的人权普遍化，使每个人都能平等地享有人权。马克思正是在普遍人权的意义上探讨公民权的："这种人权一部分是政治权利，只是与别人共同行使的权利。这种权利的内容就是参加共同体，确切地说，就是参加政治共同体，参加国家。这些权利属于政治自由的范畴，属于公民权利的范畴"。③

---

① 《马克思恩格斯全集》第 3 卷，人民出版社 2002 年版，第 185 页。

② 马克思关于人的解放的思想是超越了现今所有社会形态的，例如他说："任何解放都是使人的世界和人的关系回归于人自身。"（《马克思恩格斯全集》第 3 卷，人民出版社 2002 年版，第 189 页）但这是人发展的最终目标，在此之前，人必须脚踏实地地解决现实的社会问题，给人的自由全面发展创造条件。

③ 《马克思恩格斯文集》第 1 卷，人民出版社 2009 年版，第 39 页。

这就意味着，作为社会个体，他不能只关心自己的权利，而必须关注共同的权利，即别人与自己都同等享有的权利；他不能一个人单独行使权利，而必须与他人共同行使权利。这意味着每个人必须遵守行为规则，必须尊重别人的意志，必须协商、对话、妥协；作为社会个体，他应该清楚地明了自己的权利与义务，自觉履行义务与积极维护权利一样重要，因此，他必须积极参与国家政治生活，既能正确行使私权，又能积极监督公共权力的安排与运作；但是，从私人个体到社会个体不仅仅是因活动领域（私域与公域）的变化而引起的身份的转化，而更重要的是人的精神境界的发展与提升，它标志着每一个体从一个自在、自为的人变为一个为他与自为相统一的人；从一个眼里只有自己的人变为一个关心他人与公共利益的人；从一个自由任性的人变为一个遵纪守法的人。与作为私人的人相比，作为社会个体的人更加全面，更加丰满，也更加高大。他不再是物质生活的奴隶，因而也不再把他人视为地狱。在法律与道德的规约下，他能以恰当的态度与方式对待一般的陌生人，能在公共场所和公共领域表现出应有的品质与教养。[①] 正如阿伦特所言："公民服从法律的道德责任在传统上源于这样一种假定，即，公民要么是自己的立法者，要么认可这些法律。在法治社会中，公民不屈从于他人的意志，只按自己的意愿行事。结果自然是，每个人既是自己的主人，同时又是自己的奴隶，于是，关注公共福祉的公民，与追求私人幸福的个人之间的原始冲突，就被内在化了。"[②]

---

① 只有在公民出现之后，才可能有公民伦理，或者说，只有真正的公民才需要并接受公民伦理。"公民伦理相关于每一个人作为政治社会的成员、在公共生活中对待陌生人（一般他者）的恰当的态度和行为习惯。公民伦理只有在人们可以作为政治社会的成员以平等的政治地位相互交往的社会才能形成。"（廖申白：《公民伦理与儒家伦理》，《哲学研究》2001 年第 11 期。

② 汉娜·阿伦特：《公民不服从》，何怀宏编：《西方公民不服从的传统》，吉林人民出版社 2001 年版，第 141—142 页。

第三节 公共生活中自由权的正确运用

　　公共性社会组织是人发展到一定阶段才会出现的社会组织形式。当人已经具有追求公共生活的精神需求时，人所处的各种社会关系也已经改善，已具备组成公共性社会组织的条件。因为人的实践能力与实践方式的变化，会直接影响到人所处的各种关系的变化，从而引起行为规则的改变。[①] 人发展到何种程度，他所面对的关系、环境等就会呈现相应的样式；反过来，这种关系与环境又会对人起着制约或引导作用。当人已发展到以对物的依赖性为基础的人的独立性阶段时，社会也已经展现出有利于个人自由独立发展的关系与态势，自由、平等、天赋人权、所有权这些理念也开始被人们接受并运用，马克思在论述市场交换时已进行了深刻的论述。[②] 但是，当人们还只是私人或市民时，自由、平等、天赋人权、所有权这些理念很有可能会被滥用，即由于失去其应有的边界而使得这些理念走样甚至会走向自己的反

---

　　① 马克思在分析商品交换中的一般等价物时，得出了"问题和解决问题的手段同时产生"的判断。在商品交换刚刚开始时，一般等价物也许偶然地由某一种商品临时承担，"这种形式交替地、暂时地由这个或那个商品承担。但是，随着商品交换的发展，这种形式就只是固定在某些特殊种类的商品上，或者说结晶为货币形式。""随着商品交换日益突破地方的限制，……货币形式也就日益转到那些天然适于执行一般等价物这种社会职能的商品身上，即转到贵金属身上。"所以说："金银天然不是货币，但货币天然是金银。"（参见《马克思恩格斯文集》第 5 卷，人民出版社 2009 年版，第 108 页）用金银固定地承担一般等价物的功能，是一种制度创新，它是商品交换这种人的实践不断发展的结果，这一结果带来了活动方式以及活动的深度、广度、规则等的变化。用人与其活动结果的关系的原理同样可以说明公共生活中的组织形式与个人的关系：当人的实践与交往以及人的主体性发展到一定程度，就会需要一种相应的社会组织形式。无论何时，人所面对的环境、对象、结果等都不过是人自己的活动造成的，是人的内在本质的外在表现。

　　② 马克思指出："这个领域确实是天赋人权的真正伊甸园。那里占统治地位的只是自由、平等所有权和边沁。自由！因为商品例如劳动力的买者和卖者，只取决于自己的自由意志。他们是作为自由的、在法律上平等的人缔结契约的。契约是他们的意志借以得到共同的法律表现的最后结果。平等！因为他们彼此只是作为商品占有者发生关系，用等价物交换等价物。所有权！因为每一个人都只支配自己的东西。边沁！因为双方都只顾自己。使他们连在一起并发生关系的唯一力量，是他们的利己心，是他们的特殊利益，是他们的私人利益。"（参见《马克思恩格斯文集》第 5 卷，人民出版社 2009 年版，第 204 页）

面：自由会变得不自由，平等会变得不平等，人权和所有权也会变得没有保障等。这就会呈现近代契约论者所说的"自然状态"，在这种状态下，自由、平等、人权等都会沦为一句空话，因为"任何两个人如果想取得同一东西而又不能同时享用时，彼此就会成为仇敌。""这种战争是每一个人对每个人的战争"。① 面对这种情况，契约论者开出的药方是个人之间彼此订立契约，"因为所有的契约都是权利的相互转让或交换。"② 也就是说，每个人都把别人看作是与自己同样的个体，自己所拥有的权利别人也能拥有。其实，如果真能做到这一点，人就已经脱离了自然状态而进入社会了，因为此时的个人权利并不能由个人随心运用，而是要受到他人的制约。但是，处于自然状态下的人如何才能做到相互转让或交换权利呢？这其实是一个悖论：人们相互转让权利以脱离自然状态，而自然状态下的人又不具备这种能力与心智。③ 这就需要一种超出个人之上的权力，"把大家所有的权利和力量付托给某一个人或一个能通过多数的意见把大家的意志化为一个意志的多人组成的集体。"④ 这就是说，要摆脱自然状态，必须依靠代表公共权力和公共意志的国家。另一位契约论者卢梭提出的"公意"说也与此大同小异。看来，契约论者的市民社会理论所关注的重点是社会（政治国家）的组建，企望某种凌驾于个人

---

① 霍布斯：《利维坦》，商务印书馆 1986 年版，第 93、94 页。霍布斯认为，在这种自然状态下，人的一切都难以得到保障，因为这里根本就没有法律与公正："这种人人相互为战的战争状态，还会产生一种结果，那便是不可能有任何事情是不公道的。是和非以及公正与不公正的观念在这儿都不能存在。没有共同权力的地方就没有法律，而没有法律的地方就无所谓不公正。""这样一种状况还是下面情况产生的结果，那便是没有财产，没有统治权，没有'你的'、'我的'之分；每一个人能得到手的东西，在他能保住的时期内便是他的。"（参见《利维坦》，商务印书馆 1986 年版，第 96 页）

② 同上书，第 102 页。

③ 霍布斯其实很清楚这一点，所以他说："如果信约订立之后双方都不立即履行，而是互相信赖，那么在单纯的自然状态下（也就是在每一个人对每一个人的战争状态下）只要出现任何合理的怀疑，这契约就成为无效。但如果在双方之上有一个共同的并具有强制履行契约的充分权利与力量时，这契约便不是无效的。这是因为，语词的约束过于软弱无力，如果没有对某种强制力量的畏惧心理存在时，就不足以束缚人们的野心、贪欲、愤怒和其他激情。"（霍布斯：《利维坦》，商务印书馆 1986 年版，第 103 页）这说明，他实际上期待一种超越每个人之上的权力。

④ 同上书，第 131 页。

之上的权力解决自由权的滥用问题。黑格尔则是从伦理发展的角度谈市民社会，认为单个的人只具有特殊性，这种特殊性只有融入普遍性才具有价值。① 由于黑格尔所谓的"人"只具有精神的属性，因此，他所说的伦理的发展其实内含着人的发展。由此可以说，黑格尔是企望通过精神的发展与提升来解决自由权的滥用问题。

我们无法否认卢梭的下述观点：国家体制对个人具有很大的影响，好的体制能造就好的个人，坏的体制会使人们对公共事业漠不关心。② 如果仅仅强调人的因素，就会重蹈熟人社会的覆辙，在那里，人们好的行为仅仅靠个人的道德自律。在那样的群体中生活，个人有一个被群体样板化的行为模式，因而被舆论所制约的道德自律往往发生。而在市场经济社会，由于社会分工，个人与个人之间的差异很大，个人与群体之间也存在显著差别，由于社会分工形成的专门化使每个人既离不开别人，也离不开社会。③ 分工越是细化，个人的活动越是专门化，他就越是具有与别人不一样的特性，他的自由意志也就越表现的充分，不同的个人犹如身体的不同器官那样各就其位、各司其职，社会就是这样处于有机的联系之中。若没有社会这种组织将不同需要、不同特性的个人联系在一起，并通过一定的制度、规则将人们的行为约束在合理的限度之内，那么个人就会成为一个个互不相干的原子发生碰撞。因此，即使是像黑格尔这样强调精神演进与发展的思想家，也看到了组成政治制度的作用。④ 但同样无法否认的是，人的精神品质对公共生活的社会秩序构建也是至关重要的。与其将社会与个人分为两个方面考察，还不如说这实际上是一个问题的两个方面：社会的组织形式需要一定的程序才能达

---

① 参见黑格尔：《法哲学原理》，商务印书馆 1961 年版，第 197—198 页。

② "国家体制愈良好，则在公民的精神里，公共的事情也就愈重于私人的事情。私人的事情甚至于会大大减少的，因为整个的公共幸福就构成了很大一部分个人幸福……而在一个坏的政府之下，就没有人愿意朝着那里迈出一步了，因为没有人对于那里所发生的事情感到兴趣，因为人们预料得到公意在那里是不会占优势的，而且最后也因为家务的操心吸引住了人们的一切。……只要有人谈到国家大事时说：这和我有什么相干？我们可以料定国家就算完了。"（卢梭：《社会契约论》，商务印书馆 2003 年版，第 120 页）

③ 参见埃米尔·涂尔干：《社会分工论》，生活·读书·新知三联 2000 年版，第 91 页。

④ 参见黑格尔：《法哲学原理》，商务印书馆 1961 年版，第 198 页。

到目标，但程序的设计与运作就反映了人的心智水平；与此同时，约束行为的规则是要靠人的精神品质来支撑的。当卢梭说社会"能够把每个自身都是一个完整而孤立的整体的个人转化为一个更大的整体的一部分，这个个人就以一定的方式从整体里获得自己的生命与存在"时，① 实际上是说人在社会中获得了新生，每个人与生俱来的自然的禀赋、原始的冲动、自私的欲望等都在社会中融入一个完善的制度体系，人也具有了与这一制度体系相应的精神品质。因此，应在人与社会相互联系与相互作用中探讨公共生活中自由权的正确运用问题。

如何正确运用自由的问题是公共生活的首要问题，这是衡量公共生活以及社会大众是否成熟的重要标志。自由总是和不自由即限制或限定相联系的，不受限制的自由恰好就是不自由，看起来似乎可以随心所欲、为所欲为，但其实可能步步受阻。如果我们不知道如何保存火种以及用火时的必要限制，我们就没有使用火的自由；如果我们不遵守交通规则（任何规则都是限制），就不会有走路的自由。自由总是对所面对的对象、关系进行准确把握从而选择适当的处理方式后才可能出现，所以恩格斯认为黑格尔关于自由与必然关系的论述是正确的，因为黑格尔认为自由是对必然的认识，必然只是在它没有被了解的时候才是盲目的。因此，"自由不在于幻想中摆脱自然规律而独立"，"意志自由只是借助于对事物的认识来作出决定的能力。"② 霍布斯则是用"权"和"律"这两个概念来说明自由与不自由的关系："权在于做或者不做的自由，而律则决定并约束人们采取其中之一。所以律与权的区别就象义务与自由的区别一样，两者在同一事物中是不相一致的。"③ 这的确是很精当的分析。人们往往强调自己的权，殊不知"权"只有和"律"结合起来才是有效的，没有"律"，权是无法得到保障的。这世界上只要有一个人的权利（权力）不受约束，其他的人就都会彻底失去权利。因此，不知道自己有何种权利、不敢伸张自己的权利固然不幸，而滥用权利或许是更大的不幸，因为它会使社会陷入灾难之中。

---

① 卢梭：《社会契约论》，何兆武译，商务印书馆 2003 年版，第 50 页。
② 《马克思恩格斯选集》第 3 卷，人民出版社 1995 年版，第 455 页。
③ 霍布斯：《利维坦》，商务印书馆 1986 年版，第 97 页。

正确运用自由权，首先就要有对法律的敬畏之心。法律与人的自由不是相对立的，相反，它们是深深融在一起的。法律规范是社会中的个人通过一定的程序建立起来的，是个人权利、利益等为己之心的公共性表达。从这个意义上说，法律、制度都是人的自我约束，只是，这种自我约束并不是靠单个人的道德自律，而是以稳定的、程序化的并以公共权力为保障的制度性约束。而由于公共权力实际上来源于每个人，所以实际是人的自我约束，敬畏法律实际上是在敬畏自己确立法律的能力与追求。摆脱自然状态，既是每个人顺利实现权利与利益的需要，又是人提升品质、发展自己的需要。

契约论者一般强调前者，认为要想实现自己的权利就必须让渡或转让一部分权利给一个组织，这样才不会使生活陷入混乱从而干扰或阻碍个人权利的实现。即使这样，这里也关涉到人的精神层面。首先是权利的转让必须是真诚的而非投机性的，即不是只想在转让中获得个人的好处，而是要期望每个人受益。霍布斯就认为转让权利之后必须真正承认这一结果。[1] 其次，权利一旦转让，就应该遵循公平、正义原则。每个人在法律与规则面前都是平等的，任何人都不能例外。若是有人钻制度的空子或是利用权力为自己牟利，就是对契约的损害，从而会破坏社会组织及人与人的关系，"不尊重公道和正义的法则，单个人之间的联结又决不可能发生。"[2] 所以，即使在强调自然权利的契约论者那里，也不是仅仅关注人的自然权利与福利，而同样重视人的品质。因为，人若没有相应的品质，一切都不可能发生，即使发生了，也会使人们之间的联系走样甚至崩溃。卢梭就认为人的精神品质的变化是人由自然状态进入社会状态的必要条件，因为他们以行动中的正义取代了本能，从而使他们的行动被赋予了前此所未有的道德性。[3] 这就意味着，人进入公共生活或公共性社会组织，不单是伸张了自己的权利，满足了自己的

---

① "我承认这个人或这个集体，并放弃我管理自己的权利，把它授与这人或这个集体，但条件是你也把自己的权利拿出来授予他，并以同样的方式承认他的一切行为。"（参见霍布斯：《利维坦》，商务印书馆 1986 年版，第 131—132 页）

② 休谟：《道德原则研究》，曾晓平译，商务印书馆 2002 年版，第 57 页。

③ 参见卢梭：《社会契约论》，何兆武译，商务印书馆 2003 年版，第 25 页。

利益，而关键是约束了自然形成的本能，使人的思想和行为更像一个"人"的样子。① 这就是说，只有约束了自然本能、克制了任性与冲动，从而尊重并敬畏自己确立的制度与规则，才像是一个"人"的样子，也才会有真正可行的自由。

理性论者则往往从人的理性与自由意志的发展来谈自由与不自由（对自由的限制）的关系，人应该运用自己的理性来展现或使用自己的自由意志。康德认为，每个人在行动前都应该确立一个准则（内心的法则），这一准则是否合理有效，要看是不是对一切有理性的存在者都以同样的方式有效。② 根据康德的看法，从自己的感受性出发的行为准则是不能作为实践法则的，只有建立在理性基础上、并能为所有有理性的人所接受的准则才能称为实践法则。在公共生活中，任何任性、冲动或只顾自己的感受的行为都不是负责任的社会成员应该有的行为，因为这样的行为损害了别人的利益，妨碍了别人的自由，侵犯了他人的权利，到头来就走向了自由的反面。每个社会成员都是具有自由意志的行为主体，但每一个自由意志都应该是有理性的。美国著名法学家罗斯科·庞德认为，康德实际上主张的就是自由意志通过理性达到和谐共处："他（指康德—引者注）从自由意志间理性的和谐共处中，推导出了一条关于权利的终极原则。"③ 另一位理性论者黑格尔则是从义务的角度谈自由，认为义务仅仅限制主观性的任性，因此义务所限制的并不是自

---

① 卢梭就认为："虽然在这种状态中（指社会状态—引者注），他被剥夺了他所得之于自然的许多便利，然而他却从这里面重新得到了如此之巨大的收获：他的能力得到了锻炼和发展，他的思想开阔了，他的感情高尚了，他的灵魂整个提高到这样的地步……使他从一个愚昧的、局限的动物一变而为一个有智慧的生物，一变而为一个人的那个幸福的时刻。"（卢梭：《社会契约论》，何兆武译，商务印书馆 2003 年版，第 25 页）

② "一个仅仅建立在某种愉快或不快的感受性（它任何时候都只能被经验性地认识，而不能对于一切有理性的存在者都以同样的方式有效）这一主观条件之上的原则，虽然对拥有这种感受性的那个主体也许可以用作感受性的准则，但甚至就对这种感受性本身来说（由于这原则缺乏必须被先天认识到的客观必然性）也不能用作法则：那么，一个这样的原则永远也不能充当一条实践的法则。"（康德：《实践理性批判》，邓晓芒译，人民出版社 2003 年版，第 25 页）

③ 罗斯科·庞德：《法律与道德》，陈林林译，中国政法大学出版社 2003 年版，第 16 页。

由，而只是自由的抽象，即不自由。① 黑格尔这段话实际上指出了两种自由观：作为私人个体的自由观和作为社会成员的自由观。私人个体所理解并要求的自由，只是一种不受限制的自由，而这只是一种抽象的自由，因为这种自由是不存在的；而作为社会成员所理解的自由，则是和相应的义务联系在一起的。如果说自由是一种权利，那么它就必定会有相应的义务要求。其实康德也从责任概念出发把自由区分为理性的自由和任性的自由："那种可以由纯粹理性决定的选择行为，构成了自由意志的行为。那种仅仅由感官冲动或刺激之类的爱好所决定的行为，可以说是非理性的兽性的选择。"② 那种能被普遍接受并理解的自由，不仅仅是因为遵守了外在的规则（这一点固然重要），而且还因为是理解了自由的内在意义后自由意志所做的自由选择。③

至此，我们应该明了为什么说法律的约束实际上是人的自我约束，敬畏法律规则其实就是敬畏人自身的精神力量。没有人的自我约束，任何法律规则的约束都会失效，因为他会千方百计钻制度和法规的空子，而若没有人的精神境界和理性力量，自我约束也不可能。而只有真正的自我约束，才可能有真正的自由。"如果一种行为与法律的法则一致就是它的合法性；如果一种行为与伦理的法则一致就是它的道德性。前一种法则所说的自由，仅仅是外在实践的自由；后一种法则所说的自由，指的却是内在的自由。"④ 合法性必须得到道德性的支撑才能真正有效，道德性只有与合法性一致才是符合伦理要求的。所以，外在实践性的自由只有和内在自由相统一，才是真正的自由。自律与他律的区分只是在起作用的方式、所依靠的力量等方面才有意义，如果涉及有效性，它们则是融合在一起的。没有自律能力的人，在运用

---

① 参见黑格尔：《法哲学原理》，商务印书馆1961年版，第168页。

② 康德：《法的形而上学原理》，沈叔平译，商务印书馆1991年版，第13页。

③ 在英语中，freedom与liberty都有自由之意，在康德和黑格尔的论述中实际上对它们各自的含义作了区分：freedom指理性的自由，liberty则指任性的自由。只不过，康德从责任的角度谈，黑格尔从义务的角度谈。康德更多地强调个人通过理性控制自己的行为，从而既有个人的自由意志，又有个人之间的理性和谐；黑格尔则是将个人（自我意识）纳入一个伦理结构，使个人成为绝对精神发展的一个环节，但他们对自由的两种含义的区分还是大体相同的。

④ 康德：《法的形而上学原理》，沈叔平译，商务印书馆1991年版，第14页。

自由时往往任性、冲动，因而会时时处处出错，而且会觉得十分不自由，而理性自律的人则会将自由运用得恰到好处。

当现代社会把人还原成一个个的个人时，原有的各种形式的人身依附都得以解除，把人的命运交给每个人自己，个人有了前所未有的选择自由，这既是社会演进的结果，也是人不断发展的成果。"在以前，'人'的一切关系都是被概括在'家族'关系中的，把这种社会状态作为历史上的一个起点，从这一个起点开始，我们似乎是在不断地向着一种新的社会秩序状态移动，在这种新的社会秩序中，所有这些关系都是因'个人'的自由合意而产生的。"①所谓新的社会秩序状态，是区别于以往家族制的以及各种共同体的秩序状态的，这种秩序由一个个单个人的理性约束（在外表现为共同认可的制度与规则）形成，每个人既是独立自由的，又因为自由度的恰到好处而使整个社会都能"合意"。但"合意"之意指什么？如果只有个人的偏好、感性欲求和自我的主观需求，那就永远不会有合意，因为此意与彼意是不能协调的或是相互冲突的，只有能相互尊重，恪守权利义务界限，以公正与正义为诉求的"意"，才有可能通过制度融合在一起。因此，指望单靠建立一个制度体系就能解决人与人之间的摩擦与抵牾，那和幻想没有多大区别，没有个人的精神认同，制度就犹如稻草人一样。"任何外部立法，无法使得任何人去接受一种特定的意图，或者，能够决定他去追求某种宗旨，因为这种决定或追求取决于一种内在的条件或者他心灵自身的活动。"②

以上只是从个体的角度分析了正确运用自由的问题，但并不能因此说，只要个人努力改变自己、培养自己就够了。人固然可以改造环境，但环境也能改变人。因此，社会应该形成一个能使人正确运用自由的制度环境与机制，这不仅需要有一个完善的制度架构，而且还需要制度的执行与运作都应该是公开公正的。一个好的制度，应该在如何保障人的自由方面做出努力。

首先，任何人、任何组织或权力机构都不能以任何方式和理由干预个人的正当权利，应谨守权力（利）的边界。个人的自由个性与自由意志是一个

---

① 梅因：《古代法》，沈景一译，商务印书馆1959年版，第96页。

② 康德：《法的形而上学原理》，沈叔平译，商务印书馆1991年版，第34页。

民族的活力与创造力的源泉，只要不影响其他人的自由，不损害公共利益，就应该鼓励人们自由地发挥自己的才能，自由地谋取生存与发展。在这方面，功利论和理性论者各自从自己的立场指出过了。密尔认为，自由乃是按照我们自己的道路去追求我们自己的好处的自由，当然，这样的追求不应该妨碍或剥夺别人对自由的追求。[①] 康德则是从理性的普遍法则出发谈论这一问题："如果我的行为或者我的状况，根据一条普遍法则，能够和其他任何一个人的自由并存，那么，任何人妨碍我完成这个行为，或者妨碍我保持这种状况，他就是侵犯了我，因为根据普遍法则，这种妨碍或阻力不能和自由并存。"[②] 因此，无论是个人追求利益和某种生活方式，还是追求某种信仰、信念和自我实现的方式，无论是在私人领域，还是在公共领域或关涉公共事务，只要行为者的自由不与其他方的自由相抵牾，就应该是允许的。

其次，对于破坏自由的行为，制度应该本着公正的原则予以纠正。"每人既然事实上都生活在社会中，每人对于其余的人也就必得遵守某种行为准绳，这是必不可少的。这种行为，首先是彼此互不损害利益，彼此互不损害或在法律明文中或在默喻中应当认作权利的某些相当确定的利益；第二是每人都要在为了保卫社会或其成员免于遭受损害和妨碍而付出的劳动和牺牲中担负他自己的一分（要在一种公正原则下规定出来）。这些条件，若有人力图规避不肯做到，社会是有理由以一切代价去实行强制的。"[③] 制度对行为的纠正体现在两个方面，一是个人的权利使用过当，侵害了他方利益，应予以纠正；二是个人没尽到相关义务，即不愿意为使别人行使自由担负他自己的一份义务。这两方面都涉及公正问题，即如何保证每个人都能获得并能运用自由权利。

最后，只有能体现正义的制度，才能真正维护人们的自由。制度的正义不仅仅是规则的正义，更应该是制度本身运作的正义性。规则的正义是制度的明示，即明确规定什么是可以做的什么是不能做的，但如果一种制度只满足于明示规则而不是实际上按规则运行，那么这种制度也会形同虚设。制度

---

① 参见约翰·密尔：《论自由》，商务印书馆 1959 年版，第 15 页。

② 康德：《法的形而上学原理》，沈叔平译，商务印书馆 1991 年版，第 41 页。

③ 约翰·密尔：《论自由》，商务印书馆 1959 年版，第 92 页。

的运行本身对其社会成员来说是一种默示，即通过制度运行本身告诉每个人什么是正当的什么是不正当的。在社会生活中，只要有一个人不受制度约束，即制度对其不正当行为置若罔闻甚至偏袒庇护，那这一制度就在整体上失效了。经验的观察是，在一个制度失效的社会，那些老实的人、正直的人其实就是严格遵守规则的人，但这样的人不仅会被那些投机钻营的人瞧不起，而且自己也会处处碰壁、事事不顺；而那些钻制度空子的人则会如鱼得水、左右逢源。如果这样，制度就不仅是摆设，而且还成了戕害正直之人的罪魁祸首。卢梭认为，"毫无疑问，存在着一种完全出自理性的普遍正义；但是要使这种正义能为我们所公认，它就必须是相互的。"如果没有制度的制裁，"正义的法则在人间便是虚幻的，当正直的人对一切人都遵守正义的法则，却没有人对他也遵守时，正义的法则就只不过造成了坏人的幸福和正直人的不幸罢了。"①因此，缺乏普遍正义的制度是得不到人们的公认的，这就意味着它对那些侵犯别人自由的约束是无力也无效的。只要出现这样的情况，人的自由就得不到保障。当显规则（明文规定的法律规范）得不到遵守时，潜规则就会大行其道，而潜规则看起来似乎是获得自由的通行证，而实际上恰恰反映了不自由，因为它把本应由自由意志支配的行为变成了被迫的行为；把由理性约束的行为变成了任意与盲动的非理性行为；把坚持正义与公正的行为变成了破坏正义、毁坏公正的投机行为；把自由作为人实现自己价值的方式、提升人的境界的活动变成了仅仅满足一己私利甚至是低级欲望的动物式活动。当一个社会的潜规则盛行时，表明社会成员已经深陷不自由的泥潭。因此，一方面要昭示规则；另一方面还要维护规则的有效性，做到规则面前人人平等，这就是制度的公正性。

---

① 卢梭：《社会契约论》，何兆武译，商务印书馆2003年版，第45页。

第五章
公共生活的人际认同

　　自人类诞生以来，总是生活在某种群体中，但在以前以血缘为纽带或受某种自然形成的因素约束的共同体里，大家彼此几乎没有什么差别，所以认同不是一个问题。[1] 市场经济几乎把所有自然形成的人际关系都瓦解了，人作为一个个独立的、单个个体活动在以市场为基础的社会。原来那种自然认同的基础坍塌了，以市场经济为基础的社会把人彻底还原为个人。但是，人是一种必须和外部联系才能确定自我坐标的生物，没有了外部条件与因素，他不仅一无所能，一事无成，而且不知道自己是谁，[2] 自己到底应该干什么，能干什么，这些都只有将个人放在周围的关系中才能得到说明。[3] 因此，无论什么时候，社会(任何形式的群体)与他人都是个人进行活动、展示自我、

————————

　　① 查尔斯·泰勒认为，"在现代之前，人们并不谈论'同一性'和'认同'，并不是由于人们没有(我们称为的)同一性，也不是由于同一性不依赖于认同，而是由于那时它们根本不成问题，不必如此小题大做。"(查尔斯·泰勒：《现代性之隐忧》，程炼译，中央编译出版社 2001 年版，第 55 页)

　　② 查尔斯·泰勒认为，"在那些早期社会里，我们现在称之为一个人的同一性的东西大都是由他或她的社会地位决定的。就是说，在很大的程度上，他或她在社会中的地位，以及与此相连的角色或活动，这一背景决定着此人将什么理解为是重要的。"(查尔斯·泰勒：《现代性之隐忧》，程炼译，中央编译出版社 2001 年版，第 54 页)

　　③ 马克思从人与其对象的关系的角度谈到了个人与他之外的因素的联系："人对自身的关系只有通过他对他人的关系，才成为对他说来是对象性的、现实的关系。"又说："人只有凭借现实的、感性的对象才能表现自己的生命。"(参见《马克思恩格斯文集》第 1 卷，人民出版社 2009 年版，第 165、210 页)

实现自我的必备条件，而这些又都必须以对群体（社会）和他人的认同为条件。如果人与人之间、人与群之间是一种隔阂的甚至敌视的状态，那么人就会失去正常的生活环境与秩序，因而认同是一个不得不正视的问题。

第一节 公共生活人际认同的方式与意义

认同并不是无差别的一致。在一般意义上，人与人之间的认同指的是 A 对 B（或 B 对 A）的行为方式、思想感情、心理认知等的体认、理解与共识。此处的 A（或 B）指行为主体，B（或 A）指主体的对象或关系。认同并不是要求人们彼此一致，而是彼此沟通、理解，在保持人我差异的前提下，在心理和认知上承认并接纳他人，通过彼此认可的公共规则组成能使人相互联系的公共性组织。在传统社会，认同几乎是自然发生的，由于人们具有共同的血缘，人们彼此之间不仅具有天然的亲近感，而且在每一个体之间很自然就有呵护、关心和爱，这是不需要学习就能明白的事。因此，涂尔干认为血缘关系能够自然而然地把彼此不同的意识调和起来。[①] 同时，由于人们具有相同的地缘，人们就共同拥有了这个地方的历史，这个地方特有的风俗习惯，这个地方的方言，因此我们就像一个大家庭一样，大家都是好邻居、好街坊、好伙伴，彼此的认同根本就不是问题。当上述情况发生的时候，人的本质与人的存在是一致的，个人在这种存在面前不会感到丝毫的不自在，更不会感到压抑和被强制。这样的生存状况就形成了传统社会特有的伦理模式：大家不仅彼此依赖，而且彼此印证、彼此肯定，情感、安全与利益都是大家共同拥有并都愿意竭力维护的。对行为合理性的评价标准高度一致，好的、坏的、对的、错的等基本上都能一致认同，此时自我和本质是天然的统一体。

---

① "血缘关系很容易把个人集中起来。它可以自然而然地把彼此不同的意识调和起来。此外，还有许多因素也能做到这些：比如说体质的相似、利益的团结、共同对付来犯之敌的需要、或仅仅是为联合而联合，都可以使人们相互结合成为不同的形式。"（涂尔干：《社会分工论》，渠东译，生活·读书·新知三联书店 2000 年版，第 28 页）

市场经济把人从各种自然形成的关系中解放出来，还人以自由独立之身，但同时也使人陷入了孤独的境地。市场社会的法权关系，把人变成了没有任何个体特征的抽象个体，立体式的、有血有肉的、有激情和追求的个体都变成了一个抽象的符号。黑格尔在《精神现象学》里指出，在法权关系里，"把一个个体称为个人，实际上是一种轻蔑的表示。"[1] 个人在法权关系里只不过是权利与义务的载体与象征，他的所有的内部世界都被忽略了，他的自我意识在他所面对的环境与关系中不能对自己进行肯定，而具有自我意识的个人总是需要在内与外的关系中确定自我的坐标的。"在我们自我理解的语言中，'内在——外在'的对立起着重要的作用。我们把我们的思想、观念或感情考虑为'内在于'我们之中，而把这些精神状态所关联的世界上的客体当成'外在的'。"[2] 现在个人的思想、观念或感情都已经被抽象掉了，这样，个人就面临着一个陌生的世界，在这个世界，没有人知道他的人生经历、他的喜怒哀乐、他的情感倾向（而在熟人社会这些都是能被他人所知的）。他不仅迷失在这个世界里，而且迷失在个人的内心世界之中，自己原来觉得清晰的内心世界由于得不到外面世界的了解与确认而变得迷茫起来，原来支配自己行为的准则与信念现在也变得无法确定，生活一下子就失去了意义。"世界彻底丧失了其精神的外观，没有任何事情是值得做的，对可怕的空虚、某种眩晕甚或我们的世界与肉体发生断裂的恐惧。"[3] 随着市场经济的"祛魅"而导致的整个社会的世俗化，个人的生存方式越来越表层化，内心世界的空间被压缩得越来越小，也越来越难以顺利地表现在外，或者越来越难以被他人所理解。而人天生就是具有内在性的生物，[4] 这种内在性尽管

---

[1] 黑格尔：《精神现象学》下卷，贺麟、王玖兴译，商务印书馆 1983 年版，第 35—36 页。

[2] 查尔斯·泰勒：《自我的根源：现代认同的形成》，韩震等译，译林出版社 2001 年版，第 165 页。

[3] 同上书，第 25 页。

[4] 查尔斯·泰勒在谈到人的内在性时说："对我们来说，无意识是内在的，我们把妨碍我们对生活进行控制的未说出的深度、不可言说的、强烈的原始情感和共鸣以及恐惧，视为内在的。我们是有内在深度的生物。"（查尔斯·泰勒：《自我的根源：现代认同的形成》，韩震等译，译林出版社 2001 年版，第 165 页）

是自我的，但却要在外面的世界中得到确认，并通过由内而外的实践活动来实现自我。如果没有与他人的联系，如果没有外部的活动空间，这样的实践活动就无法进行。"我对我的同一性的发现，并不意味着是我独自做出的，而是我通过与他人的、部分公开、部分隐藏在心的对话实现的。"① 因此，尽管市场经济社会已把人变成独立的人，但一个个独立的个体之间并不是被某种隔离带圈起来的，而必须与他人发生联系，必须走进公共生活。

分散的、以物的依赖为基础的独立个体之间究竟是一种什么关系？难道他们之间就只是相互竞争、相互利用、互为条件的关系？近代契约论者特别是霍布斯似乎是以这一点立论的。当然，这样的立论看起来是合理的，就连注重精神作用的黑格尔也说："个别的人，作为这种国家的市民来说就是私人，他们都把本身利益作为自己的目的。由于这个目的是以普遍物为中介的，从而在他们看来普遍物是一种手段。"② 在其《精神现象学》中，黑格尔也表达了类似的看法："他也跟别人一样是一个个人，但他是一个孤独的个人，他跟所有的人对立着。"③ 但他另一方面又认为："而这与他对立的一切个人构成着这个个人的有实效的普遍性；因为，单独的个别的人，从其本义来说，只在他是体现着[一切]个别性的普遍的众多时才是真实的，离开这个众多，则孤独的自我事实上是一个非现实的无力量的自我。"④ 孤独的、跟所有人对立的个体是不真实的，因为他是一个"无力量的自我"，即一个虚弱的、无法自我确证的自我。这就意味着与他人发生联系并通过联系彼此联合起来是每个人的宿命，不是你想不想和别人发生联系的问题，而是如何发生联系的问题。一个人要想体现"一切个别性的普遍的众多"，就不能把人与人之间的关系仅仅看作是相互竞争、相互利用、互为条件的关系。尽管契约论者认为所有的契约都是权利的相互转让或交换，但并不因此就认为他们眼里的人与人的关系就是纯粹的相互利用、互为条件的关系，实际上，契约本身就内含着某种人们之间的认同，若非如此，契约便会是无效的。这种认同

① 查尔斯·泰勒：《现代性之隐忧》，程炼译，中央编译出版社 2001 年版，第 54 页。
② 黑格尔：《法哲学原理》，商务印书馆 1961 年版，第 201 页。
③ 黑格尔：《精神现象学》下卷，贺麟、王玖兴译，商务印书馆 1983 年版，第 36 页。
④ 同上。

至少包括：（A）人与人之间的相互信任，即当我把自身的权利转让出去时，我相信你也会转让你的权利，这样转让才能顺利进行；如果有一个人不肯转让自己的权利，契约就不可能订立。（B）每个人都同意将个人的权利交给一个组织或机构托管，只要有一个人不同意这样做，契约也不可能成立。（C）每个人都同意有一个高于个人之上的组织来监督契约的履行，并相信它能担此重任。① 如果有人怀疑这个组织的监督协调能力，或是对它协调权利的公平与公正产生怀疑，或者本身就以投机的心态参与契约，他就或是拒绝转让自己的权利参与契约，或是在契约订立之后当一个机会主义者。我们看到，即使是基于自然感受和个人利益的契约，也不就是完全自我的，完全感性的，更不是如黑格尔所言的任性与随意，② 而是有着某种担当，有超出自身利益之外的考量，并怀有某种信念的。

这些信念包括：（1）契约反映出个体的理性、审慎与克制。这就已经远离了任性与冲动，有了对自己行为的责任意识。这种责任意识其实就包含了（2）自尊与尊重他人的理念。要让自己的行为显得有教养，就需要理性审慎与克制，这同时也是把别人作为与自己一样的人看待。因此，（3）平等意识在契约中出现了，平等并不仅仅表现在订立契约上，而且还表现在整个契约的存续过程中，即如果你认为契约的各方都是平等的，那你就不能享有任何特殊，也不要刻意表现自己的特殊性，那就意味着老老实实遵守契约，遵守共同规则；于是就有了（4）对公平与正义的追求与恪守，这已经进入典型的公共善的领域了，因为公平与正义已经远离了个人的自然感受，而成为一种非经验性的原则，但只有对这一原则的恪守，才能使契约最终确立。说公平与正义是一个非经验性的原则，意味着对某一事件、行为、规则等是否符合公平与正义的评价，不是以是否符合自己的利益为基础，也不是以是否符

---

① 霍布斯在《利维坦》中说："如果信约订立之后双方都不立即履行，而是互相信赖，那么在单纯的自然状态下（也就是在每一个人对每一个人的战争状态下）只要出现任何合理的怀疑，这契约就成为无效。但如果在双方之上有一个共同的并具有强制履行契约的充分权利与力量时，这契约便不是无效的。"（《利维坦》，商务印书馆 1986 年版，第 103 页）

② 黑格尔在批评卢梭关于国家产生于契约的观点时说："这些单个人的结合成为国家就变成了一种契约，而契约乃是以单个人的任性、意见和随心表达的同意为其基础的。"（《法哲学原理》，商务印书馆 1961 年版，第 255 页）

合自己的价值判断为标准，而应该具备公共理性的眼光。

　　当然，自然论者一般在谈到人与人之间的协调与认同时，很少表达价值需求和精神超越方面的意思，即不是从人自身的发展和精神提升来看这个问题，而是以人之外的某种因素来说明这个问题。亚当·斯密用类似于"看不见的手"的功能来说明人们之间的协调与帮助："虽然在这一社会中，没有人负有任何义务，或者一定要对别人表示感激，但是社会仍然可以根据一种一致的估价，通过完全着眼于实利的互惠行为而被维持下去。"[1] 在他看来，爱和感情是不重要的，强调为别人尽义务也是没有必要的，人们很自然就知道如何与别人协调，这相当于理性的经济人在经济活动中的表现一样，有一只无形的手指引他该如何对待别人。很明显，这里强调了人的工具理性的作用。约翰·洛克则是把人的理性行为、与他人的和睦相处看作是上帝的旨意，[2] 也看不到人自身的因素。另一位苏格兰启蒙运动的奠基人弗兰西斯·哈奇森从自然神论的角度谈论人的社会性行为，认为宇宙间有一种自然的秩序，而人必须服从这种秩序，这就使得人们自然地趋向整体的善，人们之间的这种连接是不会被打破的。[3] 我们在哈奇森的观点中看到了斯密的影子（事实上是哈奇森影响了斯密），似乎上帝的力量已融入宇宙中，变成一只无形的手使人们相互联结起来。但与斯密不同的是，哈奇森明确指出是爱和整体的善使人们联结在一起的，这就突出道德的因素了。

　　因此，无论是自然神论还是契约论，无论是缘于上帝的力量还是无形的

---

　　①　亚当·斯密：《道德情操论》，蒋自强等译，商务印书馆 1997 年版，第 106 页。

　　②　"上帝既把人造成这样一种动物，根据上帝的判断他不宜于单独生活，就使他处于必要、方便和爱好的强烈要求下，迫使他加入社会，并使他具有理智和语言以便继续社会生活并享受社会生活。"（洛克：《政府论》下篇，叶启芳、瞿菊农译，商务印书馆 1996 年版，第 48 页）

　　③　哈奇森说："前面已看到，多么令人赞叹，我们的爱是为了整体的善……它们都以善为目标，无论这善是个人的，还是公共的；依靠爱，每一个别主体最大程度地被促使服从整体的善。这样，人类被紧密连接在一起，通过一种看不见的联合，形成一个宏大的系统。自愿继续存在于这种联合中，乐于为他的类而运用他的力量，并使他自己幸福；不情愿继续这一联合的人，想打碎它，这会使自己不幸；而且，他依旧不能打碎本性的纽带。"（转引自查尔斯·泰勒：《自我的根源：现代认同的形成》，韩震等译，译林出版社 2001 年版，第 403 页）

手，都表明人必须脱离自然状态，摆脱丛林法则，不如此人类社会就难以为继。不过，如果仅仅停留于此，那么人们之间的联合还只具有工具性质——如果不这样，我就无法生存。事实上，完全的工具理性是没法有效订立契约的，只有人具备了相应的品质，契约才能达成并被有效遵守。笔者在上文的分析中所说的责任意识、自尊与尊重他人、平等意识、对公平与正义的追求，已经逻辑地包含在契约之中，这些都不是纯粹的工具理性能够解释得了的。在康德看来，工具理性其实是把自己和别人都看作是手段，而人只能看作是目的。① 尽管我们对人是目的或许和康德有着不同的看法，但把人本身作为目的，就包含了人的精神品质的提升、精神世界的丰富以及道德方面的不断完善。因此，人与人的联合与认同，关乎到何为人和如何为人的问题。意大利文艺复兴时期的思想家皮科·米兰多拉以《论人的尊严》表明，人在从神的统治下解放出来之后，就应该像真正的人那样生活，而不能像动物那样。② 祛魅并不是去掉信仰，更不是不要精神信念与精神品质，若真是那样，人就变成"空皮囊"或行尸走肉了，这样的人组成的"社会"（或任何一种群）是根本无法维持下去的。意大利博洛尼亚大学政治学教授皮尔·凯撒·博里在为《论人的尊严》中译本写的导言是这样说的：

> 该书写于 1486 年，它赞颂人是自由的造物，能认识并能管理一切存在物。不过，这本《论人的尊严》谈的更多的却是人的职责：这个形象未被先天规定的造物，必须通过一段长途跋涉才能实现自己的完善，

---

① "愿望所达到的目标，就是把它当作我的后果，这已经是把自己当作一个行动着的原因了，也就是把自己当作一个工具的使用者了。""你的行动，要把你自己人身中的人性，和其他人身中的人性，在任何时候都同样看作是目的，永远不能只看作是手段。"（康德：《道德形而上学原理》，苗力田译，上海人民出版社 1986 年版，第 68、81 页）

② "倘若你看到有人只是口腹之欲的奴隶，在地上爬行，你看到的不是人，而是植物；倘若你看到有人为自己的感觉所奴役，被幻想出的空洞影像（就好像被卡吕普索这位女神自身）所蒙蔽，耽于其蛊惑人心的咒语，你看到的不是人，而是野兽。倘若你看到一个哲学家用正确的理性辨识事物，崇敬他吧，因为这个生灵不属地，而属天。倘若你看到一个纯粹的沉思者，忘却了身体，专注心智深处，这个生灵就既不属天也不属地：这是一个虽穿着肉身却崇高的神灵。"（皮科·米兰多拉：《论人的尊严》，樊虹谷译，北京大学出版社 2010 年版，第 32 页）

即，要从道德自律出发，通过形象和知识的多元性朝向一个更高的、无法言说的终点。①

人是自由的造物，人可以管理世间的一切事物，这就更加凸显了人的责任。由于人已摆脱了神的统治，因此只有依靠自己的力量，必须通过一段长途跋涉才能实现自己的完善，所以人间的道德追求、必备的道德感就是人不可推卸的责任。中国古代思想家一般都特别强调人的高贵，其目的就是为了说明人应该有高贵的品质，即与人的高贵身份相匹配的品质，否则就有负于人这个称号。如荀子将人与水火、草木、禽兽等比较之后认为，因为人有义，所以能群、能和、能一。② 这是组成人类社会的必要条件。孟子的性善论，一直遭到不少人的误解，以为孟子主张人生来就具有善性，即对每个人来说，善是一出生就已经完成了的。实际上，孟子是用"端"（人性中的仁、义、礼、智都只是端——即为善的可能性）和"才"③（即为善的能力）来说明人性之善的。它表明，对人来说，为善的条件已经具备了，剩下的问题就是看你是否去做善事了。因此，这是一个"能"与"为"的关系问题："挟太山以超北海，语人曰：'我不能。'是诚不能也。为长者折枝，语人曰：'我不能。'是不为也，非不能也。"④ 犹如天生没有善人一样，恶人也不是天生的，只要你想行善并勉力为善，就能成一个有道德的人，而一个有道德的人才是与人的身份相符的。

在一定意义上，康德的善良意志与孟轲的性善说有某种相似之处，善良意志是一种高度自律的意志，自律所秉承的是善的理念，"这个理念现实地属于我们的原初禀赋。人们只需要努力地维护它，不受任何不容许的沾染，

---

① 皮科·米兰多拉：《论人的尊严》，樊虹谷译，北京大学出版社 2010 年版，第 9 页。

② 《荀子·仲尼》说："水火有气而无生，草木有生而无知，禽兽有知而无义；人有气，有生，有知，亦且有义，故最为天下贵也。力不若牛，走不若马，而牛马为用，何也？曰：人能群，彼不能群也。人何以能群？曰：分。分何以能行？曰：义。故义以分则和，和则一。"（参见《诸子集成》第一卷，长春出版社 1999 年版，第 140 页）

③ "富岁子弟多赖，凶岁子弟多暴。非天之降才尔殊也，其所以陷溺其心者然也。（参见《告子上》，《诸子集成》第一卷，长春出版社 1999 年版，第 89 页）

④ 《孟子·梁惠王》，《诸子集成》第一卷，长春出版社 1999 年版，第 45 页。

并且把它深深地纳入我们的信念，以便通过它对心灵逐渐地造成的影响而坚信。"①正因为如此，人在行善时，只需审查自己是否坚守了善的理念，而无需考虑这样做是否对自己有利，这就叫"绝对命令"。②康德的用意在于，如果人人都秉承善的理念高度自律，个人的行为准则就能成一个普遍原则，即一个人人都能同意并都能做到的原则。在这里，康德的观点与孟轲的性善论的确有某种相似之处，即他强调的是："我能"，所以"我应该"。正如阿伦特所言："在康德的意志中，其强制力量的表达方式借自自明真理或逻辑推理施加给精神的强制性。这就是为什么康德反复强调，不是来自外面、而是在精神本身中产生的'你应该'意味着'你能'。"③

但是，在现实生活中，每个人的利益、需要和生活目的毕竟都是不相同的，当个人之间的利益、权利等发生冲突时，人们还能为某一事实、现象或意见达成普遍一致吗？或者是，即使你秉承善的理念行为，而你所认为的善并不是我所赞同的，那我们该如何认同？洛克正是看到了这一点，所以他认为："人们所以普遍地来赞同德性，不是因为它是天赋的，乃是因为它是有利的——因此，自然的结果就是人们对于各种道德原则，便按照其所料到的（或所希望的）各种幸福，发生了分歧错杂的各种意见。"④事实上，人们之间由于利益与观念不一致而发生的冲突是时常可见的，市场经济社会尤其如此。因为社会演进到市场经济时期，原来所有的"整体性"特征均已消失：共同的信仰对象与信仰方式，自然形成的显而易见的共同利益，相似或相同的思维方式、生活方式等是伴随着不发达的个体而存在的，这是以牺牲个体的独特性与丰富性为代价的。现在，个体获得了解放，不再在人格与身份上隶属于某个人或某一团体。而自由的个体并不是自足的个体，

---

① 康德：《纯粹理性界限内的宗教》，《康德著作全集》第六卷，中国人民大学出版社2007年版，第84页。

② "命令式就是定言命令。它所涉及的不是行为的质料，不是由此而来的效果，而是行为的形式，是行为所遵循的原则。在行为中本质的善在于信念。至于后果如何，则听其自便。只有这样的命令式才可以叫做道德命令。"（康德：《道德形而上学原理》，苗力田译，上海人民出版社1986年版，第67页）

③ 阿伦特：《精神生活·意志》，姜志辉译，江苏教育出版社2006年版，第68页。

④ 洛克：《人类理解论》，关文运译，商务印书馆1959年版，第29页。

他仍然需要有信仰，有自己的道德追求，他在争取和维护个人权利与利益的时候，必须与他人和社会发生联系，这样，隔阂、摩擦、对立与冲突就在所难免。

康德似乎意识到，如果人们关注自己的主观感受，注重功利与幸福，就不可能在不同的个体或不同的群之间达成一致，应该抛弃我们的行为所包含的内容（质料），而只关注我们行为的准则（形式），因为"一切质料的实践原则本身全都具有同一种类型，并隶属于自爱或自身幸福这一普遍原则之下。""一切质料的实践规则都在低级欲求能力中建立意志的规定根据。"① 如果将质料作为善的标准，那么，"这种善任何时候都将只是有用的东西，而它所对之有用的东西则必定总是外在于意志而处于感觉中的。""如果某物应当是绝对地（在一切方面而且再无条件地）善的或恶的，或者应当被看作是这样的，那它就只会是行动的方式，意志的准则。"② 对康德的这一观点，美国哈佛大学教授迈克尔·桑德尔做了如下概括："我们可以将其核心陈述如下：社会由多元个人组成，每一个人都有他自己的目的、利益和善观念，当社会为那些本身不预设任何特殊善观念的原则所支配时，它就能得到最好的安排。"③"特殊善观念"可以理解为任何个别的、特殊的善及其观念，而此处的善可理解为"好处"、"有利"或"可欲的"，既可能是物质方面的需求与欲得，也可能是精神层面的向往、追求与坚持，在一个利益多元、文化多元、价值多元的社会，特殊的善观念是实实在在地存在的，是我们想回避也回避不了的。

罗尔斯试图解决特殊的善之间的冲突，他在《作为公平的正义：正义新论》一书中指出："一个民主社会不是而且也不可能是一个共同体（community），所谓共同体我是指由个人组成的统一整体，这些人们认可同一种统合性学说（comprehensive doctrine）或部分统合性学说。然而，理性多元论（reasonable pluralism）的事实是实行自由制度的社会的一个典型特

---

① 康德：《实践理性批判》，邓晓芒译，人民出版社2003年版，第26页。

② 同上书，第80、82页。

③ 迈克尔·桑德尔：《自由主义与正义的局限》，万俊人等译，译林出版社2001年版，第1页。

性，而这一事实使人们无法认可相同的统合性学说。"① 看来他把人们之间由于各自的宗教学说、哲学学说和道德学说而产生深刻分化作为立论的背景和分析的出发点。在《政治自由主义》一书中，他认为现代社会主要有三种冲突："公民间相互冲突的完备性学说所导致的冲突；他们不同的社会身份、阶级地位和职业所导致的冲突，或他们不同的种性、性别和民族导致的冲突；最后是由各种判断负担所导致的冲突。"② 而"受到各种不同的完备性学说——宗教的与非宗教的——熏陶的公民们之间的差别是无法调和的。"③ 这是一个基本的社会现实，要解决这一现实问题，应本着"正当优先于善"的理念，因为现代社会不同于古代社会："古代人的中心问题是善的学说，而现代人的中心问题是正义观念。"④ 因此，现代人应该在保留诸如价值观、社会地位、职业、性别等具有实质性内容的差别的同时，彼此能得到认同，即达成共识，这就叫"重叠共识"。"在一个由重叠共识所支持的秩序良好的社会里，公民的（更一般的）政治价值和政治信念作为其非制度性身份或道德身份的组成部分，大体上是相同的。"⑤ 根据这种共识，"我们应该尽可能把公共的正义观念表述为独立于各完备性宗教学说、哲学学说和道德学说之外的观念"。⑥ 而要想不同的人群之间达成重叠共识，人们就必须具备公共理性。⑦ 很明显，罗尔斯的意思是既要保留特殊善，又要人们彼此认同，这就需要维护社会正义，并应用社会正义去调节各种特殊善之间的关系。

哈贝马斯则是以建立交往理性为诉求来探讨现代社会的认同与共识问题。自启蒙运动以来，理性已经深入人心。但这样的理性并没有改变主客二

---

① 罗尔斯：《作为公平的正义：正义新论》，姚大志译，上海三联书店 2002 年版，第6—7 页。

② 罗尔斯：《政治自由主义》，万俊人译，译林出版社 2000 年版，"导言"第 48 页。

③ 同上书，"导言"第 32 页。

④ 同上书，"导言"第 26 页。

⑤ 罗尔斯：《作为公平的正义：正义新论》，姚大志译，上海三联书店 2002 年版，第38 页。

⑥ 同上书，第 153 页。

⑦ "公共理性是一个民主国家的基本特征。它是公民的理性，是那些共享平等公民身份的人的理性。他们的理性目标是公共善。"（罗尔斯：《作为公平的正义：正义新论》，姚大志译，上海三联书店 2002 年版，第 225 页）

分或主客对立，相反，个人的主体性不断被削弱，自由越来越受到各种有形无形的限制。哈贝马斯认为，我们生活在一个如韦伯所说的"铁屋"，这是一个"宰制社会"。① 他认为韦伯所说的社会是："'自由丧失'和'意义丧失'对个人来说构成了存在上的挑战。在社会秩序当中，集体的调和希望都荡然无存了，剩下的只有一种个体主义的荒唐希望。只有顽强的主体在幸运的情况下才会成功地用一种同一的生活方式来对抗由于合理化而处于分裂状态的社会。"② 与罗尔斯在既定的社会框架下探讨人们之间的共识不同，哈贝马斯似乎要跳出这一框架，因为在这个框架内，自我是压抑的，用霍克海默和阿道尔诺的话说："就进步思想的最一般意义而言，启蒙的根本目标就是要使人们摆脱恐惧，树立自主。但是，被彻底启蒙的世界却笼罩在一片因胜利而招致的灾难之中。"③ 因此哈贝马斯认为，在这样的社会框架下，罗尔斯的重叠共识实行起来是很困难的，因为"一种理性，只有当我们赋予它绝对权力的时候，它才可能包容或排斥。"而现实生活却把人分出了"内和外"、"统治和臣服"，"所以说，理性的他者始终都是权力理性的镜像。"④ 由此，哈贝马斯认为，应该用以交往主体为中心的交往理性取代以主体为中心的主体理性，这样就不再有主客之分，不再有控制与被控制，不再有统治与臣服，而是通过交往主体之间的理性对话达成共识："与有目的——理性的行为不同，交往性行为是定向于主观际地遵循与相互期望相联系的有效性规范。在交往行为中，言语的有效性基础是预先设定的，参与者之间所提出的（至少是暗含的）并且相互认可的普遍有效性要求（真实性、正确性、真诚性）使一般负载着行为的交感成为可能。"⑤ 这里所说的"主观际"即指互为主体与相互期望，这样的互为主体可以使人们之间通过沟通达成共识："交往理性在主体间的理解与相互承认过程中表现一种约束的力量，同时，它又明确了一种

---

① 参见哈贝马斯：《后民族结构》，曹卫东译，上海人民出版社 2002 年版，第 187 页。

② 同上。

③ 霍克海默、阿道尔诺：《启蒙辩证法》，渠敬东、曹卫东译，上海世纪出版集团2006 年版，第 1 页。

④ 哈贝马斯：《现代性的哲学话语》，曹卫东等译，译林出版社 2004 年版，第 361 页。

⑤ 哈贝马斯：《交往与社会进化》，张博树译，重庆出版社 1989 年版，第 121 页。

普遍的共同生活方式。"① 这样的共识之所以具有约束力，是因为每个参与者相互的话语交流具有本真的意义，这是一个自由的人参与的自由话语体系，所有人都必须接受其他人的视角与世界观，从而形成"我们的视角"。② 在这样的话语体系中，人与人的主体地位是相互给予的，③ 这使得包容他者亦即人们之间的相互认同成为可能。

把罗尔斯与哈贝马斯的认同理论稍做比较，可以发现他们的区别：尽管罗氏与哈氏都关注自由而平等的个体，但罗氏因为预设了"无知之幕"和"原初状态"，所以他所关注的个体基本上只是一个形式的个体，而真实的、本真的个体在罗氏那里是存而不论的。或者说，本真的个体在罗氏眼里只能存在于私人领域，当你以公共面貌出现时，就应该把你所持的某种统合性的信仰与道德学说搁置起来，与同样把统合性的信仰与道德学说搁置起来的他人就正义达成共识。因此，罗氏不太关注"个体善"，而主要关注"政治美德"。④ 当然，哈贝马斯同样也不太关注个体善，但他关注主体间性的本真意义⑤。尽管他知道人们关于基本道德规范的背景共识已经不复存在，但他们还是一如既往地用理由来争论道德判断和道德立场，需要调节的行为冲突，仍然被人们视作道德冲突，因而需要有一种话语伦理依据一定的话语原则通过论证来解决这些冲突。⑥ 因此，哈贝马斯的认同与共识理论表达的是人与人之间的一种理解和包容，人们可以把自己的差异性带入公共领域，但需要同时也容忍并包容他者的差异性，并通过对话、商谈使各自的差异性能处于某种共识之中："对差异十分敏感的普遍主义要求每个人相互之间都平

---

① 哈贝马斯：《现代性的哲学话语》，曹卫东等译，译林出版社 2004 年版，第 376 页。

② "自由而平等的参与者要想进入一种包容性的自由话语当中，就必须满足一定的交往前提，在这些交往前提下，每一个人都必须接受所有其他人的视角和自我观以及世界观；对视角的这种限制，最终导致的实际上是一种理想的'我们的视角'"。（哈贝马斯：《包容他者》，曹卫东译，上海人民出版社 2002 年版，第 69 页）

③ 参见哈贝马斯：《包容他者》，曹卫东译，上海人民出版社 2002 年版，第 38 页。

④ 参见罗尔斯：《政治自由主义》，万俊人译，译林出版社 2000 年版，"导论"第 33 页。

⑤ "具有完整的主体间性社会化形式和视角结构的道德包含的是一种本真的意义，和个体的善没有什么关系。"（哈贝马斯：《包容他者》，曹卫东译，上海人民出版社 2002 年版，第 43 页）

⑥ 见哈贝马斯：《包容他者》，曹卫东译，上海人民出版社 2002 年版，第 42 页。

等尊重，这种尊重就是对他者的包容，而且是对他者的他性的包容，在包容过程中既不同化他者，也不利用他者。"①

本节我们讨论的是认同的方式与意义，到此为止我们还只是展示了几种关于认同的理论：契约论的、理性建构的、重叠共识的以及话语商谈式的。笔者无意比较这几种理论的优劣，也不想判断它们的对与错，认为他们的理论各自具有合理的成分，因而只想借此分析认同的意义。在梳理这几种认同理论的过程中，已经部分地涉及了认同的意义问题，尽管有些还是潜在的。下面将分别列述认同的意义。

第一，认同是分散独立的个体走入公共生活的必备素质，没有认同，就没有社会，没有公共生活。公共生活是人类必须经历的生活样式。一种生活样式本身提供一定的生活空间与规则，并借此空间与规则展示我们生活的方向，由此形成我们新的人格特征。② 因此，借助这一生活样式，我们能以新的形式发生交往、联系与联合。无论人如何自由，技能如何发达，个性如何独特而丰满，人与人的联合总是需要的。③ 人们固然可以功利地、工具性地看待社会，以满足自己的各种需要，但完全工具性地对待社会是不可能有真正的认同与联合的。例如，人们之间签订协议或契约，当然是为了更顺利地实现自己的利益，但休谟一方面说，只有通过社会全体成员所缔结的协议才能使那些外物的占有得到稳定；而他同时也说，在人们缔结了协议、并且每个人都获得了所有物的稳定以后，这时立刻就发生了正义和非正义的观念，也发生了财产权、权利和义务的观念。④ 这说明，即使是功利性地看待社会，人们也会有对正义的追求与维护。如果人人都把社会看作是工具，也就意味着每个人都把他人视为工具，这样的生存环境是难以为继的。泰勒就告诫人

① 哈贝马斯：《包容他者》，曹卫东译，上海人民出版社2002年版，第43页。

② 弗洛姆认为："人的人格主要是由特定生活模式塑造的。"（弗洛姆：《逃避自由》，刘林海译，国际文化出版公司2000年版，第11页）

③ "所有的人类活动都取决于这一事实，即人是生活在一起的，但人生活在一起只是一种离开人类社会就无法想象的行动。"（阿伦特：《人的条件》，竺乾威等译，上海人民出版社1999年版，第18页）

④ 参见休谟：《人性论》，关文运译，商务印书馆1980年版，第530、531页。

们，不能纯粹把社会作为工具对待，否则社会就有分裂的危险。①

第二，认同是个人实现自我的必经途径。在各种自然形成的共同体里，自我的确证与实现都是在共同体里完成的。在那种共同体里，每个人都有着相似或相同的生活环境与生活样式，有着相同的文化背景、道德传统、实践背景和叙事逻辑，加上血缘、地缘、业缘等纽带的维系，不仅人与人之间的认同很容易达成，而且个人的成功、优秀、出色也能较为容易地得到承认和肯定，因为舞台已经搭好，个人只需要努力演出就行了。而现在一切都改变了，原有的舞台已经拆除，背景已无所依靠，个人之间的差异性凸显，利益、文化与价值观等均呈现多元化格局，这既给人们之间的认同带来了困难，也对自我的价值实现造成影响——没有了显而易见的评价标准，也没有统一的价值准则，舞台和观众都变了：舞台不是恒定的了，也不是个人所熟悉的了；观众则不是那些对你了解、与你有着共同兴趣、情感和价值诉求的人了。但是，个人又不可能离开实践背景与生活背景以及他人来实现自我，犹如自己不能抓住自己的头发离开地球一样。因此，认同是必须的。

认同的逻辑是这样的：在承认个人之间差异性的同时尊重他人的自由选择与自由个性，通过宽容、理解、协商和妥协对人们的活动规则达成共识，组建公共生活，因此，通过认同既承认了私人性（普通他者），又形成了公共性（公共生活或公共领域），他者和公共生活就是现代社会自我实现所必需的条件。阿伦特就认为，"在公共领域中采取的每一行动都能获得在私有领域中难以获得的卓越成就；对卓越（就其定义而言）来说，他人的存在永远是需要的，而这一存在需要有一种由同侪组成的公共的形式。"②从某种意义上说，如何对待普通他者，其实就是如何对待公共生活，因为公共生活领域是由一个一个的他者以及其中的联系与规则构成的："在公共领域中展现的任何东西都可为人所见、所闻，具有可能最广泛的公共性。对于我们来

① "一个分裂的社会是一个其成员越来越难以将自己与作为一个共同体的政治社会关联起来的社会。这种认同之缺乏可能反映了一种个人利益至上主义的观念，而依此观念，人们终将纯粹工具性地看待社会。"（查尔斯·泰勒：《自我的根源：现代认同的形成》，韩震等译，译林出版社2001年版，第135—136页）

② 阿伦特：《人的条件》，竺乾威等译，上海人民出版社1999年版，第37页。

说，展现——即可为我们，亦可为他人所见所闻之物——构成了存在。"① 如果和他人之间的关系是紧张的，隔阂的，甚至是激烈冲突的，那么他人就不会构成我的存在，更不会成为自我实现的条件，至此时，自我也就消失了。

第三，人与人之间的认同既是个人发展的需要，也是对个人发展的要求。迄今为止，人的发展过程，从一定意义上说是一个个体化的过程，即摆脱各种原始纽带的维系与束缚的过程。原始部落或氏族成员以及各种自然共同体的成员，会将这些原始纽带视为维系其生存的条件，因为这样会给他安全感和归属感，因此这里不存在认同问题，当然也就不会有什么自由。但是随着个体的自我意识越来越强烈，一种要求摆脱束缚、寻求自由、实现自我的意愿就越来越明显。婴儿的成长史就大体上复制了人类个体的演进历史：最初婴儿是靠和母体相连的脐带存活的，没有这根脐带，婴儿就不可能维系生命。待婴儿出生之后，脐带被剪断了，婴儿此时成了独立于母体的个体。但此时婴儿还不是一个独立的个体，还有一根功能的脐带将小孩与母亲相连，他需要母亲的照顾与呵护才能生存下去，此时他既不觉得受束缚，也不会有个体自由的冲动。随着他逐渐长大，这根功能性脐带对他来说就已经不再是维系他的生命与安全了，他越来越感到这根功能性脐带的束缚，明显具有摆脱束缚、寻求自由、塑造自我的倾向。等他长大之后，他在生物意义上和功能意义上都脱离了母体，开始他的自由个体的生活，但是，"'摆脱束缚，获得自由'与积极的自由即'自由地发展'之自由并不是一回事。"② 摆脱了原有的束缚之后，与其说你自由了，毋宁说你感到了孤立与无能为力，因为，"由于人失去他在封闭社会里的固定位置，所以也找不到生活的意义所在。其结果便是他对自己及生活的目标产生怀疑。他受到强大的超人力量、资本及市场的威胁。每个人都成了潜在的竞争对手，他与同胞的关系也敌对起来，疏远起来；他自由了——也就是说，他孤立无助，倍受各方威胁。"③ 这对个人而言是一个新的生活空间，"天堂永远失去了，个人茕茕孑立，直面世界，仿佛一个陌生者置身于无边无际而又危险重重的世

① 阿伦特：《人的条件》，竺乾威等译，上海人民出版社1999年版，第38页。
② 弗洛姆：《逃避自由》，刘林海译，国际文化出版公司2000年版，第24页。
③ 同上书，第44页。

界里。新自由注定要产生一种深深的不安全、无能为力、怀疑、孤单与焦虑感。如果个人想成功，就必须设法缓和这些感觉。"① 因此，个人只有与他人交往，学会尊重他人，学会对别人的理解与宽容，学会与他人团结协作，学会遵守新空间的行为准则，才能融入社会，才能消除不安全感、孤独感、无助感和焦虑感，② 也才可能有自己的自由发展，而这些就是人们之间的彼此认同。

认同除了是个人发展的需要，同时也是对个人的一种要求。这是一个问题的两个方面：每个人都有自我发展的需要，每个人的自我发展就必须以社会和他人为条件，如果人与人之间总是处于漠不关心、彼此疏远甚至是敌对状态，就会连正常的生活空间都难以得到，遑论自我发展？而要想改变漠不关心、彼此疏远甚或敌对状态，每个人就应该有超出物质利益和自我满足之外的道德关切，需要有对他人乃至社会有起码的道德关怀和正确的道德态度。这不是一种关于自身完善（尽管与此难以分开）的道德，而是关于如何与他人交往并相处，如何参与公共生活，如何关心自己之外的人和事，如何理解并维护公共利益等等的品质。涂尔干认为人们组建群体就需要相应的道德关怀，③ 这样的道德关怀不是己方对他方的单纯付出，而是人与人之间的相互给予，由此构成共同生活并获得自己的社会人格。④ 这些方面尽管都涉及个人自身的品质，但不是用"个体善"这一概念能说明的，而实际上是指向公共善的个人品质。在我们分析的几种不同的认同

① 弗洛姆：《逃避自由》，刘林海译，国际文化出版公司 2000 年版，第 45 页。

② "人是孤独的，但同时，他又与外人相联系。他是孤独的，因为他是一个唯一的实体，他与其他任何人不一样，他意识到自己是一个独立的实体。当他必须依靠理性的力量独立作出判断和决定时，他一定是孤独的。然而，他不能忍受孤独，他不能与他的同伴毫不相干。他的幸福有赖于他感到，他与他的同伴、与过去和未来之人团结一致、休戚相关。"（弗洛姆：《为自己的人》，孙依依译，生活·读书·新知三联书店 1988 年版，第 58 页）

③ 参见涂尔干：《社会分工论》，渠东译，生活·读书·新知三联书店 2000 年版，第 61 页。

④ "在我们的内心里存在着两种意识：一种只属于我们个人，即包含了我们每个人的个性；另一种则是全社会所共有的。前者只代表和构成了我们个人的人格，后者则代表集体类型，故而也代表社会，因为没有社会它是不可能存在的。"（涂尔干：《社会分工论》，渠东译，生活·读书·新知三联书店 2000 年版，第 68 页）

理论中，每一种认同理论都提出了个体的公共性品质：契约论要求承认每个人都是自由平等的个体，尊重并遵守公共规则；理性构建论要求人们理性、自律，将人本身作为目的，而不是把追求物质财富和自身幸福作为目的（如康德）；重叠共识（罗尔斯）要求人们尊重个体差别，尊重文化与价值多元，并在此基础上与他人形成共识；商谈伦理的主体间性（哈贝马斯）则要求把他人看作是具有特殊精神需求与价值诉求的丰满的主体，在此基础上通过商谈达到主体间的深度沟通。下面的内容是对这些精神品质的具体分析。

第二节　人际认同的精神品质

一、契约意识

契约不单是指书面的有字据的契据、合约或合同本身，尽管市场行为会发生大量的这种形式的契约；就广义的公共生活而言，市场行为也是被涵纳在内的。我们所要讨论的契约意识，是独立的、自由的、平等的、异质性的个体之间的一种认同意识和精神品质。因此，这里所说的契约，主要是就其中所包含的精神意义而言的。

契约是社会发展的产物，契约意识（即对契约所表达内容的理解、认识、肯定并接受）更是近现代社会才发展起来的。梅因的研究指出："这种概念（引者按：指契约概念）在最初出现时，显然是极原始的。在可靠的原始记录中，我们都可以注意到，使我们实践一个允约的习性还没有完全发展，种种罪恶昭彰不信不义的行为常被提到，竟毫无非难，有时反加以赞许。"[1] 这就是说，即使有形式的合约存在，如果人们没有契约意识，契约照样不会履行，就会成为一纸空文。这里又涉及了人（主体）与制度的关系，这种关系类似于形式与内容的关系：人的精神品质是内容，契约则是形式。因此梅因

---

① 梅因：《古代法》，沈景一译，商务印书馆 1959 年版，第 176 页。

认为只有有了对契约所表达内容与意义的理解与尊重，才可能有真正的契约，他把对契约的理解与尊重称为"心头的约定"，[①] 这也就是我们所讲的契约意识。

尽管我们并不一定赞同社会是由各方签订契约构成的，"社会契约论"只是代表了一种关于社会组成的观点，而且还不是能得到普遍赞同的观点。[②] 但我们认为，在公共生活中，面对各个异质性的个体，如何包容、接纳别人，如何组建公共性群体，契约是最基本的（尽管不是最高的）认同方式。这一方式既植根于自身感受与利益，又能顾及到他人的感受与利益；既有物质生活方面的意义，又具有精神意义。

契约确立了人格的平等性、独立性与实在性。平等性是指，参与市场活动的人，或许才能、社会地位和能力等有着某种区别，但在人格上都是平等的，契约就是这种平等的体现和保证。作为体现，契约把人格的平等作为默认的前提，即凡参与契约的各方都有着平等的人格；作为保证，它能使契约各方享受平等的权利与义务。所以黑格尔说："契约以当事人双方互认为人和所有人为前提。"[③] 所谓独立性，是指契约的参与者不存在任何人身依附和各种变相依附（如政治、经济、家族等方面的依附）。所谓实在性是指，在市场经济社会里，人格是具有实际内容的利益载体，它通过各种实实在在的权利得到肯定。因此黑格尔认为，对财产的单纯占有即所有权还是一种抽象的自由，只有当"人使自己区分出来而与另一人发生关系，并且一方对他方只作为所有人而具有定在。他们之间自在地存在的同一性，由于依据共同意志并在保持双方权利的条件下将所有权由一方移转于他方而获得实存。这就是契约。"[④] 尽管黑格尔在这里所说的只是所有权转让的契约，但其中所涉及

---

① "心头的约定从繁文缛节中迟缓地但是非常显著地分离出来，并且逐渐成为法学专家兴趣集中的唯一要素。这种心头约定通过外界行为而表示。"（梅因：《古代法》，沈景一译，商务印书馆1959年版，第177页）

② 梅因就表达了他对社会契约论的反对："所谓社会契约，是我们正在讨论的错误所形成的最有系统的一种形式。"（梅因：《古代法》，沈景一译，商务印书馆1959年版，第174页）

③ 黑格尔：《法哲学原理》，范扬、张企泰译，商务印书馆1961年版，第80页。

④ 黑格尔：《法哲学原理》，范扬、张企泰译，商务印书馆1961年版，第48页。

的"存在的同一性"、"依据共同意志"、"保持双方权利"等，就已经反映了一般契约的精神。

要成为一个人首先就是确立人格，对财产的所有权就是人格的最初定在，即对人格的最初规定。一个人拥有某物，就是对某物拥有权利，一旦有人侵犯某物，实际上就是侵犯了拥有该物者的权利，当然也就侵犯了其人格。康德关于权利的三个公式为：（1）"正直地生活"、（2）"不侵犯任何人"、（3）"把各人自己的东西归给他自己"，①可见财产权实际上是人格的象征。黑格尔尽管一方面说："任何一种权利都只能属于人的，从客观说，根据契约产生的权利并不是对人的权利，而只是对在他外部的某种东西或者他可以转让的某种东西的权利，即始终是对物的权利。"②似乎财产权只是物权而不是人权；但他又说："从自由的角度看，财产是自由最初的定在，它本身是本质的目的。"③这样又似乎把财产权和人格联系起来了。在市场经济社会，财产（财物）的获得、分配、交换等是根据一个国家的法律进行的，但这只是一种制度形式，而任何制度都是生活在其中的人的意志表达和活动结果。只有人们为某一事件的判定机构、程序及可能的结果达成一致，才可能形成某一法律规则。这里就隐含着任何人都不可能把自己单个人的意志强加于另一个体，在法律规则面前，任何人都是平等的，只有（经过每一个体同意的）代表公共意志的法律，才有可能约束个体的行为，因为任何违法都是对其他个体的侵犯，从而违背了当初的约定。所以康德说："因为个人的单方面意志——这同样适用于两方面的或其他个别的意志——不可能把一种责任（它自身是偶然的）强加给大家。要做到这一点，就需要一种全体的或普遍的意志，它不是偶然的而是先验的，因而，它必须是联合起来的和立法的意志。只有根据这样的原则，每个人积极的自由意志才能够和所有人的自由协调一致。"④霍布斯说："每一个人都应当承认他人与自己生而平等，违反这一准则

---

① 康德：《法的形而上学原理》，沈叔平译，商务印书馆1991年版，第48页。
② 黑格尔：《法哲学原理》，范扬、张企泰译，商务印书馆1961年版，第49页。
③ 黑格尔：《法哲学原理》，范扬、张企泰译，商务印书馆1961年版，第54页。
④ 康德：《法的形而上学原理》，沈叔平译，商务印书馆1991年版，第78—79页。

的就是自傲。"① 其实，公共生活中的一些侵犯平等人格的行为远不是用自傲能够说明的，例如，对人的歧视，看起来是一种自傲，但根子还在于没有摆脱按地域、职业、地位、财富多寡等来判断人的价值的旧思维，即没有从人本身而是从人之外的某种因素看待个人，把对人的评价变成了对人所占有的物的评价，人的平等人格在地域、职业、地位、财富面前消失了。至于那些直接侵犯他人人格的行为，就更不能归于自傲了。

平等意识指的是每个人在人格上的平等，即把每个人都作为无差别的个体看待，而不是指每个人在收入、财富、地位等方面完全一样，后者的差别是永远存在的。在一个公平正义的社会，只要每个人的人格都得到同等程度的尊重，后一方面的差别是可以接受并且是正常的。托克维尔在分析美国社会时发现，美国人尽管生活很富足，但总是焦躁不安，原因是总在身份、地位和财富方面和别人攀比，托克维尔认为这都是平等惹的祸。他因此得出这样的结论："当不平等是社会的通则时，最显眼的不平等也不会被人注意；而当所有人都处于几乎相等的水平时，最小一点不平等也会使人难以容忍。因此，人们越是平等，平等的愿望就越是难以满足。"② 很显然，他所说的平等，并不是人格上的平等。

二、权利与义务意识

权利从表面看来是法律赋予的，但从根源上看是人们之间相互给予的（这和上面的论证逻辑是一致的，法律来源于人民的意志）。相互给予就意味着，任何人都能从他人的给予中获得权利，同时也要给予他人相同的权利，即对他人承担着相应的义务。权利与义务就像一枚硬币的正反两面，这样才能构成健康的社会行为，也才会有良好的社会秩序。卢梭从契约论的角度指出："社会秩序乃是为其他一切权利提供了基础的一项神圣权利。然而这项权利决不是出于自然，而是建立在约定之上的。"③ 雅诺斯基把公民的权利分

---

① 霍布斯：《利维坦》，黎思复、黎廷弼译，商务印书馆 1985 年版，第 117 页。

② 托克维尔：《论美国的民主》，董果良译，商务印书馆 1991 年版，第 670 页。

③ 卢梭：《社会契约论》，何兆武译，商务印书馆 1980 年版，第 4—5 页。

为自由权、政治权利和参与权利，无论是哪种权利，都需要人们之间的彼此容忍和相互合作。① 罗尔斯也把健康的权利与义务关系视为秩序良好的社会的条件之一："在秩序良好的社会中，公共的正义观念提供了一种相互承认的观点，从这种观点出发，公民们能够相互判定他们在其政治制度中拥有什么政治权利，或者反对什么政治权利。"② 此处所说相互承认，和我们所说的彼此认同意思相近，都是指能承认、接受一个与自己的观念相异的他者，使他人获得权利时，自己就要尽相应的义务；反过来，对自己也一样。因此，承认里就包含有义务，认同也如此。

当然，在市场经济社会，这种权利义务关系往往不是个人之间的一对一的关系，它需要一种合作体系。雅诺斯基把一对一的权利义务关系称为"有限交换"，而事实上的权利与义务应该是"总体交换"，即出现A帮B，B帮C，C再帮A的情况，由此形成社区和社会。③ 自人类产生群以来，每一社会（或共同体、群）都有与那个社会相适应的合作体系，按身份、地位、血统等也可以形成一个合作体系，如中国封建社会的士、农、工、商，也能够大体形成一个彼此合作的体系。中世纪的欧洲也如此，阿兰·德波顿在其《身份的焦虑》中，对中世纪等级合作体系有这样的描写："索尔兹伯里的约翰因为在《论政府原理》一书中将社会比作身体的各个部位而闻名遐迩，成为最著名的基督教作家。他用人体的部位来比照社会制度，借此强调社会等级的正当性。他认为，国家的每个组成部分都可以对应人体的相关部位：最高统治者对应人的头颅；国会对应心脏；法院对应两肋；法官和各级官员对应眼睛、耳朵和舌头；财政部对应胃肠；军队对应双手；底层工人和农民则对应双脚。他试图说明这样一个道理，每个人在社会上都有自己的位置，这个位置是不可更易的。既然命定在某个位置上，他就必须安分守己，不可有非分之

---

① 参见托马斯·雅诺斯基：《公民与文明社会》，柯雄译，辽宁教育出版社2000年版，第55页。

② 罗尔斯：《作为公平的正义：正义新论》，姚大志译，上海三联书店2002年版，第15页。

③ 参见托马斯·雅诺斯基：《公民与文明社会》，柯雄译，辽宁教育出版社2000年版，第77页。

想。"① 但是，在传统社会，合作体系的参与者并不是一个独立、自由、自主的个体，他们之所以处于某一合作体系之中，或者是因为职业，或者是因为地域，或者是由于身份、地位等。在这样的合作体系中，人们是按照一定的等级秩序被安排的，人与人之间根本就没有平等的权利义务关系。② 他们之所以能够合作，靠的是强权的控制或意识形态的诱导，个人无法自由选择，因此这样的合作和我们所说的彼此承认与认同没有丝毫关系。涂尔干就分析了传统社会里能让人们进行联合与合作的诸多因素，③ 这些因素都与现代认同无关。亚里士多德主张共同体内按一定比例公正分配也展示了某种合作体系，④ 这其实是一个需要的体系，只是由于相互需要而产生的合作，还不是现代意义上的人际认同。在现代社会的公共生活中，个人对他人的承认除了人格的平等这一因素外，并没有利益上的诉求（尽管客观上能因为认同而有更合理的利益分配），更没有诸如等级特权等非公民因素。所以迈克尔·沃尔泽认为，公民的自尊与等级是相互矛盾的，如果是一个仆人，尽管他也保持自尊，但他同时也会遵守他的地位标准；而在公民社会里，由等级或地位而产生的人身服务是有辱人格的。因此，"公民资格"是完全脱离等级制与地位的，"有自尊心的公民是一个自主的人"，"一个自由的负责任的人，是一个参与的成员。"⑤ 在公共生活中，每一个这样的个体都承认他人是有自尊

---

① 阿兰·德波顿：《身份的焦虑》，陈广兴、南治国译，上海译文出版社 2007 年版，第 43 页。

② 孟子虽然提出了民贵君轻的观点，但在他眼里，君臣关系依然不是平等关系："君之视臣如手足，则臣视君如腹心；君之视臣如犬马，则臣视君如国人；君之视臣如土芥，则臣视君如寇雠。"（《诸子集成》第一卷，长春出版社 1999 年版，第 75 页）

③ 参见涂尔干：《社会分工论》，渠东译，生活·读书·新知三联书店 2000 年版，"第二版序言"第 28 页。

④ "应当在他们还占有他们各自的产品时定出这个比例。这样，他们才能够成为平等的，才能相互联系起来。因为只有在这样的情况下，比例的平等才可以建立起来（农夫 A，食物 C；鞋匠 B，他的同食物比例化了的产品鞋 d）。只要回报比例还不能以这种方式建立，双方就不可能进行交易。"（亚里士多德：《尼各马可伦理学》，廖申白译，商务印书馆 2003 年版，第 145 页）

⑤ 参见迈克尔·沃尔泽：《正义诸领域》，褚松燕译，译林出版社 2002 年版，第 371、372、375 页。

心的、自主的、自由的人，由此赋予对方权利；而每个个体又都应该是一个负责任的人，由此承担自己的义务。所以托马斯·雅诺斯基说："权利的实现离不开义务，若无相应的义务作保障，任何权利都无法存在；不仅如此，义务还对每个人享受的公民权利起约束作用，这样，权利系统才能奏效。"①

公共生活的权利义务关系还需特别注意两点：

一是有的义务具有非对等性。人们常说，没有无义务的权利，也没有无权利的义务，似乎权利与义务总是相伴相随的。如果总是纠缠于权利与义务的对等，我们就会天天算计着我得到了多少权利，就该尽多少义务。雅诺斯基认为，大多数人并不是每天盘算权利与义务的平衡账，不会像核对支票簿那样算计。比方说，一个人不会盘算今天我在这里尽了义务，在那里享受了权利，收支平衡，我就不需要再帮助那个瞎眼的老太太过马路了。② 既然我们在公共生活中的权利义务是一种总体交换，我们就不能企望尽一次义务之后马上就能获得对等的权利，甚至是事先计算好自己可能得到的权利，然后再尽义务。我为人人、人人为我并不是靠每次计算行为的所得能够实现的，它实际上是一种人际和谐的局面，如果人人都能在别人需要的时候伸出援手，如果人人都乐意为别人做点什么，当自己在需要别人帮助的时候才会有人援之以手，这就是人际和谐。反之，若是人人都计算自己的收支平衡账，那就会"使人和人之间除了赤裸裸的利害关系，除了冷酷无情的'现金交易'，就再也没有任何别的联系了。"③ 这样的社会是冷漠无情的，这不是我们所期望的局面。人们联合起来共同生活，是为了使生活更美好，心情更舒畅，而不是为了彼此算计或是自己成天过着算账的日子。所以，"人们在帮助别人时，并不期待被帮助者立即作出回报，但是人们会期待从长远来看的回报，即建设一个比较公正的社会中的体面生活。"④ 而这才是我们所主张的人际认

① 托马斯·雅诺斯基：《公民与文明社会》，柯雄译，辽宁教育出版社 2000 年版，第67 页。

② 同上。

③ 《马克思恩格斯选集》第 1 卷，人民出版社 1995 年版，第 275 页。

④ 托马斯·雅诺斯基：《公民与文明社会》，柯雄译，辽宁教育出版社 2000 年版，第78 页。

同的真谛：建立一个和谐的社会，使每个人能够体面生活。

与上面一点紧密相连，权利义务关系还需注意的一点是：有些义务具有非规约性。人们谈到权利义务时，总认为那是由法律明文规定的。不错，国家的法律体系详细地规定了人们的权利义务，但是，在现代社会，并不是所有的义务都是靠法律规定的，换言之，我们不能只尽法律所规定的义务。法律没有规定必须扶着盲人过马路，没有规定必须扶起跌倒的路人，没有规定必须给老弱病残者以帮助，给鳏寡孤独者送温暖等，但难道我们就不做了吗？实际上，有些义务是一种道德义务，雅诺斯基将义务分为支持性义务、关怀性义务、服务性义务、保护性义务，[①] 很明显，其中的关怀性义务与服务性义务就主要是道德义务，没有关怀与服务，我们的社会就会没有人情味，就会感到冷酷而缺乏温暖。如果"人人自扫门前雪，休管他人瓦上霜"，那我们还不如回到自然经济时代。詹姆斯·菲什金提出了基于义务的行动的三个层次——第一个层次是冷漠，第二个层次是道义需要，第三个层次是份外努力。[②] 基于冷漠的义务，看起来是尽了义务，但他或许根本没有理解义务中所包含的价值，或者只是被迫的行为。这样冷冰冰的义务，虽然是符合秩序需要的，但却很难给人以亲近感和温暖。基于道义需要的义务本身就是从道德出发的，它已摒弃了冷漠，并已远离得失计算。至于第三个层次的义务，本身就是一种乐于奉献的英雄主义行为，是最能体现公共之"义"的。这就是说，如果人们总是认为，法律怎么规定的我就怎么做（这固然不错，但其潜台词似乎是，法律没有规定的义务我就不去做），久而久之就会失去道义感。上述第一个层次即冷漠就是指无道义感的行为，而我们更需要第二个和第三个层次的行为，即基于道德需要的行为和不计份内份外、见义勇为的英雄主义的行动。这样的精神境界和社会风尚才是我们主张人际认同的目的。

由此看来，所谓"道德银行"的确是需要我们认真审视的。当社会处于

---

① 参见托马斯·雅诺斯基：《公民与文明社会》，柯雄译，辽宁教育出版社 2000 年版，第 69 页。

② 参见托马斯·雅诺斯基：《公民与文明社会》，柯雄译，辽宁教育出版社 2000 年版，第 78 页。

转型期，人际分化甚至分裂，人们还难以找到精神归属而社会又缺乏某种精神粘合剂时，道德银行对人们做一些善举能起到一定的支持作用：它能让人们相信，做了好事总会有回报的，所以愿意做好事。但是，道德银行的弊端也很明显，其有效性也十分有限。第一，它将市场的交易法则引入精神领域，会对提升精神境界不利。按照道德银行规则，人们每做一件好事都换成某一分值存入"银行"，等自己需要时再取出来使用。这样，人们在每做一件善事时，都要进行计算：计算自己的所得、应得和"资本"积累，这其实就是一种冷漠的义务。试想，如果一个人认为自己的"道德资本"已经积累的相当可观了，而且目前也没有"取出来"使用的需要，当他遇见需要他援手的事情时，他还会伸出援手吗？如果他做了某件善事，会不会因分值计算不合理而发生争执？或者当自己需要时，会不会觉得自己的付出与回报不对等？第二，精神价值是无法量化计算的，生命价值更是如此。当需要人们伸出手挽救一个生命时，你还应该计算其中的价值量吗？我们有时候会听到这样的问题：用一个大学生的命去换一个老农民的命是否值得？如果不值，那我为什么要去冒死救他？这样的计算不是令人不寒而栗吗？长期以来，扶危济困、见义勇为都是传统美德，难道人不是向前发展而是后退吗？克里斯多夫·拉斯奇在分析只为自己的"自恋主义"时说："当前的时尚是为眼前而生活——活着只是为了自己，而不是为了前辈或后代。我们第一次失去了历史延续感，失去了属于源于过去伸向未来的代代相连的一个整体的感觉。"①我们是从历史中走出来的，我们既要有历史感，又要对历史负责，如果仅仅为自己活着，那就偏离了人的发展方向。生活不是杂乱无章的事物的堆积，也不是飘忽不定的碎片，而是有着道德向度的。法国著名的启蒙思想家孔多塞早在18世纪就对人类的精神进步做了如下判断："如果我们就其在同一个时间的某一空间之内对每个个人都存在着的那些结果来考虑这同一个发展过程，并且如果我们对它的世世代代加以追踪，那么它就呈现为一幅人类精神进步的史表。这种进步也服从我们在个人身上所观察到的那些能力之发展的

①　克里斯多夫·拉斯奇：《自恋主义文化》，陈红雯等译，上海文化出版社1988年版，第4页。

同样普遍的规律，因为它同时也就是我们对结合成为社会的大量的个人加以考察时那种发展的结果。但是每个时刻所呈现的结果，又都取决于此前各个时刻所提供的结果；它也影响着随之而来的各个时代的结果。"① 他指出，他所展示的人类精神的进步史，意在"表明当人类在无数的世纪之中不断地更新其自身而接受种种改造时，他们所遵循的进程，他们对真理和幸福所迈出的步伐。"② 这表明，正如人的科技能力遵循着一定的发展进程会越来越高一样，人的精神水平也有其发展的进程，它也应该是越来越高而不是相反。孔多塞还在三百多年前对人类的未来提出了希望："我们对人类未来状态的希望，可以归结为这样三个重要之点：即废除各个国家之间的不平等，同一个民族内部平等的进步，最后是人类真正的完善化。"③ 那么，今天的我们是不是比前人的精神境界高？我们是不是在不断完善？因此，在社会转型期，道德银行对人们的善举能起到一定的激励作用，在一个相当长的时期都可以作为一种激励机制存在（它处于社会激励机制的低层次），但它也可能导致人们斤斤计较，从而营造出一种基于功利计算的、冷冰冰的人际关系，因而不是治本之策，不能由它承担起高扬正气、改造民心、提升精神境界的重任。

三、尊重并遵守公共规则

我们在分析契约意识时，其实已经涉及了公共规则问题。契约是自由独立的利益主体就某一事件达成的同意意向，人们彼此约定按某种规则处理该事件。没有某种大家认可的公共性规则（或公权力的制衡），任何契约都既不可能发生，也不可能生效。只有人与人之间彼此信赖、相互信任，契约才是有保障生效的。但是，靠什么使人与人之间彼此信赖、相互信任？在传统社会，由于人们处于熟人圈子，邻里乡亲街坊等都知根知底，彼此的家世、彼此的为人都了如指掌。因为彼此很熟悉，因此失信的代价很严重，除非你

---

① 孔多塞：《人类精神进步史表纲要》，何兆武、何冰译，江苏教育出版社 2006 年版，"绪论"第 2 页。

② 同上。

③ 同上书，第 155 页。

以后不想继续生活在这一圈子里。在这样的社会，往往一张脸就能成为契约凭据；而你若是失信了，那就真的把脸给丢了。市场经济社会是一个陌生人社会，也是一个开放性的交往领域，人与人之间很难自发地产生信任。但如果人们相互之间毫无信任可言，甚至是彼此处于敌对状态，是不可能签订任何契约的。休谟认为人们之间的相互信任和信赖根本就不是问题，似乎人们为了实现各自的利益，天生就具有某种信任感。[①] 但我们认为，信任感并不是人天生就具有的，而是在社会生活中通过人际交往产生并通过制度维系的。即使我们承认人们天生就具有彼此的信任感，也不能保证它不会丢失。在一个群体中，只要有一个人失信而没有得到惩罚或纠正，就会有第二个人效仿，这样就形成了多米诺骨牌效应，信任就消失得无影无踪了。因此，如果说信任是一种社会资本，那么在形成公共规则之前它还只是潜在的。只有形成了制度安排、文化环境、精神品质、组织合作、规则共识时，这种社会资本才是现实的。此时，信任有两个指向：一是指向人际，即对他人的信任，并能被对方信任；二是指向由社会所代表的公共规则，即如果有人失信，相信社会会有一个公正的评判。因此涂尔干说："一切契约都假定，社会存在于当事人双方的背后，社会不仅时时刻刻准备着介入这一事务，而且能够为契约本身赢得尊重。因此，社会也只能把这种强制力量诉诸于具有社会价值的契约，即符合法律规定的契约。"[②]

因此，尊重公共规则，逻辑地包含了对他人的尊重与信任，这就要求真正的人际认同。根据弗洛姆的观点，对他人的认同是从自我认同开始的，弗洛姆认为人的自私缘于人没有自我认同，他并不喜欢自己；[③] 因此他没有完整的自我感，把自己变成了牟利的工具，这样他就随时准备为了私利而丢掉信任。如果他是一个认同自己的人，他就会懂得自尊、自爱，由此产生尊重

---

①　"谁又不明白，一切契约和许诺都应当认真履行，以便保证人类的一般的利益借以获得极大增进的相互信任和信赖？"（休谟：《道德原则研究》，曾晓平译，商务印书馆2002年版，第47页）

②　涂尔干：《社会分工论》，渠东译，生活·读书·新知三联书店2000年版，第76页。

③　参见弗洛姆：《逃避自由》，刘林海译，国际文化出版公司2000年版，第83—84页。

别人、爱别人的观念，因此，"爱人与爱己并非二者必居其一；相反，在所有有能力爱人者身上，我们都可看到，他们也爱自己。就'对象'与人本身的关系而言，爱在原则上是不可分割的。真正的爱是生产性的表现，它包含着关心、尊重，责任和认识。"① 涂尔干也认为，人们只有彼此相亲相爱，才有可能真正承认对方并能保证对方的权利。② 其实，这里所说的相亲相爱，并不是指感情上的亲密，而是真正从内心承认他人，即真正了解别人的权利及自己所应尽的义务。这种相互的联结就会产生对共同体（或社会）的认同，从而有了对公共规则的真正尊重。因为"一旦人群这样地组成了一个共同体之后，侵犯其中任何一个成员就不能不是在攻击整个的共同体；……这样，义务和利害关系就迫使缔约者双方同样地要彼此互助。"③ 由此看来，认同意识里既有人际认同的意义，又有社会认同的意义；从而导致既有对他人的尊重，又有对公共规则的尊重。所以说："一个规范的有效性前提在于：普遍遵守这个规范，对于每个人的利益格局和价值取向可能造成的后果或负面影响，必须被所有人共同自愿地接受下来。"④

因此，在公共生活中，必须摒弃一切特殊性，即摒弃在公共规则面前有任何例外的行为。在处于转型期的中国的现实生活中，导致制度对某些人例外的往往不是制度本身的漏洞（人们往往把那些钻制度空子的行为归结于制度本身有漏洞），而是在制度的运行与操作上没有真正一视同仁，即没有真正做到无论身份、地位、权势如何，在制度面前人人平等。我们时常遇到的问题是，制度并没有歧视人或把人区别对待的条款，但实行起来则往往因人而异：对有钱的、有权的、有地位的、在社会上有影响的人，制度往往会网开一面；而对于普通民众，制度则是刚性的、冷冰冰的。这就再一次印证了笔者关于制度是人的一面镜子的观点，人的状况是什么样的，就会有什么样的制度（不是指形式的制度，而是真正起作用的制度）效果。当制度不能对

---

① 弗洛姆：《逃避自由》，刘林海译，国际文化出版公司 2000 年版，129 页。

② 参见涂尔干：《社会分工论》，渠东译，生活·读书·新知三联书店 2000 年版，第83 页。

③ 卢梭：《社会契约论》，何兆武译，商务印书馆 1980 年版，第 23 页。

④ 哈贝马斯：《包容他者》，曹卫东译，上海人民出版社 2002 年版，第 45 页。

全社会所有人一视同仁时，说明我们还没有真正具备人人平等的观念，说明我们还没有把每个人真正还原为一个人，即没有从人本身而是从人之外的某种因素如权、钱、地位、影响力等来看待人。卢梭在《论人类不平等的起源和基础》中分析不平等时早就指出了看重人的外在因素的危害，[①] 在这样的条件下，那些有着各种身外优势的人可以随心所欲，而没有优势的人则只能被迫遵守规则。社会暗地里通行的潜规则，其实就是有着各种优势的人利用其优势在谋取私利。因为权、钱、地位、影响力等都掌握着相应的资源或者是可以用来换取某种资源。

在一个社会，只要有人由于强调自己的特殊身份让制度在自己这里成为例外，就说明我们还没有真正的人际认同，因而还实际上存在各种有形无形、有意无意的歧视心态与行为，或者是存在某种差序格局，这就是潜规则盛行的深层次原因。潜规则就像大堤里面的蚁穴，它会毁掉制度这条大堤。只要潜规则在起作用，人们就不会相信制度，不会按公共规则办事；相反，那些老老实实按制度办事的人，不仅不会得到赞扬，反而会被认为是无能的表现。因此，探究潜规则盛行的原因，与其说是制度不完善，不如说是人的心智有缺陷。正因为人们以差别待人，才会在制度面前因人而异，或因为权，或因为身份、地位、血缘、亲情等把人分为三六九等、远近亲疏后，再来决定对待方式。在费孝通先生看来，以差别待人其实就是"以己为中心"。[②] 以自己为中心，必然导致待人的方式以自己能从这种关系中得到多少好处为转移，实际上将自己与别人都看作是谋取利益的手段，因此根本没有认同可言。这就是制度人情化、潜规则化从而失效的深层次原因。罗尔斯认为，社会合作需要民众具有两种道德能力，一是"拥有正义感（sense of justice）的能力"，二是"拥有善观念的能力"。第一种能力"是理解、应用和践行（而不是仅仅服从）政治正义的原则的能力，而这些政治正义的原

---

① "最善于歌舞的人、最美的人、最有力的人、最灵巧的人或最有口才的人，变成了最受尊重的人。这就是走向不平等的第一步，同时也是走向邪恶的第一步。"（卢梭：《论人类不平等的起源和基础》，李常山译，商务印书馆 1962 年版，第 118 页）

② 参见费孝通：《乡土中国》，北京出版社 2005 年版，第 34 页。

则规定了公平的社会合作条款。"① 如果社会成员拥有这样的能力，就应该理解、认同并实践正义的原则规定的公平的社会合作条款，其中就包含了在规则面前人人平等的理念与践行："在一个由作为公平的正义之原则所调节的秩序良好社会里，在最高的层面上，在某些最基本的方面，公民是平等的。在最高的层面上，平等体现在公民相互承认是平等的并相互视为是平等的。"② 因此，能否尊重并遵守公共规则，说到底还是人际认同的观念与品质问题。

四、公正与正义的理念

在一个社会中，一旦公共规则（主要是法律）形成，就宣示了这个社会所认可的正义，所以亚里士多德说："去找法官也就是去找公正。因为人们认为，法官就是公正的化身。"③ 但是，问题在于，如果一个社会中的个体没有公正与正义的理念，那就不会有公正的法律制度；即使有公正的制度，在没有正义感和公正理念的人面前也会失效。所以，个体是否具有公正与正义的理念，对建立一个公正的社会治理体系是十分重要的。

公正与正义本来是两个概念，各自有其自身的含义。公正一般指公平的、合理的、各方均可接受的。亚里士多德认为公正是符合一定的比例，即恰到好处的比例关系，而处于两个极端之间的适度就是公正。④ 亚氏的这一说法有一定道理，比如，我们一般认为，在一个社会中贫富悬殊过大是不公正的；一个社会的各个部门、各个行业、各个阶层等都应该按照适度的原则组合等。但是除此之外，公正还包含有如下两意：一是平等之意。公正要求

---

① 罗尔斯：《作为公平的正义：正义新论》，姚大志译，上海三联书店 2002 年版，第 31 页。

② 罗尔斯：《作为公平的正义：正义新论》，姚大志译，上海三联书店 2002 年版，第 217 页。

③ 亚里士多德：《尼各马可伦理学》，廖申白译，商务印书馆 2003 年版，第 138 页。

④ "关于公正与不公正，我们先要弄清楚它们是关于什么的，公正是何种适度的品质，以及它是哪两种极端之间的适度。"（亚里士多德：《尼各马可伦理学》，廖申白译，商务印书馆 2003 年版，第 126 页）

人人都是平等的，对某一人群或某个人的歧视就是不公正的。二是应该（应得）之意。社会根据何种原则分配财富，个人或利益主体根据何种原则得到应得的那份，对这一原则就会有公正不公正的判断。这后面的两种含义就已经与正义很接近了。正义有正确的、公道的、合符道义的等之意。在英语语境中，正义（justice）与权利（right）有时候可以互训，可见正义关于权利的诉求更为明显。不过，正义与公正又有相通甚至是重合之处：二者都有合理的、公平的、平等的意思。在中文语境中，二者都有"正"字，都含有"正"的意思，而"正"在中文中既有"居中"、"不偏不倚"、"均衡"、"恰到好处"的意思，又有"正确"、"正当"、"正气"之意。前一种偏向于公正的含义，后一种偏向于正义的含义。由此看来，在很多时候公正与正义都是可以替换使用的，只是公正似乎强调分配（财富、机会、权利等）的意味要浓一些，正义则在此基础上强调为什么如此的道义所在。笔者在讨论公正与正义的理念时，可能有时候会重叠或者交叉使用。

关于何为公正或正义，一直是一个争论不休的问题，实际上也很难有一个统一的标准。原因在于，公正与正义总是时代的产物，并与观点表达者的利益关切和价值立场紧密相关。每一时代的公正观和正义标准都是那个时代的生存状况、社会背景和价值体系的反应。在亚里士多德的时代，使用奴隶就被他认为是正当的；[1]资本与劳动力的交换即资本家雇佣劳动者，在商品经济社会被认为是天经地义的，当然也被资本家认为是公正的。但马克思在分析资本主义条件下资本与劳动力的交换时就认为这里根本没有公正可言，有的只是买卖双方的不平等。[2]休谟认为："正义只是起源于人的自私和有限的慷慨，以及自然为满足人类需要所准备的稀少的供应。"而"使我

---

① "世上有些人天赋有自由的本性，另一些人则自然地成为奴隶，对于后者，奴役既属有益，而且也是正当的。"（亚里士多德：《政治学》，吴寿彭译，商务印书馆1965年版，第16页）

② "原来的货币占有者作为资本家，昂首前行；劳动力占有者作为他的工人，尾随于后。一个笑容满面，雄心勃勃；一个战战兢兢，畏缩不前，像在市场上出卖了自己的皮一样，只有一个前途——让人家来鞣。"（《马克思恩格斯文集》第5卷，人民出版社2009年版，第205页）

们确立正义法则的乃是对于自己利益和公共利益的关切。"① 休谟是将利益特别是个人利益作为正义的基础的：我们之所以需要正义，是因为我们关注利益，正义能使我们更好地获取利益。所以他说："公共的效用是正义的惟一起源。""我们在何种程度上重视我们自身的幸福和福利，我们就必定在何种程度上欢呼正义和人道的实践，惟有通过这种实践，社会的联盟才能得到维持，每一个人才能收获相互保护和援助的果实。"② 而康德、罗尔斯等人则抛开利益或表达者的利益立场，构建一个无主体人格的、各方都能接受的、用形式原则表达的正义。至于哈贝马斯、麦金太尔、诺齐克、德沃金、桑德尔等人，也各自有自己关于公正或正义的表达。用沃尔泽的话说，现代社会对正义的描述要更为复杂，"因为社会意义不再以同样的方式整合了。"③ 因此，笔者并不想在此厘清正义的含义，而只是探讨公正的理念与正义感在人际认同上的意义与作用。即使我们说没有一个统一的标准来定义公正或正义，但公正与正义里所包含的那些因素则都是具有价值意义的，都是使人向善的。无论对善的定义如何，正义与公正总是叫人超出单纯自我的界限，眼里还应该有他人，关心他人，关心公共利益，而这些正是我们所说的人际认同所要达到的目的。所以桑德尔说："正义是与善相关的，而不是独立于善之外的。"④ 这些善既包括个体的完善，即真正成为一个人，成为一个自尊、自重、有教养、有道义追求并遵守社会规则的人；又包括对群体、对社会、对他人的认同，成为一个合群的、乐群的、自觉融入社会并有公共性关切的人。因为就人的这方面而言（这里暂时先不谈制度因素），几乎所有的不公正和非正义都是因为人的品质没有达到上述目标。

如果观察人在现实生活中的行为，我们可以发现，没有真正成为一个"人"与一个人没有真正融入社会其实是联系在一起的。毋宁说，后者不过是前者的结果罢了。因为我们所说的成为一个真正的人，不是说你知道自己需要什么，你知道自己拥有哪些权利，你知道如何自我奋斗取得你自己认为

---

① 休谟：《人性论》，关文运译，商务印书馆1980年版，第536页。
② 休谟：《道德原则研究》，曾晓平译，商务印书馆2002年版，第35、65—66页。
③ 沃尔泽：《正义诸领域》，褚松燕译，译林出版社2002年版，第420页。
④ 桑德尔：《自由主义与正义的局限》，万俊人等译，译林出版社2001年版，第3页。

的成功等——如果眼中只有自己，无论从哪方面说都还不是一个真正的人。一方面，因为你除了自己的需要，除了谋生和拼命获取财富，你不知道生活的真正意义。这正如弗洛姆所言："他的自我是以拥有财产为支撑的。作为一个人，'他'与他拥有的财产是无法分开的。衣服或房屋如同身体一样是自我的部分。他越觉得自己什么也不是，便越需要拥有财产。"① 这就是说，这样的人只是靠财产支撑起来的，只是财产的附庸，充其量不过是财富的奴隶。这样，他们心中的公正与正义，也只是从自己的利益出发来判断的，对自己有利的就是公正的。一涉及自己的利益或权利，不愿做丝毫的妥协和让步，往往为了一点蝇头小利就会与别人争得你死我活。因此，这样的人眼里没有他人，没有社会。

这就引出了另一方面——由于没有形成真正的自我，这种人不会或不能进行社会交往。因为"交往在很大程度上需要个人可靠地树立自我，其重要基础在于以热情和注意力待人并得到旁人的热情和注意力。"② 当然不是说这种人不会有日常交往，其实，越是没有真正自我的人，越需要交往。但他不是在交往中确立自我，而是在与他人的交往中进行利益的交换，以获取利益或寻求庇护。这样的人由于极端自私和物质化，他没有价值归属感，不知道为他人、为社会服务的意义；也特别没有安全感，因为他所拥有的都是"身外之物"即人的外在价值，所以他要像蜘蛛那样营建一张网，用来捕食，赖以生存，这就是所谓"关系网"。在现实生活中，关系网这个词已经有了另一个更时髦的说法：人脉。应该说，一个人在世上生活，需要有友情的圈子，需要志同道合的朋友，需要熟人之间的互帮互助，这样的关系网络是很正常的。同时，在市场行为中，为了企业获利的需要，建立客户关系网络即营建人脉也是既正常也必须的。但是，私人的人脉关系只能在私人领域使用，商业的人脉关系只能在商场或市场活动中使用，超出了这一范围，就会腐蚀公共生活的公正与正义。因为无论哪种人脉关系，都是以利益交换为诉求的（在私人的人脉关系中，有一部分是为了寻求情感的归属与慰藉，可不

---

① 弗洛姆：《逃避自由》，刘林海译，国际文化出版公司 2000 年版，第 87 页。
② 雅诺斯基：《公民与文明社会》，柯雄译，辽宁教育出版社 2000 年版，第 114 页。

在此列），而且这种交换是发生在圈子之内的。因此，被雅诺斯基称之为"有限交换"的行为，无不以寻求利益为旨归。① 他认为："有限交换最常见于市场。在这种交换中，一个人将某种东西给了另一个人，并立即得到后者作为回报所给予的某种东西。……这种交换适用于买卖和各种易货交易。"② 正是由于人脉的建立是为了获取利益，所以称之为"人脉资源"。在人脉关系中，所有的因素都成了交换的条件和要素，劳动、权力（权利）、地缘、血缘、业缘、感情、兴趣，甚至包括良心与人格都可以用来交换，如果说这样的交换在商业活动中还有其一定的合理性的话，在公共生活的社会交往中就找不到合理的根据了。因此，即使一个人在私人德性意义上是一个好人，比如在人脉圈子里讲信用，待人热情，乐于助人（圈子里的人），也不意味着他能以公正之心和正义的原则来对待圈子以外的人，所以说"做一个好人与做一个好公民可能并不完全是一回事。"③

处于社会转型期的人，自身也正处在转型过程中，因而不可避免地带有传统社会的习性，很自然地就把熟人圈子里的那一套为人处世方式用于公共生活。在现实生活中我们时常可以见到，同样的规则，遇到熟人或手握各种资源的人会网开一面，这就是所谓"上有政策，下有对策"；遇到生人或是没资源可利用的普通人，则公事公办，甚至是故意刁难或借机寻租。神圣的法规在某些手握公共权力的手里成了变戏法，而他自己则针对不同的人在演变脸。这种对公共生活的侵蚀以及对公共规则的毁害影响相当恶劣：人们不再会想到尊重规则，而只是想到去拉关系寻求庇护。遇到问题，不是想法律是怎么规定的，而是想找谁可以帮忙搞定此事。在普通人心中，社会已没有公正可言，而是在拼身份、权力、关系、人情等。可见，若不是公正地对待每一个人，而是分出内外彼此、上下差等，就还没有真正的人际认同。反过来说，没有人际认同，不是把每个人都看作是在基本权利方面都是没有差别

---

① "出于自我利益考虑的行为是短期行为，集中于物质利益，以自己本人为目标，由彼此交换的互惠所组成。这种行为发生于有限交换领域。"（参见雅诺斯基：《公民与文明社会》，柯雄译，辽宁教育出版社2000年版，第96页）

② 同上书，第97页。

③ 亚里士多德：《尼各马可伦理学》，廖申白译，商务印书馆2003年版，第133页。

的个体，就没有基本的公正，当然也没有任何正义可言。早在公元前五世纪，中国思想家墨翟就提出了"兼爱"的观点，认为人间的祸患和不幸都是由于人们没有兼爱，而是以"别"待人，所以他主张"以兼易别"。因为"别"会造成人际紧张，更会带来不平等，其结果会是"强必执弱，众必劫寡，富必侮贫，贵必敖贱，诈必欺愚。"① 当然，我们所说的人际认同并不是要求人们在感情上都能相亲相爱，也不是取消所有人在天赋、努力以及所得方面的差别，而是将每个人都看作是在人格和基本权利方面没有差别的个体，这就是现代意义的"兼"，也是我们所需要的公正。

以差别待人，除了将人分出圈内圈外、熟人生人从而毁坏社会公正之外，还有一种隐性的非人际认同其实也是以差别待人，同样会影响公正，或者说这种情形是误解了公正。这种情形一般出现在关于诸种道理（某种理论、观点、原则）的争议上。当不同的观点发生冲突时，这种人往往仅仅基于自己的立场，根据自己的利益需求，按照自己的理解来表达观点。这种人遵循非黑即白、非此即彼的思维方式，只认为自己是正确的，丝毫不考虑对方的立场与诉求，总是试图说服对方，把对方纳入自己的思维逻辑。从没想到对方也是和自己一样，有表达自己观点和利益诉求的权利，因而应该尊重对方的立场和观点。这样，我们就能看到，如果双方（或多方）都不能说服对方，就会引发冲突，轻者恶语相向，相互谩骂，重者则会引起暴力冲突。或者是，即使不引发冲突，也会相互不买账，即使某一规则已经颁布，但由于不符合自己的利益而对规则置若罔闻，依然采取不合作的态度。我们社会生活中的许多冲突甚至是戾气，在很多时候与这样的态度有关。这种态度可概括为：只有我所追求的价值才是正义的；只有符合我的要求的才是公正的。这种不理解、不尊重别人，不与观点不一致者合作，不试图去从对方的立场想问题的做法，说明存在人际鸿沟，说明人与人之间是隔阂的、甚至是有敌意的，这里既没有人与人的认同，又没有真正的公正与正义。

公正就是参与各方的普遍同意，而正义则是参与各方都有表达自己观点的权利。所谓普遍同意，并不总是一方说服另一方，往往可能是各方谁都不

---

① 《墨子·兼爱》，《诸子集成》，第一卷，长春出版社 1999 年版，第 456 页。

能完全说服谁，但最后都能同意某一更高的原则从而达成共识。所以齐美尔说："斗争本身已经就是引发对立之间的紧张；它旨在最终达至和平，只不过是对此的一种具体的、特别易于理解的表示：即它是各种要素的一种综合，一种对立，这种对立与相互支持一起同属于一个较高的概念之下。"①在公共生活中，我们的确应该有一些比我们自身的权利、利益、观点等更高的概念：公正、正义、社会秩序、人际和谐、优良生活、公共利益等，都应该是比我们个人更高的概念。用这样的理念去看待利益冲突、人际摩擦、观点对立，就会有更加公正的处理方式。认同不是单指让别人认同我自己，而是相互认同，彼此承认；不是力图让对方服从自己，而是试图去对话，去倾听，去协商沟通。"任何一个道德共同体的成员，在向现代世界观多元化社会转型过程中，如果认识到了如下两难情况：即尽管他们关于基本道德规范的背景共识已经不复存在，但他们还是一如既往地用理由来争论道德判断和道德立场，那么，他们就会陷入一种尴尬的处境。而话语原则就是对这种尴尬处境的一种回应。"②与他人心平气和地对话协商，本身就是公正的体现。因为在对话语境中，双方都是互为主体的，这里没有宰制与服从的关系，而是平等的协商关系，每个人的思想都被重视，每个人的观点都被认真对待，这既是公正，又是达到正义的必要途径。

在哈贝马斯看来，正义可分为"政治的正义"与"形而上学的正义"。他认为罗尔斯的重叠共识只是"政治"的正义，即一种功能性的正义，而我们还应该关注形而上学的正义，这种正义是认知性的。③笔者认为，功能性或工具性的正义，其实是与公正大体相当的概念。罗尔斯称之为"公共的正义观念"，这一概念为公共生活中的人们"提供了一种相互承认的观点"，④这其实表达了公平、平等、公正的意思。这样的正义是公共生活所需要的，

① 齐美尔：《社会学：关于社会化形式的研究》，林荣远译，华夏出版社2002年版，第178页。

② 哈贝马斯：《包容他者》，曹卫东译，上海人民出版社2002年版，第42页。

③ 参见哈贝马斯：《包容他者》，曹卫东译，上海人民出版社2002年版，第71—75页。

④ 罗尔斯：《作为公平的正义：正义新论》，姚大志译，上海三联书店2002年版，第15页。

人与人之间的相互承认与和谐共处以及由此而得的社会的良好秩序，都应该是正义的组成部分。理查德·罗蒂对行为合理性的描述，也大体上属于这一范畴。他认为，所谓合理性，"就是能够不过度地对与自己不同的差异感到不安，能够不对这种差异作出挑衅性的反应。……它同时伴随对说服而不是对暴力的信赖——即倾向于商谈，而不是打斗、烧毁或驱逐。这是一种能够使个人和社团同其他个人和社团和平共存的美德，使新的、调和的和折衷的生活方式结合在一起的美德。"①这里就包含了人们彼此之间的理解、宽容与承认，对暴力和破坏性的拒绝，对社团和平共存的追求，这当然是基本的正义。

不过，哈贝马斯的话有一定道理，正义还应该有其更深的源泉和更高的目标，即他所说的形而上学的或认知性的正义。人们达成共识而生活在一个有着良好秩序的社会，这固然是重要的，但人的生活目的与意义也应该获准出现在公共生活中，不能因为每个人的生活目的与意义不一致而可能发生冲突，就只能在私人领域给它保留一点地盘。同时，人们结合在一起共同过公共生活，也是应该有道德或道义向度的，这里同样适合问一直伴随着人类的三个问题：我们从哪里来？我们能做什么？我们要到哪里去？第一个问题需要我们具有历史感，人类的历史对人来说是具有一定意义的，我们是否已经明了人类的发展历程所包含的意义？我们的行为是否沿袭了人类发展的正常轨道？第二个问题随第一个问题而来，要求我们认真审视我们当下的行为，无论是个人的发展还是人的联合形式，如何才能既继往又开来？它表明当下人所应该承担的责任，应具有责任感。这其实已经进入到第三个问题，即我们的生活目标是什么的问题，这一问题代表着生活的方向感。因此，当代人的生活样式受着历史与未来的双重制约，我们既要对历史有交代，又要对未来负责，任何盲动、任性或不作为都是不负责任的表现。这就意味着，如果说正义既是我们当下生活的需要，又是我们所追求的目标，那它一定含有某种目的性的道德价值。桑德尔就明确指出："正义原则及其证明取决于它们所服务的那些目的的道德价值或内

---

① 理查德·罗蒂：《真理与进步》，杨玉成译，华夏出版社 2003 年版，第 160 页。

在善。"① 根据桑德尔的观点，一种道德价值与信仰是否应该被选择和坚守，不在于它是自由选择的结果（符合权利要求，是正当的），而在于它所促进的品质。比如，我们尊重宗教，就应该是尊重宗教本身，而不是尊重宗教选择本身，② 这就涉及目的性和内在善的问题。

因此，认知性的正义也是现代人必须面对的问题。然而，当个人已成为独立自由的个体且有着自己的自由选择权时，当社会已没有了共同的道德背景和统一的话语体系，统一的意识形态的整合功能越来越减弱时，这样的正义如何才有可能达到？这又是现代人所面临的难题。我们可以以麦金太尔的方式提问："在这林林总总的互相对立、互不相容且对于我们的道德忠诚、社会忠诚和政治忠诚来说又是互竞不一的正义解释中，我们应当怎样决定？"③ 我认为，我们必须将功能性的正义与认知性的正义结合起来讨论问题，因为这二者是不能分开的。功能性的正义是基础或手段，认知性正义是目的。我们首先必须在林林总总、互相对立、互不相容的各种价值观和道德追求面前如罗尔斯所言要相互承认，即承认别人有着与自己不一样的价值追求，这样的价值追求尽管自己无法同意或不能接受，但应该尊重别人的自由选择，这就给了我们和平共处的机会，同时给了每个人试图接近对方了解对方的机会。在这个过程中学会倾听、对话和理解，诚如罗蒂所言，人们会倾向于商谈，而不是打斗、烧毁或驱逐。哈贝马斯的话语伦理学其实是把功能性正义作为其不言自明的前提的，因为在一种相互激烈冲突、动不动就会你死我活、鱼死网破的关系中，是不可能有商谈发生的。只有在大家心平气和、彼此承认的前提下才能有真正的对话与商谈，而商谈的过程及其结果，既使人们由于能进入对方的精神世界而相互体认主体性，从而互将对方作为主体对待，又能对这种商谈话题的精神意义有一种期待。他在《作为"意识

---

① 桑德尔：《自由主义与正义的局限》，万俊人等译，译林出版社 2001 年版，"前言"第 3 页。

② 参见桑德尔：《自由主义与正义的局限》，万俊人等译，译林出版社 2001 年版，第 5 页。

③ 麦金太尔：《谁之正义？何种合理性？》，万俊人等译，当代中国出版社 1996 年版，第 2 页。

形态"的技术与科学》中说："我把以符号为媒介的相互作用理解为交往活动。相互作用是按照必须遵守的规范进行的，而且必须遵守的规范规定这相互的行为期待，并且必须得到至少两个行为的主体［人］的理解与承认。"① 这对于深化正义的理解从而矫正自己的行为无疑是有好处的。

这样，无论是个人的正义品质，还是社会生活所需要的正义感，都会在人与人之间的平等交往中，在人与人之间的相互理解与承认（认同）中得到展现和深化。就个人而言，在与他人的交往与对话中，既能发现他人的所思所想，又能充实自己的内心世界。一个不与别人沟通的封闭的内心世界是不完满的，其对"应该如何"的理解是不全面的甚或是不正确的。我们的心灵与精神世界只有在与外部世界（包括他人）的相互沟通中才能得到健全发展。吉尔伯特·赖尔对笛卡尔的心物二元论是持否定意见的，他认为，如果说"一个心灵的活动无法为其他的观察者目睹，它的一生是私秘的。只有我才能对我自己的心灵的状态和过程有直接的权威性的认知。"会导致"一个人的一生有两部并行的历史，一部历史由他的躯体内部发生的事件和他的躯体遇到的事件所构成，另一部历史由他的心灵内部发生的事件和他的心灵遇到的事件所构成。前一部历史是公开的，后一部历史是私秘的。前一部历史中的事件是物理世界中的事件，后一部历史的事件是心理世界中的事件。"② 如果这样成立的话，那就会出现这种情况：人把自己的内心世界完全交给自己，让它成为一个纯自我的、隐秘的、封闭的世界，只留一个躯壳参与公共生活，这显然是荒谬的。因此，固执己见、偏执一方其实就是拒绝与外部世界交流的表现，这本身既是不公正的，也是很难符合正义要求的。老子说："不自见，故明；不自是，故彰；不自伐，故有功；不自矜，故长。"③ 尽管老子是用来表达其"唯不争，故天下莫能与之争"的观点的，但其中仍不乏合理之处。我们的内心世界和外部世界一样，都是需要时时修补的，尽管在与他人的对话中不一定改变自己的观点和立场，但吸收他人思想中的合理因素

---

① 哈贝马斯：《作为"意识形态"的技术与科学》，李黎、郭官义译，学林出版社1999年版，第49页。

② 吉尔伯特·赖尔：《心的概念》，徐大建译，商务印书馆1992年版，第5页。

③ 《老子·二十二章》，《诸子集成》第一卷，长春出版社1999年版，第245页。

既对自己有利，又是将对方作为主体看待的表现。就社会而言，文化与价值多元不仅不是坏事，反而有利于文化的繁荣和价值诉求的多姿多彩，社会在这样的繁荣和多姿多彩中不断寻求着正义的真谛。所以麦金太尔说："冲突并不仅仅是分化性的。通过使相互竞争的各方介入持续发展、转移但有时又是稳定的关系之中，冲突便达于整合，并成为那些社会生活和市民生活。"①在这样的状态下，个人与社会（以及他人）的关系，是独立中的融合关系，是自由选择中的碰撞、对话以达到更高的善的关系。个人之间的认同不是与他人达到完全一致，不是被社会整合掉自己的个性，而是通过每个人自由发挥个性而使社会得以发展。齐美尔这样说明个人与社会及他人的关系："从根本上讲，社会也许最有意识地、至少是最普遍地产生着生存的一种基本形式：个人的心灵永远不会处于一种结合之内而又不同时处于结合之外，它不可能被置于一种秩序之内，又不发现自己与之相对立。"②其实，孔子早就用"同"与"和"表达了个人与他人的关系：君子是"和而不同"的。他既不放弃自己的主张随波逐流（同），也不固执己见而与别人势不两立（不和）；既坚持了自我，又对他人坚持自我的立场表示尊重。小人则是"同而不和"的，他们总是希望别人都能和自己一样，否则就不合作，就发生冲突，甚至有你无我、势不两立。因此，尽管我们关于认知性的正义是什么还不能完全达成一致，但这丝毫不影响我们彼此对话、沟通，相互吸收精神营养。正如一个文化与价值多元的世界可以求同存异、和谐共处一样，一个社会的每个人也可以在保留差异的情况下和谐共处。因为"无论'正义'还指别的什么，它都是指一种美德。"③一种追求公正与正义的美德，一种希望社会（包括他人）生活更美好的美德。如果是这样的向度，差异就不是很重要了。

① 麦金太尔：《谁之正义？何种合理性？》，万俊人等译，当代中国出版社1996年版，第17页。

② 齐美尔：《社会学：关于社会化形式的研究》，林荣远译，华夏出版社2002年版，第25页。

③ 麦金太尔：《谁之正义？何种合理性？》，万俊人等译，当代中国出版社1996年版，第35页。

第三节　人际认同的制度环境

制度是影响人际认同的重要因素，也是每个人都要面对的客观环境。根据制度与人相互作用观点，从一定意义上说，制度是什么样的，人就会是什么样的。制度总希望通过规约使人成为制度所希望的样子，而在既定制度的规约下，人也一般只能成为制度所规定的那个样子。所以卢梭说："不管你怎样做，任何一国的人民都只能是他们政府的性质将他们造成的那样。"① 政府的性质是由该政府所设计与运行的制度决定的，因而政府的行为就成了制度的形象代言人，人们感知制度是否合理，除了法律规定的条文之外，还要看社会生活中政府是如何运用法律规范的。因此，评价一个制度是否有利于人际认同，不仅要看法律是如何规定的，还要看政府是如何做的。

无论是上述哪个方面，对人际认同来说，正义应该是制度首先确定并保持的价值。罗尔斯认为："正义是社会制度的首要价值，正像真理是思想体系的首要价值一样。"② 在这一意义上几乎可以说，正义就是制度的化身。无论是人们认知制度还是在日常生活中感知制度，人们首先都会想到制度正义与否的问题，而对于人际认同而言更是如此。罗尔斯分析了正义产生的客观条件：各方所处的环境客观上存在着一种中等程度的匮乏，不可能完全满足人们的欲望和要求，而人人又都想得到较大的一份利益，人们的利益有一致的方面，又有冲突的方面，从而使人们的合作既有可能也有必要。③ 这其实与休谟的观点颇为相似，休谟认为，"正义只是起源于人的自私和有限的慷慨，以及自然为满足人类需要所准备的稀少的供应。"④ 如果人们完全是无私的，根本不考虑自己的所得与应得，也就不需要正义；如果自然物品丰富到能够完全满足所有人的需要，就无需分配，当然也无所谓正义。或者，如果

---

① 卢梭：《忏悔录》，黎星、范希衡译，商务印书馆 1986 年版，第 500 页。

② 罗尔斯：《正义论》，何怀宏等译，中国社会科学出版社 1988 年版，第 1 页。

③ 参见《正义论》，中国社会科学出版社 1988 年版，第 121 页。

④ 休谟：《人性论》，关文运译，商务印书馆 1980 年版，第 536 页。

人们极端自私，根本不考虑别人的需要，骨子里没有一丁点为他人着想的因素，那就不可能有正义的需要；而如果物品极度匮乏，除了果腹外没有剩余产品，正义也没有用处。因此，中等匮乏的确是正义得以产生的一个前提，这样的正义就是我们在前面讨论过的功能性正义或者叫政治正义。

在公共生活中，一个社会的制度安排当然应该首先体现功能性正义，这就要求真正体现制度的公开、公平、公正的原则。

公开指两方面：一是制度有明文规定，即公开明示哪些行为是允许的，哪些行为是被禁止的。"一种制度，其规范的公开性保证介入者知道对他们互相期望的行为的何种界限以及什么样的行为是被允许的。存在着一个决定相互期望的共同基础。而且，在一个组织良好的社会里即一个由一种共同的正义观有效地调节的社会里，对何为正义非正义也有一种公开的理解。"① 规则的公开对公众起着宣示的作用，让人们能理解规则的意义，时时起到警示和导向作用。此外，公开性还指制度的执行与运行要公开，这主要针对担任社会公职、掌握着公权力的人，要公开运用手中的权力。公权力的运用是制度的直接体现，让权力在阳光下运作，民众能知晓权力运作的程序、过程与结果。如果法律的明文规定摆在那里，而制度的运作却在暗箱中进行，那就违背了公开性原则，暗箱运作的权力一定伴随着潜规则。无论明文规定的规则有多么公正，只要制度不是公开运行的，民众就会不相信制度，甚至不相信任何规则。这样，政府与制度体系都会失去公信力，而在一个连公共规则都不相信的社会，还会相信别人吗？在这样的状态下，人际认同自然就是一句空话了。

制度的公平性是指制度的安排与执行都应该对所有人同等对待，不仅法律条文里不能有差别性或歧视性的规定，而且在规范执行的过程中也不应该对不同的人区别对待。罗尔斯关于正义的第一个原则就是："每个人对与其他人所拥有的最广泛的基本自由体系相容的类似自由体系都应有一种平等的权利。"这就要求，"所有社会价值——自由和机会、收入和财富、自尊的基础——都要平等地分配，除非对其中的一种价值或所有价值的一种不平等分

---

① 罗尔斯：《正义论》，何怀宏等译，中国社会科学出版社 1988 年版，第 52 页。

配合乎每一个人的利益".① 这样的公平是指每个人在基本权利、机会、人格与自尊方面都是平等的,不能有任何有形无形的歧视。有了这样的制度环境,人人都能感受到被公平对待,很自然就能形成人人平等的理念。如果在制度的实际运行中(尽管法律没有这样的明文规定)根据身份、地位、权力、财富或者是年龄、性别、民族等区别对待不同的人,那就事实上损害了一部分人的基本权利,造成了人与人事实上的不平等。雅诺斯基认为:"一个社会若希望通过普遍的公民权利实现平等待遇和社会流动性,那么按照硬性规定的标准专门赋予某些群体的权利,就不能占有首要地位。"② 他这里指的是法律明文规定的不平等,这当然是不能接受的;但如果法律宣称人人平等而实际上在具体实施过程中对不同的人区别对待,也同样是不能接受的。在一个事实上不平等的制度环境里,人与人之间的平等认同是不可能的。

　　制度的公正性一般指两个方面:一是分配的公正,二是矫正的公正。分配的公正在谈论公平时已经涉及到,就是在权利、机会、财富等方面都能公平分配。所以麦金太尔说:"正义是一个公平问题,这就是说,正义是一个平等的问题。正义的平等性所在,是在同样的情况下,得到同样的对待。"③说到底,分配的公正就是制度在安排权利义务方面要体现公正性。对公权力的掌握者来说,他本人的权利与义务一定要对等,滥用职权或是不作为都是权利义务不对等的表现。由于公权力是在制度的公开运行中表现出来的,因而对社会公众有着直接影响。如果人人都想享受权利而不想尽义务,社会就失去了基本的秩序。矫正的公正就是针对权利、义务关系不对等状况的,滥用权利或不尽义务都是需要制度进行纠正的。矫正的公正体现在三个方面:(A)矫正是为了让行为者回到公正的轨道;(B)通过矫正过失或犯罪行为,还社会成员一个公正的结果;(C)矫正的程序与过程是公正的。第三点特别重要,因为即使法律制度体现了矫正的公正,但在针对某一具体行为进行矫正时,其程序与过程都不公正,那么结果肯定就不会公正了。因此,只有严

① 罗尔斯:《正义论》,何怀宏等译,中国社会科学出版社1988年版,第56页、58页。
② 雅诺斯基:《公民与文明社会》,柯雄译,辽宁教育出版社2000年版,第62页。
③ 麦金太尔:《谁之正义? 何种合理性?》,万俊人等译,当代中国出版社1996年版,第169页。

格按照法律规范进行矫正，才能保证公正。从这个意义上说，"守法的人是公正的，所有的合法行为就在某种意义上是公正的。"[①] 矫正的公正具有价值指向意义，矫正一个行为，看起来是一种惩戒，但惩罚并不是其目的，而是通过这样的惩戒，一方面起到警示作用，另一方面起价值诱导作用，即告诉行为者什么样的行为目标是正确的。如果矫正的目的仅仅在于惩罚本身，就会使公众曲解公正的意义，以为公正就是一报还一报，这会造就社会公众的一种狭隘心胸，使人们斤斤计较，睚眦必报，反而不利于人际认同。所以亚里士多德认为："不折不扣的回报既和分配的公正不是一回事，也和矫正的公正不是一回事。""我们看到，所有的人在说公正时都是指一种品质，这种品质使一个人倾向于做正确的事情，使他做事公正，并愿意做公正的事。"[②] 这就是通过惩戒示以价值导向的意义。政府要时时通过制度的奖惩对人的行为进行诱导，通过制度的运作向人们展示公正的价值意义，逐步培养全体社会成员的公正品质。只有当公正成为一种品质，人人都愿意成为一个公正的人，制度的公正才能最终建立起来。

这里必须摒弃一种观念，认为制度与人分属于两个不同的体系。因为往往当人们谈到环境时，总认为是人之外的某种因素。当我们分析人际认同的制度环境时，我们是可以把制度与人分开来分析，但这只是为了分析的需要，在实际的社会制度中，人与制度其实很难分开。人既是制度的设计者，又是制度的执行者，还是制度的规约对象。我们发现，社会中出现的影响人际认同的不公正、不和谐现象，往往不是制度的原因而是人本身的原因。因而，制度自身的完善与健康固然重要，但培养人们的正义感与公正品质则更为重要，因为"无论是在社会秩序中树立正义，还是在个体身上把正义作为一种美德树立起来，都要求人们实践各种美德，而不是实践正义。"[③]

制度环境和我们所处的自然环境有某种相似之处：好的自然环境能使人身体健康，身心舒畅。处在一个优美的自然环境中，人们很自然就会觉得心

---

① 亚里士多德：《尼各马可伦理学》，廖申白译，商务印书馆 2003 年版，第 129 页。

② 同上书，第 141 页、126—127 页。

③ 麦金太尔：《谁之正义？何种合理性？》，万俊人等译，当代中国出版社 1996 年版，第 56 页。

情愉悦，而愉悦的心情会使人变得更容易相处，对人更加友好。制度环境也如此，人们甚至对制度环境的优劣感受比自然环境更加强烈，因为在人与自然的关系中，自然一般只是人的对象，自然不会把自己的意志强加于人，而制度则时时在干预人的行为。好的制度干预犹如和风细雨，润物细无声，滋润着大地；而不好的制度干预则犹如狂风暴雨、电闪雷鸣，不仅使人不舒服，还会造成伤害。因此，无论是制度的规则制定还是制度的具体执行，都应该本着以人为本的原则，体现仁慈、友好、宽容、服务的精神。早在两千多年前，孟子就表达了"仁政"和"民本"的思想，主张统治者要以仁爱之心进行治理，对老百姓要有感情，要使老百姓丰衣足食、心情舒畅。统治者要以德服人，不能以力服人。尽管孟子的该思想和我们今天所谈的公共生活相去甚远，但要求对老百姓具有仁爱之心的温情式管理方式还是具有合理性的。雅诺斯基在分析惩戒方式时，就主张不能光靠规则，还要利用人们的情感和心理因素特别是羞耻感。他说："除了利用信息以外，羞耻心和同情心也是可以有效利用的因素，但要具备一定的条件。让当事人永远蒙上污点或永远抬不起头来的做法是必须避免的。可取的做法则是'重新接纳性的羞愧'，即通过社区成员之间的传播（甚至通过社区的社会压力和街谈巷议）让犯有过失者蒙羞，然后再帮助他改邪归正，要避免直接对峙。"[1] 因为惩戒只是手段而不是目的，因而矫正的公正也要避免一报还一报的做法。[2] 警察在执行公务时，对嫌疑人或过失者也不能一抓了事："最有效的做法不是警察作为陌生人来抓人，而是警察认识本社区的居民，能调解潜在的冲突，协助动员社区内各群体来提供观察和社会压力。的确，警察应避免在人们犯罪之后才来逮捕或传讯，而应争取在罪行发生之前进行调停和化解矛盾。事实上，警察需要参与公众的对话，才能把工作做好。"[3] 其实，城管、工商、税务乃至所有的政府部门都应该采用温情式执法，这就是制度的默示。这样的

---

[1]　雅诺斯基：《公民与文明社会》，柯雄译，辽宁教育出版社 2000 年版，第 87 页。

[2]　"'修复性公正'指犯有过失者与受害人之间通过直接交往而赢得同情。犯过失者应向受害者赔款或提供服务，但更重要的是弥补受害者情感上的损害。"（雅诺斯基：《公民与文明社会》，柯雄译，辽宁教育出版社 2000 年版，第 87 页）

[3]　雅诺斯基：《公民与文明社会》，柯雄译，辽宁教育出版社 2000 年版，第 86 页。

制度运作能使社会成员感到温馨，感到被保护、被爱护，这样既拉近了民众与公职人员的距离，又增强了政府的公信力，使人们觉得政府是真正为民众服务的。这就拉近了人与人之间的距离，使人与人之间少一些冷漠、对立、敌视，而多一些关心、亲近和温暖。这样，制度就能起到促进人际认同的作用。

第六章
公共空间

这里讨论的公共空间，指社会成员存在、接受、互动的具有公共意义的空间，它可以是具体的、有形的建筑物或场地，也可以是一种无形的、但人与人之间事实上处于联系之中的空间。

第一节　公共空间的意义

在公共生活中，每个人都会面对各种各样的公共空间。从一般意义上说，公共空间就是社会个体的存在空间。它使每一个体既是自由而独立的，又通过这一空间相互联系。因为所谓自由与独立都是针对有"他者"而言的，如果没有别人的存在，如果这个世界上只有一个人，他当然是自由的，也是独立的，但这样的自由与独立不仅毫无意义，而且根本不可能存在。阿兰·德波顿说："获得他人的爱就是让我们感到自己被关注，——注意到我们的出现，记住我们的名字，倾听我们的意见，宽宥我们的过失，照顾我们的需求。"[①] 亚当·斯密也说，每个人都希望能"引人注目、被人关心、得到同情、自满自得和博得赞许"，[②] 这说明他人的存在和对我自己的关注是一个

---

① 阿兰·德波顿：《身份的焦虑》，陈广兴、南治国译，上海译文出版社2007年版，第4页。

② 亚当·斯密《道德情操论》，蒋自强等译，商务印书馆1997年版，第61页。

人的生活不可或缺的因素。我们一方面谋求独立，寻求自由，另一方面又必须与他人发生联系与交往，没有他人，我们不仅什么也做不了，而且什么也不是。德波顿引用威廉·詹姆斯在《心理学原理》中的话，来说明我们多么希望被关注："如果可行，对一个人最残忍的惩罚莫过如此：给他自由，让他在社会上逍游，却又视之如无物，完全不给他丝毫的关注。当他出现时，其他的人甚至都不愿稍稍侧身示意；当他讲话时，无人回应，也无人在意他的任何举止。如果我们周围每一个人见到我们时都视若无睹，根本就忽略我们的存在，要不了多久，我们心里就会充满愤怒，我们就能感觉到一种强烈而又莫名的绝望。"① 想想看，有谁希望这样的独立、自由？因此，在公共生活的时代，公共交往是不可避免的。自由、个性、独立、平等、正义乃至理性、友善、宽容等这些之所以被我们所珍视，就是因为它们体现了自我在处理与他者关系时正确的理念和良好的品质。因此，无论你是否意识到，公共空间是伴随着你一踏进公共生活就存在的。

现代人的存在方式有两种：私人性存在与公共性存在，分别构成私人空间与公共空间。这两种空间对个人来说都有共同点：满足自我的需要，实现自我，因而公共空间也就是我们的生活空间。"就对我们所有人都一样而言，就不同于我们在其中拥有的个人空间而言，'公共'一词表明了世界本身。"② 公共空间既把每个人联系起来，又把他们分开，正如阿伦特所言："共同生活在这个世界，这在本质上意味着一个物质世界处于共同拥有它的人群之中，就像一张桌子放在那些坐在它周围的人群之中一样。这一世界就像一件中间物品一样，在把人类联系起来的同时，又将其分隔开来。"③ 这正好是公共生活的本质特征：无论是将人们分开还是将他们联系起来，都是为了人能有良好的生活空间和发展条件。

公共空间将人们联系在一起，使人有了空间上的存在感与归属感，他觉得他存在于某一空间，他与这一空间的其他人息息相关，他的利益与权利要

---

① 阿兰·德波顿：《身份的焦虑》，陈广兴、南治国译，上海译文出版社 2007 年版，第 7 页。

② 阿伦特：《人的条件》，竺乾威等译，上海人民出版社 1999 年版，第 40 页。

③ 同上。

在这一空间里实现。而且，在这一空间，无论是理论上还是事实上都存在着每一个体的共同利益或者叫公共利益，这种利益是每个人所必需的。此外，由于人已成为独立的个体，他特别渴望他人的认同，即得到他人的承认，这样的承认一方面使他具有归属感，觉得自己属于某一群体的一份子。同时，他人的认同以及给自己在社会中的定位使他具有了成就感和安全感，由此又会产生他的自我认同，并体会到生活的价值与意义。因此，独立自由的个体只有在联系之中才是存在的，没有了联系，个体也就消解了。阿伦特说："由于我们的存在感完全依赖于一种展现，因而也就依赖于公共领域的存在。"[①] 没有展现，没有外部活动，人就什么也不是；而若没有公共空间，人就无法或无处展现，当然也会什么都不是。所以说："人的人格主要是由特定生活模式塑造的。"[②]

在上述意义上，公共空间就是人的存在本身。人的社会性与私人性的两重特征决定了人必须和个体之外的生存空间发生联系。在传统社会，是与各种各样的群和共同体发生联系，借此谋生，借此寻求归属，借此实现自我；在公共生活中则是与公共空间及其中的他人发生联系，以此谋求生存与发展。所以说，公共世界是我们一出生就进入的世界。[③]

作为人的存在本身，公共空间给人们提供了交往的渠道和场所。公共生活的社会交往（私人交往除外）不同于传统社会的交往，传统社会的交往只具有私人性质，交往一般都是在熟人之间进行的，其目的无非是访亲探友、联络感情。而公共生活的交往则已经大大超出了熟人之间的感情因素——这一部分已经留给了私人空间——而带有浓厚的公共性色彩。罗尔斯在谈到交往时说："对人们的交往绝不可作一种浅薄的理解。这种交往不是简单地意味着社会是人的生活所必需的，也不是简单地意味着人们由于在一个共同体中共同生活而获得了需要和利益，这些需要和利益推动他们以他们的制度所允许和鼓励的某种方式为互利而共同劳动。这种交往也不是这样一种老生常谈，即社会生活是我们发展说和想以及参加社会公共活动和文化的能力的条

---

① 阿伦特：《人的条件》，竺乾威等译，上海人民出版社 1999 年版，第 39 页。

② 弗洛姆：《逃避自由》，刘林海译，国际文化出版公司 2000 年版，第 11 页。

③ 参见阿伦特：《人的条件》，竺乾威等译，上海人民出版社 1999 年版，第 42 页。

件。"① 这就是说，公共交往不是不得已而为之的事，不是因为生活需要，不是因为在交往中可以获取利益从而互利互惠，也不是因为在交往中可以发展"说"和"想"的能力。概言之，既不是出于生活本身的考虑，也不单以自我为目的，而是追寻人与人之间的认同以及在此基础上的合作与联合。"所以人类事实上分享着最终目的，而且把他们共同的制度和活动看作自身就有价值的东西。"② 因此，交往之所以需要，是由于我们都有共同的目的：共同的社会制度，共同的被承认、被接受的需要，共同的公序良俗，共同的人际环境、自然环境，以及共同的生活前景——人及人所生活的空间越来越人性化。

作为人的存在本身，公共空间能培养人在生活空间中的共同感与公共感，从而给人寻求归属、寻求生活意义、寻求被承认及自我实现提供空间条件。弗洛姆认为："现代社会结构在两个方面同时影响了人。它使人越来越独立、自主，越富有批判精神，同时又使他越来越孤立、孤独、恐惧。"③ 他认为："人是孤独的，但同时，他又与外人相联系。他是孤独的，因为他是一个唯一的实体，他与其他任何人不一样，他意识到自己是一个独立的实体。当他必须依靠理性的力量独立作出判断和决定时，他一定是孤独的。然而，他不能忍受孤独，他不能与他的同伴毫不相干。他的幸福有赖于他感到，他与他的同伴、与过去和未来之人团结一致、休戚相关。"④ 这是旧的纽带挣断之后的寻求，没有了自然形成的纽带，人必须主动去寻求人与人之间新的联系方式，其实也就是在寻找一种无形的纽带，这一纽带和每个人若即若离，但我们却离不开它。"我通过我从何处说话，根据家谱、社会空间、社会地位和功能的地势、我所爱的与我关系密切的人，关键地还有在其中我最重要的规定关系得以出现的道德和精神方向感，来定义我是谁。"⑤ 社会转

---

① 罗尔斯：《正义论》，何怀宏等译，中国社会科学出版社 1988 年版，第 509 页。

② 同上。

③ 弗洛姆：《逃避自由》，刘林海译，国际文化出版公司，2000 年版，第 75 页。

④ 弗洛姆：《为自己的人》，孙依依译，生活·读书·新知三联书店 1988 年版，第58 页。

⑤ 查尔斯·泰勒：《自我的根源：现代认同的形成》，韩震等译，译林出版社 2001 年版，第 49 页。

型期间，人原有的定位坐标已不复存在，社会关系正在分化、重组，人必须寻找新的坐标以给自己定位，好知道"我是谁"，"我该做什么"。只有积极参与公共生活，进行公共性交往，才能在其中寻找自我的定位，才能发展并丰富自己的主体性，也才能通过正确使用个人权利和对公共权力的安排与运用的自觉参与而确立自己的国民身份与资格，因为国民资格不仅仅写在法律条文上，更重要的是要通过每个人的公共性行为确立起来的。

在这一意义上，不能或不愿参与公共生活的人还不是完整意义上的人，因为他只是一个"私人"，不仅无法确定自己的国民身份，而且没有完整的生活意义。他对生活的全部追求，都仅仅是为了自身的利益，都是为了物质生活和享受。浮躁、急功近利、快快发财、及时享乐的末日心态是这种人的写照。托克维尔在分析人们缺乏公共生活的情景时这样说："在这类社会中，没有什么东西是固定不变的，每个人都苦心焦虑，生怕地位下降，并拼命向上爬；金钱已成为区分贵贱尊卑的主要标志，还具有一种独特的流动性，它不断地易手，改变着个人的处境，使家庭地位升高或降低，因此几乎无人不拼命地攒钱或赚钱。不惜一切代价发财致富的欲望、对商业的嗜好、对物质利益和享受的追求，便成为最普遍的感情。"[①]实际上，如果个人只关心自己，只想过私人生活，那他的私人生活也会是残缺的或缺乏保障的：其一，每个人只生活在封闭的私人领域，他眼里就不会有他人，不会试图去理解别人的喜怒哀乐，不会去考虑别人的感情与需要，他会像一只缩在壳里的蜗牛一样，他就是整个世界。因此，他对别人是冷漠的甚至是敌对的，别人对他也如此。这样的私人生活会造成以邻为壑、相互提防甚至是相互攻击、相互伤害。人与人之间没有了理解与信任，社会充满戾气、暴力与铜臭味，当人们随时可能或担心遇到攻击与伤害而已经没有了安全感时，这样的私人生活还是完美的吗？其二，如果每个人都不参与公共生活，公共领域就会成为一片荒漠，公共权力就会因失去监督而肆无忌惮，它可能随时会侵入私人生活，或可能对私人的各种需求置若罔闻，这样的私人生活根本就得不到保障。如果警察对各种犯罪行为不闻不问、听之任之，如果政府的各监管部门对食

---

① 托克维尔：《旧制度与大革命》，冯棠译，商务印书馆1997年版，第35页。

品、药品、交通等公共安全不管不顾，如果握有公共权力的人可以随意干预私人权利，那还会有安逸的私人生活吗？所以哈贝马斯说："私人自律和公共自律在生活方式的再生和改善过程中是互为前提的。他们至少凭直觉可以意识到，只有在恰当地使用其公民权利时，他们各自的私人活动范围才能得到公平的划分。而且，只有拥有一个不受侵犯的私人领域，他们的政治参与才能有效地得以实现。"① 只有踏进公共空间，参与公共生活，个人才能成为一个真正意义上的个人，也才能成为一个实际上的社会成员。由于在公共生活中感知公共空间的存在，要去接触与自己一样的他者，要去理解、倾听、对话、协商，要学会尊重与宽容，自己也会得到别人的相同对待，因而真正意义上的个人才可能形成。所以阿伦特说，奴隶不能进入公共领域，他就不是一个完整的人；而一个人如果仅仅过着个人生活，或者像野蛮人那样不愿建立这样一个领域，那么他就不是一个完整的人。② 只有积极参与公共事务，个人才能成为一个对公共事务负责的人，也才能成为一个在别人眼里可被理解、被认同、被接受的对象，"因为在公共事务中，必须相互理解，说服对方，与人为善。"③

社会转型使人们的生活由传统的各种共同体空间转入公共空间，这需要人们重新调整价值坐标，需要寻找和适应新的道德准则。在公共空间中，任性、冲动、非理性、不负责任或完全由自己的感受来理解事物的正确与否肯定是行不通的，但这些情形完全有可能在处于转型期的人身上存在。由于原有的生存空间（同时也是价值空间）已不复存在，原来的那些为人处世的准则也不适用了，个人一时找不到新的可依归的精神价值，就很有可能随心所欲，让自己处于准自然状态。这样的人或许根本不关心也不想参与公共事务，因而对公共规则有一种陌生感甚至抵触情绪，一旦有机会，就会做出违反规则的行为。当然，在大多数情况下，人总是还有良心的，但是，良心固然是向善的，却基本上只属于个人内心的准则，诚如黑格尔所言："真实的

---

① 哈贝马斯：《包容他者》，曹卫东译，上海人民出版社 2002 年版，第 140 页。

② 参见阿伦特：《人的条件》，竺乾威等译，上海人民出版社 1999 年版，第 29 页。

③ 托克维尔：《旧制度与大革命》，冯棠译，商务印书馆 1997 年版，第 35 页。

良心是希求自在自为地善的东西的心境。"① 只同自己打交道的良心，很难确定自己所认定的善就是善的。同时，由于缺乏他人的理解与认同，其实有时很难用自己的良心换来别人的良心，即你自己以良心待人处事，却不一定能让别人也以良心为人处事。当你用自己的良心换不了他人的良心时，你的良心就会感到迷茫，有时候还会退缩甚至消遁；即使你能换来他人的良心，此良心也未必是你自己认同的良心，因而人与人之间的隔阂就不可避免。此外，良心只是自己内心的准则，凭良心办事有时候不一定就是正确的，因为"良心表示着主观自我意识绝对有权知道在自身中和根据它自身什么是权利和义务，并且除了它这样地认识到是善的以外，对其余一切概不承认。"所以，"特定个人的良心是否符合良心的这一理念，或良心所认为或称为善的东西是否确实是善的，只有根据它所企求实现的那善的东西的内容来认识。"② 这样，我们就需要良心与良心的沟通，通过对话、碰撞、协商达到相互理解，使个人的良心汇聚成社会正义感，从而形成社会良心，即公共生活所需要的道德感与价值观，于是公共规则就水到渠成了。由于超越了个人的主观感受与判断，个人的良心已经融入了公共性的准则之中，此时的个人良心已经不是作为判断是非的标准，而只是作为向善的因素，作为对正义和精神价值坚守的基本条件发挥作用了。

因此，对于处于转型期的个人来说，参与公共空间的活动对自己原有的价值体系弃旧从新就显得尤为重要。活动于公共空间之中的人们，其一言一行都展现在公共领域，每个人都成为他人的审视、观察与认识的对象。如果说我是"内"，公共空间（包括其中的他者）是"外"，那么，只有内外交流与沟通，才能达到协商与理解。"我们把我们的思想、观念或感情考虑为'内在于'我们之中，而把这些精神状态所关联的世界上的客体当成'外在的'。或许我们还将我们的能力或潜能视为'内在的'，等待将在公众世界中显现它们或实现它们的发展过程。"③"当我忍住不说我对你的看法时，

---

① 黑格尔：《法哲学原理》，范扬、张企泰译，商务印书馆 1961 年版，第 139 页。

② 同上书，第 140 页。

③ 查尔斯·泰勒：《自我的根源：现代认同的形成》，韩震等译，译林出版社 2001 年版，第 165 页。

思想就仍然是内在的，当我脱口而出时，它就处于公共领域之中。"① 但须指出的是，这里所说的内外交流指的是真正的思想交流而不是传统的主客（对象或他者）交往，也不是简单的人际交往。简单的人际交往几乎随时可能发生，在商品交换领域就是属于这种交往行为，在这样的交往中，对方只是作为客体看待的，因为这种交往需要通过商品（物）的中介，交往者关心的只是商品本身而不是人。这样，"生存者之间各种各样的亲密关系，被有意义的主体与无意义的客体、理性意义与偶然意义中介之间的简单关系所抑制。"② 只有通过内与外（他人的思想与心灵）的交流，每个人在与他人相处时才能互为主体，这才能形成价值共识。所以说，"作为自我存在与存在于道德问题空间中是不可分离的，认同和人们应当如何也是不可分离的。"③ 个人在公共生活中的应该如何，只有在公共空间中参与公共交往才能找到。

以上探讨的公共空间对个人转型的意义，同样适合于社会组织。社会要想真正转型为公共性社会组织，有赖于社会中的每一份子能成为真正的具有公共性关切的个体，这看起来是一种循环论证，实际上正好反映了个人与社会难分难解的关系。个人在公共空间中所获得的应该如何的精神需求，比如对平等、自由、公正与正义以及良好的社会秩序的追求，会促使人们自觉参与社会变革，一方面变革旧的体制与规则，一方面积极进行移风易俗的活动。因此会影响到公共权力、公共舆论、公共媒体等一切关乎公共空间健康运作的因素。政府所需做的，就是努力提供社会成员参与的机会与条件，让公共性社会组织在公共空间的人际互动中建立起来，让公共空间中的所有因素都能切实成为为公共服务的因素，使公共空间真正成为具有公共性的活动空间。

---

① 查尔斯·泰勒：《自我的根源：现代认同的形成》，韩震等译，译林出版社 2001 年版，第 169 页。

② 马克斯·霍克海默、西奥多·阿道尔诺：《启蒙辩证法》，渠敬东、曹卫东译，上海世纪出版集团 2006 年版，第 7 页。

③ 查尔斯·泰勒：《自我的根源：现代认同的形成》，韩震等译，译林出版社 2001 年版，第 166 页。

第二节　公共权力

权力几乎是伴随着人类建立群或共同体而同时产生的。凡是有人群或共同体的地方，为了协调人们的行动，为了维持基本的秩序和生存条件，为了维护群体的利益与安全，为了保障人们相互关系的共同生活准则得到遵守等，都需要有某种或以个人身份出现、或超出个人以公共面貌出现的权力，发挥协调、指挥、强制的作用，以便使群的生活得以继续下去。因此，"就其最一般意义而言，权力可以指对象，即个人或集团彼此之间施加的任何一种影响。"[1] 心理学家弗伦奇和雷文认为："权力是处于特定系统中的一个集团或个人对其他集团或个人产生影响的潜在能力。"[2] 迈克尔·罗斯金认为："权力是人与人之间的一种关系，是一个人让另一个人按其吩咐做事的能力。"[3] 在汉语语境中，权字一般有两义，第一个意思是权衡，指考量、衡量、审度，引申为权变、变通。在古汉语中，与"权"相对应的就是"经"，前者指灵活性、可变性，后者指原则性、恒定性。第二个意思指权重，一般指一个因素对另一因素发生影响的分量大小。将权与力结合起来使用，只是用于人与人的关系之中，指影响和制约别人的力量。因此，"权力是一种能力，是对他人和资源的支配能力。""在政治生活中，权力体现为对公共资源和组织成员的支配能力。"[4]

公共权力是随着国家的产生而产生的，它是人类由野蛮状态进入文明状态的重要标志。恩格斯在分析国家的起源时说："这种公共权力在每一个国家里都存在。构成这种权力的，不仅有武装的人，而且还有物质的附属物，如监狱和各种强制设施，这些东西都是以前的氏族社会所没有的。"[5] 国家设

---

① 　罗德里克·马丁：《权力社会学》，丰子义、张宁译，生活·读书·新知三联书店1992年版，第80页。

② 　转引自罗德里克·马丁：《权力社会学》，丰子义、张宁译，生活·读书·新知三联书店1992年版，第82页。

③ 　迈克尔·罗斯金等：《政治科学》，林震等译，华夏出版社2001年版，第14页。

④ 　燕继荣：《政治学十五讲》，北京大学出版社2004年版，第123页。

⑤ 　《马克思恩格斯选集》第4卷，人民出版社1995年版，第171页。

立专门的机构掌管强制力量，通过公示的法律规则来约束人们的行为，使得任何个人都不得以任何理由以超出法律规定的方式对他人实施伤害，并通过税收等调节分配、配置资源、调整利益关系，因而公共权力从产生之日起就具有整合个体行为、维护社会秩序的功能。但是，在专制社会，公共权力并不具有真正的公共特性，而只是以公共的面貌出现而已，其本质上所维护的只是某一特定利益集团或某一阶级的利益，是以某种特殊利益冒充公共利益，这样的公共权力是凌驾于每个成员之上的绝对权力，所以恩格斯说，"国家的本质特征，是和人民大众分离的公共权力。"①

公共权力的公共属性是随着由传统社会向现代社会转型而逐步确立的，这一转型过程出现了这样一些特征：一是消解神圣性或者叫祛魅，摒弃"君权神授"、"朕即国家"等神秘与愚昧观念，让国家以及政治制度回到生活世界，回归于世俗，那种高高在上的王权、皇权已没有了崇拜者。二是社会的转型伴随着所有传统关系的撕裂，原有的归属感、安全感、意义感以及自我定位已不复存在，个人成了真正意义上的个体，这在客观上要求人去重新寻找人与人的联系方式与合作方式。弗洛姆说："人被剥夺了曾经享有的安全，被剥夺了毋庸置疑的归属感，他与世界的关系变得松散了，它再也不能满足他经济和精神上的安全需要。他感到孤独与焦虑。但他仍可自由行动，独立思想，成为自己的主人，可以按自己的意志生活，而不必听命于他人。"②但是，"如果整个人类个体化进程所依赖的经济、社会和政治条件没能为刚才所说的意义上的个体化实现提供基础，人们同时又失去了为他提供安全的那些纽带，这种滞后便使自由成为一个难以忍受的负担。"③因此，必须寻找新的联合方式，"把作为自由独立的个体的人重新与世界联系起来。"④作为独立的个体，人对自由、平等、个人权利等的意愿越来越强烈，很自然就会对公共权力提出要求，要求他在自己的掌控之下，并能为每个人服务。此时，公共权力的公共性特征才会被考虑、被安排并被实施。

---

① 《马克思恩格斯选集》第 4 卷，人民出版社 1995 年版，第 116 页。
② 弗洛姆：《逃避自由》，刘林海译，国际文化出版公司 2000 年版，第 71 页。
③ 弗洛姆：《逃避自由》，刘林海译，国际文化出版公司 2000 年版，第 25 页。
④ 同上。

在公共生活中，公共性应该是公共权力的根本属性和本质特征。公共性不同于共同性，共同性也许表示公共权力归某一阶级、利益集团甚至是某一家族所有，而公共性则表明公共权力是为全体社会成员服务并对其负责的。因此，公共权力的第一要义就是该权力必须来自于人民并为人民服务，即公共权力的主体是人民，并应以人民大众的权利为基础、为目的。如果说公共权力只有得到社会中大多数人的同意才具有合法性，那么，同样重要的是，公共权力必须满足每一个体的个人权利并能为全体人民带来福祉，只有如此，公共权力才能称得上是"公共"的权力。马克思在谈到人的政治解放时说，政治解放"打倒了这种专制权力，把国家事务提升为人民事务，把政治国家确定为普遍事务，即真实的国家"。① 真正的公共权力就是办人民事务、办普遍事务的权力。

但是，公共权力尽管是公共的，权力的掌握者则是具体的个人，这是公共权力的一种普遍形式。因此，如何理顺委托与代理的关系，是公共权力能否健康运行的关键。权力的主体是人民，而权力的执行者则是具体的个人，这就可能带来权力的异化问题。在一般意义上，异化是指主体不能支配自己所创造的对象却反而被对象所支配。就公共权力而言，异化现象主要有以下几种：

一是公权力的滥用。这也可以分为几种情形：第一，公权力不是用来为社会大众服务，而是用来以权谋私，把公权力异化为个人权力；第二，将公权力无限扩大，严重侵害私人权利。在这样的公权力面前，个人的需要、诉求、情感甚至个人隐私等都微不足道；第三，任意裁量。一种行为是否合理，是否合乎公众利益，是否符合公共规则，一切全凭权力掌握者自己的需要裁定。

二是公权力的不作为。不作为其实是权力滥用的变种：公权力滥用本身就指该用公权力时不用，而不该用公权力时则肆意使用，因而不作为其实是应该包含在权力滥用里面的。如果要做区分，那么，不作为属于公权力的消极滥用，肆意使用公权力则属于积极的滥用，前者叫玩忽职守，后者叫以权

---

① 《马克思恩格斯全集》第 1 卷，人民出版社 1956 年版，第 441 页。

谋私。公共生活中的很多失序现象甚至是危害公众安全的事件时有可见，不是由于无法可依，而是源于公职人员听之任之、视若无睹。

三是公权力的人格化，这是指（1）公权力打上个人的烙印以及（2）公权力带有个人人格特征，这两种情况都是将公权力人格化了。如果公权力因政府领导的个人喜好或价值取向而打上该领导的个人烙印，那就已经失去了公共性；如果认为某一掌握公权力的部门领导就是该部门公权力的代表，那就会把公权力视为他自己的私有物，这样实际上是公共权力的私有化。

在公权力问题上，我们无非要问这样几个问题：公权力来自于哪里？公权力向谁负责？如何监督公权力的滥用？人类社会发展到今天，这些问题已经有了明确的回答：公共权力并不是高悬于社会之上的一种权力，而是来自于全体人民，无论是契约论、建构论还是公共选择理论，在权力的主体这个问题上是基本一致的，即公权力是人民赋予的。回答了第一个问题，后两个问题也就回答了：公权力是向全体人民负责的，因而理所当然应该受到人民的监督，这在理论上应该是可以自洽的。但是，在实际的社会生活中，要使公权力能健康运行，关键是要正确处理权力与权利的关系。在现代社会，权力是由权利产生的，公权力本身就是源于权利（个人的）的要求而形成的。为了协调各种（个人）权利的关系，为了更好地满足权利、实现权利，才需要有一个表面上凌驾于每一单个权利之上、以公共面貌出现的公权力。因此，公权力不属于任何单个权利所有，不能为任何单个的权利服务，更不能变成单个的权利。否则，公权力就变成了强权，变成了为特殊个人服务的权力。罗素就批判了"正义就是强者的利益"这种观点，认为这种观点一旦得到公认，"统治者便不再受制于道德的约束，因为他们为保持权力所做的事情，不会被人认为是不正当的，只有那些直接受害者除外。同样，反叛者仅会受制于失败的恐惧；如果他们能以残酷的手段获胜，他们无须担心他们的残酷会使他们失去民心。"[①] 如果公权力成了某些个人的权利，那就实际上认同了"正义就是强者的利益"的观点，公共权力就成了私权或强权，其中的公共精神消失殆尽。根据罗素的看法，在人类无限的欲望中，居首位的是

---

① 罗素：《权力论》，靳建国译，东方出版社 1988 年版，第 77 页。

权力欲和荣誉欲。而这两者又是联系在一起的，"一般说来，获得荣誉最简便的方法是获得权力，这尤其适用于那些从事公共事业的人。"①手中握有权力，就相当于握有支配他人的力量，如果他手中的权力得不到监督与制约，就有可能将权力变为为他自己谋取利益的工具。"一个被授予权力的人，总是面临着滥用权力的诱惑，面临着逾越正义与道德界线的诱惑。"②因此，对公权力的约束与监管是十分必要的。

在权力与权利的关系上，一方面要求公职人员恪守自己的权利界限，要弄清楚自己手中的权力与自己作为一个个人的权利的区别。当以公职人员身份出现的时候，千万不要认为自己就是权力的化身，甚至认为自己就是权力。应该知道，此时的公职人员只是权力的代理者，因而要弄清楚自己的角色与作为社会一员的身份的关系。当以公职人员的角色行使权力时，作为社会一员的身份并没有改变，社会成员所应该遵守的法律规范与道德准则一样适用于公职人员。此外，公职人员比普通民众还多了一项约束，那就是应具有履行公共权力的职业操守：尽职尽责、廉洁奉公，真诚、平等地对待每一个人。行使公权力的人，其行为与操守已经超出了这个个人本身，在社会公众面前，他就是公权力的象征，甚至代表着政府的形象，如果行使公权力的个人生活糜烂、贪污腐化、假公济私、中饱私囊，就会严重影响政府的公信力。公共权力（政府是其代表）的主要目的，应该是为全体民众谋取福利，这样才能真正体现它的公共性。所以哈贝马斯说："国家权力通常被看作是'公共'权力，它的公共性可以归结为它的照管公众的任务，即提供所有合法公民的共同利益。"③因此，社会在公共权力的安排上，应该以权力为人民服务为目的，要设计好人民对公共权力实行监督的制度体系与程序结构，让权力真正服从于人民实现权利的要求。

权利对权力的约束，还在于限制公权力掌握者的自由裁量权。应该具有

---

①　罗素：《权力论》，靳建国译，东方出版社1988年版，第3页。

②　博登海默：《法理学：法哲学及其方法》，邓正来等译，华夏出版社1987年版，第347页。

③　哈贝马斯：《公共领域》，载汪晖、陈燕谷：《文化与公共性》，生活·读书·新知三联书店1998年版，第125页。

这样的基本理念：在社会生活中，每一个社会成员和公职人员都应该具有现代社会的政治道德观念，明了权力与权利的意义、边界及其相互关系，以人民权利为核心来安排公共权力，使每个人的个人权利都能为公共权力的正当运作发挥作用，并能因此而实现自己的权利。所以德沃金说："权利理论只是预先假设了三个东西：（1）一个符合规则的社会具有政治道德的某些观念，也就是说，它承认对于政府行为的道德限制；（2）该社会对于政治道德的特定观点——以及源于这种观点的法律判断——是'理性的'，即对于相同的情况给予相同的处理，而且不允许矛盾的判断；（3）该社会相信它的所有成员生而平等，他们有权利受到平等的关心和尊重。"① 这里说的政治道德、理性行为和对所有成员平等对待，既是社会大众对公权力进行监督的道义原则，也是人民对公权力监督的执行标准。公权力若不符合这些标准，就不是合理、合法的公权力。

在权力与权利的关系问题上，除了公共权力要为人民服务之外，另一方面则要求个人服从公共权力。如果我们说公共权力来自于人民的权利，那么，为了更好地实现和维护我们每个人的权利，就应该自觉服从执行公共事务的权力。既然公共权力来自于人民，所以服从公权力也就是服从我们自己。雅诺斯基援引法国人皮埃尔·布里索特的话说："一切权力来自人民。可是人民只能通过服从这一权力而使之得到维持。因为倘若人民不服从自己已授予权力的那些公民，那么一切均将丧失，将不再有法律、和平或公共安全。不服从公共权力的人民就是不服从自己。"② 从理论上说，不服从公共权力的人民就是不服从自己这一说法是正确的，但是，现实生活中的情况可能没那么简单，原因是，公共权力并不等同于人民个人的权利，在公共权力与社会大众个人权利的链条上还有一些环节，其中任何一个环节发生断裂，公共权力就会与社会大众权利产生异化。从理论上说，人民有权利按照自己的意愿安排公共权力，并能监督和服从公共权力，但这需要（1）人民有普遍参与政治生活的意愿；（2）人民有普遍参与政治生活的条件与机会；（3）社

---

① 德沃金：《认真对待权利》，信春鹰等译，中国大百科全书出版社 1998 年版，第16 页。

② 雅诺斯基：《公民与文明社会》，柯雄译，辽宁教育出版社 2000 年版，第 65 页。

会成员应具有起码的政治道德和正义理念；[①]（4）人民参与政治生活的程序
具有合理性；（5）社会大众应具有现代社会所需要的个人美德与公共美德，
这二者在公共生活中其实是很难分开的；[②]（6）公共权力要恪守自己的界限，
不能随意侵害私人领域；（7）政府（公共权力的执行者）要充分体现公信力。
如果这些环节都能得到满足，那就意味着，普通民众能切切实实地感受到公
共权力出自自己之手，而由于民众已具备政治道德、正义理念以及个人美德
与公共美德，加上公共权力的公开形象（公信力）改善，所以，普通民众能
自觉监督公权力的运行并能自觉遵守，而公权力的执行者不会肆意使用自由
裁量权，这两者就能做到相得益彰。

　　公共权力是公共空间诸要素中影响权重最大的因素，它直接关系到公共
生活的正常秩序，关系到人民对政府的信任，也会对民众自身行为的选择以
及价值观产生重要影响。正如卢梭所言："国家体制愈良好，则在公民的精
神里，公共的事情也就愈重于私人的事情。"[③]一个国家的体制是否合理，政
府是否得到社会大众的首肯，人们往往会根据公权力如何运行来判断，因而
对公权力的制度安排与监督、制约就成了公共空间建设的重要任务。

第三节　公共传媒与公共舆论

　　传媒，一般意义上指传播各种信息的媒体，即通过各种物质载体传播信
息资讯的社会组织。大众传媒指受众广泛且没有特定人群的传播媒体。大众
传媒是人们社会交往的需要，"当这个公众达到较大规模时，这种交往需要
一定的传播和影响的手段；今天，报纸和期刊、广播和电视就是这种公共领

---

　　①　麦金太尔认为，只有拥有正义美德的人才知道如何运用法律，当然他也肯定会遵
守法律规范。（参见《追寻美德》，宋继杰译，译林出版社 2003 年版，第 192 页）

　　②　麦金太尔在概括亚里士多德的正义观时认为，在亚氏看来，在公民美德的追求与
个体美德的追求之间没有任何不相容性。一个善者借以履行其社会角色的美德，最终将使
他趋向他自己的灵魂在沉思活动中获得完善。（参见《谁之正义？何种合理性？》，万俊人等
译，当代中国出版社 1996 年版，第 153 页）

　　③　卢梭：《社会契约论》，何兆武译，商务印书馆 2003 年版，第 120 页。

域的媒介。"①

大众传媒的传播载体或手段包括电视、电影、广播、报纸、书籍、互联网等,"在当代社会,公众往往接受媒体所呈现的社会现实,因此,当代文化实际上就成了'媒体文化'。"② 因此,在商业社会,几乎没有人不受大众传媒的影响。在一定意义上,大众传媒已成为社会权力的一种表现形式,它通过传播信息及资讯中内含的文化,对社会大众产生影响,明示或暗示着一种价值观或生活方式。克兰就认为,"文化产品为公众界定现实,因而塑造了公众的态度和行为。低俗文化被认为将一种现实观强加给公众。高雅文化被视为能够用于增强或巩固一个特定精英阶层或社会阶级的地位、排斥那些缺乏欣赏它所必需的知识的人的一种资源。"③ 因此,在公共空间中,传媒是影响公共生活的重要因素。

公共传媒定义一直存在争议,有人直接把大众传媒视为公共传媒,有人则认为只有民间主办的才能叫公共传媒,属于政府所管辖就不能叫公共传媒,因为政府也是利益的一方,属于一个利益主体。特别是处于转型期的中国,政府不仅介入经济活动,而且本身也有自己的利益需要,因而政府还具有"经济人"的人格特征。在笔者看来,这种争议的存在正好说明公共传媒定位的不确定性,传媒既是一个独立的社会组织,具有独立性,又是一个社会公众组织,具有公共性。作为整合社会大众立场与观念的一种重要手段,它和政府有着难分难解的关系;作为公共舆论的代言者,它又和社会大众的立场一致。因此,传媒始终处于政府与公众之间,无论传媒与哪一方面发生联系,都应该始终坚持自己的独立性,而这种独立性是靠传媒所彰显的公共性来维系的。只有以公共性为准绳,传媒所传播的信息才是公正的、客观的、可信赖的。在这样的意义上,无论传媒的归属如何,只要它体现了公共性,就应该称作公共传媒,因而公共传媒必须具有公共立场、公共意识、公

---

① 哈贝马斯:《公共领域》,载汪晖、陈燕谷:《文化与公共性》,生活·读书·新知三联书店1998年版,第125页。

② 戴安娜·克兰:《文化生产:媒体与都市艺术》,赵国新译,译林出版社2001年版,第4页。

③ 同上书,第34页。

共责任。

公共传媒的社会定位决定了它主要面临两大任务：一是整合社会大众的观念，二是约束公共权力，这两方面都应该以公共性为尺度。

社会大众的观念在公共生活中表现为公共舆论。在社会生活中，每一个人的言论并不是就自然成为公共舆论的，这既要看若干个人是否形成公众，又要看其言论所表达的方式。并不是一群人聚集在一起就能称为公众的，首先，这群人必须有教养，必须能自觉遵守公共规则，而且还必须有超出纯粹个人的眼界与关切。在哈贝马斯看来，私人是通过对话而形成公众的。① 这似乎在说，公共领域既是个人形成公众的场所，又是个人意见或观点形成公共舆论的一种机制。正是在这一意义上他说："有些时候，公共领域说到底就是公众舆论领域。"② 但是，由私人到公众的转换并不是自然完成的，它需要每一个体的理性、良知与批判精神，还需要某种合作精神与机制，因此哈贝马斯说："'舆论'发展成为'公众舆论'也并非一帆风顺"，因为"'公众舆论'一词是 18 世纪末期出现的，指的是有判断能力的公众所从事的批判活动。"③ 因此，"舆论如果尚未得到证实，就是一种不确定的意见。"④ 其实，个人意见与公共舆论之间是有张力的，个人如果基于纯自我的立场，完全从自己的利益和需要出发表达自己的意见与诉求，也许和公共利益相抵触。哈贝马斯就认为个人舆论所表达的"纯粹意见"与公共舆论所要求的"合理性"是相冲突的。认为公众舆论是社会秩序基础上共同公开反思的结果，是对社会秩序的自然规律的概括。⑤ 因此，公众和公共舆论并不是为了喝彩而聚集在一起的公民，而在于有教养的公众的公开批

---

① "公共领域的一部分由各种对话构成，在这些对话中，作为私人的人们来到一起，形成了公众。"（参见哈贝马斯：《公共领域》，汪晖等：《文化与公共性》，生活·读书·新知三联书店 1998 年版，第 125 页）

② 哈贝马斯：《公共领域的结构转型》，曹卫东等译，学林出版社 1999 年版，第 2 页。

③ 同上书，第 108 页。

④ 同上。

⑤ 参见哈贝马斯：《公共领域的结构转型》，曹卫东等译，学林出版社 1999 年版，第 118、113—114 页。

判。① 要想将个人意见变为公共舆论，首先必须有负责任的、具有批判精神的、理性的个人，而这既取决于社会是否给个人创造这样的条件，将分散的、感性的、纯自我诉求的个人变成具有公共性关切的"大众"中的一员，比如提供人们表达意见和对话的场所与渠道，通过教育和规约使每个人具有理性的批判精神；又取决于个人是否进行个人身份的公共性转变，将纯个人的诉求转变为公共性诉求。

在使个人成为理性的、负责任的个体的问题上，在若干个人如何形成公众以及如何表达公共舆论的问题上，公共传媒可以发挥重要的作用。

首先，公共传媒应该有社会担当，宣传有益于社会秩序，有利于人际和谐，有利于社会进步与发展的观念。媒体往往宣称自己客观地报道事件，这当然是正确的，但客观不等于就事论事，客观不是满足于告诉人们"这是什么"、"这里发生了什么"等，而应该做出自己的分析与评价，这里就含有价值观的诉求。戴安娜·克兰认为，人们主要从两个理论视角出发看待媒体，这两个理论视角分别是功能主义和马克思主义。功能主义理论将媒体看作是不偏不倚传送信息和思想的工具。马克思主义理论采取了相反的立场：媒体不是不偏不倚的，而是以大众文化的形式传播精英分子的观点，借此传达社会公众的诉求。② 在这一意义上，媒体具有价值观与生活意义的引导作用，这一点对处于转型期的中国尤其重要。社会转型使得人们面临一个全新的而又可能是杂乱无章的生存环境，因而一时难以找到安身立命之所，追寻不到人生的意义，找不到衡量人的价值的维度，于是苦闷、焦虑、彷徨、迷茫等像影子一样追随着人们，有些人甚至发展为与社会为敌。当社会出现颓废、绝望、暴力、戾气等现象时，难道媒体还满足于客观报道吗？在这一点上，媒体是否作出正确的引导，亮出具有积极意义的价值观，弘扬生活的正气，应该是媒体是否表达了公共性的一个标准。

其次，公共传媒应该善于整合社会大众的观念，不要偏执于产生分歧的

---

① 参见哈贝马斯：《公共领域的结构转型》，曹卫东等译，学林出版社1999年版，第116页。

② 参见戴安娜·克兰：《文化生产：媒体与都市艺术》，赵国新译，译林出版社2001年版，第14页。

任何一方，更不能故意渲染、火上浇油，以至于对社会生活中发生的利益冲突与观念分歧采取隔岸观火或是幸灾乐祸的态度。社会生活中的分歧与冲突是不可避免的，戴安娜·克兰转述当代马克思主义的观点时说："社会被看作是由既有相互冲突的利益又有共同利益的许多社会群体组成的，这些利益不能被完全归结为经济利益。每一个社会机构都被认为独立于其他机构，很可能发展与其他机构相冲突或矛盾的意识形态。同样，媒体广泛传播的各种信息不能被完全解释为经济利益的表现。因为个体可能体现了属于不同群体的成员身份，他或她对某一特殊意识形态信息的反应应该有所不同。"① 克兰认为，"按照社会学对大众媒体角色的传统阐释，大众媒体广泛传播的文化符号应当促进人们在总体上与社会认同。"② 这是媒体承担的一项社会任务，也是媒体是否具有公共性的一个标准。公众的利益冲突与观念分歧在社会生活中几乎是一种常态，媒体作为公共空间中的重要角色，既有责任缓和、协调这些对立与冲突，又要注意一些方法和技巧。克兰提出了媒体阻止对立观点赢得公众共识的五个技巧，其中之一是："兼收并蓄各种对立的或有分歧的视点，从而缓和它们之间的差异。"③ 兼收并蓄、缓和差异与冲突既表现了媒体的客观性，又展示了其公共性。

公共传媒处于公共权力与社会大众之间的身份决定了它必须和这两方面发生联系，尽管媒体都标榜自己持独立、客观的立场，但它在实际的信息传播中总是会有所选择。在现代社会，公共舆论与公共权力基本上总是处于两端。根据哈贝马斯的观点，公共舆论天生就具有批判性，或者说，只要能称为公共舆论，批判性就已经内含其中。"无论是哪种公众，都是在'进行批判'。公众范围内的公断，则具有'公共性'。"④ 他认为，"public opinion"这个词是18世纪下半叶才出现的，但在此之前，英语里早就有"general

---

① 参见戴安娜·克兰：《文化生产：媒体与都市艺术》，赵国新译，译林出版社2001年版，第17—18页。

② 同上书，第31页。

③ 同上书，第19页。

④ 哈贝马斯：《公共领域的结构转型》，曹卫东等译，学林出版社1999年版，第24页。

opinion"这个说法了①。那就是说，只有具有批判性与公共性的舆论才能称为"public opinion"。哈氏在分析资产阶级公共领域时说："资产阶级公共领域首先可以理解为一个由私人集合而成的公众的领域，但私人随即就要求这一受上层控制的公共领域反对公共权力机关自身，以便就基本上已经属于私人、但仍然具有公共性质的商品交换和社会劳动领域中的一般交换规则等问题同公共权力机关展开讨论。"②公众对公共权力机关的批判是由现代社会的产生逻辑决定的：既然公共权力来自于社会公众的权利，这种权力就必须接受公众的批判与监督。权力的主体是人民，人民只是将自己手中的权利赋予一个公共机构，让其代为运作。而这种委托代理关系本身就内含着道德风险，所以对公共权力进行批判与监督，是公众与公共权力之间关系的应有之义。

社会公众对公共权力机关的合理批判与监督有多种渠道，但公共传媒无疑是一种非常重要的渠道，这就是公共传媒身份的另一面。此时，公共传媒主张的是全体公众的权利与利益，它应该为社会、为公众伸张正义，应该通畅地表达公众的诉求，应该集中每个民众的心声，应该揭露、批判公共权力领域的丑行与恶行。查尔斯·泰勒指出："公众舆论的新空间，经由印刷品的媒介作用，能够成为更加激进之挑战的源泉，这种挑战在政治机构自身熟悉的领域内质问其最高权力。"③哈贝马斯认为，社会是作为国家的对立面而出现的，它一方面明确划定一片私人领域不受公共权力管辖，另一方面在生活过程中又跨越个人家庭的局限，关注公共事务。因此公共权力领域将成为一个"批判"领域，也就是说它要求公众对它进行合理批判。而"只要新闻媒体这样一个工具的功能有所转换，公众就完全能够接受这一挑战。借助于新闻媒体，政府当局已经把社会变成一个严格意义上的公共事务。"④黑格尔

---

① 参见哈贝马斯：《公共领域的结构转型》，曹卫东等译，学林出版社1999年版，第25页。

② 同上书，第32页。

③ 查尔斯·泰勒：《吁求市民社会》，载汪晖、陈燕谷：《文化与公共性》，生活·读书·新知三联书店1998年版，180页。

④ 哈贝马斯：《公共领域的结构转型》，曹卫东等译，学林出版社1999年版，第23页。

则从自由的角度来谈公共舆论："个人所享有的形式的主观自由在于，对普通事务具有他特有的判断、意见和建议，并予以表达。这种自由，集合地表现为我们所称的公共舆论。"[①]"公共舆论是人民表达他们意志和意见的无机方式。……无论哪个时代，公共舆论总是一支巨大的力量。"[②] 这是因为，"公共舆论不仅包含着现实界的真正需要和正确趋向，而且包含着永恒的实体性的正义原则，以及整个国家制度、立法和国家普通情况的真实内容和结果。"[③] 之所以说公共舆论是人民表达他们意志和意见的无机方式，是因为单纯个人的意见和意志表达可能是无序的、非理性的，甚至可能是相互冲突的。但由于它包含着现实界的真正需要和正确趋向，所以只要通过一定程序与途径整合成公众舆论，就会包含了永恒的实体性的正义原则，从而有利于整个国家制度与立法的健康发展。

在公共生活中，公共权力机关、公共传媒与社会大众之间的关系是一种良性互动的关系：公共权力机关接受公共传媒与社会大众的批判和监督，但公共传媒和社会大众必须服从公共权力机关的管理，即必须遵守法律等公共准则；公共传媒则一方面为社会大众传达诉求与心声，另一方面也要接受社会公众的批判与监督。因为在商业社会，传媒也是一个利益主体，也有自己的利益期待，如果缺少批判与监督，它同样会为了自身利益而置公共性于不顾。此外，公共传媒还承担着文化生产的责任，它所传播的信息，它的精神产品，都应该是积极健康的，应该成为现代社会公共领域的积极推动者；社会大众则应注意将个人意见升华为公共舆论，公共舆论并不是简单地指人们聚在一起街谈巷议、指手画脚、发发牢骚或表达某种情绪性的东西，而是一种理性的判断和负责任的批判。"只要我们是从独白的角度作出这样要求比较严格的检验，我们就还局限于个体所特有的视角，由此出发，我们当中的每个人都会私下以为他所要的也是大家都愿意要的。这还远远不够。只有当我们每个人的自我意识当中都折射出一种先验的意识，也就是一种具有普遍意义的世界观，我所说的善才符合所有人的利

---

① 黑格尔：《法哲学原理》，范扬、张企泰译，商务印书馆 1961 年版，第 331—332 页。

② 同上书，第 332 页。

③ 黑格尔：《法哲学原理》，范扬、张企泰译，商务印书馆 1961 年版，第 332 页。

益。"① 这需要每个社会成员具有成熟的心智、较高的教养水平，具有追求正义的情怀并具备正义观念，而这些都必须在公共交往中逐步培养，使自己逐步成为一个成熟的主体。在公共交往中，人们通过对话、商谈，进行主体间的交流，其中就有"相互的行为期待"，就某一项共同行为准则取得一致意见，因为任何作为共同行为准则的东西，都"必须得到至少两个行为的主体 [人] 的理解与承认。"② 这样的交往是使个人意见上升为公共舆论的重要途径，因为通过这种交往以及交往中的对话与商谈，在"包容性的自由话语当中"会形成一种超出个人的视角即"我们的视角"。③ 所以哈贝马斯认为，个人看法与意见必须进入交往网络，在此网络中进行对话、协商、沟通，使其得到过滤与综合，才能形成公共舆论。④ 如果满足于猎奇、七嘴八舌、议论纷纷、泄私愤或是采取玩世不恭的犬儒主义态度，都是与公共传媒和公共舆论中所含的公共性不相符的；至于那种对公共权力盲目服从、百依百顺甚至是逆来顺受的做法，更是与公共传媒和公共舆论所承担的使命相去甚远。

第四节　公共场所

在公共生活中，公共场所是最显性的公共空间，也是任何人在他需要的时候都能进入的空间，这种空间包括了我们生活中的方方面面，与我们的生活息息相关。根据国务院 1987 年 4 月 1 日发布的《公共场所卫生管理条例》，把公共场所共分为 7 类 28 种：（1）宾馆、饭馆、旅馆、招待所、车

---

① 哈贝马斯：《包容他者》，曹卫东译，上海人民出版社 2002 年版，第 68—69 页。
② 哈贝马斯：《作为"意识形态"的技术与科学》，李黎、郭官义译，学林出版社 1999 年版，第 49 页。
③ 哈贝马斯：《包容他者》，曹卫东译，上海人民出版社 2002 年版，第 69 页。
④ "公共领域最好被描述为一个关于内容、观点、也就是意见的交往网络；在那里，交往之流被以一种特定方式加以过滤和综合，从而成为根据特定议题集束而成的公共意见或舆论。"（哈贝马斯：《在事实与规范之间》，童世骏译，生活·读书·新知三联书店 2003 年版，第 446 页）

马店、咖啡馆、酒吧、茶座等住宿与交际场所；（2）影剧院、录像厅（室）、游艺厅（室）、舞厅、音乐厅等文化娱乐场所；（3）公共浴室、理发馆、美容院洗浴与美容场所；（4）展览馆、博物馆、美术馆、图书馆等文化交流场所；（5）体育场（馆）、游泳场（馆）、公园等体育与游乐场所；（6）候诊室、候车（机、船）室、公共交通工具（汽车、火车、飞机和轮船）等就诊与交通场所；（7）商场（店）、书店等购物场所。用哈贝马斯的话说，"举凡对所有公众开放的场合，我们都称之为'公共的'，如我们所说的公共场所或公共建筑，它们和封闭社会形成鲜明对比。"[①] 但哈贝马斯又说："但'公共建筑'这种说法本身已经不仅仅意味着大家都可以进入，它们也从来都不是用于公共交往的场所，而主要是国家机构的办公场所，从这个意义上来讲，它们是公共的。"[②] 他是有意将公共场所与公共建筑分开，用来说明公共权力机关。在本节中，笔者所说的公共场所，是指人们可以自由进入的公共交往场所，如上文所列。

　　生活在社会中的人几乎没有谁能不进入公共场所，但却很少有人真正领会公共场所对我们的深层意义。在一般人看来，公共场所是我们需要时才进入的地方，它提供给我们各种方便：我们要出行，就需要候车、候船以及坐车、坐船；我们需要休闲，于是就进咖啡厅、茶座、旅馆或者是公园等；我们想运动就进体育场、游泳场；想看影视就进影剧院、录像厅；想购物就进商场，想看书就进图书馆等。这样看待公共场所，就已经剔除了其中的"公共"含义，而变成了一个私人需要的场所。当我们需要时就进入该场所，而当我们使用完这一场所，就完全把它抛在脑后了。似乎该场所的存在，只是为了我想使用就能使用的方便，这样的定位，离公共场所的本来意义相去甚远了。

　　公共场所的意义首先在于它的公共性。公共场所是公共的，它可以被所有民众共有，而这种共有并不是共同占用，只是可以共同使用；它能被所有人分享，但并不能被分割。哈贝马斯在论述主体与外界的关系时说："主

---

① 哈贝马斯：《公共领域的结构转型》，曹卫东等译，学林出版社 1999 年版，第 2 页。
② 同上。

体性领域与外在世界之间相互补充：外在世界则有主体和其他主体共同分享。作为事实的整体性，客观世界被假定是共有的。"① 这种共有而不能被个人占用、能共享但不能被分割的特征是公共场所具有公共性的潜在条件；或者说，公共场所之所以被称为公共的，就在于它具有公共性特征。公共场所的公共性特征一般不容易被人们意识到，因为它的实用功能太明显以至于很多人只注意到它的有用性。在一般人看来，公共场所只是我们需要时随时可以进入的地方，只是为我们提供了生活的方便，这样的看法始终局限在"我"的圈子里，即只是从我的视角来看待公共场所，而且只是从"可利用"的角度看待公共场所，这是一种纯自我、纯功利的公共场所观。可以说，公共场所存在的脏、乱、差等诸多问题，都与这样的视角有关：在我需要时，我使用它，因而它的存在只是为了满足我的需要。至于别人，也和我一样，只是为了利用公共场所的实用价值，别人也只是为了满足他自己的需要。因此，尽管我们同处于一个公共场所的空间，但那只是各人满足各人的需要罢了。尽管我们的需要是"一样的"，但并不是"共同的"，因而别人也是与我不相干的。即使我们同看一部电影，同听一首歌，同看一个展览，同乘一辆车，我们也不可能因此而联系起来，只是各取所需罢了。列斐伏尔就曾批判过这种空间观："将空间的形式特性当成交流氛围、当成提供物质财物和资讯的工具来检验。"② 这样，人与人之间的身体距离也许很近，但情感与心灵则是隔绝的、不相通的。这会带来两个后果：第一个后果，由于他人与我是隔绝的，因而他人是与我格格不入的，对我是一个异己的存在，于是公共场所也就成了一个异己的场所。福柯就是这样看待我们所处的空间的："我们生活于其中的空间，将我们从自身中抽取出来。在这种空间中，我们的生命、我们的时间和我们的历史被腐蚀。这种空间撕抓和噬咬着我们，

---

① 哈贝马斯：《行为合理性与社会合理性》，曹卫东译，上海人民出版社 2004 年版，第 52 页。

② 转引自包亚明主编：《现代性与空间的生产》，上海教育出版社 2003 年版，第 61 页。

但自身又是一种异质性的空间。"① 因此，无论怎样的公共空间，对我来说都不会有公共的感觉（能共同使用的感觉除外），而会产生一种陌生的、不安全的甚至被压迫的感觉。在这样的场所，个人要将自己的内心深藏起来，不能轻易与人交谈，人与人之间互不信任，相互提防。在这样的情形下，公共场所除了大家都可以使用这一点还具有形式的公共性之外，其中所包含的实质的公共性已无影无踪了。著名城市规划与发展专家简·雅各布斯就指出："在缺少自然的和普通的公共生活的城市区域里，居民通常会在很大程度上处在互相隔离的状态中。"② 她认为，即使是在街道的人行道上，也是可以进行公共性交往的："在长时间的过程里，人行道上会发生众多微不足道的公共接触，正是这些微小行为构成了城市街道上的信任。""个人可以和另一个与自己完全不同的人处于一种良好的人行道上交往的关系，而且随着时间的推移，甚至可以发展为一种熟悉的、公共交往的关系。"③ 斯密在其《道德情操论》中也有类似的描写："在街上，一个陌生人带着极为苦恼的表情从我们身边走过；并且我们马上知道他刚刚得到父亲去世的消息。在这种情况下，我们不可能不赞成他的悲痛。"④ 虽然斯密不是说的公共性交往，但却告诉了我们这样的道理：一条马路（街道）不仅仅是用来行走的，它还可以让我们通过陌生人来表达或印证我们的情感，而我自己就通过这样的表达与印证不断丰富情感世界。其实，哈贝马斯所说的商谈伦理，都是人们在公共领域进行公共性交往中发生的，而像咖啡厅、沙龙、影剧院等就是公共领域的一个组成部分。在其中，人们可以进行自由交往，表达自己的见解与观点，以及对公共性事务的看法。在这样的交往、交谈或协商中，个人从自己的小圈子中走了出来，成为公众的一分子，从而也就从私人领域进入公共领域，不仅能有了新的生活空间，而且能在公共性交往中确立自己的主体性，由

---

① 转引自爱德华·W.苏贾：《后现代地理学》，王文斌译，商务印书馆 2004 年版，第 25 页。

② 简·雅各布斯：《美国大城市的死与生》，金衡山译，译林出版社 2005 年版，第 69 页。

③ 同上书，第 59、66 页。

④ 亚当·斯密：《道德情操论》，蒋自强等译，商务印书馆 1997 年版，第 16 页。

此成为一个理性的负责任的个体。正因为如此，雅各布斯把公园、博物馆、学校、大部分的礼堂、医院、一些写字楼和住宅等称为"公共和半公共组织"，[①] 是有利于人们进行公共性交往的场所。这样，公共场所的异己性特征消失了，人们可以融入其中，人与人之间就会相互信任，公共场所也不会使人感到冷漠，而只会觉得温暖和亲切；自觉遵守并维护公共场所的秩序，爱护公共财物，愿意为公共场所提供服务，就成为很自然的事了。

人们在公共场所彼此隔绝还会带来另一个后果：在意念中将公共场所私人化，即明明是大家共同使用的场所，但个人并没有"共同"的感觉。在将公共场所私人化的人看来，公共场所中的个人都是相互冷漠的，因而虽然个人身处公共场所，却还是像在私人场所一样，眼里根本没有别人，完全不顾他人的感受；也没有和别人共同拥有该空间的理念，即没有"公共的"这一概念。于是，我该有怎样的行为，完全是我自己的事，完全可以凭自己的感觉随心所欲：可以随地吐痰，可以乱扔垃圾，可以大声喧哗，可以不遵守公共秩序，可以任意损害公物或将公共财物据为己有等。在这样的行为中，行为者只有一个视角，即"我"的视角；而"一种兴趣如果要从道德视角受到重视的话，就必须摆脱第一人称视角的束缚。一旦它被转译成一种主体间性的评价词汇，它就超越了愿望和偏好，成为道德论证范围中普遍价值的候选对象，承担起论据的认知功能。"[②] 凡是发生人际联系与交往的地方都存在着道德关系，无论你是否意识到，道德关系就在那里，因为你的一举一动、一言一行都不是你一个人的事，而会影响到其他人，也会影响到你所处的公共空间。如果你把每一个与你同处一个空间的人都作为真正的主体看待，你就会顾及到他人的感受，顾及到整个公共空间的环境，这就是哈贝马斯所说的"主体间性"。这样的"主体间性"的建立，既使我们摆脱在公共空间中的孤独感、冷漠感，也会使我们像对待自己一样的对待另一个他者，同时也会善待我们共同所处的环境。

因此，在公共空间中，个人的任何举动，都已经超出了个人的界限而成

---

① 简·雅各布斯：《美国大城市的死与生》，金衡山译，译林出版社 2005 年版，第265 页。

② 哈贝马斯：《包容他者》，曹卫东译，上海人民出版社 2002 年版，第 96 页。

为公众评价的对象。我们是以个人身份进入公共空间的，但一旦进入，就已经放弃了自己的私人身份。尽管此时我还是我，但我已经与其他无数个和我一样的"我"同处一个空间，因而实际上我与他人是在这一空间中联系在一起的。"空间是一种物质产物，与其他的因素相联系，例如人，而人自己又进入各种特定的社会关系，这给空间（并给这一结合体的其他因素）带来一种形式、一种功能、一种社会意指。"① 在公共场所的公共交往中，这种"社会意指"应该是个人在公共场所存在的公共性意义。个人应该意识到公共生活与私人生活的区别，意识到作为私人与作为公共生活中的一分子的区别。我们应该学会公共交往，学会遵守公共规则，学会尊重与自己同处一个空间的每一个人。这样，公共空间就是我们生活的另一个领域，一个在某种意义上比私人空间更加重要的领域。

在公共场所随心所欲地行使"自由"的行为，除了缺乏公共生活的训练之外，还有很重要的一点，就是缺乏公共生活的品质，即缺乏教养。在公共场所中放任自己行为的人，他们在家里或许是一个很讲究的人。他们不会在自己家随地吐痰，不会在自己家里把垃圾扔得满地都是，更不会随意破坏自己家的东西；他们知道，家要像一个家的样子，它必须整洁、干净，东西摆放要井井有条；在家里要和家人和睦相处、相互谦让，彼此之间充满亲情，这些规矩他们都是懂得的。但是，为什么一走出家门，进入到一个陌生的或是不专属于自己的场所，就立刻变了一个人呢？从表面上看，是因为在行为者看来，这一空间并不是属于我的，处在这一空间中的其他人也和我没有任何关系，我们都是为了各自的需要和目的才偶尔走到一起的，而实际上，这正是缺乏公共生活教养的表现。

公共生活的教养一般表现为两个方面，一是遵守公共生活规则。如果认为规则就是他律，就是一种外在的约束，这种看法还没有理解规则的真谛。任何规则都是一种价值导向，因而任何规则都必须以精神价值为其底蕴，它总要告诉人们"应该如何"，但这种"应该如何"只有变成了人们的精神自律，规则才是真正有效的。因此，遵守规则，就要领会其中的价值要求，而

① 爱德华·W. 苏贾：《后现代地理学》，王文斌译，商务印书馆 2004 年版，第 127 页。

按照规则的要求行为就是在践履其中的精神价值，若没有这一点，规则就只是写在纸上的条文，不会起任何作用。而当人们感觉不到规则的约束时，恰恰说明规则真正起作用了。由此看来，从表面上看，规则是一种他律，是对人的约束与限制，而实际上则是人的自律。试想，有哪一个公共场所允许随地吐痰、允许乱扔垃圾、允许大声喧哗、允许不遵守公共秩序？那些这样做的人，就是没有按规则所要求的精神价值进行自律的人。黑格尔就指出，在那些仅凭自己的感觉和主观愿望行为而不尊重理性规律的人看来，规则(法)就"是一种死的、冷冰冰的文字，是一种枷锁"。① 因此，一旦有机会，他们就会挣脱枷锁而放任自己。公共生活规则就是以法律的形式表达了理性的规律，即任何人都必须放弃自己的主观任性，摒弃自己的特殊要求，把自己看作是一个与另外的人没有区别的个体，这时候，思维才跳出个人的圈子而成为一种普遍形式。因而黑格尔认为，将自己与他人视为无差别的个体，在规则面前将自己的特殊性上升为一种普遍性，这是一个教养问题："自我被理解为普遍的人，即跟一切人同一的，这是属于教养的问题，属于思维——采取普遍性的形式的个人意识——的问题。"② "教养中所含有的普遍性的形式，即思想形式，通过这种形式，精神在法律和制度中，即在它的被思考的意志中，作为有机的整体而对自身成为客观的和现实的。"③ 因此，在公共生活中，教养首先表现为遵从理性规律而形成的公共品质。

如果说遵守公共规则是个人对外的态度所表现出的教养，那么，个人对自己的态度就是教养的另一方面。所谓个人对自己的态度，是说个人如何看待自己，如何设计自己，即该把自己看作一个有何种目标、何种实现方式以及在别人心目中是何种形象的人。这方面的教养主要表现为这样两点：一是自爱，二是自尊。

自爱与自尊其实很难绝然分开，它们都是人保持自己良好形象的要求。人能自爱，就是在塑造自尊；人保持自尊，就是自爱的表现，所以二者是相得益彰的。如果说它们有区别，那么，自爱主要是对自己的态度与要求，自

① 黑格尔：《法哲学原理》，范扬、张企泰译，商务印书馆 1961 年版，"序言"第 7 页。
② 同上书，第 217 页。
③ 同上书，第 252 页。

尊则主要是要获取一种尊严感以及自己在别人心中的形象。弗洛姆认为，自爱是肯定自己的生命与幸福等的能力的一种心理表现，① 而"自私与自爱并不是一回事，恰恰相反，二者是对立的。""自私根源于缺乏对真实自我的肯定与爱，即，缺乏对整个具体的人及其所有潜能的肯定与爱。"② 这就是说，自爱并不是只爱自己，而是对真实自我的肯定。但如何界定真实？真实不是完全依赖我自己的感受与感觉，其标准应该指向我之外："真实性显然是自我指示的：这必须是我的取向。但是，这并不意味着，在另一个层次上，内容必须是自我指示的：我的目标必须以某个在这些之外的东西为背景，来表达或满足我的欲望和希求。"③ 因此，真实的自我包含着对"人应该怎么样"这个问题的反思，它有着对人生意义的期待，有着对自身行为模式的思考，有着对人己关系的良好憧憬，因而这样的自爱必定会将爱转移到他人身上，因为"爱在原则上是不可分割的。真正的爱是生产性的表现，它包含着关心、尊重、责任和认识。……是一种努力使被爱者得以成长和幸福的行动，这种行动来源于他自身的爱的能力。"④ 这就是我们常说的，不懂得自爱的人，是一定不会爱别人的。在公共场所放任自己行为的人，就是不懂得爱自己的，因为他没有思考真实的自我应该是什么样子，而是让自己得过且过、随心所欲。

即使我们换一个角度——不是从真实自我出发而是从效用出发，自爱也是人在公共生活中必须具备的品质。休谟就是从这样的角度谈自爱的："自爱是人类本性中的一条具有如此广泛效能的原则，每一单个人的利益与社会的利益一般地是如此紧密地联系在一起，以致那些幻想对公共的所有关怀都可以分解成对我们自身幸福和自我保存的关怀的哲学家，都是可以原

---

① "原则上我自己同另一个人一样是我爱的对象。我之所以能肯定我自己的生命、幸福、发展与自由，是由于我具有此类肯定所需的最基本的欣然心理与能力。"（弗洛姆：《逃避自由》，刘林海译，国际文化出版公司 2000 年版，第 83 页）

② 同上书，第 83、84 页。

③ 查尔斯·泰勒：《现代性之隐忧》，程炼译，中央编译出版社 2001 年版，第 94 页。

④ 弗洛姆：《为自己的人》，孙依依译，生活·读书·新知三联书店 1988 年版，第 129 页。

谅的。"①休谟的意思是说，我们之所以爱别人、维护社会利益，是因为我们自爱；由于我们知道个人利益与社会利益紧密联系在一起，所以我们要爱别人、爱社会，通过这一途径达到爱自己的目的。其实，这样的效用原则在公共场所也是起作用的：如果你认识到你和别人及社会是紧密联系的，而你又是一个懂得自爱的人，你就会爱护公共场所的环境，遵守公共秩序，与该场所中的他人和睦相处，而不是肆意妄为，因为这样做是一个自爱的人所希望的——既能给大家、给公共空间带来好处，又能让自己享受到这种好处。

自尊应该是在自爱的基础上产生的。真正懂得自爱的人，必定会有自尊；而自尊的人一定也是懂得自爱的人。自尊是一种希望得到别人、群体、社会尊重的心理，即看重自己在别人面前、在群体与社会中的尊严。因此，有自尊心的人，一定是懂得尊严的含义的。尊严和爱一样，也是不可分割的。自己要有尊严，也要维护别人的尊严。懂得尊严并有自尊心的人，一定是懂得克制、讲究得体的行为方式、注意对别人的礼貌与尊重的人，而不是由着自己的性子来，这既是教养，也是在维护别人的尊严。休谟对这一点谈得很细致："在交际圈中人们的骄傲和自负引起的连续不断的矛盾也引入了良好作风或礼貌的规则，以便有利于心灵的交流和一种不受干扰的交往和谈话。在素有教养的人中，相互的敬重装做出来，对别人的轻蔑掩饰起来，权威含而不露，注意力轮流给予每一个人，谈话保持流畅自如，没有激动、没有打断、没有对胜利的渴望、没有高人一等的神情。这些注意和尊重令他人根本无须考虑效用或有益趋向就直接感到愉快；它们博得好感，增加敬重，极度提高那个以它们规范自己的行为的人的价值。"②用这样的态度来支配自己在公共场所的行为，你就不会随地吐痰，不会乱扔垃圾，不会拥挤喧哗，不会冷漠对人，因为这样做，你忽视了别人的尊严，同时也丢掉了自己的尊严。

自爱与自尊都是教养的表现，而公共生活中的教养，从形式上看，是遵守公共生活准则——正如黑格尔所言："有教养的人首先是指能做别人做的

---

① 休谟：《道德原则研究》，曾晓平译，商务印书馆 2001 年版，第 69 页。
② 同上书，第 114 页。

事而不表示自己特异性的人，至于没有教养的人正要表示这种特异性，因为他们的举止行动是不遵循事物的普遍特性的。"①——但从内在品质或心理层面看，则是一个知耻的问题。人与动物的最基本区别就在于羞耻感：动物是没有羞耻感的，因为动物不懂得反思，因而没有自爱与自尊；而人正是因为懂得反思，知道自己应该成为一个自爱、自尊的人，因为这样既是自己的生活目标，又能使自己在他人和群体面前保持良好的形象，这才是真正的人的心灵。因此，羞耻感实际上是一个人对自己的当下状况与自己心中"应该如何"的判断发生落差或反差时的一种心理反应。在公共场所放纵自己行为的人，我们可以说他不知羞耻；而在更深层次的意义上，这种人其实是没有把"应该如何做一个人"的应然判断与人应该具有的心灵统一起来，即没有将自己的特殊任性化为人类心灵的普遍属性。作为一个人，就应该有人的尊严感，有人的教养，这是人类心灵的普遍属性；但无羞耻感的人总是任性放纵，完全被感觉和任意所支配。黑格尔认为，"如果肉体不符合灵魂，它就是一种可怜的东西。"②用中国人的话说，就是与禽兽相差无几了。孟子就一针见血地指出："人之有道也，饱食、暖衣，逸居而无教，则近于禽兽。"③现代人在衣食住行方面远超出了以前的水平，所谓饱食、暖衣、逸居，应该是毫无虚言的。但是，人的教养水平并没有随着物质生活水平的改善而提升。问题在于，人们并没有随着生活水平的提高而提升自己的尊严感，因而也就没有因丧失尊严而具有的羞耻感。其实，尊严是伴随着我们作为一个人而同时存在的，问题在于我们是否意识到。泰勒认为，"我自己作为一家之主、父亲、拥有工作和养活家人的感觉；所有这些都可能是我的尊严感基础。正是因为缺乏尊严可能是灾难性的，通过彻底损害我的自尊感情就能摧毁它。"④人们常说，人要活得有尊严，这固然指一个人有养家糊口的能力，或者是有一份体面的工作和不错的收入，或者是因为在某方面干得出色而得

---

① 黑格尔：《法哲学原理》，范扬、张企泰译，商务印书馆1961年版，第203页。

② 同上书，"导言"第1—2页。

③ 《孟子·滕文公》，《诸子集成》，第一卷，长春出版社1999年版，第64页。

④ 查尔斯·泰勒：《自我的根源：现代认同的形成》，韩震等译，译林出版社2001年版，第21页。

到社会的尊重，但人们可能忽视了人的教养里面所包含的尊严，因而当我们在公共场所放纵自己而丢掉尊严时，也不会因此而觉得羞愧。须知，我们获得的尊重或蔑视，几乎都是在公众或公共空间中得到的。"我们行走、运动、打手势和讲话的每种方式，都形成于我们意识到我们出现在他人面前的这种最初时刻。我们处在公共空间中，而这个空间潜在地是尊重或蔑视、骄傲或羞愧的对象。我们的活动风格表达着我们自己怎样享有或缺少尊重，是否赢得尊重。"[①] 人们往往注意自己的工作能力、社会地位等方面所获得的社会评价，认为这才是有尊严的表现，而事实上，如果你在公共场所不是像一个有教养的人那样行为，你也同样丢掉了尊严。由此看来，具备相应的教养是个人参与公共生活的必备条件甚至是先决条件，否则，即使人进入了并参与了公共生活，但由于缺乏教养而实际上仍然使自己处于"自然状态"。

以上讨论的都是公共场所中的个人因素，即个人的自爱、自尊等教养方面的问题，这一问题应该随着社会转型而提上议事日程。但是，如何让公共场所真正体现公共性，成为人们学习公共生活、训练公共行为的场所，政府与社会的行为也显得尤为重要。

公共场所一般都有其特定功能，如图书馆、候车室、电影院、展览馆等，仅看名字就知道它们是做什么用的，这就是其功能性。这种功能性如此明显以至于人们往往忽视了其公共性。但是，如果人们在公共场所不是感到亲切与温暖，而是感到冷漠与（心理）压抑，如果人们在公共场所不是自然地、坦诚地与他人交流，而是自我封闭、相互提防，人们很自然就会在这种场所觉得孤独无助或是紧张焦虑，这样的公共场所是不会产生公共性的。

所以，公共场所的管理者，应该转变观念与服务方式，将公共场所变为真正的公共生活的场所。雅各布斯在谈到城市的街道时，认为街道也是公共生活的重要组成部分："城市人行道上平常的公共生活直接与公共生活的其他形式相关。"[②] 认为城市的人行道上的交往属于一种非正式的公共生活，而

---

① 查尔斯·泰勒：《自我的根源：现代认同的形成》，韩震等译，译林出版社 2001 年版，第 21 页。

② 简·雅各布斯：《美国大城市的死与生》，金衡山译，译林出版社 2005 年版，第 60 页。

这种非正式的公共生活与有正规组织的公共生活是相互映衬的："城市正规的公共组织需要一种非正规的公共生活来映衬，在其和城市人的私人生活间起到调和的作用。"① 如果城市的人行道只是一条冷冰冰的供人行走的道路，如果人们行走在街道上感觉不到温馨，感受不到人与人之间信任的眼神、发自内心的微笑和危难之际的出手相助，能指望他们有真正的公共性情怀吗？城市街道如此，公共场所更是如此。和街道不一样，公共场所不是匆匆而过的地方。在某一特定时间内，公共场所就是我与同样处于这一场所的其他人发生联系与交往的地方，因而更应该有超出某种功能性目的的公共性交往。这样的交往就是非正式的公共生活，它是整个公共生活的重要组成部分。

因此，公共场所的管理者应该以为公共生活服务的理念来设计、运营及管理公共场所，必须摒弃公共场所的纯商业模式。不要以为公共场所就是一手交钱、一手交货（服务或商品）的地方，它应该有浓郁的人情味，有高尚的精神需求，有人性化的设计与服务，使人们身处这样的场所，感到温暖，感受舒适、融洽、和谐的氛围，感受到一个普通人的尊严。在这样的场所，人们自然心情舒畅，也很容易约束自己的行为，从而能够善待别人，善待环境。

安全是公共场所能否作为公共性场所的重要因素。如果身处公共场所时刻有一种不安全感，人们就会相互提防，把别人视为潜在的威胁对象，冷漠甚至敌意就会很自然发生。雅各布斯认为："一个成功的城市地区的基本原则是人们在街上身处陌生人之间时必须能感到人身安全，必须不会潜意识感觉受到陌生人的威胁。"② 如果安全性问题不能解决，人们是不可能放松戒备而发生交往的。雅各布斯认为个人的孤立无援是公共关系被破坏后的结果。③ 我们可以把这种关系倒过来，道理上也是说得通的：如果个人觉得孤

---

① 简·雅各布斯：《美国大城市的死与生》，金衡山译，译林出版社 2005 年版，第60 页。

② 同上书，第 30 页。

③ "在城市里，不管是街区还是地区，如果很多经过长时间发展起来的公共关系一旦被破坏，各种各样的社会混乱就会发生，如：社会不稳定，造成惶惶不可安居和孤立无援求助无门，有时似乎再长的时间也不能挽回这种局面。"（简·雅各布斯：《美国大城市的死与生》，金衡山译，译林出版社 2005 年版，第 149 页）

立无助，时时紧张彷徨，是不可能在人与人之间发展公共性关系的。

　　总之，公共场所绝不仅仅是提供功能性服务的地方，它们也应该成为社会大众公共交往的场所，成为公共生活的一个组成部分，"就公共政策和行为而言，城市规划和设计的主要责任是使城市发展成为一个适宜于这些非官方构想和行为可以充分发展的地方，使其能够和公共事业一同展翅飞翔。"[①]对于公共场所来说，也应该如此。

---

　　①　简·雅各布斯：《美国大城市的死与生》，金衡山译，译林出版社 2005 年版，第 265 页。

第七章
中国的社会转型与公共生活

　　中国社会转型是由传统的社会形态向公共生活社会形态转变，这同样包含上文提到的两个相互联系的方面：社会结构、组织、功能的转变和人的素质与品质的转换。中国的社会转型之所以经历了这么长的时间而还未最后完成，有历史与现实两方面原因。尽管中国的历史悠久是每一个中国人都感到自豪的事，但这同时意味着我们背负着沉重的历史包袱。因此，我们必须认真检视历史，才能发现历史演进的逻辑，从而找准社会转型的方向。但迄今为止，由于客观和主观方面的因素，我们几乎没有对历史进行认真地审视，这使得社会转型带有某种盲目性。另一方面，在以前所经历的社会转型过程中，我们忽视了人的现代转型问题，由于得不到人的因素的支持，使得社会转型往往半途而废。只有将这两方面的转型结合起来，才可能有真正有效的社会转型。

第一节　中国历史上的"社会"

　　这里所说的"中国历史"，指鸦片战争以前的历史。因此所谓历史上的社会，也仅指那个时期的社会。就一般意义而言，社会是共同生活的人们通过各种各样社会关系联合起来的联合体。在现代意义上，社会有两义：一是指区别于自然状态、有着现代法律体系与组织架构的政治联合体；二是指个人自愿加入的、介于政府与个人之间的某种组织和团体。在中国历史上，社会这一概念还只是停留在一般意义上，即只是指人们为了共同生活而通过各种各样社会关系联合起来的联合体。这一联合体有这样一些特征：权力高度集中；形成了从中央到地方的有效体制；家、国、天下一体的结构；公权力凌驾于私人权利之上被视为理所当然；萎缩的个人与发达的官僚体制并存；交往与联系一般只在纵向网络里发生；国家与家庭两头大而民间组织则极度萎缩等。要分析这些特征形成的原因，会涉及地理环境、自然条件、民族信仰、观念文化等诸多方面，可能需要政治学、社会学、经济学、文化学等学科联合研究；比如韦伯就从"货币经济"的角度比较了中国与西方的不同："在西方，古代和中世纪的城市，中世纪的罗马教廷和正在形成的国家，都是财政理性化、货币经济以及政治性很强的资本主义的体现。但是，我们看到，中国的寺院却令人望而生畏，被视为破坏金属本位制的洪水猛兽。像佛罗伦萨那样的创造了标准金属货币并为国家的铸币政策指出道路的城市，在中国是没有的。"① 很明显，货币经济对社会的结构、功能、组织形式乃至家庭的结构、规模与功能等都会产生影响；对人们的思想观念与行为方式同样会产生影响。但是，这样的综合性研究，既超出了本课题的主旨，也超出了笔者的研究能力，因而，这里只能就中国传统文化的性质以及由此产生的国人的传统观念对社会的影响做一粗浅的分析。以期通过这样的分析，说明传统的伦理观念如何使社会难以分化，使个人难以形成独立的个体。

一、中国文化的自然属性产生了家国一体的观念

冯友兰认为："中国历史有两个社会大转变时期：第一个大转变时期是春秋战国；第二次大转变时期是近代。1840 年是第二次大转变时期的开始。"② 根据笔者的思路，第二次社会大转变其实早在明中叶就开始萌芽了，只是在

---

① 马克斯·韦伯：《儒教与道教》，王容芬译，商务印书馆 1995 年版，第 57 页。
② 冯友兰：《中国哲学史新编》第六册，人民出版社 1989 年版，第 1 页。

鸦片战争时才显露明显而被人们强烈感受到，而这一转变现在仍在进行过程中，所以同意冯先生所说的"开始"。由于第二次转变并没有完成，因而中华民族所经历的"社会史"就主要是第一次转变之后所形成的社会。中国传统社会之所以形成超稳定的结构，与中国文化自身的自然属性是有某种关联的。

中国观念文化的萌芽，最早可追溯到原始社会。不过那时的伦理思想还和图腾崇拜、宗教意识以及鬼神观念混在一起，并没有形成独立、清晰的伦理观念。进入文明社会之后，伦理思想逐渐从其他观念中分离出来，但仍然与天神崇拜、祖先崇拜联系在一起。商代伦理观念的核心概念——蒂（蒂通帝），既是对"上天"、"上帝"崇拜的表现，又指向人间的生活世界。因为蒂是果实的孕育和产生者，以此象征种族绵延不绝的本根，生命序列的绵绵不绝与祖先崇拜是这一思想的核心。这一思想对中国传统伦理思想的视阈和论域有了一个基本的定向，那就是：对天的关注是对人间世界关注的根据和前提；对天神的崇拜最终要有利于人间生活的秩序；而人间的秩序又必须以自然的秩序为摹本。天展示为"天道"，人依此而行就是"人道"，这也许就是"天道"与"人道"关系的滥觞。

说中国传统文化特别是儒家文化具有"自然"的属性，有这样几方面的意谓：

其一，它以"天"之"自然"行为为其言说的根据，或者说，它将天的自然行为视为有目的的行为。由于天道的根本特性是化育万物，使万物生生不息，[①]它从天化育万物的行为中体悟出天的"生"德。而万物的此消彼长、盛衰更替和生生不息也不是天刻意所为，而是一种自然的结果，这种结果展示出天之"性"里所包含的自然目的性。

其二，它以自然形成的人际关系作为最基本的伦理关系，并作为一切德性的起点和基石。自然形成的人际关系主要是生物学意义上的一种关系，即父母子女之间的血缘关系。儒家将孝视为"为人之本"，把"亲亲"作为"仁"

---

① 《周易·系辞》认为："天地之大德曰生"；"生生之谓易"。（参见《十三经注疏·周易正义》，北京大学出版社 1999 年版，第 297、271 页）

的最基本要求。《礼记·礼运》中所说的"十伦"(《礼运》称"十者谓之人义")即"父慈、子孝、兄良、弟悌、夫义、妇听、长惠、幼顺、君仁、臣忠"① 就是基于血缘和亲缘关系提出的,君臣关系虽然不是血缘关系,但在儒家眼里,君是天之长子,而大臣则是君主之家相,② 这也就成了变相的血缘关系或是亲缘关系。儒家对所有的伦理关系的规定和阐述,其落脚点都在血缘关系上,从这一点出发,通过推己及人,才有了仁者的胸怀、仁者的行为及仁者的境界。

其三,儒家伦理是典型的自然经济社会的伦理。在以农耕为主的自然经济社会,人们还没有形成广泛的社会交往关系,几乎所有的交往都限定在家庭、家族这些血缘关系所及的范围内,或是以土地为界的耕作范围内,这就有了这样两个特征:A,伦理要求只在熟人圈子里起作用。父子、夫妇、兄弟、长幼、朋友等无不都是熟人关系,由于人们成天都和这些熟人打交道,因此良心的自律和舆论的约束(因为怕丢面子)就能起作用。B,农耕社会耕种的季节性使得人们特别看重经验,而收获的丰歉则主要看自然(老天)的脸色,这又使得"天"的观念在人们心中占有很重的地位。

这样,自然形成的血缘关系不仅是最基本、最重要的关系,而且是道德得以发生并发挥作用的条件。《中庸》明确指出:"仁者,人也,亲亲为大。"③"仁"与"人"是可以通读的,因为仁就是人的最本质规定。而在儒家看来,人之"仁"德不过是天之"生"德在人身上的体现,因而要体现"生"的意义,首要的要求就是"亲亲"。"亲亲"是仁的原初起点,其最基本含义和要求就是"孝"。《论语》的第一篇就说:"君子务本,本立而道生。孝悌也者,其为仁之本与!"④ 这里说的是做人的根本;而孟子则在生物学意义上谈人之本,他在反驳信奉墨子兼爱主张的夷子时说:"天

---

① 《礼记·礼运》,《十三经注疏·礼记正义》,北京大学出版社1999年版,第689页。
② 张载在《正蒙·乾称上》中说:"大君者,吾父母宗子;其大臣,宗子之家相也。"(张载:《正蒙》,《张载集》,中华书局1978年版,第62页)
③ 《礼记·中庸》,《十三经注疏·礼记正义》,北京大学出版社1999年版,第1440页。
④ 《论语·学而》,《诸子集成》第一卷,长春出版社1999年版,第3页。

之生物也，使之一本，而夷子二本故也。"① 这里所说的"本"，是指人之所以为人的自然根据，或生物学上的根据：没有父母亲，就不会有你自己。这样，无论是做人的意义上还是生物学意义上，"孝"都具有"本"的意义。对父母尽孝是为人的最初起点，也是"仁"的最初起点。因为"孝"只是"生"的序列得以有序进行和正常延续的基本要求。每个人只是这个序列中的一个环节，是这种延续性的一个中介。而这一序列和延续性不仅是生物学意义上的，同时也是文化意义上的：在生物学意义上，个人既是种的延续的产物，又是种的延续的中介，因而对这一延续是负有责任的，所以孟子才说"不孝有三，无后为大"②；在文化意义上，孝是和爱、尊、亲、敬等情感和道德要求联系在一起的。孔子认为，对父母之孝，并不只在能赡养父母，而主要是在情感上要爱和敬，这就是所谓"色难"。这要求对父母的孝重在"无违"，重在"事"和"尊"。"三年无改父之道，可谓孝矣。"③"孝子之至，莫大乎尊亲"④。对父母的孝道就是对天地之生德的最初体验和体现：由于父母是人之"生"的起点，所以父母身上自然地承载着天地之德（生），这样"亲亲"观念就并入了天之生德的轨道。所以《中庸》说："舟车所至，人力所通，天之所覆，地之所载，日月所照，霜露所坠，凡有血气者，莫不尊亲。故曰配天。"⑤ 张载在《西铭》中所谓"乾称父，坤称母"，⑥ 也不过是将对父母之生德的体验用天地之生德明确表述出来罢了。这样，儒家在将仁的情感外化为仁的品质时，就已经进入了礼的范畴：以血缘关系为依托，⑦ 以宗法等级为网络，形成了一种既温情脉脉又井然有序的伦理秩序。

在这样的伦理秩序中，国只是家的放大，国家的统治合法性建立在自然

---

① 《孟子·滕文公》，《诸子集成》第一卷，长春出版社 1999 年版，第 65 页。
② 《孟子·离娄》，《诸子集成》第一卷，长春出版社 1999 年版，第 74 页。
③ 《论语·学而》，《诸子集成》第一卷，长春出版社 1999 年版，第 3 页。
④ 《孟子·万章》，《诸子集成》第一卷，长春出版社 1999 年版，第 81 页。
⑤ 《礼记·中庸》，《十三经注疏·礼记正义》，北京大学出版社 1999 年版，第 1460 页。
⑥ 张载：《正蒙·乾称》，《张载集》，中华书局 1978 年版，第 62 页。
⑦ 儒家眼里的血缘关系，作为一种情感，是仁的要求；作为处理这种关系的规范，则表现为礼。

关系、血缘关系、亲情关系之上，①各级官僚都是老百姓的"父母官"，而老百姓则是官僚的子民，一个人在家之"孝"的观念与在国之"忠"的观念就这样统一起来了，这就是传统社会的国家结构具有超稳定性的重要条件。

二、人的本质被道德化，忽视或轻视人的实际能力

在儒家眼里，"人"和"道德"几乎是可以相互置换的：所谓"人"，是在道德意义上说的，人的属性就是其道德属性；而所谓道德，也是就人的生活方式、行为品质、思想境界等方面而言的，并不含有社会生活的其他内容。例如：儒家对人的称谓，就有"大人"、"成人"、"善人"、"仁人"、"圣人"、"小人"等，无不以道德属性作为人的唯一属性。儒家认为，人所有的道德生活都只在于对"人"这一概念的把握，这就是所谓"知人"。《中庸》说："思修身不可不事亲。思事亲不可不知人。"②所谓"知人"，就是对人之所以为人的理解、体会、感悟和反思。这样，道德就成了人的生存方式：成为一个有德性的人且不断向"仁人"和"圣人"的境界攀登，是人的全部生活目标，于是"修身"就成了人之所以为人之本。③而所谓"修身"，不是在世俗的业务中修炼自己、锤炼自己，而只是单纯的心性修炼，是封闭在心里的善念培养。这样，儒家把丰富的社会生活抽象为单纯的道德生活，把人的实践活动归纳为单一的道德实践，把人的人格定义为单一的道德人格。

在这样的思想支配下，儒家特别轻视对具体技能的培养，也轻视那些从事某种具体技能的人。对这一点儒家有一个典型的命题："君子不器"，即不屑于或不应该从事某一具体的职业。所以当孔子的学生樊迟问孔子关于种庄稼和种菜的事情时，孔子一方面说"我不如老农"、"我不如老圃"，一方面

① 《礼记·礼运》说："以天下为一家，以中国为一人"。（参见《十三经注疏·礼记正义》，北京大学出版社 1999 年版，第 688 页）孟子说："天下之本在国，国之本在家，家之本在身。"（《孟子·离娄》），《诸子集成》第一卷，长春出版社 1999 年版，第 71 页）

② 《礼记·中庸》，《十三经注疏·礼记正义》，北京大学出版社 1999 年版，第 1440—1441 页。

③ 《大学》明确指出："自天子以至于庶人，壹是皆以修身为本"。（《礼记·大学》，《十三经注疏·礼记正义》，北京大学出版社 1999 年版，第 1592 页）

又说樊迟是"小人"。尽管此处的"小人"不是道德意义上的，而是指那些在底层从事体力劳动的人，但也反映出儒家对"君子"的定位：君子是只论道而不谋食的。后来孟子把人分为两类："劳心者"和"劳力者"，前者是君子，后者则是小人。而君子靠"食志"来实现自己的价值，小人则靠"食功"而生存。至隋唐中国实行科举取仕之后，所试科目也只是儒家经典，及宋代则只是试由朱熹编撰的《四书》即《论语》、《孟子》、《大学》、《中庸》，从中抽出经典语句，由考生去演绎发挥，到后来就演变成了只具形式而无任何实际内容的"八股文"。儒家经典成了文人们"谋食"的工具，成了挤进官场的敲门砖，一种弘道之学也就成了一种摆设，甚至成了欺世盗名者的护身符。

儒家思想的上述特征有两个明显的缺陷：第一，把社会生活道德化，又把道德生活抽象为唯一的社会生活。其实，无论是哪个社会，道德生活都不会是一个独立的生活领域，并没有一个脱离其他社会生活而独立存在的所谓道德生活，任何一种道德生活都内含于其他社会生活之中。人们是在社会的物质生活、经济生活、文化生活及其他的社会交往活动中实现自己的价值追求，体现自己的道德品质的。若是把道德生活抽象出来，所谓的道德品质就成了没有着落的漂浮物，人们就会为了成为"大人"、"仁人"、"善人"等去刻意地"做人"。这样做的结果，其道德价值就是空洞苍白的，甚至有可能产生伪善。麦金太尔认为美德是一种获得性的人类品质，这种品质需要有一定的实践背景、个人生活的叙事秩序，以及道德传统才能得到说明。① 儒家离开了人们具体的实践活动谈善行和美德，不仅使善行和美德得不到确证，而且会导致一种空谈心性、不务实际的社会风气。说起来"人皆可以为尧舜"（孟轲），看起来"满街都是圣人"（王守仁），但实际上弱化了人们的实践能力。

第二个缺陷与第一个紧密相连：由于主张"君子不器"，轻视实务，所以儒家反对将人职业化。儒家认为职业化会导致非人格化，因为人的人格表现为道德而不是表现为技能。孔子要求人们"志于道，据于德，依于仁，游

_____

① 参见麦金太尔：《追寻美德》，宋继杰译，译林出版社 2003 年版，第 242、237 页。

于艺"，此处的"艺"并不是某种职业化的技能，而是指"礼、乐、射、御、书、数"即所谓"六艺"，这些是作为一个知识分子的基本修养而不是职业。这种只重心性修养而轻视职业训练、将职业生活排除在人的生活领域之外的态度，在中国整个传统社会都居于统治地位，乃至后来宋儒提出所谓"天理、人欲"、"道心"、"人心"等，把这种态度推向了极致。

应该说，这样的思想观念与传统社会还是基本适应的，因为在以血缘关系为纽带、以宗法等级制为核心的社会，人们能在人际关系的相互对待中或者在自己的心性修养中找到自己的位置，体现自己的价值。这是"人对人的依赖"阶段的主要特征。但是，一旦社会的演进要求挣脱血缘关系的纽带，要求改变价值实现的方式，即在世俗的业务中获取自己的全面利益（物质利益和精神利益），那就应该把人的职业化、专业化提上议事日程，这几乎是每一个从传统社会向现代社会演进的民族都经历的过程。在韦伯看来，职业和由此产生的职业责任不仅是由传统社会向近现代社会转型所具备的基本特征，而且是资本主义文化的重要基础。[1] 而以儒家思想为指导的中国传统社会却一直坚守儒家"君子不器"的理念，就如美国人列文森所说的："儒家主要坚守其非职业化理想，即反对专业化，反对那种仅把人当作工具的职业训练。"[2] 他还特别指出非职业化倾向在明代表现得尤为明显。[3] 在西方开始文艺复兴、宗教改革准备跨入现代社会的时候，中国社会却仍然固守着儒家传统的观念，以儒家教条为国家治理的圭臬。尽管明代中叶开始了对理学的

---

[1]　参见马克斯·韦伯：《新教伦理与资本主义精神》，陕西师范大学出版社 2002 年版，第 26 页。

[2]　列文森：《儒教中国及其现代命运》，郑大华、任菁译，中国社会科学出版社 2000 年版，第 175 页。

[3]　"在明代，政府官员的非职业化倾向也许比以前任何朝代都要明显，具有极端美学价值的明代八股文就证明了这一点。在理论上官员都接受过八股文训练，其中多数人参加过科举考试，但他们却从来没有接受过为承担某项工作的专业训练。在官府中，除了那些被雇佣的幕僚外，占据高位的官僚们——统治阶级中的佼佼者——从来都不是某种专家。官员的声誉就建立在这一事实之上。学者的那种与为官的职责毫不相干、但却能帮他取得官位的纯文学修养，被认为是官员应具有的基本素质。它所要求的不是官员的行政效率，而是这种效率的文化点缀。"（列文森：《儒教中国及其现代命运》，郑大华、任菁译，中国社会科学出版社 2000 年版，第 14 页）

批判，但这一批判任务并没有完成，没有真正使儒家伦理实现从神圣性向世俗性的转变；而西方正是由于文艺复兴和宗教改革使社会成功地实现了这一转型。韦伯指出了路德宗教改革对西方社会职业化的影响，[①] 认为职业化使得社会开始迈上世俗之途。职业化是神圣社会向世俗社会转变的标志之一，职业既是世俗社会人们实现利益的场所，又是人们实现自身价值的舞台，整个社会的价值取舍也会因此而变："寻找天国的热忱开始逐渐被审慎的经济追求所取代；宗教的根系慢慢枯萎，最终为功利主义的世俗精神所取代。"[②]

职业化对社会的演变和人的发展都起着相当重要的作用：首先，职业化是世俗社会的重要标志，它使人们的目光从天国转向人间，用"世俗精神"取代了"寻找天国的热忱"，这就会推动社会变革，使社会更贴近生活，更关注人的基本需要。而每个人对自己利益的关注，则会导致强烈的自由观念，人权观念，平等观念等，并会要求国家（政府）实行制度改革，以确保这些观念能够在现实生活中得到实现。列文森认为，儒家文明所推崇的是非职业化的人文理想，而现代的时代特征则是专业化。儒家反对专业化意味着反对和剥夺科学，反对和剥夺合理化和抽象化的符合逻辑的经济系统，反对和剥夺历史发展的概念，所有这些在西方都是与专业化的精巧之网紧密联系在一起的。[③] 应该说，这样的分析是具有一定的道理的。社会世俗化是传统社会向现代社会演变的前提，而个人的职业化则是从神圣社会向世俗社会转变的重要条件。

其次，职业化是个人独立、自主的重要途径。一个人拥有了一份职业，他就有了基本的生活来源，就有了一份对自己的自信；有了这样的自立与自信，才算有独立、自主的愿望要求。此时，个体才能真正称得上"个人"。所以涂尔干认为，社会分工越是导致职业分化，个人就越是

---

① 参见马克斯·韦伯：《新教伦理与资本主义精神》，陕西师范大学出版社 2002 年版，第 151 页。

② 同上书，第 169 页。

③ 参见列文森：《儒教中国及其现代命运》，郑大华、任菁译，中国社会科学出版社 2000 年版，第 367—368 页。

贴近社会；同时，个人的活动越是专门化，他就越会成为个人。① 只有当真正的个人出现时，才会有变革社会的要求，也才会使得社会变得像是"社会"。

最后，职业化使人能在俗务中锤炼自己的精神品质。韦伯认为"天职"观念使日常的世俗行为具有了宗教意义，② 人们在日常所从事的俗务中就能得到"救赎"。日本的山本七平也模仿韦伯的思维方式分析职业活动中所蕴含的精神品质，由此认为日本也有自己的资本主义精神。他非常推崇日本思想家铃木正三的观点，将他称为"日本资本主义的缔造者"。铃木正三以佛教的眼光来看待世俗的业务，认为一切世俗的业务都是宗教的修行，如果专心致志于此就会成佛。③ 而职业活动所带来的利润只是一种"自然结果"，并不是人应该刻意追求的目标。在从神圣社会向世俗社会转变的过程中，这样的职业观能使人在"祛魅"之后的社会里找到精神的寄托，找到安身立命之所，不至于成为一个经济动物或消费机器。如果说，公共生活需要个人具备公共精神和公共善，那么，它的最初与最好的场所就在职业之中。所以涂尔干说："事实上，分工所产生的道德影响，要比它的经济作用显得更重要些；在两人或多人之间建立一种团结感，才是它真正的功能。无论如何，它总归在朋友之间确立了一种联合，并把自己的特性注入其中。"④ 中国传统文化轻视职业化，实际上不能培养出社会所需要的个人；没有真正的个人，当然也就没有社会。

---

① 参见涂尔干：《社会分工论》，渠东译，生活·读书·新知三联书店2000年版，第91页。

② 参见马克斯·韦伯：《新教伦理与资本主义精神》，陕西师范大学出版社2002年版，第56—57页。

③ "任何职业皆为佛行，人人各守其业即可成佛，而佛行之外并无成佛之道，必信其所事之业皆于世界有所益。"（山本七平：《日本资本主义精神》，生活·读书·新知三联书店1995年版，第117页）

④ 涂尔干：《社会分工论》，渠东译，生活·读书·新知三联书店2000年版，第20页。

三、轻视功利，空谈心性

把人的本质道德化，轻视人的实际能力，把人的社会生活抽象为唯一的道德生活，就必然导致轻视世俗的功利，因为这样的理念会促使人人都去"做人"而不是去"做事"。本来，人的道德品质是在做一件件具体的事中体现出来的，即使是做人，也应该落实在做事上，否则就是不可捉摸的；而离开了做事的所谓做人也可能是空洞的，甚至是虚假的。儒家当然也有"做事"的概念，但是儒家所谓"做事"，主要是处理人际关系所规定的事务，如君臣之间、父子之间、夫妇之间、兄弟朋友之间、邻里之间所应该履行的义务，即使有忠君报国、光宗耀祖这样需要"做事"的行为，这也是由君臣关系、父子关系所规定的义务，因而实际上还是在"做人"。

儒家认为，重视具体的利益会玷污人的心灵，涣散人的精神，降低人的精神境界，甚至会引起无休止的争斗。所以儒家一般认为要先义后利或以义制利。当梁惠王急切地问孟轲何以"利吾国"时，孟轲的回答是："何必曰利？亦有仁义而已矣。"[1] 并认为"苟为后义而先利，不夺不餍"。[2] 如果说，在先秦儒家那里，还并不完全排斥利，而只是在逻辑上强调义的优先性和重要性，比如说"不义而富且贵，于我如浮云"、"见得思义"、"见利思义"等，那么，这种重义轻利的义利观，经过董仲舒，到理学那里达到了顶峰。理学将"道心"和"人心"对立起来，从而将"天理"和"人欲"对立起来，以"存天理，灭人欲"将利完全掏空，只剩下空洞的心性修养了。

当然，和上述"内圣"学派（思孟）不一样，"外王"学派如荀学，看到了社会生活中人们之间现实的利益关系，特别是看到了人们满足自身利益的天性以及利益之间的冲突，希望用"礼"来调整这种冲突。[3] 本来，按照

---

① 《孟子·梁惠王》，《诸子集成》第一卷，长春出版社 1999 年版，第 43 页。

② 同上。

③ 如荀况所说："人生而有欲，欲而不得，则不能无求。求而无度量分界，则不能不争。争则乱，乱则穷。""先王恶其乱也，故制礼义以分之，以养人之欲，给人以求，使欲必不穷乎物，物必不屈于欲。"（《荀子·礼论》，《诸子集成》第一卷，长春出版社 1999 年版，第 187—188 页）

这种思路，儒家完全能够产生出自己的务实伦理理论，从而在肯定人们物质利益需求的正当性和合理性的前提下，创建一套调整利益关系、安排权利义务关系的制度体系。但是，荀况的观点有两点值得注意：（1）他把人的物质欲望和利益需求定义为恶，因此他对人们的物质欲望只是做了事实上（是）的肯定而不是价值上（应该）的肯定，这就必然导致（2），他的制度安排（礼）并不是为了让单个人顺利地实现自己的利益，而是如何使社会生活和人际关系达到井然有序，并通过制度的规约加上教育使人们改造恶性（"化性起伪"），最后达到圣人的境界。可见，所谓"内圣"和"外王"其实是殊途同归的，即都以成圣为旨归。①

儒家这种轻视利益需求的伦理观，在自然经济条件下还是基本适应社会生活的。此时由于社会生产力相对低下，社会分工还不发达，交换还不是一种普遍现象，经济生活还没有从其他社会生活中独立出来，更没有凌驾于其他社会生活之上。人们还是在既有的地缘与血缘圈子里生活，交往范围的狭小，信息的封闭，自给自足的生活方式，这些都使得个人的利益实现与价值实现明显区别于商品经济社会：个人只需要在熟人圈子按照人际交往规则"做人"，就既能实现利益，又能实现自我价值。而在商品经济社会，个人的利益实现不仅是偶然的，而且必须通过竞争才能得到，这样，争取物质利益成了生活的主要驱动力：个人的生存与发展，个人的价值实现，都只有通过利益的实现或在争取利益的过程中得到体现。因此，当经济活动成为主要的社会活动方式时，人们碰到的是实际的利益竞争和复杂的利益关系，重义轻利的价值观和空疏的心性修养与人们实际社会生活的张力就会越来越大，冲突也会越来越激烈。正确的做法应该是顺应历史的潮流，适应社会发展的需要，确立一套世俗生活伦理以调整人们之间的利益关系，进而建立起一套世俗生活的制度架构。但儒家伦理并没有随着社会的发展而改变自己对世俗利

①　有学者认为，"孔子的志趣，却不在树立一套伦理知识，只在重建社会秩序，目标在行，不在知。"（参见张德胜：《儒家伦理与社会秩序（社会学的诠释）》，上海人民出版社2008年版，第26页）虽然这种观点有一定道理，但让人追求圣人境界，则是儒家高于秩序的诉求。正因为如此，所以无论是"性善"还是"性恶"，都以道德上的自我完善为最终目的。

益的看法，因而它实际上已经被甩在了时代的后面，这使得中国的社会一直止步不前。而由于受这种利益观的支配，个人成了没有分化的个体。这样，所谓社会，则只是没有真正个人的群体。

四、儒学没有顺利向世俗化转变

根据马克思的观点，人的历史就是人在生产实践的基础上进行自我扬弃的历史。[①]一方面，人类社会的发展是一个不以人的意志为转移的客观历史过程，但另一方面，人的意识与精神因素在历史演进过程中并不是无所作为的，相反，人要有意识地扬弃自身，即随着生产力的发展与社会的进步不断丰富和发展自己的主体性和精神品质，因为人"必须既在自己的存在中也在自己的知识中确证并表现自身。"[②]人的实践方式和实践能力变了，人的价值观和精神品质也应该发生相应变化。在文化意义上，自然经济社会一般属于神圣社会，人们通过修炼达到灵魂的纯洁和道德的完善；人间与天国有一条明显的鸿沟，而且之间存在张力。市场经济社会一般属于世俗社会，此时人们已将纯粹的信仰变为世俗的各种俗务活动，即在世俗的业务中达到原来靠修炼才能达到的信仰目的。对世俗的利益追求不仅不可怕，而且是实现自身价值、达到信仰目标所不可缺的途径和手段。西方社会正是经历了文艺复兴、宗教改革和启蒙运动，才成功地实现了由神圣社会向世俗社会的转变。

但中国社会不一样，由于儒学并不是真正的宗教，因而在它那里此岸和彼岸、人间和天国并没有明显的鸿沟，相反却是相互贯通的。虽然儒家讲天人关系，似乎"天"为彼岸，"人"为此岸，但儒家强调"天人合一"，天与人并不是相互分离和隔绝的，而是彼此贯通的。天固然是人的超越目标，但

---

① 马克思说："正象一切自然物必须产生一样，人也有自己的产生活动即历史，但历史是在人的意识中反映出来的，因而它作为产生活动是一种有意识地扬弃自身的产生活动。历史是人的真正的自然史。"（《马克思恩格斯全集》第42卷，人民出版社1979年版，第169页）

② 《马克思恩格斯全集》第42卷，人民出版社1979年版，第169页。

天并不存在于彼岸世界，而是在人的心性之中，人越是进行心性修炼，越是向内用功，就越是向天靠近。这样的哲学理念，由于关注之点在人间，所以它不是宗教；但由于它把人间的事务都归于人的心性中，因而它又起到了宗教的作用。这种将此岸与彼岸相互贯通的哲学，是我们民族特有的思维方式。这种思维方式创造了中华民族辉煌的历史，无论是物质文明还是精神文明，我们都曾经走在世界的前列。但是，当人的发展演进到"以对物的依赖为基础的人的独立性"阶段，这种思维方式的缺陷就明显了①：其一，这一阶段的主要特征是，自然与人之间、物我之间、人我之间的关系都存在明显的紧张，人为了占有物质财富而形成了普遍的竞争关系。而儒家伦理却恰好强调自然与人、物我、人我的"和"与"合"，不能激发人的创造活力和竞争精神。其二，以对物的依赖为基础的人的独立性阶段，一方面表明人的主体性得到增强，表明人开始摆脱人对人的依赖，独立发展自己；另一方面表明人的信仰方式发生了根本改变：从相信自身之外的某种力量（神、上帝等）到相信自己的力量；从将彼岸世界作为超越目标到在此岸的俗务中达到超越。这要求伦理中的两个基本成分——伦理精神（信仰）和行为规范——都要进行世俗化改造。但儒家伦理并没有完成这种改造，从明代中叶开始的对理学的批判，虽然矛头直指"存天理，灭人欲"，喊出了"穿衣吃饭便是人伦物理"的口号，指出儒家伦理纲常的空疏、虚妄与虚伪。对于政治制度，指出了封建君主专制的不合理性，如黄宗羲明确指出："为天下之大害者，君而已矣"。②关于私人利益，旗帜鲜明地肯定了私利的合理性，如李贽就认为私心是天经地义的："夫私者，人之心也。人必有私，而后其心乃见；若无私，则无心矣。"③黄宗羲也认为："有生之初，人各其私也，人各其

---

① 任何一个民族最基本的致思方式，都有其优点与缺点。犹如西方的主客对立式思维方式既有其合理性也有其缺陷一样，中国传统的圆融式思维同样也是优点与缺陷并存的，此处只讨论这种思维方式的缺陷。

② 黄宗羲：《明夷待访录·原君》，《黄宗羲全集》上，浙江古籍出版社1985年版，第3页。

③ 李贽：《藏书·德业儒臣后论》，《李贽全集》第六册，社会科学文献出版社2010年版，第526页。

利也"。① 颜元更是明确反对儒家传统的重义轻利的观点，指出"后儒乃云：'正其谊，不谋其利'，过矣！宋人喜道之，以文其空疏无用之学。予尝矫其偏，改云：'正其谊以谋其利，明其道而计其功'"。② 此外，与关于满足私利与私心的要求相适应，思想家们还对理学空谈心性命理的空疏学风进行了批判，提倡务实的学风，主张经世致用的治学方法，要求大胆追求功利，以"厚生利用"为治学旨归。这些论点颇有思想解放的味道，也意味着儒家伦理开始了世俗化的进程。但是，这一进程只是刚刚开始就被迫中断了。因为一种伦理的世俗化，必须有破有立。但这次思想解放运动只是刚开始破，还没来得及立。从这个意义上说，我们今天的社会转型，就是在继续着中华民族的这一历史进程。一个世俗的社会，是形成公共性社会组织的前提，或者说，公共性社会组织是以世俗性为其特征的。主要以儒家伦理文化作为支撑的中国社会，没有实现世俗化转变，因而就不可能形成有效的公共生活和社会个体。

以上只是从观念文化这一个角度分析了中国传统社会，这样的分析肯定是不全面的。笔者想表达的意思是，思想观念与社会演进从来都是相互影响的，这从西方文艺复兴、宗教改革、启蒙运动对西方社会变化的影响就可以看出来。如果没有这样一些思想解放运动，西方恐怕还会停留在传统社会。当然，变革了的社会会反过来革新民智、移风易俗，这样社会与个人就又能统一在一起了。但传统中国由于受着传统思想观念（主要是儒家伦理思想）的支配，因而无论是社会（严格意义上的）还是个人，都不可能发展起来。因为儒家思想的最主要特征是，以"天之则"③ 作为言说人的道德生活的依据，把天的"生"之德首先作为一种自然血缘因素来考虑，因而以宗法关系为核心组织道德生活就成为必然。加上人被抽象为纯粹的道德人，这又使得国家机构及运行模式也带有浓厚的宗法意味。在这一模式下，"家庭成为组

---

① 黄宗羲：《明夷待访录·原君》，《黄宗羲全集》上，浙江古籍出版社1985年版，第2页。

② 颜元：《四书正误》，《颜元集》，中华书局1987年版，第163页。

③ 《孟子·公孙丑》引用《诗经》"天生烝民，有物有则，民之秉彝，好是懿德"来说明人间的道德法则。

织国家的基本单元，是国家的一个同构体。"① 关于这样一种社会模式，黑格尔在《历史哲学》里是这样分析的："这种关系表现得更加切实而且更加符合它的观念的，便是家庭的关系。中国纯粹建筑在这一种道德的结合上，国家的特性便是客观的'家庭孝敬'。中国人把自己看作是属于他们家庭的，而同时又是国家的儿女。在家庭之内，他们不是人格，因为他们在里面生活的那个团结的单位，乃是血统关系和天然义务。在国家之内，他们一样缺少独立的人格，因为国家内大家长的关系最为显著，皇帝犹如严父，为政府的基础。治理国家的一切部门。"② 发达的官僚政治，大一统的意识形态，一体化的宗法关系是这个时期的社会特征。在这样的社会里，个人没有独立的条件，没有自由的空间，每个人都被束缚在宗法关系这张大网上。作为社会基本单位的家庭，既是个人的生活场所，又是一个进行生产劳动的单位，因此每个人几乎与外界隔绝，不可能发生社会交往。③ 这说明，在自然经济条件下，个人既是被隔绝的，但又不是独立的——没有独立的人格和作为独立个体的社会交往。很显然，这样的个体是不会有公共生活的。1949 年以后，尽管宗法关系被削弱了，但权力的高度集中，政府强大的组织、干预能力以及意识形态强大的话语权都还表现得比较充分，个人也还不是一个独立自足的个体。因此，当今继续进行的社会转型，应根据社会与个人相互作用的观点，把培育具有独立人格、具备符合现代社会要求的个人品质与思想观念提上议事日程。

① 金观涛、刘青峰：《兴盛与危机——论中国社会超稳定结构》，香港中文大学出版社 1992 年版，第 42 页。

② 黑格尔：《历史哲学》，王造时译，上海世纪出版集团 2006 年版，第 114 页。

③ 马克思在分析小农的情形时说："小农人数众多，他们的生活条件相同，但是彼此间并没有发生多种多样的关系。他们的生产方式不是使他们互相交往，而是使他们互相隔离。……每一个农户差不多都是自给自足的，都是直接生产自己的大部分消费品，因而他们取得生活资料多半是靠与自然交换，而不是靠与社会交往。"这样的状况被马克思称为"好像一袋马铃薯是由袋中的一个个马铃薯所集成的那样"。（《马克思恩格斯选集》第 1 卷，人民出版社 1995 年版，第 677 页）

第二节　中国的国民性问题

传统社会的非世俗化以及个人与群的难以分化，使个体的精神品质即所谓国民性也还停留在传统阶段，而这是当今的社会转型必须面对的问题。因此，这里所涉及的国民性，只是在和人的现代转型相关联的论域内进行分析。社会转型必然涉及人的精神气质的现代转变，只有探讨国民性问题，我们才知道国民性的问题所在，才能有的放矢地在国民性方面破旧立新。

国民性是一个国家大多数人的文化心理特征，即人们在价值体系基础上形成的稳定的性格特征，如精神特质、性格特点、情感内蕴、价值观念、思维方式和行为方式等。在社会生活中表现为国民的政治意识、自我意识、价值观念、社会交往准则、个性素质、心理特征等。国民性是一个国家和民族文化传统、政治制度、生产方式、风俗习惯以及个人养成的综合产物，不能简单地归于个人素质问题。

自中国社会开始转型以来，特别是自鸦片战争以后的近代社会以来，国民性问题经常被提到显要位置。大多数思想家对中国的国民性都采取了批判的态度，而且言辞之激烈，前所未有。如梁启超认为：中国人还不具备国民“资格”，国人“民智未开，旧俗俱在”，“公德缺少”、“私德堕落”，“国民品格太低”，“人民程度未及格”[1] 等。他还将国民性上升为“国性”，认为当时的中国“国性”已经衰落，表现为“公共信条失坠，个人对个人之行为，个人对社会之行为，一切无复标准，虽欲强立标准，而社会制裁力无所复施，驯至共同生活之基础，日薄弱以即于消灭。”[2] 其他人如陈独秀、李大钊、胡适、鲁迅等无不大力针砭中国的国民性，鲁迅笔下的阿Q、孔乙己、祥林嫂、小说《药》中的华老栓父子、《狂人日记》其至还有闰土，都是中国国民性的体现。他以“哀其不幸，怒其不争”的心情写道：“凡是愚弱的国民，即使体格如何健全，如何茁壮，也只能做毫无意义的示众的材料和看

---

[1]　参见方志钦、刘斯奋编注：《梁启超诗文选》，广东人民出版社1983年版，第116页。
[2]　《梁启超全集》第五册，北京出版社1999年版，第2555页。

客，病死多少是不必以为不幸的。"① 他冷峻地描绘中国人的人际状况："自己被人凌虐，但也可以凌虐别人；自己被人吃，但也可以吃别人。一级一级的制驭着，不能动弹，也不想动弹了"② 胡适则列举了中国人的很多陋习，认为国民性表现为麻木、依赖、没有原则等，他说："我想起这'苟且'二字，在我们中国真可以是一场大瘟疫了。这一大瘟疫，不打紧，简直把我们祖国数千年来的文明，数千年来的民族精神，都被这两个字瘟死了。"③ 在世纪之交的当时中国，这样的言论不绝于耳，应该说，这是处于社会转型期的国家与民族的一种正常现象，说明该民族正在觉醒，立志革新，以图新貌。因此，处于转型期的国家，都会把开民智、新民风提上议事日程，很自然就会涉及国民性问题。如 18 世纪法国空想社会主义者让·梅叶在其《遗书》中，通过批判基督教，揭露了当时社会的诸多丑恶："显而易见，世间差不多充满了恶事和灾难，人们身上充满恶德、谬见和残暴行为，在管理人们方面充满着暴政和不公道；恶德和残暴的强霸势力几乎到处见，争执和分裂几乎到处占上风，公正无辜的人几乎都在沉重的压榨下呻吟着，贫穷的人几乎都因贫困而忧愁万状。但是，另一方面，凶手们、没有信仰的人和那些不值得生在世间的人却过着安宁、幸福、欢乐、受人尊敬和享受各种物质福利的日子。""充满世间的差不多到处都是邪恶、灾难、恶习、暴行、欺骗、偏私、窃盗、诈骗、苛政、不合规矩和杂乱无章的现象。"④ 这些话虽然是为了否定上帝的存在（如果真的有上帝，世间就不会有这么多丑恶）而说的，但实际上这些现象都是在人身上体现出来的，因而也反映了当时法国的国民性格。马克思早年对鲍威尔等人的批判，也可在某种程度上视为对德国国民性的批判，比如，说鲍威尔爱使用"乌托邦的词句"、"空话"发表议论，⑤ 实际上也在某种意义上说明当时的德国人空发议论、不切实际的国民性格。日本在 19 世纪末也大量出现如《太阳》杂志等讨论国民性的刊物，刊登了大量讨

① 《鲁迅全集》第一卷，人民文学出版社 1981 年版，第 417 页。

② 《鲁迅全集》第三卷，人民文学出版社 2005 年版，第 103 页。

③ 《胡适全集》第三卷，安徽教育出版社 2003 年版，第 114 页。

④ 让·梅叶：《遗书》第三卷，陈太先、睦茂译，商务印书馆 1985 年版，第 2 页。

⑤ 参见《马克思恩格斯全集》第 42 卷，人民出版社 1979 年版，第 45、364 页。

论国民性的文章，如《国民的品性》、《日本人的性质》、《日本人的短处》、《伟大国民的特性》、《日本国民品性修养论》等。日本民族对自己国民性的批判，与中国是何等相似。

从这样的角度看问题，我们就能明白，思想家们之所以对中国的国民性这么痛心疾首，是因为他们对这个民族寄予很大希望，无论他们的言辞多么激烈，其中所包含的希望与信心是显而易见的。思想家们实在是希望中国人能抛弃旧我，以全新的精神面貌展示在世人面前，梁启超的"新民说"就是典型例子。新民乃是中国文化对国民的夙愿，《大学》开篇就说："大学之道，在明明德，在亲（新）民，在止于至善。"① 把新民作为《大学》所提出的三纲领之一，说明这一目标是何等重要。并断言："苟日新，日日新"，把更新民智与精神风貌作为一项必须长期坚持的任务。其实，早在《诗经·大雅·文王》中，就有"周虽旧邦，其命维新"的说法，这说明中华民族不是一个因循守旧的民族。但是，客观地说，在长达几千年的传统社会，尽管中华民族的整体性思维能力和精神水平有所提高，但个体的德性与素质基本上还是传统的。正如梁启超所说的："我国民所最缺者，公德其一端也。公德者何？人群之所以为群，国家之所以为国，赖此德焉以成立者也。"② 因此，他提出"新民说"，希望国民能在品质与素质方面弃旧从新："新民云者，非欲吾民尽弃其旧以从人也。新之义有二：一曰淬厉其所本有而新之，二曰采补其所本无而新之。二者缺一，时乃无功。"③ 这就是说，新民并不是尽弃其旧，而是一方面改造自己的固有文化，使之实现转型，另一方面吸收外来文化，吸取其他民族的优秀成分作为本民族的精神营养，以使自己的国民有一个全新的精神面貌。可以说，批判中国国民性的思想家，无一不是将目标指向更新国民性。鲁迅就认为，他坚信"国民性可以改造于将来"，因此决心"先行发露各样的劣点，撕下那些好看的假面具来"。④ 犹如疗伤，先清除腐

---

① 《礼记·大学》，《十三经注疏·礼记正义》，北京大学出版社1999年版，第1592页。

② 梁启超：《新民说》，辽宁人民出版社1994年版，第16页。

③ 同上书，第7页。

④ 《鲁迅全集》第三卷，人民文学出版社2005年版，第26页。

肉，才能在此基础上生发出新的肌肉。陈独秀也不例外，一方面列数中国人的劣根性：一是懒惰，二是奢侈，三是贪婪，四是不洁，五是虚伪不诚实，六是无信，[1] 另一方面又寄希望于国民"最后之觉悟"，认为"以独立自由平等为原则"的"伦理的觉悟为吾人最后觉悟之最后觉悟。"[2] 没有这样的觉悟，中国就没有希望。当时的中国正处于内忧外患之中，内有专制，外有强敌，但他认为这一切都是因为中国国民的道德堕落："中国之危，固以迫于独夫与强敌，而所以迫于独夫强敌者，乃民族之公德私德之堕落有以召之耳。即今不为拔本塞源之计，虽有少数难能可贵之爱国烈士，非徒无救于国之亡，行见吾种之火也。"[3] 所以改造国民性就是"拔本塞源之计"，即能从根本上解决中国的贫穷落后、受人欺凌的问题。因此，中国的国民性绝非已腐朽不堪、无可救药，相反，通过改造与更新是完全可以使之面貌一新的，这就是那个时期批判国民性的思想逻辑。

实际上，一个民族的性格或国民性是不能简单地用优或劣来定义的，作为一个民族的稳定性性格，国民性里总是既有优秀的成分，也有落后的、不健康的成分，而且这两种成分往往同出一源。梁启超尽管激烈批评中国人的国民性，但他清醒地意识到："凡一国之能立于世界，必有其国民独具之特质。上自道德法律，下至风俗习惯、文学美术，皆有一种独立之精神，祖父传之，子孙继之，然后群乃结，国乃成。斯实民族主义之根抵、源泉也。我同胞，能数千年立国于亚洲大陆，必其所具特质有宏大、高尚、完美，厘然异于群族者，吾人当保存之而勿失坠也。"[4] 美国传教士史密斯（中文名叫明恩溥）在《中国人气质》一书中，用 26 个观点来定义中国的国民特性：爱面子、经济、勤劳、礼貌、不守时、不精确、善于误解、迂回、表面上有弹性其实固执、思想混乱、神经麻木、轻视外国人、无公共精神、保守、不在乎舒适和方便、身体富有活力、有耐性毅力、知足常乐、孝顺、仁爱、无同

---

① 参见《独秀文存》，安徽人民出版社 1987 年版，第 61—67 页。

② 同上书，第 41 页。

③ 《独秀文存》，安徽人民出版社 1987 年版，第 51 页。

④ 梁启超：《新民说》，辽宁人民出版社 1994 年版，第 8 页。

情心、讲信用重法、互相猜疑、缺乏真诚、多神泛神、无神等。① 可见，即使是在一个外国人眼里，中国人的性格也不是一无是处，其中所列的经济、勤劳、礼貌、身体富有活力、有耐性毅力、知足常乐、孝顺、仁爱等就是中华民族国民性的优点，至于其中所提到的缺点，有些明显有夸大之嫌，有些即使符合事实，也不能因此认为中国人从来如此而且永远如此，因为任何民族的性格都不是凝固不变的，会随着社会的演进与转型而得到改变。

因此，既然国民性的优势与劣势都同出一源，那么我们就要到源头上去分析问题，以便找到我们民族的自信和国民性中存在的问题，从而在社会转型过程中自觉实现国民性的转型。我国著名社会学家孙本文认为，中华民族的国民性表现为重人伦、法自然、重中庸、求实际、尚情谊、崇德化这六个特点，② 这些特点都是中性的，但从中既能生发出优良品质，又可能产生出落后的甚至腐朽的东西。下面重点分析重人伦这一特性，因为以上六个方面都是相互联系的。

重人伦是中华民族最显著的特性，世界上没有哪个民族像中华民族这样重视血缘与亲缘关系，没有哪个民族像中华民族这样重视家庭和人伦关系。"孝"与"悌"一直是中国人做人的首要德性。③ 如果一个人不讲孝悌，他就失去了为人之本，也就不能称之为人了。中国民间所说的"百行孝为先"也表达了此意，可见这样的道德要求已深入人心。韦伯在分析传统社会的中国人时认为，祖宗崇拜是中国人"最基本的信仰"，④ 这就是重人伦这一理念的直接体现。重人伦无疑有其优秀的成分，它使得中国人不仅特别重视家庭与亲情，而且会使邻里之间、亲戚朋友之间充满着温馨，甚至能从心里相信，"国"就是"家"的放大，因此充满爱国热情，形成一方有难、八方支援的优良传统。中国人不管走到哪儿，都眷恋故土，关心祖国，尽自己最大

---

① 参见明恩溥：《中国人的气质》，刘文飞、刘晓旸译，上海三联书店 2007 年版。

② 孙本文：《我国民族的特性与其他民族的比较》，参见庄则宣、陈学恂：《民族性与教育》，商务印书馆 1949 年版。

③ 《论语》就将"孝"作为为人之本。（参见《论语·学而》，《诸子集成》第一卷，长春出版社 1999 年版，第 3 页）

④ 参见马克斯·韦伯：《儒教与道教》，王容芬译，商务印书馆 1995 年版，第 141 页。

的努力支援祖国建设等，都可以从重人伦这一特性上找到源头。因此，中国的家庭重亲情、重家庭成员之间的感情，家庭成员之间的相亲相爱、相互关心和体贴，使中国的家庭具有很浓的温情。在这样的家庭中生活，使人能真切地感受到人间真情，因此，能享受天伦之乐，一直是中国人所追求的一种境界。这种温馨的家庭关系，不仅是家庭稳固的基础，而且也化解了许多人际矛盾和社会冲突。此外，由"亲亲"出发所进行的由亲至疏的推己及人，也能使情感因素成为人际关系的润滑剂，让人与人之间的关系达到基于情感的和谐。更重要的是，重人伦使得中国人具有与生俱来的责任感：我不是仅仅为自己活着的，我的生活要能在整个人伦关系中找到恰当的位置。要对得起这一关系，并要为这一关系中的人承担起责任，希望通过我的努力使这一关系中的人生活得更好。能做到上对得起祖先，下对得起子女。将这一关系扩而充之，则会涵盖整个民族，因而要为民族的繁荣、富强、幸福而尽一己之力。因此，重人伦几乎可以作为中国人的信仰。有了这一信仰，个人活着就有奔头，就有信心，就有努力的方向。黑格尔在《历史哲学》中说，在中国人看来，"家庭的义务具有绝对的拘束力"。[1] 这就是重人伦所产生的责任感。

但是，从重人伦中也可能产生出落后的、保守的、不能适应现代社会的意识：会导致个体缺乏独立性。人伦关系是一种温情脉脉的关系，血缘或亲情就是这种关系的内核。只有在这种温情脉脉的关系中，个人才知道自己是谁，并只有通过对这种关系履行义务才能实现自己的价值。离开了这种关系，个人就失去了维度，不知道自己是谁，也不知道该做什么、怎么做了。马克思认为"资产阶级在历史上曾经起过非常革命的作用"，因为"资产阶级在它已经取得了统治的地方把一切封建的、宗法的和田园诗般的关系都破坏了。它无情地斩断了把人们束缚于天然尊长的形形色色的封建羁绊，"[2]"资产阶级撕下了罩在家庭关系上的温情脉脉的面纱，把这种关系变成了纯粹的金钱关系。"[3] 斩断天然形成的各种关系，是人发展的必经之路，

---

① 黑格尔：《历史哲学》，王造时译，上海世纪出版集团 2006 年版，第 114 页。
② 《马克思恩格斯选集》第 1 卷，人民出版社 1995 年版，第 274 页。
③ 同上书，第 275 页。

不如此个人的独立性得不到确立；而如果没有独立的个人，就没有个人的独立人格、自由意志乃至由此产生的对公平、正义、自由、平等的追求。只有当个人完全还原成个人——即还原为不是因为其出生、家庭、地位、职业或财富状况等来确定他是一个什么样的人，而只是因为他是一个人并和任何人都具有同等人格并受到同等尊重——时，才会有由这样的一些人组成的社会。否则，就还只是各种形形色色的共同体，在这样的共同体中，个人之间是由天然形成的关系或自然需要的体系来维系的。

重人伦还可能导致另一个不适合现代社会的性格特征：不是以平等的眼光与方式待人，而是在心里把人分成亲疏、远近、高低、贵贱。费孝通指出："我们儒家最考究的是人伦，伦是什么呢？我的解释就是从自己推出去的和自己发生社会关系的那一群人里所发生的一轮轮波纹的差序。"[①]这就是说，人伦里内在的就包含有差序。在儒家思想中，"亲亲"是整个思想体系的重要内核。"亲亲"最基本的含义就是爱自己的亲人，以这种爱为坚实的内核向外扩展，最后波及与己有关的所有人。但是，关系越是向外扩展，所爱之人与我的血缘与亲缘越少，因而爱的程度也就越低，这就是儒家所谓的"爱有差等"。这样就形成了由亲至疏、由近及远的社会关系。这一复杂的关系网，好比是一个同心圆，圆心就是"亲亲"。由"亲亲"向外不断扩展，就好比一颗石子投入水面，荡起层层波纹，形成了一个有不同意蕴的人际关系网，这就是所谓"推恩"，这是一个由内而外、由我及人的过程。所以说，"老吾老，以及人之老；幼吾幼，以及人之幼。"[②]首先要"老"自己之老，然后才是"老"他人之老。这一序列不是并列的，更是不能颠倒的，这就是"爱有差等"最初的意思。与这种思想观念相适应，传统社会实行的是礼治（礼制）而不是法治（法制）。礼制的基本特征就是以血缘关系为核心的宗法等级制，它有两个基本要素：一是宗法关系，二是等级制度。前者是这套制度的内容，后者是这种制度的形式。礼就是用来对人进行区别以便各安其分、各守其位的制度。《礼记》云："礼者所以定亲疏，决嫌疑，别同

---

① 费孝通：《乡土中国》，北京出版社2004年版，第34—35页。
② 《孟子·梁惠王》，《诸子集成》第一卷，长春出版社1999年版，第45页。

异，明是非也。"①《中庸》云："亲亲之杀，尊贤之等，礼所生也。"② 荀子说："故先王案为之制礼义以分之，使贵贱之等、长幼之差、知贤愚能不能之分，皆使人载其事而各得其宜。"所以他说："礼者，贵贱有等，长幼有差，贫富轻重皆有称者也。"③ 这就形成了中国传统社会特有的制度体系，在这样的制度体系中，整个社会的运行不是建立在公共理性的基础上，而是以身份、地位、血缘甚至职业为转移，以感情的厚薄和与自己利害关系的大小作为行为方式选择的依据，这无疑是与现代社会的要求相背离的。在现代社会，人人都是平等的一员，都应该受到平等的尊重，都应该平等地遵守社会法律与公共规则，任何人不能例外。而礼制的社会正如费孝通先生所言，在这样的社会里，礼俗比法律更起作用："规矩不是法律，规矩是'习'出来的礼俗。"④

因此，重人伦的性格特征使得传统的中国既没有真正的个人，也没有真正的社会。由于每个人都被一张网所维系，而这张网对每个人的意义都不相同，所以在这张网中不可能产生自我或个人，而只会是以自己为中心的私人。"这个网络像个蜘蛛的网，有一个中心，就是自己。我们每个人都有这么一个以亲属关系布出去的网，但是没有一个网所罩住的人是相同的。"⑤ 这样，所有的社会关系都成了私人关系，所有的社会联系都是私人联系，而这样的关系与联系又会因与自己的远近亲疏的不同而采取不同的方式。这样的人际关系，会消解一切团队精神与合作意识，因为"一切共同体行动在中国一直是被纯粹个人的关系、特别是亲戚关系包围着，并以它们为前提。"⑥ 而真正的团队是由陌生人按自己的意愿组成的联合体，它需要团队里的每个人彼此认同而不是靠血缘或亲缘来维系，并在此基础上同心协力以达到共同的目标，但重人伦所发生的人际关系却做不到这一点。费孝通说："在差序格

---

① 《礼记·曲礼》，《十三经注疏·礼记正义》，北京大学出版社1999年版，第13页。
② 《礼记·中庸》，《十三经注疏·礼记正义》，北京大学出版社1999年版，第1440页。"杀"音shai（晒），减少、降低之意。指亲爱亲族要按关系远近有所区别。
③ 《荀子》、《荣辱》、《富国》篇，《诸子集成》第一卷，长春出版社1999年版，第121、144页。
④ 费孝通：《乡土中国》，北京出版社2004年版，第7页。
⑤ 费孝通：《乡土中国》，北京出版社2004年版，第33页。
⑥ 马克斯·韦伯：《儒教与道教》，王容芬译，商务印书馆1995年版，第294页。

局中，社会关系是逐渐从一个人推出去的，是私人联系的增加，社会范围是一根根私人联系所构成的网络，因之，我们传统社会里所有的社会道德也只在私人群系中发生意义。"① 由于缺乏真正的个人与个人之间的交往，还由于个体（私人）之间的交往不是源于自由意志而是按人际关系的要求进行的，因而每一个交往对象都会根据其在人际关系中的角色的不同而有不同的对待方式，绝不会同等地对待每一个人，这就带来了如民国初年思想家所批评的私德堕落、公德缺乏的问题。

传统中国被认为是很讲究个人德性的社会，为什么会在私德与公德两方面都出现问题？这个问题或许应该这样问：为什么在几千年的传统社会都没有对国人的德性提出质疑，却会在 20 世纪之初提出这一问题？这就要分析中国传统社会个人德性的性质。

中国传统社会的确很注重个人德性，礼义廉耻、忠信仁义、君子小人，几乎每个中国人都耳熟能详。一个人如果没有德性，不仅是"没脸见人"的问题，而且是不够做人的资格问题——因为在国人看来，是否有德，正是人与禽兽之别。但是，国人心中的个人德性，是在一种相互对待的关系中才能确立的，即对方对我应该怎么样，我对对方应该怎么样。孔子提出了仁这一德性，但他对仁并没有一个统一的解释，而是根据不同的人所处的不同的状况作出不同的解释，因而即使同一个人两次问仁，都会得到不同的回答。孔子还提出恭、宽、信、敏、惠这样的个人德性，恭指严肃、认真、恭敬；宽指待人宽容、宽厚；信则是讲信用；敏指办事敏捷、有效率；惠是指能给别人带来好处。按说这样的德性要求是非常正确的，但孔子进一步说："恭则不侮，宽则得众，信则人任焉，敏则有功，惠则足以使人。"② 这样，一种能体现个人品质的德性要求就变成了一种相互对待时做人的方式，德性本身的独立性消失了。也就是说，当我在履行某种道德要求时，我不是想到"应该"这样做，而是想到这样做了"会怎么样"；或者是，我这样做了对方会怎么样。这就如康德所说的："这种善任何时候都将只是有用的东西，而它所对

---

① 费孝通：《乡土中国》，北京出版社 2004 年版，第 40 页。

② 《论语·阳货》，《诸子集成》第一卷，长春出版社 1999 年版，第 35 页。

之有用的东西则必定总是外在于意志而处于感觉中的。"①

但是，道德法则作为人的精神生活的应然，本身就是具有独立价值的。就是说，不是因为我们遵循了道德法则能带来什么好处，而是因为道德法则自身就具有价值。康德说："理性命令我们应当如何行动，尽管找不到这类行动的榜样，而且，理性也绝不考虑这样行动可能给我们得到什么好处，这种好处事实上只有经验才能真正告诉我们。"② 即道德律令既不是由经验来把握的，也不是由经验来检验其价值的，因而对人来说，服从道德律令是人之所以为人的重要特征。查尔斯·泰勒在概述康德观点时说："道德律令来自于内部，不再为外在命令所界定。但是，它也并不是由我的本性冲动来界定，而只是由理性的属性，或者人们可以说，是由实践理性的程序所界定，这就要求人们按照普遍原则行事。"③ 当然，和理性论者不一样，经验论者也强调履行道德要求给我们带来好处或效用。但是，即使这样，在经验论者看来，那些能带来好处的道德要求作为道德法则也是恒定的、具有独立价值的。④

我在前文已指出，孙本文所列出的六条国人性格实际上是联系在一起的，这可以从国人"崇德化"的性格特征看出来。因为人们所崇尚的德，主要是在血缘、亲缘等熟人之间表现出来的行为方式，其核心就是重人伦。在人伦关系中，一切道德要求都是根据身份来确定的，你只要知道自己在某种关系中的身份，很自然就知道该怎么做。就是说，不是因为某种道德要求本身具有价值我才会去做，而是因为我的身份决定了我必须这样做。费孝通认为："血缘所决定的社会地位不容个人选择。世界上最用不上意志、同时在生活上又是影响最大的决定，就是谁是你的父母。""谁当你的父母，在你说，完全是机会，且是你存在之前的既存事实。社会用这个无法竞争，又不易藏没、歪曲的事实来作分配各人的职业、身份、财产的标准，似乎是最没有理

---

① 康德：《实践理性批判》，邓晓芒译，人民出版社 2003 年版，第 80 页。

② 康德：《法的形而上学原理》，沈叔平译，商务印书馆 1991 年版，第 16 页。

③ 泰勒：《自我的根源：现代认同的形成》，韩震等译，译林出版社 2001 年版，第561 页。

④ 参见休谟：《道德原则研究》，曾晓平译，商务印书馆 2001 年版，第 82 页。

由的了。"① 所以，所谓"德"只是在人伦关系中"习"出来的规矩，这样的"德"带有很浓的自然属性，因为血缘与人伦是自然形成的，不是人自由选择的，因而又和"法自然"这一特性联系在一起。这样的德性特征还表现为"求实际、尚情谊"这样的国民性。因为血缘关系以及由此形成的人伦关系中的人，都是利益相关者，他们不仅在血缘与亲情上有着千丝万缕的联系，而且在利益方面也是相互交错、互为依赖的，所谓"一荣俱荣，一损俱损"。因此，"尚情谊"固然有真感情的方面，但也有"求实际"的一面，因为情谊里就有利益，没有利益的纯粹情谊是很难维持的。对此，费孝通曾这样说："亲密社群中既无法不互欠人情，也最怕'算账'。'算账'、'清算'等于绝交之谓，因为如果相互不欠人情，也就无需往来了。"② 可见情谊是靠实际的利益来维系的，国人常说的"礼尚往来"既指情谊，又指实际利益，所以尚情谊往往就演变为拉关系、攀交情。而拉关系、攀交情就是把自己融入某种关系以便谋求生存与发展，而不是在独立、自由的个体的基础上去合法地争取自己的权利。这就是中国社会与西方社会的区别："在西洋社会里争的是权，而在我们却是攀关系、讲交情。"③ 在一个由关系支撑的社会里，不仅个人没有独立性，而且德与法也没有独立的、高于每个人之上的价值，一切都会由交往对象或事主与自己的关系来决定应该采取的方式与规则，"在这种社会中，一切普遍的标准并不发生作用，一定要问清了，对象是谁，和自己是什么关系之后，才能决定拿出什么标准来。"④ 这就意味着，在这样的社会中，一切规则都不具有普遍性，因而不具有权威性；不是对规则的敬畏，而是随心所欲地滥用规则。规则所应该具有的文化普遍主义即国人所说的"一视同仁"不起作用了，真正起作用的是文化特殊主义，即对于不同的人，规则具有不同的约束方式与约束程度，如果碰上熟人，规则就形同虚设了："'我们大家是熟人，打个招呼就是了，还用得着多说么?'——这类的话已经成了我们现

---

① 费孝通：《乡土中国》，北京出版社 2004 年版，第 101 页。

② 同上书，第 106 页。

③ 同上书，第 34 页。

④ 同上书，第 49 页。

代社会的阻碍。"① 平心而论，这样的话即使在当今也随处都能听到。

攀关系、讲交情是正式规则失效而潜规则盛行的主要根源。攀关系、讲交情既是潜规则滋生的土壤，又是潜规则得以盛行的市场。这就造成了恶性循环：人们越是攀关系、讲交情，正式制度就越不起作用，这使得社会运行规则不得不在地下进行（潜规则）；而地下运行的规则的有效性又迫使人们不得不去攀关系、讲交情。其结果是，法的权威被抛在脑后；私德不见了——因为个人德性的坚守并不应该以外在利益为转移，而在潜规则里则只有交易，没有道德，甚至没有人格与良心；公德无法建立起来——公德要求每个人对正式制度（规则）的真正尊重以及对每个个人的平等对待与尊重，这既是一种公共精神，又是个人教养。但在攀关系、讲交情那里，正是通过各种庸俗的交易在践踏公共规则，在损害他人的利益。

我们分析了国民特性中的消极因素以及各个特性之间的联系，在以上的分析中，除了"重中庸"我们没有涉及外，其余特性都已经涉及了。其实，"重中庸"与以上所说的五个方面也是有某种联系的，这样的联系发生在人们对中庸的误解与滥用上。本来，中庸是中华民族智慧的结晶，其中的洞见与睿智是别的民族所没有的。但是，中庸这种为人处事的智慧，在国人这里却变成了一种滑头哲学，即一种不偏不倚、左右逢源的行为方式，一种人人不得罪、事事无原则、凡事睁一只眼闭一只眼的乡愿。在这样的观念支配下，任何制度的刚性都会被软化，成了任人揉搓的面团。因此，曲解中庸所造成的消极因素也是私德崩溃、公德阙如的基本原因。

通过对中华民族基本性格特征的分析，我们似乎可以得出这样的结论：所谓国民性只是人的发展状况的一种表现形式，而并不是一个民族难以逃脱的宿命。如果说，中华民族世世代代都认为这种性格理所当然，从而一生下来就具有了这种性格特征，那也是由于最初的文化奠基、制度设计还包括地理位置、自然环境等因素使之如此，使得每一代人从出生就面临着这样的文化环境、制度环境与地理环境，因而具有相同的致思方式与行为习惯。但是，这样的性格产生以来，中华民族不仅一直没有对其产生怀疑，而且还凭

---

① 费孝通：《乡土中国》，北京出版社 2004 年版，第 7 页。

借这样的性格创造了辉煌的中华文明。那么，是什么原因使得这种性格的消极性表现得这么充分呢？换一个角度提问：为什么在长达几千年的社会里，人们对这种性格安之若素，而到了社会的转型期，却发现其中的诸多问题以至于人人诟病呢？这就要从人的发展历程来看问题了。

中华民族性格的基本特征是在自然经济条件下形成的，因此最初的文化观念与制度设计就是为了适应自然，如重血缘关系，重人伦关系，并由此形成了长幼、男女、尊卑贵贱的关系，而礼制就是将这些关系以制度形式确立起来；加上中华民族是一个生活在内陆的民族，安土重迁的观念比较强烈，因而又特别重视家庭、氏族、邻里、街坊、村落的作用，将之视为自己的归属之处。在这样的状况下，如果说还有"个人"，那也只是各种关系网中的个人而不是独立的个体；如果说还有群体，那就是家庭、氏族、邻里、街坊与村落而不是社群。这样，人们除了与熟人打交道，几乎没有真正的社会交往，人们的活动带有明显的地方性。[1] 在这种孤立的圈子中，没有真正个人性质的交往，一切交往都是由表示人际关系之应然的礼俗来决定的，因此也不会产生社会。费孝通认为："在社会学里，我们常分出两种不同性质的社会，一种并没有具体目的，只是因为在一起生长而发生的社会，一种是为了要完成一件任务而结合的社会。"[2] 在中国传统社会，如果说有社会，那也是"因为在一起生长而发生的社会"，即自然发生而不是自由选择的。一个没有个体的所谓社会不是真正意义上的社会，"个人是对团体而说的，是分子对全体。在个人主义下，一方面是平等观念，指在同一团体中各分子的地位相等，个人不能侵犯大家的权利；一方面是宪法观念，指团体不能抹煞个人，只能在个人所愿意交出的一份权利上控制个人。这些观念必须先假定了团体的存在。在我们中国传统思想里是没有这一套的，因为我们所有的是自我主义，一切价值是以'己'作为中心的主义。"[3] 根据费先生的意思，"个人"与"自己"是两个不同的概念，个人的观点要求把别人也看作是个人——仅仅是个

---

① "地方性是指他们活动范围有地域上的限制，在区域间接触少，生活隔离，各自保持着孤立的社会圈子。"（费孝通：《乡土中国》，北京出版社2004年版，第6页）

② 费孝通：《乡土中国》，北京出版社2004年版，第6—7页。

③ 费孝通：《乡土中国》，北京出版社2004年版，第36页。

人，即没有诸如血缘、地位、门第、职业、财富、性别、年龄等参与其中的个人。很明显，在这一意义上，个人与个人都是平等的，他们是一个平面交往网络，而不是纵向网络。但"自己"不同于个人这一概念，"自己"是一个与"别人"相区别的概念，本身就表明是与别人"不一样"的人，因而很难以平等的眼光去看待一个与自己毫不相干的他人。这样，在陌生人的交往领域，不是每一个人都是一个"个人"，而是每个人都是一个"自己"，其视域、维度、准则及情感都是从"己"出发的，而每一个"己"都只能在其血缘、亲缘、地缘中找到归属，因而这一个"己"与另外一个"己"就难以找到共同的行为准则，所以，一旦处于陌生场所，遇到陌生人，道德就失去了维度，公德之缺乏就立马显现了。

因此，只有当社会演进到公共生活社会形态时，所谓国民性才作为一个问题被提出来，因为这时所有自然形成的东西都已经被瓦解，人被还原为原子式的个体，然后在此基础上重新寻找人与人之间的联合方式。这样的联合不是像传统社会那样是无法选择的，恰恰相反，它需要独立的、自足的、能合理表达自由意志的个体之间的相互接受与认同，需要每一个体对公共规则发自内心的尊重，以及由这种尊重所支配的理性行为方式。这就是中国所谓国民性问题引发的原因。

通过对国人国民性的分析，我们发现，国民性中所表现出来的问题实际上是个人不发达的一种表现形式，而这又在很大程度上影响了中国的"社会"的形成。个人与社会实际上相当于一枚硬币的两面，它们是互为条件而存在的。在实际的社会生活中，它们是相互作用的：不成熟的个人不可能产生出"社会"，这犹如植物没有土壤一样。马克思在分析小生产者所处的社会状况时说："他们不能代表自己，一定要别人来代表他们。他们的代表一定要同时是他们的主宰，是高高站在他们上面的权威，是不受限制的政府权力，这种权力保护他们不受其他阶级侵犯，并从上面赐给他们雨水和阳光。所以，归根到底，小农的政治影响表现为行政权支配社会。"[1]反过来说，社会改革的程度也会在很大程度上影响个体的发育程度，这就犹如植物的生长需要阳

---

① 《马克思恩格斯选集》第 1 卷，人民出版社 1995 年版，第 678 页。

光和雨水一样，这也是历代改革人士的逻辑，只有"推翻那些使人成为被侮辱、被奴役、被遗弃和被蔑视的东西的一切关系"①，个人才可能健康成长，才有可能成为一个理性的、负责任的、自尊的个体。因此，梁启超一方面大力批评中国国民性中的消极因素，一方面极力倡导社会变革："要而论之，法者，天下之公器也；变者，天下之公理也，大地既通，万国蒸蒸，日趋于上，大势相迫，非可阏制。变亦变，不变亦变；变而变者，变之权操诸己，可以保国，可以保种，可以保教。不变而变者，变之权让诸人，束缚之，驰骤之，呜呼，则非吾之所敢言。"②

在个人与社会均萎缩的状况下，一旦社会向公共生活社会形态转型的时候，国人的公德缺乏就成为一种非常显眼的现象。在梁启超看来，公德是"人群之所以为群，国家之所以为国"的重要基础。③ 没有公德，群将不群，国将不国。因为没有将每个人联系起来的精神纽带以及以此精神作为支撑的制度架构，因而必将呈现一盘散沙的状态。在这样的状态下，每个人都只是为自己，除了关心与他们有血缘关系或亲属关系的人之外，对与他毫无关系的陌生人就会表现出自私与冷漠，所以费孝通说："私的毛病在中国实在比愚和病更普遍得多，从上到下似乎没有不害这毛病的。……这里所谓'私'的问题却是个群己、人我的界限怎样划法的问题。"④ 群己界限与人我界限的划分，是公共生活的必备条件。群己界线关系到个人与群体、个人与社会的权利义务关系；人我界线关系到如何处理与每一个人的关系。这些关系的建立与良性运作，都依赖于健全的"个人"观念，没有这样的观念，心中就只有自己。健全的个人应该既能正确对待另一个个人即普通他者，又能正确对待每一个个体的生存空间与共同利益，即需要有公共性情怀，这就是我们所谓社会公德的一般意蕴。但自私的自我不一样，心目中既不会考虑他人的存在，也不会顾及公共利益，"一说是公家的，差不多就是说大家可以占一点

---

① 《马克思恩格斯选集》第 1 卷，人民出版社 1995 年版，第 10 页。
② 《梁启超全集》第一卷，北京出版社 1999 年版，第 14 页。
③ 梁启超：《新民说》，辽宁人民出版社 1994 年版，第 16 页。
④ 费孝通：《乡土中国》，北京出版社 2004 年版，第 30 页。

便宜的意思，有权利而没有义务了。"①这样的情形在中国传统社会是屡见不鲜的，以至于一些外国人几乎把自私视为中国人的本性，孟德斯鸠说："中国人生活的不稳定使他们具有一种不可想象的活动力和异乎寻常的贪得欲，所以没有一个经营贸易的国家敢于信任他们。"②尽管孟德斯鸠把国人不遵守合约归结为生活的不稳定有点自以为是，但他所说的情形还是多少符合实际情况的。马克斯·韦伯也说："在中国，只要涉及个人利益和个人关系。那种义无反顾的勇敢就会同由拉夫和雇佣兵组成的政府军队绰绰有余的怯懦形成鲜明对比。"③黑格尔在《历史哲学》中，也列举了中国人的诸多不端行为，认为中国人没有荣誉心，没有个人的权利，爱自暴自弃，"极大的不道德"，"以撒谎著名"等。④可见，国人在熟人圈子里的循规蹈矩、恭敬谦让与在陌生人面前的肆无忌惮形成了多么鲜明的对比，其根本原因在于，中国社会的"个人"一直未能培育成功。

我们把传统社会私德扭曲、公德匮乏的状况归结为缺乏真正的"个人"，是为了表明，这些问题不能归结为中华民族的国民性，也就是说，中华民族并不是生来如此，更不是本性如此，这样的国民性或者生活样式只是某种生存状况的体现，它只是表现形式，而不是根本原因。当然，分析造成如此国民性的原因是一项相当困难的工作，我们只能从人与制度的关系作一粗浅探讨，这样的探讨或许对我们当今的公共生活构建会有帮助。

在人类社会发展的早期阶段，对自然（包括自然形成的关系、自然力、自然条件等）的依赖不仅是正常的，而且也是合理的。恩格斯在《家庭、私有制、国家的起源》里说："由于亲属关系在一切蒙昧民族和野蛮民族的社会制度中起着决定作用，因此，我们不能只用说空话来抹煞这一如此广泛流行的制度的意义。在美洲普遍流行的制度，在种族全然不同的亚洲各民族中间也存在着，在非洲和澳洲各地也经常可以发现它的多少改变了的形式"。⑤

① 费孝通：《乡土中国》，北京出版社 2004 年版，第 29 页。
② 孟德斯鸠：《论法的精神》上册，张雁深译，商务印书馆 1961 年版，第 308 页。
③ 马克斯·韦伯：《儒教与道教》，王容芬译，商务印书馆 1995 年版，第 143 页。
④ 参见黑格尔：《历史哲学》，王造时译，上海世纪出版集团 2006 年版，第 122 页。
⑤ 《马克思恩格斯选集》第 4 卷，人民出版社 1995 年版，第 25 页。

这说明，亲属关系在人类早期是作为一种社会制度而存在的，因为"父亲、子女、兄弟、姊妹等称呼，并不是单纯的荣誉称号，而是代表着完全确定的、异常郑重的相互义务，这些义务的总和构成这些民族的社会制度的实质部分。"① 中华民族也不例外，《中庸》说："凡有血气者，莫不尊亲。故曰配天。"② 认为重亲属关系是符合天的要求的，因为所有生命都有亲属关系。正是由于这样，所以中国人将这种自然形成的亲属关系作为最基本的社会制度，这一制度就是"礼制"。在长达几千年的传统社会，礼制一直是中国最基本、最深入人心因而也最起作用的制度。礼制有一套仪式，并有相关的器物与规矩，但其核心内容则是别亲疏、分贵贱、定等级，因而中国传统社会实行的是宗法等级制。在这种制度下，每个人都有自己的"名"与"分"，"名"是根据其在宗族中的位置来确定的，如辈分、长幼、嫡庶等的区分，来确定你是谁。"分"则是"名"里所含的权利与义务，即根据一个人的"名"来判断他应该怎么做，即如何做才能与他的身份相符。其实，这样的制度在西方也曾存在过，但资本主义在西方的兴起，把这些自然形成的因素都给瓦解了。马克思这样描述封建地产被资本化前后的不同："正象一个王国给它的国王以称号一样，封建地产也给它的领主以称号。他的家族史，他的家世史等等——对他来说这一切都使他的地产个性化，使地产名正言顺地变成他的家世，使地产人格化。同样，那些耕种他的土地的人并不处于短工的地位，而是一部分象农奴一样本身就是他的财产，另一部分对他保持着尊敬、忠顺和纳贡的关系。因此，领主对他们的态度是直接政治的，同时又有某种感情的一面。风尚、性格等等依地块而各不相同；它们仿佛同地块连结在一起，但是后来把人和地块连结在一起的便不再是人的性格、人的个性，而仅仅是人的钱袋了。"③ 以用钱袋把人们连结起来取代用自然形成的感情把人们连结起来是资本主义的典型特征，这使得资本主义无论是对生产力的发展还是对人的发展都起了重要作用，所以马克思说，对土地的资本化应该放在历

---

①　《马克思恩格斯选集》第 4 卷，人民出版社 1995 年版，第 25 页。

②　《礼记·中庸》，《十三经注疏·礼记正义》，北京大学出版社 1999 年版，第 1460 页。

③　《马克思恩格斯全集》第 42 卷，人民出版社 1979 年版，第 84 页。

史的进程中去看待,"浪漫主义者为此流下的感伤的眼泪是我们所不取的。"①资产阶级将人与人之间自然形成的各种关系斩断,使人还原为独立、自由的个体,这是社会发展(同时也是人的发展)的必经阶段,也是公共生活得以建立的前提。只有把各种自然形成的人与人的依赖关系斩断之后,每个人才能以个人的身份与其他的个人发生联系。和以往无法选择的自然联系不同,这种联系是个人自由选择的结果,这些就是公共生活社会形态产生的前提条件。但是,中国并没有经历过像西方那样的市场经济,因而自然形成的关系不仅得到完好的保存,而且一直在社会生活中起着作用。韦伯指出了这一点:"中世纪的西方,宗族的作用就已烟消云散了。可是在中国宗族的作用却完完全全地保存了下来。"②可见,自然形成的关系在中国一直起着重要作用。

与宗法等级制相适应,传统中国从秦以降均实行专制体制,整个国家实行中央高度集权的垂直管理体制,这样的体制几乎不给个人任何自由空间,每个人都生活在他特定的位置上,履行着与他的身份、地位相称的义务,这就是"恪守名分";任何人都不能僭越身份与地位,这叫不能有"非分之想"。法国著名史学家布罗代尔评价儒家的礼仪制度时说:"这些程序(引者按:指礼仪制度)决定了每一个人的生活,他们的地位、权利和义务。循道而行首先意味着所有人永远保留自己在社会等级中正确的位置上,或不如说待在分配给他们的地方。"③这样,无论是家庭生活(私域)还是国家生活(公域),作为一个个人都找不到存在的空间与条件,因而根本不可能有真正的公共生活,所以托克维尔说:"专制制度夺走了公民身上一切共同的感情,一切相互的需求,一切和睦相处的必要,一切共同行动的机会,专制制度用一堵墙把人们禁闭在私人生活中。人们原先就倾向于自顾自,专制制度现在使他们彼此孤立;人们原先就彼此凛若秋霜,专制制度现在将他们冻结成冰。"在这样的制度下,"他们一心关注的只是自己的个人利益,他们只考虑自己,

---

① 《马克思恩格斯全集》第 42 卷,人民出版社 1979 年版,第 83 页。

② 马克斯·韦伯:《儒教与道教》,王容芬译,商务印书馆 1995 年版,第 140 页。

③ 布罗代尔:《文明史纲》,肖昶等译,广西师范大学出版社 2003 年版,第 185 页。

蜷缩于狭隘的个人主义之中，公益品德完全被窒息。"① 中国传统社会尽管经历了无数次王朝更迭，但这种基于宗法关系的、高度集权的制度体系并没有什么变化，历朝历代莫不率由旧章。因此，要想个人能真正成为个人，首先必须给他以自由发展的空间，即斩断一切束缚人的纽带，将人还原为单纯的个人，这是一个重要的前提。马克思在分析资本主义社会的人权时说："自由这一人权不是建立在人与人相结合的基础上，而是相反，建立在人与人相分隔的基础上。这一权利就是这种分隔的权利，是狭隘的、局限于自身的个人的权利。"② 人首先从各种自然形成的群中分离出来，成为一个真正的个体，才会形成个人的权利意识；有了个人的权利意识，才能真正以平等的眼光看待他人，平等在政治意义上无非是每个人都有自由选择权的平等，"每个人都同样被看成那种独立自在的单子。"③ 这样的平等观形成之后，人们会寻求新的联合方式，这种联合是在人人都是平等的个体的基础上通过自由选择、彼此对话协商、最后达成共识而形成的。因此，"每个人都同样被看成那种独立自在的单子"，是公共生活得以建立的条件，也是个人培育公共精神与公共品质的前提。

第三节　中国公共生活构建的一个视角

通过分析中国传统社会的"社会"状况以及个人状况，我们发现这两方面都存在明显的缺陷，这种缺陷在社会转型过程中表现得特别明显。我们一方面要正视这些缺陷，另一方面也不要认定这些缺陷就是中华民族永远不变的性格，即是我们民族与生俱来的国民性。其实，西方的社会转型也不是一蹴而就的，当他们处于社会转型的过程中时，其国民的思想与行为也出现过这样那样的问题，只是在经历了相当长的演变与发展之后，西方才有了比较成熟的个体品质和较为完善的现代社会体制。法国著名史学

---

① 托克维尔：《旧制度与大革命》，冯棠译，商务印书馆 1997 年版，第 35、34 页。
② 《马克思恩格斯文集》第 1 卷，人民出版社 2009 年版，第 41 页。
③ 《马克思恩格斯文集》第 1 卷，人民出版社 2009 年版，第 41 页。

家布罗代尔说:"我们不要以为得天独厚的西欧是一切都尽善尽美的自由乐土。"那时候贫穷、饥饿、骚乱经常困扰着欧洲社会,"18 世纪中叶的里斯本,始终有着 10000 名无家可归的流浪汉,其中包括常干小偷小摸的水手,逃兵,茨冈人,贩子,游民,走江湖的,残废人,乞丐以及各色无赖。城市的四郊散布着一些公园、空地以及我们所说的贫民区,晚上出门很不安全。"① 个人的物质生活与精神品质也不是我们现在所看到的那样,"所有农民都成年累月地过着贫困的生活,他们有经得住任何考验的耐心,有委曲求全的非凡能力。他们反应迟钝,但必要时却以死相拼;他们在任何场合总是慢吞吞地拒不接受新鲜事物。"② 看来无论是社会秩序,还是个人素质,都和现在的欧洲有天壤之别,因为在当时,无论是社会,还是个人,都处于转型过程中,而一次大的社会转型并不可能在短时期内完成,而是要经历一个漫长的过程。因为旧的社会体系不可能轻易就被瓦解,这里既有制度本身的连续性,又有人的思想观念的习惯性,即对过去东西的习惯性依赖,这两方面结合起来,使得新的社会的产生往往十分艰难。布罗代尔在形容市场经济产生的艰难时说:"市场是一种解放,一种开放,是进入另一个世界,是冒出水面。人的活动,人们交换的剩余产品从这个狭窄的缺口慢慢通过,其困难程度最初不亚于圣经故事所说的骆驼从针眼通过。针眼后来扩大了,增多了。这一演变过程的终端将是'市场遍布的社会'。"③ 之所以这么困难,是因为市场、市场体制、市场主体有一个不断磨合的过程。在这一过程中,社会生活(包括经济生活)、社会制度与个人的思想行为也要不断磨合甚至冲突,最后才能产生出一个新的社会。布罗代尔以一个历史学家的眼光,反复谈到旧体制瓦解与新体制产生的艰难:"从 14 世纪到 18 世纪,我们有把握地说,直到 1750 年,这个体系几乎一直完好地维持着。"④"在我们至今还深受其影响的 18 世纪和工业革命的动荡发生以前

---

① 布罗代尔:《15 至 18 世纪的物质文明、经济和资本主义》,第 2 卷,顾良译,生活·读书·新知三联书店 1993 年版,第 555、560 页。

② 同上书,第 262 页。

③ 同上书,第 2 页。

④ 布罗代尔:《论历史》,刘北成、周立红译,北京大学出版社 2008 年版,第 35 页。

的四五个世纪里虽然发生过很多明显的变化，但经济生活还是有某种连续性。"①"经济和物质这两本帐其实是千百年演变的结果。15 至 18 世纪之间的物质生活是以往社会和以往经济的延伸；经过缓慢而细微的演变，这一社会和这一经济在自身基础上，带着人们猜得到的成果和缺陷，创造出一个更高级的社会。"②可见欧洲花了整整几个世纪才换来了成熟的公共生活社会体制。

和西方社会相比，中国的社会转型过程也许更为漫长，因为传统中国社会生活的宗族制与政治生活的集权制天然融合在一起，形成一个"家国一体"的宗法等级治理结构，这一结构具有超稳定性：国就是家的放大，亲情、血缘、人伦里所包含的伦理要求，以家为基础向外发散，一直投射到最高统治者身上。③这样，政治生活与家庭生活一样，臣民对君王不仅仅是服从，还有情感的因素。"普天之下，莫非王土，率土之滨，莫非王臣"（《诗经·小雅》），这样的观念已深入扎根于国人心中。因此，传统的中国社会并不是真正意义上的封建社会，而是以血缘亲情为基础、以宗法等级为核心的集权社会。布罗代尔也指出了这一点："农民占大多数的中国社会不是真正意义上的封建制社会。那里没有享有封地的封臣，没有采地，也没有农奴。许多农民拥有自己的一小块田地。"④这样的体制传统和人们的观念传统决定了中国社会的转型更为艰难。

除此之外，中国社会转型的艰难性还在于，我们究竟该选择什么样的现代社会模式。西方现代社会毕竟是在西方的土壤上产生的，是在这块土壤上一点一点成长起来的，带有明显的西方特色。罗森堡和小伯泽尔对西方致富的原因列举了如下几条：(1) 科学和发明；(2) 自然资源；(3) 心理原因；(4) 运气；(5) 不端行为；(6) 收入和财富的不均；(7) 剥削；(8) 殖民主义

①　布罗代尔：《论历史》，刘北成、周立红译，北京大学出版社 2008 年版，第 36 页。

②　布罗代尔：《15 至 18 世纪的物质文明、经济和资本主义》，第 1 卷，顾良、施康强译，生活·读书·新知三联书店 1992 年版，第 26 页。

③　黑格尔说："在中国，皇帝好像大家长，地位最高。"（参见黑格尔：《历史哲学》，王造时译，上海世纪出版集团 2006 年版，第 122 页）

④　布罗代尔：《文明史纲》，肖昶等译，广西师范大学出版社 2003 年版，第 197 页。

和帝国主义；（9）奴隶制度。① 很明显，这样的特征与中国的国情是不相符合的。几乎可以这样说，每一种文明都应该有符合自己核心价值的现代社会形式，所以布罗代尔说："一个文明既不是某种特定的经济，也不是某种特定的社会，而是持续存在于一系列经济或社会之中、不易发生渐变的某种东西。"② 我们一直在社会转型的背景下讨论公共生活，但一个很重要的问题是，社会转型不是一个文明的中断，不是另起炉灶，而是这个文明通过除旧布新而获得新的生命力，转型之后的社会则是这个文明发展的新阶段而不是变成另一种文明。当然，无论何种文明，既然要建成现代社会，就应该坚持现代社会所包含的一些基本价值诉求，如民主、自由、平等、人权等，但这些普世价值的实现方式则可能不只一种模式，而关键在于是否表达了本民族核心价值的诉求。不过，本民族核心价值并不意味着该民族的价值观是一成不变的，更不是敝帚自珍、抱残守缺，而是一个不断自我更新的开放体系，其中就包含借鉴学习别的民族优秀的东西，这正如梁启超在其《新民论》中说的，所谓"新民"，既是"淬厉其所本有而新之"，又是"采补其所本无而新之"，③ 二者缺一不可。梁启超的意思很清楚，所谓新，不是"尽弃其旧以从人"，即不是把自己传统的东西全面抛弃，而是一方面更新自己固有的东西，另一方面向别人学习自己所本无的东西，以加强自己的营养。一种文明能不能学习或学到其他文明的优秀成分，这不仅是一个态度问题，更是这个文明是否具有生命力的标志。凡是优秀的、有生命力的文明，都在随时学习别的文明里的东西，这既是保持本文明活力的一种手段，又是一种文化自信。能将别人的东西转化为自己的营养，是一种文明有强大生命力的表现，因而布罗代尔说："各种文明都在不停地借鉴它们所邻近的文明，哪怕它们'重新解释'和同化了它们所接纳的东西。"④"任何一种民族文化在各自的历史发展过程中，对于反映在不同宪法中的原则，如人民主权和人权等，有着

---

① 参见罗森堡、小伯泽尔：《西方致富之路》，刘赛力等译，生活·读书·新知三联书店1989年版，第7—20页。

② 布罗代尔：《文明史纲》，肖昶等译，广西师范大学出版社2003年版，第54页。

③ 梁启超：《新民论》，辽宁人民出版社1994年版，第7页。

④ 布罗代尔：《文明史纲》，肖昶等译，广西师范大学出版社2003年版，第49页。

各自不同的理解。"①就处于转型期的中国而言，要建成公共生活社会形态，就既要更新我们民族固有的、作为本民族标识的文明因素，又要大力借鉴西方已经被证明优秀而有效的文化成分，包括制度文化及观念文化，这应该是没有疑问的。

转型期的中国社会一切似乎都具有转型期的特点，旧的东西还在顽强地表现自己，新的东西却只能慢慢成长，除旧布新不是一朝一夕就能完成的。因此，今天探讨中国的公共生活社会形态建设，不应用某种既定的社会模式来套中国的现实，哪怕这种模式在别的国家已被证明是行之有效的，生搬硬套、急于求成可能只会带来负面影响。用结果来规定和约束过程与手段，往往可能达不到预期的结果。黑格尔指出："如果要先验地给一个民族以一种国家制度，即使其内容多少是合乎理性的，这种想法恰恰忽略了一个因素，这个因素使国家制度成为不仅仅是一个思想上的事物而已。所以每一个民族都有适合于它本身而属于它的国家制度。"②我们今天要做的是，一方面要明了公共生活社会形态的价值目标，以便确立努力的方向；另一方面要从中国的实际国情出发，一点一点地解决实际问题，一步一步地构建公共生活。马克思指出："人类始终只提出自己能够解决的任务，因为只要仔细考察就可以发现，任务本身，只有在解决它的物质条件已经存在或者至少是在生成过程中的时候，才会产生。"③今天中国的公共生活构建也是如此，我们只提出自己能够解决的任务。因此，笔者在此并不想提出完整的公共生活构建方案，而只想根据中国社会的实际问题探讨中国公共生活构建的可能途径。

任何一种社会样式无非由两种基本要素构成：人与制度。在不同的社会形态里，这两种要素处于不同的状态，有不同的表现形式。从表层或直接的方面看，一个社会的基本样式是由制度决定的，这的确不错，有什么样的制度架构，就会有什么样的社会样式。人们一般认为，制度就是一种强制性规范，有了这样的规范，人们就会老老实实按制度办事。持这种观点

---

① 哈贝马斯：《包容他者》，曹卫东译，上海人民出版社 2002 年版，第 138 页。

② 黑格尔：《法哲学原理》，范扬、张企泰译，商务印书馆 1961 年版，第 291 页。

③ 《马克思恩格斯选集》，第 2 卷，人民出版社 1995 年版，第 33 页。

的人，把社会的一切失序行为、不道德行为和腐败现象，通通都归于制度问题，他们用科斯的下述被转用的观点来支持自己的看法：在既定的制度下面，"每个人不过是一只拴在树上的狗"。① 但科斯在这里只是从交易成本的角度强调了制度规约的重要，而并不是说人只能被动地适应制度，因为道理很明显，如果人只能被动地适应制度，那制度究竟从哪里来？ 这只要看看新制度经济学关于制度的供给与制度变迁的理论就能明白。新制度经济学的另一位代表人物诺斯就明确指出，制度是由三个方面构成的："(1) 以规则和条令的形式建立一套行为约束机制。(2) 设计一套发现违反和保证遵守规则和条令的程序。(3) 明确一套能降低交易费用的道德与伦理行为规范。"② 第一条说的是制度所表达的强制性规则；第二条指的是保障强制性规则得以得到遵守的程序，即制度的外部制衡结构；第三条指的是精神层面的东西，即道德与伦理行为规范。诺斯认为道德与伦理行为规范能起到降低交易费用的作用，即人的自律比强制性他律更能降低管理成本。这就从一个侧面回答了上面所讨论的问题：人并不只是被动地适应制度。因为如果人只是被动地适应制度，那就只能依靠规范的强制作用，这样无疑会大大增加社会管理成本。例如，排队购物或是排队乘车，并没有强制性规范强迫人们必须这样，但遵守公共秩序则是一种伦理要求，这要靠每个人自觉执行。如果非要使用强制性规范不可，那就意味着要增加监管方面的人力与物力。此外，即使是使用强制性规范规约的领域，也主要依靠人们的自觉履行，不然的话，仅靠规范纠错是不现实的，只有当人们感觉不到规范的约束时，制度才真正起作用了。

道德与伦理行为规范不仅仅具有降低交易费用的作用——这是在制度产生之后显现的，在制度变革与创新的过程中，道德与伦理也会发挥重要作用，因为它会提供制度变革的价值目标以及制度安排的精神底蕴。没有这样的精神因素，制度即使建立起来了，但要得到人们的认同以及真正起作用是不可能的。彼得·科斯洛夫斯基在谈到对资本主义的道德评价时说，"一个

---

① 转引自《中国经济日报》1998 年 5 月 7 日。

② 道格拉斯·诺斯：《经济史中的结构与变迁》，陈郁、罗华平等译，上海三联书店、上海人民出版社 1994 年版，第 18 页。

社会制度从来也不可能终极性地被证明是合理的"。① 这似乎是在为资本主义的某些弊端作辩护，但也确实有道理。任何制度都具有暂时性，这是由人自身的发展所决定的，制度只是人的发展状况与程度的显示。在自然经济条件下，只能产生自然经济制度，维护自然经济秩序。在这种经济制度下，市场经济所具有的诸如竞争、利润以及交换价值等还没有在人们的心中安家，人们只是利用传统观念来组织社会，主要依靠风俗习惯来维系秩序。人对人的依赖还表现得相当充分，既有感情的，也有血缘与地缘的，还有人身与自然方面的依赖：依赖大自然的恩赐，依赖父辈及祖先的家产，依赖家族的宗族的势力等，因此，此时谈个体的独立与自由，谈人的平等权利等，似乎也是不可想象的。

因此，我们只有将制度的变迁与人的发展联系起来，才能找到制度变迁的真正源泉。制度必须适应人的发展状况，人们不能随心所欲地创造某种制度，1949 年以后中国实行的计划经济制度，尽管在开始时也许是一种无奈的选择，但却明显是与人的独立发展阶段不相符的，无论是对经济发展还是人的发展都是不利的。同时，正因为人的发展是一种有意识地扬弃自身的产生活动，所以任何制度都具有暂时性，认为资本主义终结了人类制度的观点肯定是会被历史推翻的。马克思早就就这一点发表过自己的看法："经济学家们的论证方式是非常奇怪的。他们认为只有两种制度：一种是人为的，一种是天然的。封建制度是人为的，资产阶级制度是天然的。……于是，以前是有历史的，现在再也没有历史了。"② 我们现在所处的市场经济阶段毫无疑问也具有暂时性，它必将随着人的实践能力和主体性的增强而被扬弃。但是，这种扬弃是人在发展中的自我扬弃，在没有达到扬弃的条件之前，还是人必须经历的社会形态，而这正是我们讨论公共生活的问题域。一般来说，公共生活社会形态应该包括三方面的建设：第一，确定一套以强制为特点的活动规则；第二，建立一种保证活动规则能被真正执行下去的"外部制衡结构"，即权力之间的制衡程序；第三，道德伦理建设。有人认为，这三方面

① 彼得·科斯洛夫斯基、陈筠泉主编：《经济秩序理论和伦理学》，中国社会科学出版社 1997 年版，第 3 页。

② 《马克思恩格斯文集》第 1 卷，人民出版社 2009 年版，第 612 页。

的建设中，最重要的是所谓"外部制衡结构"的建设。从制度建设的角度看，这无疑具有合理性。制度的有效性的确需要制度的外部制衡结构，即权力之间有效的而不是形式的制衡机制，这种机制是由一套制度运行程序构成的。但笔者坚持认为，无论是强制性规则还是外部制衡结构，都还是制度的形式方面的东西，还不是制度的实质内容，其实质内容应该是新时期的道德品质（个体）和伦理精神（制度内涵），如果没有这样的内容，即使有完善的制度，那也只是形式上的完善，而真正完善的制度应该是形式与内容的统一。当权力（权利）的边界清晰时，那不是因为外部制衡结构使之清晰的，而是因为人们已经将权力的界限与个人权利的保护这样的意识化为内心信念，任何对它们的破坏都不仅是形式上的"不法"，而且会遭到人们内心的抗拒。这不仅会使行为者自觉遵守这些规则，而且会在社会上形成一种社会风气和舆论趋势，使得不法者不敢冒天下之大不韪。若没有这样的内心信念，外部制衡结构要么成为虚设，要么叠床架屋——由于监督者不能履行监督的职责或是滥用权力，需要再设立一个机构来监督这一监督者，这样，机构会越来越臃肿，而制衡则越来越不起作用。

真正良好的外部制衡结构，需要有社会民众包括公权力的掌控者的内心信念的支持，需要有良好的社会风气和舆论环境，而真正的公共舆论本身就是包含有伦理精神在内的具有导向作用的舆论引导。英国著名学者约翰·基恩说："公共舆论和'众人的意志（Volonte de tous）'不是同义词。公共舆论不包括在仅为实际存在的个人意见的总和中；它既不是所有人自发的意见，也不是没有任何人思考过的意见。"[1] 美国当代著名政治学家迈克尔·罗斯金也指出："公共舆论针对的是政治和社会问题，而不是个人的偏好。"[2] 因此，公共舆论本身就是某种文明或精神境界的体现与表达，如果达不到一定的思想高度与文明程度，公共舆论就不会是正义原则的体现，而只会沦为一种牟取利益的工具，或是由于自己未能分杯羹的牢骚与指责——人们有时候在指责某一事情或规则不公正时，其实并不知道也不关

---

① 约翰·基恩：《公共生活与晚期资本主义》，马音等译，社会科学文献出版社 1999 年版，第 185 页。

② 迈克尔·罗斯金等：《政治科学》，林震等译，华夏出版社 2001 年版，第 150 页。

心真正的公正该是怎样的，而只是因为自己没有机会利用这种不公正；这就好比有些人看起来对腐败深恶痛绝，实际上可能是因为自己没有机会腐败而已。公共舆论中所含的伦理精神，是人在自己的发展过程中获得的，[①]当然这种获得并不是一个自然过程，而是祛魅与"现代性教化"两方面作用的结果，祛魅与"现代性教化"都以启蒙的方式表现出来，这样的启蒙是社会演进和人的发展到一定阶段所必需的。人的主体意识觉醒和主体性确立后，自由、平等、人权等不过是主体意识的世俗化表达而已，每个人主体意识的理性表达就形成了制度安排及其实际运作所需要的伦理精神，所以哈贝马斯说："所谓启蒙，即是脱离自己所加之于自己的不成熟状态。就个人而言，启蒙是一种自我反思的主体性原则；就全人类而言，启蒙是一种迈向绝对公正秩序的客观趋势。无论是哪种情况，启蒙都必须以公共性为中介。"[②] 因此，如果没有符合时代精神的伦理精神作为底蕴，以及以此为依托的现代教化，就不会有人的现代品质，当然也就不会有公正而健康的规则体系。

这样，我们就应该把人的发展、伦理精神更新与制度创新联系起来看中国的公共生活构建，实现社会结构、组织、功能的转变和人的素质与品质的转换的良性互动。目前中国的制度创新，在解构旧的制度体系、思想观念和建构新的制度体系与思想观念方面的任务都很艰巨。对于改革旧的制度，我们不能企望仅靠改变其形式就能使其瓦解，因为一种制度形式总是靠相应的精神品质支撑的；也不能仅靠引进西方的某种制度结构来代替旧的制度体系，因为一个国家的历史、国情、文化等是不能移植过来的。改变旧的制度，必须依靠真正的制度创新，而真正的制度创新的基础和动力都来自于活动于这一社会的行为主体。对于改变旧的思想观念而言，既不能满足于一般的宣传教育，也不能幻想单靠制度的强制约束就能使其得到更新，而必须有实实在在的"新民"活动——一种对社会民众从信仰到

---

① "公共舆论的产生和现代资产阶级文明的觉醒是相连的"。"最近几个世纪，基督教之所失，正是公共舆论之所得。"（参见约翰·基恩：《公共生活与晚期资本主义》，马音等译，社会科学文献出版社 1999 年版，第 184 页）

② 哈贝马斯：《公共领域的结构转型》，曹卫东等译，学林出版社 1999 年版，第 122 页。

日常伦理的培育与养成活动。制度创新和伦理精神更新与民众的伦理生活更新是共生共荣的，不能获得人心支持的制度，无论其多么具有强制性，也相当于方枘圆凿之无效一样。只有得到社会成员发自内心的认同，该制度才能称得上"善政"，也才能真正起作用。所以黑格尔说："一般的看法常以为国家由于权力才能维持。其实，需要秩序的基本感情是唯一维护国家的东西，而这种感情乃是每个人都有的。"① 他认为，"一个民族的国家制度必须体现这一民族对自己权利和地位的感情，否则国家制度只能在外部存在着，而没有任何意义和价值。"② 托克维尔从另一角度也表达了类似的看法，他在论及美国的民主制度时也十分强调"生活习惯和民情"的作用，他说："我一直认为，有助于美国维护民主共和制度的原因，可以归结为下列三项：第一，上帝为美国人安排的独特的、幸运的地理环境；第二，法制；第三，生活习惯和民情。"③ 但在这三个条件中，他特别强调的是民情："毫无疑问，这三大原因都对调整和指导美国的民主制有所贡献。但是，应该按贡献对它们分级。依我看，自然环境不如法制，而法制又不如民情。我确信，最佳的地理环境和最好的法制，没有民情的支持也不能维护一个政体；但民情却能减缓最不利的地理环境和最坏的法制的影响。"④ 所以他认为，"只有美国人特有的民情，才是使全体美国人能够维护民主制度的独特因素。"⑤ 这里所说的"感情"和"民情"，当然不是指天生的自然情感，而是指道德情感，它是一种"应该如此"的精神需求，这种精神需求是以公共生活的正义观为其坚实基础的，它是公共生活精神品质的体现，相当于罗尔斯所说的"正义感"，他认为正义感使得人们有着按照正义原则行为的欲望。⑥ 黑格尔说的"感情"和托克维尔说的"民情"，在罗尔斯这里变成了另外一个概念："道德心理学

① 黑格尔：《法哲学原理》，范扬、张企泰译，商务印书馆1961年版，第268页。
② 同上书，第291—292页。
③ 托克维尔：《论美国的民主》，董果良译，商务印书馆1996年版，第320页。
④ 同上书，第358页。
⑤ 同上。
⑥ 参见罗尔斯：《正义论》，何怀宏等译，中国社会科学出版社1988年版，第441页。

原则"，即一个制度是否合理有效，就看它是否符合道德心理学原则，[①]这还是制度要符合民心的意思。其实，中国很早就有"民心"的概念，孟子在这方面的表述颇多，如"得民心者得天下"，"仁者无敌"，"天时不如地利，地利不如人和"，"天视自我民视，天听自我民听"等不一而足，都说明统治和管理都必须符合人性和人心。当然，孟子的观点和我们所说的现代社会的治理根本不是一回事，但他要求制度规约必须符合民心民意的观点则是具有合理性的。

然而，问题在于，民心民意所表达的要求就是天然合理的吗？换言之，无论怎样的民意表达都是合理的吗？如果人的思想观念还停留在旧时代，制度也要迎合这种思想观念吗？若是这样，那还会有制度创新吗？我们一直是以制度与伦理的相互关联的视角在讨论制度创新的问题，这里同样适用这一原理。一种新制度代替旧制度并不是一蹴而就的，不会出现这样的情况：今天还是旧制度，睡一觉之后，第二天睁开眼睛，就已经是崭新的制度体系了。即使是疾风暴雨式的制度变革（例如通过暴力手段推翻旧制度），新制度的真正确立（真正起作用）也有待时日，因为制度的完善与人的精神品质的完善都需要一个过程。例如，英国早在 1215 年就颁布了《自由大宪章》，但君主专制并没有因此而结束，直到 1688 年的光荣革命，英国才开始了议会制。在西方从文艺复兴到启蒙运动的几百年里，制度创新与伦理精神更新（包括个体精神品质的更新）是一个彼此作用、逐渐契合的过程：任何一种符合人的发展需要的制度创新都会给社会成员以新的活动方式和更大的自由空间，这会为人们发展自我、提升精神品质创造条件；而在物质生活与精神生活两方面都得到发展的社会成员，又会对制度的进一步改善提出要求，这应该是一个相互促进的过程。这样看来，所谓民心民意不是一个僵死的、刻板的尺度，而是相应制度规约下人的物质与精神生活的基本需要的理性表达。黑格尔说："人生来就有对权利的冲动，也有对财产、对道德的冲动，也有性爱的冲动、社交的冲动，如此等等。如果我们愿意采用更为庄严的哲

---

① "无论一种正义观念在其他方面多么吸引人，如果它的道德心理学原则使它不能在人们身上产生出必要的按照它去行动的欲望，那么它就是有严重缺陷的。"（罗尔斯：《正义论》，何怀宏等译，中国社会科学出版社 1988 年版，第 442 页）

学格式来代替这种经验心理学的形式，……就可以唾手得到如下格式：人在自身中找到他希求权利、财产、国家等等这一意识事实。"① 康德对此有着相似的表达："'把各人自己的东西归给他自己'这句话也可以改成另一种说法：'如果侵犯是不可避免的，就和别人一同加入一个社会，在那儿，每个人对他自己所有的东西可以得到保障'。"② 人的自然冲动只有纳入理性的范畴，才能变为意识事实，即必须有对正义的理解与恪守，才能将这些冲动化为合理的追求，而这正是公共生活所要求的民心民意。

在我们所讨论的制度与伦理相互关联的逻辑范围内，民心与民意实际上是伦理精神在社会成员身上的体现，有了这样的民心民意，才会有真正的制度创新，而承载着某种伦理精神的民心其实就是文明（Civil Society 也可译成文明社会）。因此康德不赞成把权利分为"自然的权利"和"社会的权利"，而应该划分为自然的权利和文明的权利，因为与"自然状态"相对的是"文明状态"而不是"社会状态"。自然权利构成私人的权利，而文明的权利称为公共权利。③ 这表明，仅有社会还不够，还必须有文明的社会结构，文明的制度体系，文明的生活样式，而这一切都离不开人的文明。因此，以制度的创新与人的品质的更新的相互作用来提升整个社会（包括制度、人及生存环境）的文明程度，应该是当今进行公共生活构建的一个视角。

第四节　公共生活构建过程中的制度与人

根据上面的思路，今天的公共生活构建，应该遵循制度与人互动的方式进行。就制度而言，应该不断以人的自由、平等、个人权利的公共性为目标进行改善；就个人而言，则应该以理性、教养、德性和公共品质为目标进行培育。这是一个循序渐进的过程，我们不可能提出成熟的制度模式，只能

---

① 黑格尔：《法哲学原理》，范扬、张企泰译，商务印书馆 1961 年版，"导论"第 34 页。
② 康德：《法的形而上学原理》，沈叔平译，商务印书馆 1991 年版，第 48 页。
③ 参见康德：《法的形而上学原理》，沈叔平译，商务印书馆 1991 年版，第 51 页。

说，制度的每一次改善都要能使人的发展得到进一步提升，而人的现代性品质每一次有积极意义的塑造，也会使制度体系得到进一步改善，公共生活社会形态应该是在这样的相互作用过程中逐步形成的。

一、制度应向个人释放空间，并保障个人权利的实现

在马克斯·舍勒看来，由传统社会向现代社会的转化，不仅仅是事物、环境、制度的转化，而几乎是所有规范准则的转化，这种转化指向人自身，是人的身体、内驱、灵魂和精神中的内在结构的本质性转化。[①] 可以理解为，制度的改变或创新，不是一种随机的甚至是盲目的行为，而是有着明确目的的：为了人向现代性的转化。人的这种转化被诺贝特·埃利亚斯以"心灵构造的改变"表达出来，他认为人的自我意识应该符合于文明进程中一定发展阶段上的某种心灵构造，社会戒律和禁令不过是这种心灵构造的表征，是人作为自我约束而建立起来的。[②] 由此看来，社会向个人释放空间，并不是社会向个人让步——有一种观点把社会与个人分为两端，似乎社会与个人的关系是此消彼长的，为了维护公共利益或集体利益，就应该限制个人利益；反之，过分强调个人利益，就会削弱公共利益——而是为了更好地建设社会，发挥社会的作用，这里当然就包含了更好地实现个人利益与个人权利。没有个人利益与权利的实现，就没有人的内驱、灵魂和精神中的内在结构的本质性转化的条件，也不可能有个人符合某个历史发展阶段的心灵构造，当然就不会有真正意义上的社会；反过来，没有一个公平、正义的社会环境，个人的一切实现都只是空话。个人与社会就是这样纠缠在一起："人们之间无纷扰、无敌意的共同相处，只有当所有的个体在其中获得了充分满足后才是可能的；而个体的较为自足的存在，只有当他所从属的社会结构相对摆脱了紧张对立，摆脱了纷扰和争

---

① 参见 M. 舍勒：《资本主义的未来》，罗悌伦等译，生活·读书·新知三联书店 1997 年版，第 207 页。

② 参见诺贝特·埃利亚斯：《个体的社会》，翟三江等译，译林出版社 2003 年版，第 32—33 页。

斗时，才有可能。"① 根据中国社会的历史与当前社会转型的现状，我们认为这里的关键问题是，必须有真正意义上的个人。

中国传统社会一向忽视甚至压抑个人的成长空间，自秦以来，各朝各代的政治体制都没有多大变化，权力高度集中，社会难以分化，因而个体也就迟迟不能孵化出来，这种社会可称为宗法一体化结构。有学者认为宗法一体化结构抑制了中国的资本主义因素，因为它抑制了城市和市民阶层的出现。中国古代城市从产生之日起就有宗法色彩，宗法一体化结构成形后，城市受到国家强权控制，成为国家的政治、经济、文化的枢纽，城市的自主性不可能出现；在一体化结构中，封建官僚政治渗透在经济活动中，并通过官营手工业垄断了主要的商业，官办和官商手工业的发达，使得民间私人手工业、商业的发展受到限制，时时受到官僚机构的打击，商人难以形成一个相对分化的阶层；中央的高度集权使得市民很难形成维护自己利益的组织，因而市民阶层难以形成分化的利益社群，真正的市民难以出现；由于儒生与王权结合，成了官僚机构的组成部分，因而士难以分化为独立的阶层，不足以完成经济结构中的资本主义因素与意识形态结构中的新因素相结合的任务，市民文化也因此缺少代言人。②

中国市场经济体制的逐步建立，给个人的发育与成长提供了重要的契机。马克思认为市场是天生的平等派，因为在市场之中，"必须彼此承认对方是私有者。这种具有契约形式的（不管这种契约是不是用法律固定下来的）法的关系，是一种反映着经济关系的意志关系。"③ 我国物权法的制定就是向承认独立的个体、向尊重个人意志迈出了重要一步，无论是对个人自由还是对社会正义都具有重要意义。没有个人所有权的界定，个人就没有生存与发展的条件，而让社会成员拥有自己应得的财产，就是社会最

---

① 诺贝特·埃利亚斯：《个体的社会》，翟三江等译，译林出版社 2003 年版，第 9—10 页。

② 参见金观涛、刘青峰：《兴盛与危机：论中国社会超稳定结构》，香港中文大学出版社 1992 年版，第 157—170 页。

③ 《马克思恩格斯文集》第 5 卷，人民出版社 2009 年版，第 103 页。

基本的正义，"因为正义所要求的仅仅是各人都应该有财产而已。"①但是，承认个人的财产所有权，还只是承认个人的第一步，在这方面制度改革还有很大的空间，特别是将每个人都视为无差别的个体，不受出身、职务、地域、受教育程度等方面的影响，还有很长的路要走，这也是今天的制度需要进一步改革的方面。政府向个人释放空间只是以培育个人为目的的制度改革的第一步，尊重每个人的权利，并让每个人都能维护和实现自己的正当权益，才是制度改革的深层次目的，政府在这方面还有着很大的改善空间。

二、制度安排与规则制定不仅应该充分听取社会成员的意见与建议，而且应该让每个社会成员都是直接的参与者

在公共生活中，人民有公共决策和政治参与的权利，这是现代社会区别于传统社会的重要标志。如果仅由政府一方提供制度安排和规则制定，不仅是不公平的，而且是不会真正起作用的。因为立法（制度与规则）说到底是社会成员的自我立法，这有两层意思：其一是说，任何法律规范都是每个社会成员参与制定的；其二是说，只有公众的个人自律，规则才会真正发挥作用。哈贝马斯指出："对个体自由的正确界定，应当是一种共同的自我立法实践的结果。在一个自由而平等的联合体当中，所有人都必须能够把自己看作是法律的制定者，同时也都能够意识到，作为接受者，自己必须服从这些法律。"②另一个德国人舍勒则从"爱的秩序"出发分析规范与个人意愿的关系，认为只有当规范合乎人的意愿时，才能成为有效规范。③现实生活中有些人对规则置若罔闻，有的甚至是明知故犯，在很大程度上是因为人们认为规则与己无关：自己既没有参与规则的制定，也就当然没有认真遵守的意

---

① 黑格尔：《法哲学原理》，范扬、张企泰译，商务印书馆1961年版，第69页。

② 哈贝马斯：《包容他者》，曹卫东译，上海人民出版社2002年版，第118页。

③ "只有当客观合意的爱的秩序已经得到认识，与人的意愿相关，并且由一种意愿提供给人，它才会成为规范。"（M.舍勒：《爱的秩序》，林克等译，生活·读书·新知三联书店1995年版，第36页）

愿。所以有学者指出："中国的伦理秩序缺乏个体意识的内在支持，这一点对理解当今中国伦理秩序的变化及其失序其有决定性意义。"① 当然，能支持当今伦理秩序的个体意识，绝不是让每个人参与制定伦理规则就能产生出来的，这需要在观念、制度与个体层面都实现伦理精神的更新，需要教育、教化、制度规约和个人修养这几方面的综合作用，但是让社会成员能将自己的个人意志表达在社会规则的制定过程中，无疑也是培养个体意识的重要方面。

三、界定公域与私域的界线

在现代社会，公域与私域的界线是十分明显的，"凡主要关涉在个人的那部分生活应当属于个性，凡主要关涉在社会的那部分生活应当属于社会。"② 哈贝马斯认为，社会的存在可以起到保护私人领域的作用："它一方面明确划定一片私人领域不受公共权力管辖，另一方面在生活过程中又跨越个人家庭的局限，关注公共事务"。③ 公域与私域的界限分明是现代社会所必需的，这点对处于转型过程中的中国社会特别重要。现代社会的个人权利有"积极"权利与"消极"权利两个方面，前者指每个国民参与政治生活的权利，后者指国民不受公权力伤害的权利，这两方面权利的实现对培养国民的个人自律相当重要：尊重个人在私人领域的自由与自主权，既是尊重个体的体现，又是公权力自律的体现，即公权力自觉守住自己的边界，不任意进入私人领域。因此，凡是涉及私人领域的事，公权力都不应该无所顾忌，而要充分尊重并竭力维护私人权益，这会让社会个体相信，公权力不仅不会损害他们的利益，而且会维护他们的权益，保护他们的个人利益不受侵犯。如果反过来，公权力任意干涉甚至侵犯私人领域，个体就会对公权力产生反感、厌恶甚至敌视，他的唯一办法就是远离公权力，不再

---

① 刘小枫：《现代性社会理论绪论》，上海三联书店 1998 年版，第 522 页。
② 约翰·密尔：《论自由》，程崇华译，商务印书馆 1959 年版，第 81 页。
③ 哈贝马斯：《公共领域的结构转型》，曹卫东等译，学林出版社 1999 年版，第 23 页。

相信公权力，不再对改善政治生活感兴趣，甚至不想与政府合作。所以哈贝马斯认为，私人自律和公共自律在生活方式的再生和改善过程中是互为前提的，只有人们的私人领域不受侵犯，他们才能有效地参与政治生活。①与此相随的是，不能保证不受到干预与侵犯的私人领域，不可能成为培养个体、发展个性的领地；而在没有成熟个体的条件下，社会的伦理生态、伦理秩序以及社会治理的状况是不可能健康的。有学者认为，所谓"善治"，其本质特征就在于，它是政府与国民对公共生活的合作管理，是政治国家与市民社会的一种新颖关系，是两者的最佳状态，其结果就是使公共利益最大化。因此善治就是公共理性的最佳运作，是构建和谐共同体的理想模式。②我们先姑且不论所谓善治是不是就是政府与国民对公共生活的合作管理（依笔者看，考量善治绝不仅仅是这一个指标），即使我们认为这一观点是正确的，那么，它首先必须满足一个重要条件：成熟健全的个体已经存在。否则，所谓政府与国民对公共生活的合作管理就还只是停留在理论上，没有成熟健全的个体，就不会有公共性关切的社会成员，因为他们没有能力参与公共生活，也没有能力行使自己的权利。在现代社会，无论是公权力还是私人权利，都不是不受约束、没有边界的。每个权利方只有正确地行使自己的权利，才可能有秩序、正义、公平以及公共利益。涂尔干在论及社会规范与个人自由的关系时认为，不应该在规范权威与个人自由之间设定一条鸿沟，它们恰恰是统一的。③无论是公权力还是私人权利，只要超出了自己的边界，就会损害他人利益（或公共利益），这在现代社会是不能允许的。

---

① 参见哈贝马斯：《包容他者》，曹卫东译，上海人民出版社 2002 年版，第 140 页。

② 参见俞可平：《权利政治与公益政治》，社会科学文献出版社 2003 年版，第 136—137 页。

③ "自由（我指的是一种合理的自由，是社会应该得到尊重的自由）是一系列规范的产物。我若要想得到自由，首先就要杜绝其他人在肉体、经济以及其他领域内所享有的利益和特权，防止他限制我的自由。只有社会规范才能限制他们滥用这些权力。"（涂尔干：《社会分工论》，渠东译，生活·读书·新知三联书店 2000 年版，第 15 页）

四、政府行为的榜样作用，是培养个体的重要途径

中国思想史上，孟子第一次提出了"善政"与"善教"这两个概念并分析了它们之间的关系，他认为善教是比善政更重要的方面，这与传统社会重道德教化是分不开的。实际上，任何社会治理都包含善政与善教这两个方面，只是其表现形式有所不同。善政与善教是相互贯通的：其一，在善政中，其治理的宗旨绝不是为了约束而约束，为了惩戒而惩戒，而是要为社会大众谋福利，让每个人都活得有尊严，因而它是以为民众服务为最高目标的。因此，"善政"必然要求政府行为应由对民众的管制向为民众的服务转变。其二，一个社会成功而有效的管理，不单单是使人们的行为合乎秩序的要求，不仅仅是禁止人们不做坏事，而更重要的是使人们自觉地遵守秩序，并能追求某种道德境。国家治理的目标并不只是在于增加财富，提高人们的生活水平，而同时应该培养人们的德性，提高人们的精神境界。这就要通过制度设计及运作宣示制度中所内含的伦理精神与价值观念，使社会大众通过领会其中的意蕴达到对制度的认同，从而做到理性自律，这实际上也起到了教化的作用。在这方面，儒家的"仁政"思想具有重要的参考价值。杜维明在谈到儒家的仁政时说："仁政的观念是儒家政治学的基础。坚信道德和政治密不可分、统治者的修身和对人民的统治密切相关，使人们很难将政治理解为独立于个人伦理之外的控制机制。"①"仁政"是儒家对社会、秩序、国家治理、人际关系、人生等方面进行伦理审视后的具体运用，它服从于儒家总体的伦理观和价值观。儒家认为，人有天然的趋善情感、向善天性和为善能力，这就是所谓"性善"说。根据这一判断，对人民的管理也应该使用仁慈的手段，这就是仁政的基本依据。这样，教化也就成了政治治理的题中应有之义。② 今天的政府治理，也应该把教化作为自己的目标。这样的教化不

①　杜维明：《道·学·政》，钱文忠、盛勤译，上海人民出版社 2000 年版，第 6 页。

②　"知识精英的道德信仰能够轻而易举地影响并左右人民大众的假设，是以一种深思熟虑的观点为依据的，即政府的重要作用与功能是伦理教化，而不是立足于认为人民大众心脑简单并因此易于驱使的预设。"（杜维明：《道·学·政》，钱文忠、盛勤译，上海人民出版社 2000 年版，第 6 页）

是满足于向民众进行宣传教育，不是灌输空洞的理论与大道理，而是实实在在的制度运作。政府通过自身行为向社会成员展示一种"道"（这种道承载着伦理精神），让民众在此"道"中有所"得"（德），就慢慢会形成个人德行，[①]这同样是一种教化行为。在这方面，政府自身的行为方式与形象至关重要，因为它会对民众起到演示与诱导作用：如果政府是讲诚信的，民众自然会相信政府并倾向于诚信，政府公信力的下降会直接导致社会生活中诚信观念的淡漠与失信行为的增加；如果政府官员遇事不是敷衍塞责和相互推诿，而是敢于负责并尽职尽责，那么责任意识就会成为一种社会风气和道德环境，对社会大众起到约束与熏陶作用；如果政府真正做到对每个人都同等程度的尊重，不问他的出身、地位、职务等都一视同仁，并让每个人都面临公平的机会，平等观念就会慢慢进入人心，人们就会慢慢摒弃那种以人之外的因素衡量人的价值的做法，学会平等地尊重每一个他者。当每个人都面临公平的机会并感到受到尊重时，社会就会集聚一种积极向上的力量，人们就会正确对待自己的成功与失败，而不会因为自己的挫折甚至无望感产生怨气、怒气乃至反社会的行为；[②]如果政府把权力置于阳光下运作，做到公开、透明、公正，社会上的潜规则就会失去市场，人们也会更加信赖政府，因为"如果人们感到政府是公平地代表他们的，而且在选任官员时有发言权，他们就更愿意服从。"[③]如果政府单纯依靠经济发展来推动社会运转（也可以称之为"GDP崇拜"），轻视甚至忽视社会的进步与人的发展，就会给社会暗示这样的价值观：没有什么东西比快快赚钱、积攒财富更重要，只有物质财富的增值才具有价值，而人的价值的衡量也只是看其财富的多寡，地位的高低——这是判

---

① 在中国传统文化的语境中，道与德是分开而论的，道本指道路，在此引申为人的正确行为途径与方式，即外在规范；德本同得，指个人在外在的道（规矩、规范、习俗等）中有所得。因此许慎在《说文解字》中用"外得于人，内得于己"来释"德"（"德"原写作"悳"），即外以善念善行对人，内以善念善行要求自己。所以许慎又说此字"从直，从心。"（参见许慎：《说文解字》，九州出版社 2001 年版，第 603 页）

② 诺贝特·埃利亚斯认为，社会的弱势群体若是发展空间变窄甚至阻断，他们就会形成反社会的人格。（参见《个体的社会》，翟三江、陆兴华译，译林出版社 2003 年版，第 62 页）

③ 迈克尔·罗斯金等：《政治科学》，林震等译，华夏出版社 2001 年版，第 6 页。

断是否成功人士的唯一标准。在这样的氛围诱导下，急功近利就会被视为很正常的事，社会上自然会弥漫着浮躁心态，人们生怕赚不到更多的钱，生怕抓不住机会，生怕被人瞧不起。这就是阿兰·德波顿所说的"身份的焦虑"："身份的焦虑是一种担忧。担忧我们处在无法与社会设定的成功典范保持一致的危险中，从而被夺去尊严和尊重，这种担忧的破坏力足以摧毁我们生活的松紧度；以及担忧我们当下所处的社会等级过于平庸，或者会堕至更低的等级。"① 这时候，人们除了拼命赚钱，除了一心想着所谓成功，除了千方百计地想出名，似乎不太会去关心别的事。个人感情与国民感情均开始淡漠，而这样的对他人、对社会、对除获取物质财富之外的事漠不关心的心态是公共生活不能接受的，因为"个人感情与公民感情的衰败可能代表着一种连足够的正义也无法弥补的道德缺陷。"② 问题还不仅仅在于道德冷漠，而在于对道德冷漠的冷漠，即对这种冷漠心态的听之任之。

由上可见，政府行为对民众客观上起到了一种教化作用。托克维尔在《旧制度与大革命》中考察了 18 世纪法国的政府行为，分析了"政府是如何完成对人民的革命教育的"，即政府行为是如何引起大革命的：政府敌视个人，与个人权利相对立，并且爱好暴力，向人们传递敌视个人的观念；政府对私有财产采取轻视的态度，宣称当公共利益要求人们破坏个人权利时，个人权利是微不足道的，教唆人们以公共利益的名义破坏个人权利；法庭上法律被当作手段或被滥用，让每个人从切身经历中学会对法的轻视；权力的现身说法教会人们轻易使用暴力，人们由于习惯和冷漠而专横强暴，……恰恰是制度自身的行为和宣讲的语言，教育了国民的行为习惯，让他们耳濡目染地牢记并付诸于自身行动。③ 孔子的得意弟子子贡曾这样谈到君子："君子之过也，如日月之食焉。过也，人皆见之；更也，人皆仰之。"④ 这既说明君子

① 阿兰·德波顿：《身份的焦虑》，陈广兴等译，上海译文出版社 2007 年版，"界定"第 6 页。

② 迈克尔·桑德尔：《自由主义与正义的局限》，万俊人等译，译林出版社 2001 年版，第 41 页。

③ 参见托克维尔：《旧制度与大革命》，冯棠译，商务印书馆 1997 年版，第 221—225 页。

④ 《论语·子张》，《诸子集成》第一卷，长春出版社 1999 年版，第 39 页。

是阳光的、坦荡的，不遮遮掩掩，不文过饰非；又说明君子对一般民众是有影响作用的：他的过失或错误人人皆知，而他改正错误也是有目共睹，他的这种品格会影响到普通民众对待过失或错误的态度。其实，政府行为也是如此，它的一举一动民众都看在眼里，并时时根据它的行为在修正自己的行为方式。因此，政府行为对社会成员的潜移默化作用是不可小视的。

五、重塑国民性格与民族精神

任何一个民族在实现社会转型的过程中，都同时经历了民众的精神气质和思想素质的相应转变。西方进行的文艺复兴、宗教改革与启蒙运动就承担了民众精神气质转变的任务，因此，西方的社会转型和民众"变化气质"[①]也经历了一个比较长的过程，并不是就那么顺利。布罗代尔在《15 至 18 世纪的物质文明、经济和资本主义》中，对 19 世纪初的法国农民有这样的评价，说他们完全"沉浸在家族和氏族的争斗之中。任何新事物都很难进入这个陈旧的世界。"并说："在人们的印象里，这是一个因循守旧、沉睡不醒的群体，但他们并不安稳和驯服。"[②]而当时的资本家，也并不具有韦伯所说的"资本主义精神"，他们只顾贪图享受："18 世纪巴黎的金融富豪一味想着模仿大贵族的生活方式，骄奢淫逸唯恐不及。"[③]另外，在马克思当时所处的德国，无论是经济繁荣程度还是社会发展状况，乃至人的观念，都远远落后于当时的英国和法国。马克思认为德国人空发议论、不进行实实在在的社会变革（马克思用"实证的批判"来表明实实在在的社会变革），因此他批判鲍威尔的"乌托邦的词句"，批判德国理论家用"自我＝自我"来表达法国人直接用"平等"表达的政治语言，[④]其目的就是想使德国人的国

---

① 张载说："为学大益，在自求变化气质。"（《张子语录》中，《张载集》，中华书局1987 年版，第 321 页）此处只是借用"变化气质"这一概念。

② 布罗代尔：《15 至 18 世纪的物质文明、经济和资本主义》，第 2 卷，顾良译，生活·读书·新知三联书店 1993 年版，第 259、261 页。

③ 同上书，第 542 页。

④ 参见《马克思恩格斯全集》第 42 卷，人民出版社 1979 年版，第 45、139 页。

民性格能随着历史潮流而改变。看来社会转型伴随着国民性格重塑是一个普遍问题。

舍勒非常重视主体的精神气质在社会生活中的作用，他这样评价主体精神气质的重要性：

"不论我探究个人、历史时代、家庭、民族、国家或任一社会历史群体的内在本质，唯有当我把握其具体的价值评估、价值选取的系统，我才算深入地了解它。我称这一系统为这些主体的精神气质（或性格）。"[1]

塞缪尔·斯迈尔斯也非常看重民众的性格的作用，认为"一个国家的价值和力量并非依赖它的制度形式，而是依靠民众的性格。因为国家只是个人的集合体，而文明自身也不过是一个个人发展的问题，即组成社会的男人、女人和孩子的发展问题。"[2] 他还引用马丁·路德的话说："一个国家的繁荣，不取决于它的国库之殷实，不取决于它的城堡之坚固，也不取决于它的公共设施之华丽；而在于它的公民的文明素养，即在于人们所受的教育、人们的远见卓识和品格的高下。这才是真正的利害所在、真正的力量所在。"[3]

民众的精神气质、文明素养以及品格应该随着历史演变与社会发展而改变，如果说社会发展的每一时期都有其精神坐标的话（用以支持社会运行与发展），那么，就应该根据这一坐标来培养民众的精神气质和文明素养。对一个民族而言，精神坐标的纵轴就是本民族的文化传统及其核心价值观，其横轴应该是时代精神与普适价值，变换一个民族精神气质的关键之点是如何找到坐标的横轴与纵轴的交叉点，即本民族的核心价值观与当代时代精神的统一与融合点。对自己的传统抱残守缺、敝帚自珍，看不清世界潮流是不对的；而一味照搬发达国家的现有体制，将自己置于无根之境的做法也是错误的。正如有学者指出的："中国的出路不应再回到'传统的孤立'中去，也不应无主地倾向西方（或任何一方）；更不应日日夜夜地在新、旧、中、西

---

① M. 舍勒：《爱的秩序》，林克等译，生活·读书·新知三联书店 1995 年版，第 35 页。

② 塞缪尔·斯迈尔斯：《自己拯救自己》，于卉芹等译，中国商业出版社 2004 年版，第 24 页。

③ 塞缪尔·斯迈尔斯：《品格的力量》，刘曙光等译，北京图书馆出版社 1999 年版，第 1 页。

中打滚。中国的出路有而且只有一条，那就是中国的现代化。其实，这也是全世界所有古老社会唯一可走并正在走的道路。"① 依笔者的理解，所谓"中国的现代化"，就应该既是"现代化"，又是"中国的"，这其实与笔者所说的坐标的意思大体吻合："现代化"是横轴，是世界潮流；"中国的"则是纵轴，即以中国文化传统和核心价值观为底蕴的，两者的交叉点就应该是既符合世界潮流，又展示了中国的精神气质的。只不过，对"现代化"和"中国的"这两个概念的理解可能会有一些歧义。一般认为现代化就是人均国民收入、国民受教育程度、农村人口占全部人口的比例等这样一些可量化的指标，而忽略了人的精神品质的现代化考量。对一个国家而言，如果其国民不具备现代精神气质与文明素养，是不可能支撑起国家的现代化的。因为不具备现代精神气质和文明素养的国民，就会连建设一个正义社会的起码的道德感都没有，就更别说现代化了。罗尔斯就认为，要建成一个正义社会，人们必须有起码的"道德本性"。② 这样的道德本性决不可能是传统社会的道德，而是能支配合乎理性的行为、能理解并表达正义观的道德。对上面所提到的"中国的"这一表述的理解，则直接受制于对"现代化"的理解：如果认为现代化就是经济发展水平、物质生活水平、人的财富状况等的提升，而不包括制度与人本身的现代化，那么"中国的"这一概念就是排除了"中国人"和"中国文化"的，但这样的理解似乎是不可想象的。反之，如果"中国的"包含有中国文化在内，那么，中国的现代化就应该是中华民族的物质文化、制度文化、观念文化的全面现代化。一个民族的复兴主要是其文化的复兴，经济成就与物质文明只不过是文化的展现与载体；一个国家的现代化主要是其国民的精神气质与文明素养所体现的现代性，繁荣、富强以及建设成就只不过是这种现代性的活动结果。因此，无论从哪方面看，通过变换国民的精神气

---

① 金耀基：《从传统到现代》，（台湾）商务印书馆 1992 年版，第 12 页。

② "一合乎理性的正义之政治社会是可能的，惟其可能，所以人类必定具有一种道德本性，这当然不是一种完美无缺的本性，然而却是一种可以理解、可以依其而行动并足以受一种合乎理性的政治之正当与正义观念驱动、以支持由其理想和原则指导的社会之道德本性。"（约翰·罗尔斯：《政治自由主义》，万俊人译，译林出版社 2000 年版，"导论"第 50 页）

质来重塑国民性格与民族精神，都是公共生活建构的必然逻辑。

笔者在分析中华民族的国民性时指出，国民性中那些饱受诟病的性格特征，其实主要是个体长期被压抑、得不到伸展与发育的表现，换言之，由于个人在传统社会并没有被真正当作个人看待，个人除了各种自然形成的纽带束缚之外，还受着国家权力的严格控制，个人的自由度不仅非常有限，而且时常会遭到公权力的粗暴对待，在生活中，他们往往会被蔑视，被羞辱，不受尊重，没有尊严，有理无处说，说了也因人微言轻、不受重视，人身权和财产权得不到保障。因此，普通民众长期以来就是弱势群体，他们没有机会表达自己的意志，也没有条件培养自己的个性。久而久之，他们会形成自我矮化的性格，认为自己在社会上没有地位，没有人瞧得起；而他的发展空间被封杀又使他看不到前途，看不到希望。这样的弱势心理或者使得他自暴自弃、玩世不恭；或者使得他充满怨气、匪气、戾气，行为粗鄙化甚至形成反社会人格；或者使得他产生极端的自我保护心理——心里只有自己，也只相信自己，别的人与事都与自己无关。以前这些人用"草民"称呼自己，即使在今天的现实生活中，我们还能听到有些人用"屌丝"自称。这样的称呼表明自己无足轻重、无关紧要、可有可无，得不到他人与社会的青睐。这种自我边缘化的背后，既有社会舆论价值导向的原因(比如舆论强调财富、地位、权势、身份等)，也怀有对社会制度不公的无奈与不满。阿兰·德波顿说："我们惯常将社会中位尊权重的人称之为'大人物'，而将其对应的另一极呼之为'小人物'。……我们对处在不同社会地位的人是区别对待的。那些身份低微的人是不被关注的——我们可以粗鲁地对待他们，无视他们的感受，甚至可以视之为'无物'。"[①] 如果这样的现象得不到改变，个体的发展仍然会受到压抑。因此，今天重塑国民性格，首先应该从培育真正的个体入手。

制度创新与政府行为在培育真正的个体方面是大有可为的：给每个人同等的生存与发展机会，给每个人同等程度的尊重，让每个人都觉得活得有尊严、有意义、有价值。政府真正把尊重人的价值、改善民生放在首位，让普通民众公平参与公共决策，在政治生活中表达自己的意愿，并尽可能多的提

---

① 阿兰·德波顿：《身份的焦虑》，陈广兴等译，上海译文出版社 2007 年版，第 4 页。

供公共产品、完善公共服务，使每个人真正懂得并能在实际生活中体会到，自己既是一个有尊严、有自由意志的个体，又是这个国家和民族的一份子，愿意为社会、为国家与民族承担责任、贡献力量。

对个人进行国民意识的教育也是培育个体的有效途径。当前的国民教育还存在诸多需要改进之处：教育过于注重升学率（中小学），过于强调学习成绩与技能培训，而忽视了人的培养本身。一个好的国民，首先应该是一个合格的"人"。当前的学校教育不是把学生作为一个人在培养，而是把他作为一个从业者在培养。结果是，学生在学校学到了知识与技能，却在做人方面基本上是空白。韩愈给师者列出的"传道、授业、解惑"的三项职责，如今只剩下授业这一项了。在市场经济条件下，人很容易被作为获取效用的资源使用（所谓人力资源），因而容易被视为单纯的生产要素，被仅仅作为劳动者对待。哈贝马斯认为，职业需求和教育观念会发生冲突，在当今社会，"这种古老的冲突还在继续，主要表现为人格教育和技能训练之间的矛盾。"① 正因为如此，国民教育才显得尤为重要。国民教育切忌讲授和宣传空疏的大道理，应该具体培养国民的互相信任、互相尊重、理性与责任、正义感、平等待人、对他人即公共事务的关怀等国民意识。此外，国民教育既要注重"学"，即了解并懂得怎样做一个国民的道理，也要注重"习"，即把所学的道理在实际生活中进行运用，所谓"学而时习之"，当此之谓也。目前的道德教育往往是只注重灌输道理，而忽视将所学道理在实际生活中进行训练与实习，也缺乏在这方面的制度安排，所以道德方面的"知"与"行"严重脱节：人们知善而不行善，明明知道什么是该做的，什么是不该做的，但实际行动起来还是随心所欲，与所学的道理背道而驰。根据王阳明的观点："知而不行，只是未知"，因为"知"与"行"是分不开的，知到"真切笃实处便是"行，行到"明觉精察处便是知"②，据此我们可以认为，现实生活中人们知善而不行善，只是未真知而已：人们只是"知道"了某一道理，而并没有"懂得"这一道理。这一方面是因为对国民所进行的道德教育，理论过

---

① 哈贝马斯：《公共领域的结构转型》，曹卫东等译，学林出版社1999年版，第52页。

② 王守仁：《传习录》中，《王阳明全集》，上海古籍出版社1992年版，第42页。

于空泛，或过于高远，没有针对人的实际生活，没有从对待群我关系、人我关系的一言一行，一举一动，一念一想这样的具体问题入手。另一方面，没有在实际生活中去训练人们的言行、举动与念想。因此，今天的国民教育不能再仅仅满足于口头教育与舆论宣传，而必须落实到移风易俗、人格培育、习惯养成等方面。正确处理"传"与"习"（传授道理的人首先自己必须做到）、"学"与"习"（所学的道理要在实际生活中通过言行体现出来）的关系，这需要进行社会的教育、宣传等方面的制度改革与创新。

　　培育社群组织，让民众自由地参与社群活动，是训练国民进入公共生活的手段之一，也是培育个体的重要途径。诺贝特·埃利亚斯指出："任何人类个体，惟当他在他人组成的社会里学会行动，学会言说和产生感情，他才长大成人。"①这和我们所说的"习"的意思大体相当，如果社会不存在这样的交往网络，个人之间就是隔绝的、封闭的。这样的个体，眼里只有他自己的世界，心里只有自己的感受、需要与利益。他不理解他人，不会考虑他人的感受与需要，不会试图站在他人的立场上思考问题，当然也就不会想到与他人沟通、合作，更不会为了公共利益、公共事务与其他的个体联合起来、组织起来。这样，公共生活所需要的个体之间的信任、理解、合作、团队精神等，都会被冷漠、怀疑、提防、疏远等代替。这样的个体只是生物学意义上而不是社会意义上的个体，因为他不具备融入社会的条件与资格。如果让人们自由地参与各种社群活动，在与他人交往中学会理解、宽容、协商以及尊重和关怀，个人就会跳出自己的狭隘世界，慢慢懂得，他人对自己而言不仅仅是对象，是客体，是实现利益的中介，是竞争者，同时也是与自己一样的主体；他人并不是与自己漠不相关、甚至是对自己构成威胁的人，而同时也是合作者，是有着共同需要、共同利益的人。诺贝特·埃利亚斯用颇具文采的笔触写出了个体的这种转变，亦即真正个体的形成：

　　只有当单个的人不再以这种仅从自我出发的方式去思考，只有当他在观察世界的时候，不再像某个人从其寓所的"里面"去眺望"外面"的马路，

---

　　①　诺贝特·埃利亚斯：《个体的社会》，翟三江、陆兴华译，译林出版社 2003 年版，第 86 页。

去眺望在自己"对面"的一排排房屋那样；只有当他能够摒弃这一切——在思想和情感上同时完成一种新的哥白尼式的转变——用一种街道是延伸贯通的、运动着的人类关系网是处于整体的关联之中的这种眼光来审视自己和自己的居所，那么，他的那种感受，那种以为自己是"内在"独立的和自为的，他人是某种由一道深渊与自己隔开的东西，是自己面前的一处"风景"，一个"周围世界"，一个"社会"的感受，才会逐渐淡化下去。①

公共生活中个体的信任、责任、理性、关怀、国民意识等品质，是建立在个体充分发育的基础上的。换言之，个体首先是一个独立而独特的个体，即一个有自己的鲜明个性、能用自己的头脑思考问题并具有个人德性与公共德性的人。这样的个人才会时时把持自己与他人交往的行为方式。根据埃利亚斯的说法，如果个人在公共生活中失去对自身的控制，对他来说更大的危险不是来自他人，而是来自他自身——来自恐惧、羞耻，或者来自良心谴责。② 生怕自己的行为不当，时时用公共生活准则约束自己，这才是一个成熟的个体。这样的个体既是独特的，有着自己的独立思想、自由意志和鲜明的个性特征的，又是能进入社会的合作体系、理性规约自己的行为并有着公共性情怀的，就这两者的关系而言，后者是前者的转向与升华。而无论是个体个性的形成，还是将这种个性转化或升华为公共性情怀，都必须在从事社会活动中才能完成，所以说："单个人可塑的心理功能，唯有在与他人的交往中经受漫长而艰难的精雕细琢后，他的行为驾驭才可获致那种与众不同的形态性质，那种能标示出人类特有的个体性的形态性质。唯有通过社会的塑造，个人才在一定的带有社会特征的性格框架中形成那些使他不同于自身社会所有其他成员的性格特征和行为方式。社会不光产生一致化和类型化，也还产生个体化。"③

---

① 参见诺贝特·埃利亚斯：《个体的社会》，翟三江、陆兴华译，译林出版社2003年版，第67页。

② 参见诺贝特·埃利亚斯：《个体的社会》，翟三江、陆兴华译，译林出版社2003年版，第134页。

③ 诺贝特·埃利亚斯：《个体的社会》，翟三江、陆兴华译，译林出版社2003年版，第71页。

　　培育社群及各种社会组织，应尽量发挥民众自治的作用。社群组织本来就是社会成员参与社会管理的领域，尽可能地让民众进行自我管理，减少行政干预，是公共生活的应有之义。让民众自己管理自己的事务，民众自然就有了自己是社会主人的感觉，这种主人意识能使国民产生责任感和尊严感，从而不仅更加积极地参与公共事务，而且能更加自觉地约束自己的行为，因为他们觉得公共事务既然是自己的事，就应该以主人的态度与方式来处理。这样做的好处还在于，让民众自己管理自己的事而不是凡事都由公权力介入，可以缓解公权力与民众的紧张对立，避免造成公众对公权力的不信任甚至抵触情绪。即使是对必须进行惩戒的行为，公权力介入时也要采取正当方式，并尽量发挥民间组织自身的作用。雅诺斯基在谈到对民众行为的惩戒时说，惩戒最有效的做法不是警察作为陌生人来抓人，而是动员社区内各群体来提供观察和社会压力。① 唤起不当行为者的羞耻心，让其处于社区民众的舆论监督之下，往往比单纯的行政惩戒更有效。② 尽量动用社区民众的力量来管理社区的事，不仅能够增强民众的公共意识、训练民众的自律能力，而且由于事务在社群内部自己解决，使得被管理者能感受到一种温馨的气氛，而不是公权力介入时的那种冷冰冰的感觉，因而更有利于构建和谐社区。除此之外，民众的自我管理还能降低社会管理成本，科斯就指出："假定由政府通过行政机制进行管制来解决问题所包含的成本很高（尤其是假定该成本包括政府进行这种干预所带来的所有结果），无疑，通常在这种情况下我们会假定，来自管制的带有害效应的行为的收益将少于政府管制所包含的成本。"③ 这对处于转型期的中国来说，应该引起特别的关注。

　　宣示共有价值，确立共有价值的权威，不仅有利于人际认同，也有利于

---

　　① 参见雅诺斯基：《公民与文明社会》，柯雄译，辽宁教育出版社 2000 年版，第86页。

　　② "通过社区成员之间的传播（甚至通过社区的社会压力和街谈巷议）让犯有过失者蒙羞，然后再帮助他改邪归正。要避免直接对峙，但是应当让他明白人们议论了他；要避免贴标签，而应该采取具体步骤让未尽义务者在今后尽义务。"（雅诺斯基：《公民与文明社会》，柯雄译，辽宁教育出版社 2000 年版，第 87 页）

　　③ Ronald H. Coase,"The Problem of Social Cost", *Journal of Law and Economics* Ⅲ (October 1960)，p.11.

培养个体的精神品质。现代社会尽管强调个人的自由、平等、权利等，但如果没有一个大家共同信奉的价值体系，这些东西都只会是空话，不仅自由、平等、个人权利得不到实现，就连基本的生活秩序都没有保障，而在一个没有秩序保障的社会，人们除了相信自己之外，谁都不会相信；除了关心自己的利益之外，其他的一切都不会关心。麦金太尔就认为："只有在系统的、善得到明确规定而个体于其中扮演和变换既定角色的行动形式中，才能体现以善和最善为目标的合理性行动标准。做一个合理性的个体，就是要参与这种形式的社会生活，就是要尽可能地遵循这些标准。"[1] 没有一个大家共同认可的价值标准，个人就会各行其是、为所欲为，处于转型期的社会尤其如此。有学者就指出："如今，共有的价值体系已名存实亡，生活的伦理秩序失去了一致性，各种利益行为的冲突和某些极端的利益行为已在把社会推向道德失序状态。"[2] 在这样的时候，宣示共有价值，确立共有价值的权威显得尤为重要。

由于中国传统社会权力过于集中，个人处于被压抑状态，加上宗法关系的束缚，个人实际上并不具备真正的个人德性，个人在社会生活中履行的道德行为，其实只是他的角色对他的要求，而不是他自主选择的结果，从这个意义上说，传统社会并没有个体道德，而只有角色伦理。当社会结构发生变化，角色消失或变换，原有的道德约束就会消解。一旦个人成为一个独立的个体，加上个人权利意识的觉醒以及物质利益的诱惑，此时若没有共有价值的维系，个人就会失去道德方向感和维度，公共道德的阙如就立马显现出来。因此，转型期的中国社会应把宣示共有价值，确立共有价值的权威放在重要位置。政府可通过宣传、舆论、教育等方式，让正义、公平、人道、协作互助、个人德性、公共理性与公共精神等深入人心，形成一种社会氛围，并通过相关的制度与法律规范确立下来，使之成为高于个人价值选择的共有价值体系。每个人都必须在遵循这些价值要求的前提下参与公共生活，任何人都不得例外，无论是政府官员、公职人员还是普通民众，

---

[1]　麦金太尔：《谁之正义？何种合理性？》，万俊人等译，当代中国出版社1996年版，第197页。

[2]　刘小枫：《现代性社会理论绪论》，上海三联书店1998年版，第517页。

都应该将社会的共有价值视为权威，用以约束自己的行为。公共生活需要这样的权威，无论是霍布斯的"利维坦"还是卢梭的"社会契约"，无论是康德以"人是目的"为理念的"理性的公开运用"还是黑格尔的"绝对理念"，都表达了某种高于个人之上的、防止个人为所欲为、任性放纵的权威。或许我们不同意上述某种权威的表达方式及其理论演绎，但从抽象的意义上说，在个人的自由选择之上树立某种个人敬畏的因素或向往的目标，则应该是具有合理性的。罗斯金认为："对权威和群思的服从意味着人类有个根深蒂固的需要——几乎是天生的——把自己融入群体并遵守它的规范。或许这正是使人类社会成为可能的原因。"① 即使是罗尔斯所推崇的"重叠共识"与哈贝马斯所宣称的"商谈伦理"，也不可能在独立的、异质的个体之间自然发生，而必须有某种被每个人共同接受的价值观以及个人相应的德性，如果没有对正义的追求及正义感，没有平等的理念及按此理念行为的素质，没有人道的情怀及相应的品质，没有理解、信任、宽容、公共理性等，一切都无从谈起。

对共有价值的恪守可能成为行政合法性和个人行为合法性的来源，根据每个国家和民族的历史传统与社会实际，合法性可能不止一种形式，雅诺斯基就认为："合法性可有多种形式：在瑞典表现为人们广泛持有的'人民家园'和福利国家信念；在英国表现为'社会契约'感；甚至在美国，人们对于通过市场上的有限交换运作的'滴入式经济'的间接总体交换也往往表现出肯定的态度。"② 根据这一思路，转型期的中国应特别注意将民族认同和国家认同即爱国主义作为当前的共有价值之一。尽管中华民族一直以来就有爱国主义的光荣传统，但长期以来，爱国主义一直是作为一种情感而不是作为一种公共生活品质被提倡。公共生活要求人们除了保持自己独立与自由个性外，还应该有团体、社群、民族、国家等群体的归属意愿和归属感，哈贝马斯从人际认同的角度谈了民族归属感的作用："民族归属感促使以往彼此生疏的人们团结一致。"③"民族或民族精神是最初的现代集体认同形式，为法

---

① 迈克尔·罗斯金等：《政治科学》，林震等译，华夏出版社 2001 年版，第 10 页。
② 雅诺斯基：《公民与文明社会》，柯雄译，辽宁教育出版社 2000 年版，第 168 页。
③ 哈贝马斯：《包容他者》，曹卫东译，上海人民出版社 2002 年版，第 131 页。

治国家形式奠定了文化基础。"① 他还认为，"这一过程（指民族意识的形成过程——引者注）导致公民资格具有双重特征，一种是由公民权利确立的身份，另一种是文化民族的归属感。"② 民族认同的双重作用——国民权利确立的国民身份与文化的归属感——对今天的中国人具有特别的意义。传统的中国社会对民族国家的认同与宗法等级牢牢地绑在一起，国不过是家的放大，国君是最高的家长，因而这种认同只是对血亲家庭认同的移情，其中起作用的也主要是自然情感。由于以宗法等级关系为核心的国家里没有个人权利的概念，没有对等的权利义务，只有层层的等级约束，因而人们对国家民族的认同不是作为独立个体的自觉认同，尽管也有"天下兴亡，匹夫有责"的说法，但人的身份只是臣民而不是人民，没有让个人以国家主人的身份来发挥作用。用哈贝马斯的话说，此时的国家还只是"代表型公共领域"，不是一个社会领域，也不是一个公共领域。它只是一种地位的标志，占据这一地位的人把它公开化，使之成为某些"特权"的体现。③ 这种代表型公共领域，把统治集团和特权阶层的利益冒充为公共利益，而普通民众则没有追求正当利益的权利。很明显，这样的爱国主义完全出自于自然或自发的情感，而不是基于理性的自由选择。今天将爱国主义与人民权利结合起来，能让每个人认识到，国家的事就是自己的事，因而应以主人的姿态和负责任的态度对待国家事宜，雅诺斯基把这样的爱国主义称为"负责的爱国主义"，认为这种爱国主义能够促进民族融合与国家的团结统一。④ 他还认为，"负责的爱国主义立场还要求公民对国家采取积极态度。它不允许那种消极的犬儒主义态度，只批评国家而不为自己的社会作贡献。"⑤ 对处于社会转型期的中国来说，提倡爱国主义与民族文化认同还有另一种意义：使

---

① 哈贝马斯：《包容他者》，曹卫东译，上海人民出版社 2002 年版，第 133 页。

② 同上。

③ 参见哈贝马斯：《公共领域的结构转型》，曹卫东等译，学林出版 1999 年版，第 6—7 页。

④ "负责的爱国主义能使民族国家团结起来，而不是使它分裂，而民族特性论若引起各民族群体之间的竞争，就可能导致国家分裂。"参见托马斯·雅诺斯基：《公民与文明社会》，柯雄译，辽宁教育出版社 2000 年版，第 91 页。

⑤ 同上。

每个人都能在转型期的失序状态下找到一种历史的维度，知道我们是从何而来，也知道我们将往哪里去。费尔南·布罗代尔在《论历史》中说："一种文化的历史，更确切地说，它的'命运'，是一个序列，或者用我们当代的术语说，是一种长时段的动力结构。"① 所以他认为，"一个文明就是一个文化的各种特征和现象的总合。"② 无论社会如何演变，无论我们所面对的社会生活和社会现象如何风云变幻，那都是我们这个国家与民族必须经历的嬗变，它的目标是公平、正义、富足、和谐的社会。为此，我们每个人都有责任使社会朝好的方面转化，这样一种历史使命感和社会责任感能使人们从封闭的、短视的、纯个人功利的、找不到归属的自我中走出来，成为这个国家和民族的一份子。让人们拥有历史延续感，使人们具有源于过去伸向未来的代代相连的整体感觉，就会激发人们的工作热情与和衷共济的精神，无疑，这既是一种国民意识，又是一种公共精神，这样的个体才是当前所需要的。

第五节　物化时代的个人

社会转型期的个体培育，除了进行相应的制度改革以及改善政府行为之外，个人也是要承担起相应责任的，这是一种自己对自己的责任。约翰·密尔提出了"对己的义务"这一概念，认为"这个名词如果除谓自慎之外还有什么更多的意义，那就是指自重或自我发展。"③ 这里所说的自慎、自重、自我发展，既指个人的教养，又指人的精神品质，特别是指在物欲中保持清醒、保持人应有品质的心理与智慧。尽管密尔是功利主义的著名代表，但他在强调功利的同时，也强调人的自我完善。在《论自由》一书中，他列举了很多与人的称号不相称的行为特征和不良品质，比如，性情的残忍、狠毒和

---

① 费尔南·布罗代尔：《论历史》，刘北成、周立红译，北京大学出版社 2008 年版，第 210 页。

② 同上书，第 198 页。

③ 约翰·密尔：《论自由》，程崇华译，商务印书馆 1959 年版，第 85 页。

乖张，妒忌，作伪和不诚实，无充足原因而易暴怒，不称于刺激的愤慨，好压在他人头上，多占分外便宜的欲望，借压低他人来满足的自傲，以"我"及"我"所关心的东西为重于一切、并专从对己有利的打算来决定一切的唯我主义；再如鲁莽、刚愎、自高自大，不能在适中的生活资料下生活，不能约束自己免于有害的放纵，追求兽性的快乐而牺牲情感上和智慧上的快乐；还有：侵蚀他人的权利，在自己的权利上没有正当理由而横加他人以损失或损害，以虚伪或两面的手段对付他人，不公平地或者不厚道地以优势凌人，以至自私地不肯保护他人免于损害等，这些都被他视为道德上的邪恶和令人憎恶的道德性格。① 如果一个人身上带有这些令人憎恶的道德性格，那他就不是一个合格的国民，甚至不是一个合格的人。这些性格无论是何种原因引起的，无论是受到何种条件的影响造成的，都与人自己放弃自我完善的主观努力有关，这在充满物欲诱惑的市场经济时代表现得特别明显，我们应该对此有清醒的认识。

我们所说的公共生活社会形态，是与市场经济社会平行的社会发展阶段，也就是马克思所说的"以对物的依赖为基础的人的独立性"阶段，这一阶段的一个重要特征就是人必须占有物才能得到生存与发展。历史演绎的逻辑本来是很清楚的：在人与人的依赖阶段，个人受到各种自然形成的关系的束缚，不能获得真正的独立，因而难以形成具有鲜明个性特征的主体性。人与人的依赖关系被斩断之后，人开始了自己的独立发展进程，此时，"任何单个个人都是某种唯一性的、某种与众不同的东西，他是一个生命体，这个生命体以特定的方式感受除他自己外别人无法感受的东西，体验自己而非他人体验到的东西，干自己而非他人干的事情。"② 社会由一个个这样的个人组成，这使得社会充满活力。但是，如果个人将自己的个性仅仅视为与众不同的东西，即刻意表现自己与众不同的地方，或者是固守自己所谓的个性而不与他人交往、合作、协商、达成共识，这样的个人就可能永远是孤立的个体，不可能与他人一起组成社会。泰勒就认为，不是所有的个人特征都是社

① 参见约翰·密尔：《论自由》，程崇华译，商务印书馆1959年版，第84、85页。
② 诺贝特·埃利亚斯：《个体的社会》，翟三江、陆兴华译，译林出版社2003年版，第86页。

会需要的，人们应该明了哪些个性特征是有意义和有价值的。[①] 人以对物的依赖为基础来发展自己，是要发展出与人所处的历史阶段相适应的心灵结构，发展出具有社会意义的个性特征，发展出作为一个社会个体所应该具有的精神品质、文明素质与人道情怀。一句话，就是要发展为一个与人的称号相称的真正的个人。

但是，既然这一阶段人的发展必须以依赖物作为条件，这就带来了另外的问题：人对物的依赖使得人认为占有物就是最终目的，因为在市场经济社会，物（商品、货币、资本、财富）几乎无所不能，靠人自身难以办到的事，用物就能到达目的；此外，物还能提供人消费、享受的条件，能证明人的价值，能提升人的社会地位等。这样的生活事实，使人觉得物（货币、资本、财富）是无所不能的神。马克思说："货币，因为具有购买一切东西、占有一切对象的特性，所以是最突出的对象。货币的这种特性的普遍性是货币的本质的万能；所以它被当成万能之物。"[②] 这种情况被马克思称为"商品拜物教"，因为货币是所有交换的媒介，所以人们把它当作神崇拜："钱蔑视人所崇拜的一切神并把一切神都变成商品。钱是一切事物的普遍价值，是一种独立的东西。因此它剥夺了整个世界——人类世界和自然界——本身的价值。钱是从人异化出来的人的劳动和存在的本质；这个外在本质却统治了人，人却向它膜拜。"[③] 一切商品本来都是人创造的，是人的劳动的结果，因而其中凝结着人的本质力量，那为什么人不崇拜人自身，而要崇拜人活动的对象和结果？那是因为，在市场经济社会，人的一切活动的关系以及人与人的关系，在形式上都表现为物与物的关系："商品形式的奥秘不过在于：商品形式在人们面前把人们本身劳动的社会性质反映成劳动产品本身的物的性质，反

---

① "定义自我意味着找到我与他人的差异中哪些是重要的有意义的。我可能是唯一的头上恰好有 3732 根头发的人，或者刚好与西伯利亚平原上的某棵树高度相同，但这又有什么意义？如果我说，我定义自我是通过我自己准确表达重要真理的能力，是通过我无与伦比的弹钢琴的能力，或者是通过我复兴先辈传统的能力，那么我们就处在自我定义的可承认的范围之内。"（查尔斯·泰勒：《现代性之隐忧》，程炼译，中央编译出版社 2001 年版，第 40—41 页）

② 《马克思恩格斯全集》第 42 卷，人民出版社 1979 年版，第 150 页。

③ 《马克思恩格斯全集》第 1 卷，人民出版社 1956 年版，第 448 页。

映成这些物的天然的社会属性，从而把生产者同总劳动的社会关系反映成存在于生产者之外的物与物之间的社会关系。由于这种转换，劳动产品成了商品，成了可感觉而又超感觉的物或社会的物。"① 这样，无论是人与自身需要的关系，还是人与人的联系，物（货币）就成了普遍的中介："货币是需要和对象之间、人的生活和生活资料之间的牵线人。但是，在我和我的生活之间充当中介的那个东西，也在我和对我来说他人的存在之间充当中介。"② 所以马克思的结论是，"劳动产品一旦作为商品来生产，就带上拜物教性质，因此拜物教是同商品生产分不开的。"③

马克思所说的"拜物教"，在卢卡奇那里被称为"物化现象"，这种现象使人的所有活动及关系都表现为"占有"和"出售"，因而人不仅被物所掌控，而且在心理与精神上都带有物化特征："它在人的整个意识上留下它的印记：他的特性和能力不再同人的有机统一相联系，而是表现为人'占有'和'出卖'的一些'物'，像外部世界的各种不同对象一样。根据自然规律，人们相互关系的任何形式，人使他的肉体和心灵的特性发挥作用的任何能力，越来越屈从于这种物化形式。"④ 在卢卡奇看来，物化现象在商品经济社会是不可避免的："在资本主义发展过程中，物化结构越来越深入地、注定地、决定性地沉浸入人的意识里。"⑤ 由此可见，在人通过占有物获得自己的独立性之后，人并没有踏上平坦的发展之途，相反，人与物的关系从来没有像现在这么错综复杂：一方面，人必须占有物才能谋求生存与发展，才能实现自己的价值；而与此同时，人越是占有物，就越有可能被物所统治和奴役。在社会活动中，人们只有通过广泛的社会分工、社会交往和普遍联系才能获取物质生活资料，这需要人们的相互协作和彼此信任；但另一方面，经济生活甚至全部社会生活普遍的竞争关系又使得社会成员之间的关系处于紧张状态。普遍的商品交换，既是人的劳动获得社会承认的方式，在某种意义上也是人

---

① 《马克思恩格斯文集》第 5 卷，人民出版社 2009 年版，第 89 页。
② 《马克思恩格斯文集》第 1 卷，人民出版社 2009 年版，第 242 页。
③ 《马克思恩格斯文集》第 5 卷，人民出版社 2009 年版，第 90 页。
④ 卢卡奇：《历史与阶级意识》，杜章智等译，商务印书馆 1996 年版，第 164 页。
⑤ 同上书，第 156 页。

实现自己价值的方式，但与此同时，这种普遍的交换会导致社会生活中工具理性横行，甚至使人把人最宝贵的东西如人格、尊严、良心、爱情等用来交换。莫泽斯·赫斯在论述货币的这一特性时指出："货币是交换价值。凡是不能拿去交换、不能出卖的东西，也就没有价值。"[①] 因此，人能不能在占有物的同时摆脱物的统治与奴役，能不能在物欲横流的现实生活中保持自己人性的因素，并使之继续丰富与发展，是人能不能自我救赎的重要标志。马克思在分析市场经济社会的异化时，同时也指出了这种异化具有的积极作用："人的本质只能被归结为这种绝对的贫困，这样它才能够从自身产生出它的内在丰富性。"[②] "通过私有财产及其富有和贫困——物质的和精神的富有和贫困——的运动，正在产生的社会发现这种形成所需的全部材料"。[③] 这就是说，人在占有或拥有物的同时，必须时时意识到自己的发展目标，注意发展自己"内部的丰富性"，如果人甘愿沉沦于物欲之中，甘愿被物所统治、支配和奴役，那就只有经济动物和消费机器而没有人了，公共生活当然也就无从谈起了。

查尔斯·泰勒表达了他关于现代性的三个隐忧："第一个担心是关于我们可以称作意义的丧失、道德视野的褪色的东西。第二个涉及在工具主义理性猖獗面前目的的晦暗。第三个是关于自由的丧失。"[④] 在一个物化的时代，这样的担忧并不是杞人忧天。如果人没有高度的精神自觉，如果没有个体的主体性觉醒，就很可能让这种担忧变为现实。著名的经济学家阿马蒂亚·森说，"在今天，所谓的苏格拉底问题（Socratic question），即'一个人应该怎样活着？'这一对伦理学说来发人深省的核心问题，对当代人来说仍然是一个具有挑战性的问题。"[⑤] 一个人应该怎样活着，对个人来说，是一个永恒的问题，即无论何时都是无法回避并需要作出回答的问题。正视这一问题，并

---

① 莫泽斯·赫斯：《论货币的本质》，《赫斯精粹》，邓习议编译，南京大学出版社2010年版，第146页。

② 《马克思恩格斯文集》第1卷，人民出版社2009年版，第190页。

③ 同上书，第126页。

④ 查尔斯·泰勒：《现代性之隐忧》，程炼译，中央编译出版社2001年版，第12页。

⑤ 阿马蒂亚·森：《伦理学与经济学》，王宇、王文玉译，商务印书馆2000年版，第8页。

努力用自己的行动回答这一问题，也就是在寻找人生的意义与价值。诚然，人活在世上，要吃，要喝，要繁殖后代，但如果认为人生就是如此，那就失去了人生应有的意义与价值。费希特说："我吃我喝，难道仅仅是为了我能再饥再渴，再吃再喝，长此下去，直至启于我足下的坟墓将我吞噬，我自己成为蛆虫的食物吗？我繁殖与我一样的生物，难道也是为了他们能吃喝和死亡，留下一些与他们一样的生物，去干我已经干过的事情吗？"① 费希特认为，如果人的生活仅仅满足于此，那就不是真正的人的生活，而只是一场游戏，在这场游戏中，"一切东西都是为了毁灭而生成"，② 没有任何意义。我们所问的问题：一个人应该怎样活着？是指的"人"的生活意义而不是一个生物体的自然生成与消亡过程。在物化时代，当我们追寻人活着的意义时，我们问的是关涉人性的因素，问的是应该怎样定义自我，因为人性与自我是最容易被物所淹没的东西。

人性因素是人之所以为人的最基本因素。思想家们一般认为，在物欲泛滥的时代，必须保持、丰富、发展人性因素，这样才不至于丧失人之为人的基本特征。而要想随着社会的发展不断提升与丰富人性的内涵，就应该正确处理人与物的关系以及人的内心世界与物质欲望的关系。阿兰·德波顿在谈到人们对自己的身份经常感到焦虑时说："令人奇怪的是，人类物质方面的实际拥有极大地丰富了，随之而来的竟然是一种挥之不去且愈显强烈的'一无所有'的感觉，以及对这种感觉的恐惧！"③ 这就是人的永无止境的欲望引起的一种心理感受，这种感受把占有物、享受物作为人生唯一的也是终极的目的，人反而成了手段。康德告诫人们任何时候都要把人看作是目的，永远不能只看作是手段。④ 如果你把人自身看作目的，你就会在物的世界中保持一份人的清醒与理性，你就不会为了获得或拥有物而把别人（包括自己）作

---

① 费希特：《论学者的使命 人的使命》，梁志学、沈真译，商务印书馆1984年版，第165页。

② 同上。

③ 阿兰·德波顿：《身份的焦虑》，陈广兴、南治国译，上海译文出版社2007年版，第37页。

④ 参见康德：《道德形而上学原理》，苗力田译，上海人民出版社1986年版，第81页。

为手段。哈贝马斯也谈到人性:"纯粹人性一词听起来就是要求根据自身规律自行完善的内在世界从任何一种外在目的当中解放出来。"① 另一个德国人费希特说:"因为人本身就是目的,他应当自己决定自己,绝不应当让某种异己的东西来决定自己。"② 哈贝马斯所说的"外在目的",费希特所说的"异己的东西",都是指人之外的某种东西,主要是物(商品、货币、资本等)。如果将占有物和享受物作为目的,人就沦为这种活动方式的手段,人就会被物所奴役、所统治,这时候物就成了"异己的东西",即与人的内在本质和人性格格不入的东西。

这样看来,保持和发展人性因素是与如何定义自我紧密相连的,如果你注重人性的因素,就会用其中的精神价值来定义自己。查尔斯·泰勒说,应该以"我最重要的规定关系得以出现的道德和精神方向感,来定义我是谁。"③ 这就是说,任何自我都是某个群中的自我,根据群的生活及发展的要求定义自己,自觉履行其中的道德义务,就找到了自己的方向感。"知道你是谁,就是在道德空间中有方向感;在道德空间中出现的问题是,什么是好的或坏的,什么值得做和什么不值得做,什么对你是有意义的和重要的,以及什么是浅薄的和次要的。"④ 根据人自身就是目的而不是手段的观点,占有物只是发展自我的手段,人的精神品质的培养,人在道德上的自我完善,个人为社会和他人做一些有益的事,这才是有意义的、有价值的;而满足物欲与追求物质享受则是浅薄的和次要的。

但是,人毕竟生活在一个天天和物打交道的时代,每一个个人毕竟必须先有物质条件才能谈得上发展自我,没有了物质生活条件,一切都无从说起,不可能有一个脱离生活世界的纯粹人性,不可能有不食人间烟火的所谓精神需求。费希特就认为,"人的真正精神,即完全自在的、孤立的、与自

---

① 哈贝马斯:《公共领域的结构转型》,曹卫东等译,学林出版社 1999 年版,第 51 页。

② 费希特:《论学者的使命 人的使命》,梁志学、沈真译,商务印书馆 1984 年版,第 9 页。

③ 查尔斯·泰勒:《自我的根源:现代认同的形成》,韩震等译,译林出版社 2001 年版,第 49 页。

④ 同上书,第 38 页。

身之外的某物毫无关系的纯粹自我到底是什么？这个问题是不可能回答的，更确切地说，这个问题包含着一种自相矛盾。"① 很明显，要寻找一个与自身之外的物毫无关系的纯粹自我，是根本不可能的。因为人总是现实的人，他必须和周围的一切发生关系。更重要的是，"人只有凭借现实的、感性的对象才能表现自己的生命。"② 没有了现实世界，人什么也不是，什么也做不了。费希特说这个问题根本不可能回答，也是这个意思。根据费希特的论证逻辑，"自我"有一个"非我"作为对立面，自我只有克服并扬弃"非我"，才能获得自我的发展。因此，按照他的意思，没有"非我"，"自我"就不可能设立和定义；摆脱"非我"的束缚与奴役，自我才能真正站立起来。所以说："使一切非理性的东西服从于自己，自由地按照自己固有的规律去驾驭一切非理性的东西，这就是人的最终目的。"③ 这也是笔者在上面说的，保持与发展人性的因素，不要使人被物所淹没，是人的自我救赎——若非如此，人就不符合人的称号了。因为"人并不是物件，不是一个仅仅作为工具使用的东西，在任何时候都必须在他的一切行动中，把它当作自在目的看待。"④

　　因此，社会转型期个体的自我培育，是和如何定义自我密切相关的。中国传统社会的自我是缺失的，当转型期的中国社会急切呼唤健全自我的时候，每个人都应该认真想想如何定义自我。有人说，现在是信仰迷茫甚或是信仰缺失的时代，人们除了追求实际利益，除了相信金钱，其他都不关心。但是，相信"人不为己，天诛地灭"，相信"人为财死，鸟为食亡"，相信人生就是吃喝玩乐，相信凡事都靠金钱开路等，难道也不是一种信仰吗？正如赫斯所言："每个人无论信仰什么，他总得信仰。谁否认这点。那就是自我欺骗。"⑤

---

　　①　费希特：《论学者的使命 人的使命》，梁志学、沈真译，商务印书馆 1984 年版，第 6 页。

　　②　《马克思恩格斯文集》第 1 卷，人民出版社 2009 年版，第 210 页。

　　③　费希特：《论学者的使命 人的使命》，梁志学、沈真译，商务印书馆 1984 年版，第 11 页。

　　④　康德：《道德形而上学原理》，苗力田译，上海人民出版社 1986 年版，第 81 页。

　　⑤　莫泽斯·赫斯：《关于柏林的"自由人"协会》，《赫斯精粹》，邓习议编译，南京大学出版社 2010 年版，第 64 页。

如果持有这样的所谓信仰，我们就不会有公共生活，因为我们仿佛回到了丛林；如果都是这样的信仰，甚至不会有"人"，因为人已完全被物所淹没。

人被物所淹没造成的后果，就是人性被物性所代替。当人们需要从人性出发去看待某件事的时候，人们可能看到的是物性（金钱）。人们之间的冷漠、疏远、敌视乃至漠视生命，其根本原因还是因为人性越来越淡漠、越来越褪色。人性中的一些基本东西是促使我们按人的方式行为的关键因素，泰勒说："我们承认为道德的最急迫和最有力的一组要求，涉及尊重他人的生命、完整和幸福，甚至还有事业有成。当我们杀害或摧残别人，盗窃他们的财产，恐吓他们并剥夺他们的安宁时，甚或当他们处于危难之中却拒绝帮助他们时，我们就违背了这些要求。"① 孟子说，每个人生来就有恻隐之心，因此，当看到一个孩童快要掉到井里去了，就自然产生"怵惕、恻隐之心"，挽救小孩使其不掉入井中，不是想和孩子的父母结交——"非所以内交于孺子之父母也"（不是因为孩子的父母有权、有势或有钱而想和他们攀交情）；不是想在乡亲们面前扬名——"非所以要誉于乡党朋友也"（不是想获得一个"见义勇为"的称号）；也不是因为孩子的哭声让人心里不舒服——"非恶其声而然也"，而只是出于人性的本能。② 在这里，所有的外在目的全部被排除了，只剩下人的内在因素——只要你是人，你就会这样做，否则就不是人了，所以说"无恻隐之心，非人也"。③ 我们再一次看到孟子所表达的"能"与"为"的关系：对别人的灾难、痛苦、不幸及危险境地置若罔闻，不愿伸出援手，不是你不"能"，而是你不"为"。泰勒也认为，"杀害或伤害另一个人似乎受到了自然的、与生俱来的良心的责备，人们自然地、天生地倾向于帮助受到伤害或处于危险中的人。"④ 这里同样是强调了人性的因素与良心的作用。但是，占有物和享受物的欲望使有些人眼里只有物，并同时

---

① 查尔斯·泰勒：《自我的根源：现代认同的形成》，韩震等译，译林出版社 2001 年版，第 5 页。

② 《孟子·公孙丑》，《诸子集成》第一卷，长春出版社 1999 年版，第 56 页。

③ 同上。

④ 查尔斯·泰勒：《自我的根源：现代认同的形成》，韩震等译，译林出版社 2001 年版，第 6 页。

把别人对物的需要看作是对自己的威胁，这就导致了这些人没有了人情味，这一点弗洛姆说得很清楚："现代人所有的人际关系特征进一步加深了他的孤立及无能为力感。一个人与他人的具体人际关系已失去了其直接性与人情味特征，而呈现出一种操纵精神与工具性特点。市场规律是所有社会及人际关系的准则。很显然，竞争对手之间的关系必须以人与人间的相互漠不关心为基础。"①

这些对他人冷漠的人，其实对自己的内心世界，对自己的情感、人格、尊严等也是冷漠的，因为这些东西也被他所物质化。在这些人眼里，一切都是买卖和交换，因而只有金钱才是最值得拥有的东西。赫斯就用这种人的眼光表达了这样的观点："金钱是用数量来表示的人的活动的价值，是我们的生命的买价或交换价值。"②弗洛姆也十分鲜明地指出，在一个物欲泛滥的社会，人不但卖商品，而且也卖自己，觉得自己是一件商品。体力劳动者出卖自己的体力，商人、医生、职员则出卖他们的"人格"。市场决定了这些人类特质的价值，甚至他们的存在。正像一件有使用价值的滞销商品毫无价值一样，如果一个人所具有的特质没有用处，他便毫无价值。因此，自信、"自我感"只不过是别人评判的一种指示，使他确信自己价值的不是他自己，而是声望和在市场上的成功。如果他受人追逐，有声望，那他便是个人物，便有价值；如果他默默无闻，便什么也不是。③德波顿也认为，人们之所以感到焦虑，"是由于我们的自我看法决定于他人对我们的看法"，这决定了我们在"等级之梯上的位置"，④这样的位置多半是用金钱或权势来衡量的。不可否认，我们处在广泛的商品交换之中，处在以物与物的关系来表达人与人之间关系的环境之中，但是，我们应该将这种交换关系严格限定在市场领域，限定在商品交换领域，而不能使之扩大到社会生活的全部领域，并不能

---

① 弗洛姆：《逃避自由》，刘林海译，国际文化出版公司2000年版，第85页。

② 赫斯：《共产主义信条问答》，《赫斯精粹》，邓习议编译，南京大学出版社2010年版第171页。

③ 参见弗洛姆：《逃避自由》，刘林海译，国际文化出版公司2000年版，第86页。

④ 阿兰·德波顿：《身份的焦虑》，陈广兴等译，上海译文出版社2007年版，"界定"第6页。

将人的所有关系都变为交换关系，不能把人之为人的基本因素如人格、尊严、良心、爱情乃至人的生命作为交换的筹码，然后靠此获取金钱与财富。赫斯说："人的活动也和人自身一样，是不能对之支付代价的；因为人的活动就是人的生命，而人的生命是不能用任何数量的金钱来补偿的，它是无法估价的。"[①] 凡是将自己的人格、尊严、良心、爱情等进行交换的人，首先就已经将自己降到了物的位置："人首先必须学会蔑视人的生命，以便自愿地把它加以出卖。人们首先必须把以前认为现实的生命、现实的自由是无法估价的财产的认识忘掉，以便把这种生命和自由拿去出卖。"[②] 如果社会生活中无处不充满着交换关系，我们到哪里去寻找充满人情味的温馨环境，到哪里去寻找友谊与爱情，到哪里去寻找关心、爱护与帮助？如果我们认为人的所有活动就是交换与买卖，那么，所有的公共规则都会失效，因为规则不允许的行为通过金钱可以找到方便之门，权钱交易、权色交易就会堂而皇之地进入我们的生活并被认可。如果通过交换和买卖可以办成所有的事，那些相对弱势的、手中没有东西可交换的人，他们将在社会上寸步难行，就会对生活感到绝望，这样，我们离公平与和谐会越来越远，社会的不稳定因素会越来越突出，我们还会有公共生活吗？

以交换和买卖的理念支配所有的社会生活，人们就会将追求交换价值作为生活的唯一的也是最终的目的。某物是否有用，不在于它自身的价值，而在于通过交换它所获得的价值即交换价值。如果我是某商品的制造者，那么我并不在乎该商品的使用价值，而只关心它能否卖出去。为了能降低成本或是卖个好价钱，可以使用各种手段包括添加对人体有害的东西。于是我们看到，由于自己产的食品含有各种添加剂，养猪的不吃自己的猪肉，种菜的不吃自己种的菜，制奶的不喝自己产的奶……我们仿佛是在易毒而食甚至是相互下毒。马克思早就对这种恶性竞争所带来的后果作了这样的揭示："在这种竞争中，商品质量普遍低劣，伪造、假冒，普遍有毒等等，正如在大城市

---

① 赫斯：《共产主义信条问答》，《赫斯精粹》，邓习议编译，南京大学出版社 2010 年版，第 171 页。

② 赫斯：《论货币的本质》，《赫斯精粹》，邓习议编译，南京大学出版社 2010 年版，第 146 页。

中看到的那样，都是必然的结果。"①赫斯则对这种不择手段获取私利的行为说了如下让人心惊的话："我们是互相剥皮、互相吞噬的吸血动物。""我们大家都是——我们用不着隐讳这一点——食人者、食肉兽、吸血鬼。只要我们大家不是为彼此而活动，而是每个人都必须为自己挣钱，我们就一直是这种东西。"②如果我们连食品安全都没有保障，每天都在提心吊胆地过日子，我们还能指望有正常的生活秩序吗？如果我们每天都担心会不会被别人下毒，我们还能奢望人们之间充满信任感吗？在这样的状态下，我们如何联合起来、如何组织起来过公共生活？在《法哲学原理》中，黑格尔写道："市民社会是个人私利的战场。是一切人反对一切人的战场。"③我们千万不要拿黑格尔这句话为自己的不当行为作辩护，以为市民社会本来就是这样的。其实，黑格尔此语是在强调个人只是绝对理念发展的一个环节，个人的任性与冲动只有纳入绝对理性的发展轨道才能得到约束。因此，犹如荀子以"性恶"作为其"化性起伪"的依据一样，黑格尔的上述观点也是在为他的国家理论做铺垫。摆出这样的事实作为前提条件，正是为了改变这种现实，为了将人的自然欲望纳入理性的轨道。无论我们是否应该接受荀子的"化性起伪"的逻辑和黑格尔的国家理论，但个人的自然冲动、任性与恣意妄为应该受到约束，人应该像真正的人那样行为，则是可以肯定的。埃利亚斯认为，很多人对"个人"这一概念有着误解，以为个人就是"肆无忌惮和生性暴戾的我行我素者的形象，是总想压倒别人，靠榨取他人来获得财物的人。"④如果每个人都是这样的"个人"，那么我们无异于生活在自然状态下，是根本没有"社会"可言的。社会必须是由具有理性的人组成的，不如此就既没有社会，也没有公共生活。费希特说："我把理性生物的相互关系叫作社会。如果不预先假定在我们之外确实存在着理性生物，如果我们没有能够区别理性生物同

① 《马克思恩格斯文集》第1卷，人民出版社2009年版，第136页。
② 赫斯：《论货币的本质》，《赫斯精粹》，邓习议编译，南京大学出版社2010年版，第161、145页。
③ 黑格尔：《法哲学原理》，范扬、张企泰译，商务印书馆1961年版，第309页。
④ 诺贝特·埃利亚斯：《个体的社会》，翟三江等译，译林出版社2003年版，第97—98页。

所有其他一切不参与社交活动的非理性生物的显著标志，社会这个概念是不能成立的。"① 康德甚至认为，若没有一个善良意志去正确指导财富、权力、荣誉甚至健康和全部生活美好、境遇如意等对心灵的影响，使行动原则和普遍目的相符合的话，个人甚至不配享有幸福。因为如果得到了这些东西，他会产生自满和傲慢情绪。② 当然我们也可以反过来理解，如果这些东西得不到，他可能会不择手段地想得到。儒家也有类似的看法，孔子说："不仁者不可以久处约，不可以长处乐。"③ 如果一个人没有仁德，他既不可能长久处于穷困的环境之中，也不可能长久处于安乐的环境之中，时间一长他就会变。其实这个意思是说，没有仁德的人，穷日子过不得，富日子也过不得。若是处于穷困之中，他不是通过自己的努力改变现状，而是用坑蒙拐骗或是偷、抢等手段攫取别人的财富；若是富了，他又会花天酒地、醉生梦死，或者对别人颐指气使、盛气凌人。这也就是康德所说的，没有德性人是不配享有幸福的，因为他没有精神方位感。

培育健全的个体，需要有正确的自我观。在我们所处的时代，追求物质财富，享受物质生活，是无可非议的。但是，这样的追求与享受是以不损害他人利益与公共利益、不违反公共生活规则为条件的。同时应该指出，追求物质财富，享受物质生活，绝不是一个人生活的全部，更不是生活中最有意义的部分。没有精神品质和精神追求的自我是苍白的，也是站立不起来的，因而是空虚的、不自信的，因为他的自我是以拥有财产为支撑的，因而是与他拥有的财产无法分开的。他越觉得自己什么也不是，便越需要拥有财产。④ 这样的自我总是需要外在的某种东西来支持自己，除了财产，他还需要显示其社会地位的其他东西："声望与权力是支撑自我的其他因素。它们部分地是拥有财产的结果，部分地是竞争领域获胜的直接结果。别人的景仰

①　费希特：《论学者的使命 人的使命》，梁志学、沈真译，商务印书馆 1984 年版，第 15 页。

②　参见康德：《道德形而上学原理》，苗力田译，上海人民出版社 1986 年版，第 42 页。

③　《论语·里仁》，《诸子集成》第一卷，长春出版社 1999 年版，第 7 页。这里的"约"作"穷困"解，"乐"指安乐。

④　参见弗洛姆：《逃避自由》，刘林海译，国际文化出版公司 2000 年版，第 87 页。

及对他们行使的权力像财产的作用那样更上一层楼，支撑着没有安全感的个人自我。"① 财富、权力、社会地位等这些外在的东西，被以追求这些东西为唯一目的的人作为衡量一个人的价值的标准，能获得这些东西，就是所谓成功人士。在"成功可以复制"的口号诱导下，人们都朝着财富、权力、声望这些目标奔进，真可谓"天下熙熙，皆为利来；天下攘攘，皆为利往。"② 这样的社会氛围，使人们在焦虑、急躁、紧张等情绪中难以自拔，唯恐自己被落下，唯恐自己被人瞧不起。真的就如德波顿说的："担忧我们处在无法与社会设定的成功典范保持一致的危险中，从而被夺去尊严和尊重。"③ 本来，一个人的成功与否，是与其个人特色紧密相连的，比如一个人的个性、胆识、知识构成、努力程度与毅力以及精神境界等，因此，任何成功都带有鲜明的个性特征。因为每个人都是一个独特的、不可复制的人，其生命的展现过程就应该是走向成功的过程。只要自己无愧于自己的生命，只要为社会即他人作了有益的事，只要找准了生活的意义并努力使之付诸行动，就是成功的。无论是哪种成功，都是自我实现的方式，因而必须有自我在其中。追求成功的活动既是自我的，又是团体（群体、行业）和社会的。一个人在追求成功时，总会受到某种精神意义的召唤，如果通过自己的行为将这种精神意义体现出来了，那就是成功。麦金太尔在分析亚里士多德关于美德的概念时说，在亚里士多德看来，"正是作为一物种的人的 telos（目的）决定了什么样的人类品质是美德。"④ 这里虽然说的是美德，但涉及社会与自我的评价，因而从某种意义上说也可以视为"成功"这一概念。以一个物种（人）的目的来规定人类的品质，其中就包含了人类的某种精神要求，因为人作为一个物种主要是由其精神品质与其他物种相区别的。个人在这种目的性的精神约束中做得越是出色，就越具有美德特征。由此我们可以认为，所谓成功，其实就是对人类具有精神意义的目的通过自己的活动使之展现出来，是对人之

---

① 弗洛姆：《逃避自由》，刘林海译，国际文化出版公司 2000 年版，第 87 页。

② 参见司马迁：《史记·货值列传》，中华书局 1959 年版。

③ 阿兰·德波顿：《身份的焦虑》，陈广兴等译，上海译文出版社 2007 年版，"界定"第 6 页。

④ 麦金泰尔：《追寻美德》，宋继杰译，译林出版社 2003 年版，第 233 页。

为人的应然要求的出色践履。泰勒也有类似的看法，认为人们总是在追问自己的行为是否符合某种精神框架的要求。[①] 因此，在追求成功的活动中，自我一定是清醒的而不是盲从的；一定是追求人的活动本身的意义，而不是以这种活动所带来的结果为唯一目标，即追求这一活动的内在价值，而不是外在价值。麦金太尔将人的实践所获得的利益分为"外在利益"与"内在利益"，前者的特征是，"每当这些利益被人得到时，它们始终是某个个人的财产与所有物。而且，最为独特的是，某人占有它们越多，剩给其他人的就越少。"金钱、权力与名声等就属于此类；内在利益的特征是，"它们的获得有益于参与实践的整个共同体。"[②] 因为内在利益表现为该实践活动的评价标准、行为规则、个人表现的出色以及诚实、信用等，所以这种利益的获得有益于整个共同体。

麦金太尔所说的"内在利益"大体上相当于泰勒所说的"精神框架"，即某一活动所内含的标准、规则及对行为者品质的要求。麦氏举例说，一个男孩学下棋，如果不是学棋里的高度分析技巧、战略想象，而只是想赢棋之后获得糖果；一个画家画画，如果不是努力表现画画本身的技巧及画面内含的意义，而是为了获得名声与财富，这些行为都是在追求外在于实践活动的利益。[③] 据此我们可以这样认为，凡是在自己的实践活动中追求内在利益且表现出色者，都是成功者。至于该活动所获得的外在利益，则是这一活动的自然结果，而不是追求目标。在这一意义上，每个人所从事的职业活动都是人展示生命的舞台，也是一个人通往成功的正确之路，不过这必须以从业者追求"内在利益"为条件。如果认为所从事的职业只是谋生的手段，只是一个饭碗，那就不会考虑职业中所内含的标准、规则、技巧及个人的敬业、努力、诚信等要求，而只会考虑该职业活动收入的多寡、劳动强度的大小等，

---

① "武士社会的人可能问，他的勇敢行为的故事是否不辱其门第的承诺或对其地位的要求。宗教文化中的人们常问，习惯的虔诚对他们来说是否就足够了，或者他们是否还未感到某种纯粹的、更加献身的神圣召唤。"（查尔斯·泰勒：《自我的根源：现代认同的形成》，韩震等译，译林出版社 2001 年版，第 22 页）

② 麦金太尔：《追寻美德》，宋继杰译，译林出版社 2003 年版，第 242 页。

③ 参见麦金太尔：《追寻美德》，宋继杰译，译林出版社 2003 年版，第 238—240 页。

这样就会以劳动付出（成本）与金钱收入（收益）的比例关系来对待职业活动。以尽量少的劳动投入获得尽可能多的收益，这本来是经济活动中的正常现象，但是，如果舍弃了职业中所内含的标准、规则以及技术、市场等的革新，而一味追求高收益，就会出现投机取巧、坑蒙拐骗的行为。如果每个人都这样对待自己的职业活动，社会的失序现象是很难避免的，在这样的状态下，人们就像是装在篓子里的螃蟹：你钳制我，我钳制你，谁也不放过谁。

阿伦特认为，凡是将职业活动仅仅视为谋生手段的劳动都是奴役性的。[①] 这就是说，无论你做什么，无论你的工作任务是轻松还是繁重，无论你能得到多少收入，只要你把你所从事的工作视为谋生的手段或者是获取财富与金钱的手段，你就是被你的劳动所奴役的，因为你在其中看不到任何生命的价值，体会不到你所从事的活动的精神意义。阿伦特认为，应该注意区别"劳动"与"工作"这两个概念："'劳动'（labor）与'工作'（work）之间的区别由于太显而易见。反而被人们忽略了。"[②] 在她看来，谋生的"劳动"很难将人与动物区别开来，"工作"则是人所特属的概念，因为工作能让人体会到生命的价值，人生的意义与尊严，也能让人在工作中确立自我并追求某种精神目标。韦伯在论述路德的"天职"（Calling）概念时认为，这一概念对人们处理尘世事务的态度转变起了重要的作用，因为每一种职业都是为了同一个精神目标——上帝的召唤，因而每一个正当职业都具有完全等同的价值。[③] 显然，这里的"价值"不是用金钱的多少、社会地位的高低所能衡量的，它是一种精神价值，也是自我救赎的一种方式，自我的生活意义与人生目标就在这种职业活动中确立起来。马克思在《1844年经济学哲学手稿》指出，劳动实践活动本身应该成为人体现其生命活动的过程。但由于人们把劳动仅仅视为谋生的手段，"结果是，人（工人）只有在运用自己的动物机

---

① "满足身体所需的身体的劳动都是奴役性的。因此，只要不是为了工作而工作，而是为了取得生活必需品而从事的工作，尽管没有什么劳动存在于其中，也被视为一种'劳动状态'。"（汉娜·阿伦特：《人的条件》，竺乾威等译，上海人民出版社1999年版，第80页）

② 汉娜·阿伦特：《人的条件》，竺乾威等译，上海人民出版社1999年版，第79页。

③ "在上帝看来，每一种正当的职业都具有完全等同的价值。"（马克斯·韦伯：《新教伦理与资本主义精神》，陕西师范大学出版社2002年版，第58页）

能——吃、喝、生殖，至多还有居住、修饰等等的时候，才觉得自己在自由活动，而在运用人的机能时，觉得自己只不过是动物。动物的东西成为人的东西，而人的东西成为动物的东西。"① 诚然，追求物质利益，满足人的生存需要和生理机能，也是生命活动的组成部分，但如果把这作为唯一的终极目的，就很难表现人的特质了。马克思就指出："吃、喝、性行为等等，固然也是真正的人的机能。但是，如果使这些机能脱离了人的其他活动，并使它们成为最后的和唯一的终极目的，那么，在这种抽象中，它们就是动物的机能。"② 因此，如果说满足物质需要和生理需求就是生命活动本身的话，那么，在劳动实践活动中体现自我的价值、追求某种精神目标则更应是生命活动本身。

如果以追求物质财富为生活的唯一目标，就很难出现公共生活所期待的个体。在这种生活方式中，自我被淹没了，每个人都不是过着自己的生活，而是按照所生活的世界（这里实在不应该使用"社会"这一概念）的统一标准而生活；每个人都不是根据自己的特质、个性去寻找成功之路，而是在复制别人的成功，因而每个人都不是自己而只是某个人的替身，弗洛姆把这种情况称为"逃避自由"："这种特殊的逃避机制是现代社会里的大多数常人所采取的方式。简而言之，个人不再是他自己，而是按文化模式提供的人格把自己完全塑造成那类人，于是他变得同所有其他人一样，这正是其他人对他的期望。'我'与世界之间的鸿沟消失了，意识里的孤独感与无能为力感也一起消失了。这种机制有点类似于某些动物的保护色，它们与周围的环境是那么地相像，以至于很难辨认出来。"③ 这样同质化的个人是没有内心世界的，因而很难有自己的独立见解和主张，也很难有超出个人物质利益之外的关切。因此，他们在很大程度上丧失了信仰的内在能力，他们只相信由自然科学方法证实了的东西。同时，这种人没有独立思考的能力，因为他处在一种"他"所想所说的东西都是任何一个人所想所说的境地，他并未获得不受他人干扰独立思考表达自己思想的能力。此外，这种人很容易被舆论

---

① 《马克思恩格斯文集》第 1 卷，人民出版社 2009 年版，第 160 页。
② 《马克思恩格斯全集》第 42 卷，人民出版社 1979 年版，第 94 页。
③ 弗洛姆：《逃避自由》，刘林海译，国际文化出版公司 2000 年版，第 132 页。

左右，因为他们非常急于与别人对自己的期望保持一致，也同样非常害怕与众不同。① 马克斯·霍克海默和西奥多·阿道尔诺就指出，如果精神被物化，人会变得更加愚蠢："随着财富的不断增加，大众变得更加易于支配和诱导。……精神的真正功劳在于对物化的否定。一旦精神变成了文化财富，被用于消费，精神就必定会走向消亡。精确信息的泛滥，枯燥游戏的普及，在提高人的才智的同时，也使人变得更加愚蠢。"② 很明显，如果人们沉溺于物欲中不能自拔，人们将会变得越来越短视，越来越急功近利，也越来越自私，这与公共生活所需要的独立、自由、理性的个体是不相符合的。雅诺斯基把这种只为自己考虑的人称为"索取型公民"。③ 公共生活中的个体本来应该是具有公共理性、公共精神的人，他除了关注自己的权利与利益实现外，也应该喜见别人的正当权利得到实现，至少不妨碍他人的利益实现，更不应该侵害他人利益。也就是说，既要争取自己的权利，也要自觉履行自己应该履行的义务，若眼里只有自己的利益，就不是一个合格的社会成员。

由此可见，如果人们不能从物的统治下超脱出来，就不可能出现独立、理性、体现时代精神的个体，我们也不会有真正的公共生活，因为只关心自己的物质利益的人，只是一个孤独的个体，由于利益分化且必须通过竞争才能获得利益，他和别人是隔绝的。赫斯曾深刻指出了在货币拜物教状态下人的自私本质："人们通过把人确认为孤立的个体，通过把抽象的、赤裸裸的人格宣布为真正的人，通过宣告人权、独立的人的权利，因而把人与人们相互的独立、分离和个别化宣布为生活和自由的本质，证明孤立的人格就是自由的、真正的、自然的人，也就确认了实践的利己主义。"④ 这样的利己主义

---

① 参见弗洛姆：《逃避自由》，刘林海译，国际文化出版公司 2000 年版，第 76 页。

② 马克斯·霍克海默、西奥多·阿道尔诺：《启蒙辩证法》，渠敬东、曹卫东译，上海世纪出版集团 2006 年版，"前言"第 4 页。

③ "假如公民对待权利与义务的态度也是想要自己个人尽量多占便宜，那么公民权利与义务就商业化了，就不能再保护公民来应付市场。这会使公民身份痛苦地陷入自我矛盾。"（托马斯·雅诺斯基：《公民与文明社会》，柯雄译，辽宁教育出版社 2000 年版，第 113 页）

④ 赫斯：《论货币的本质》，《赫斯精粹》，邓习议编译，南京大学出版社 2010 年版，第 151 页。

的盛行，不仅会腐蚀一切真正有价值的东西，而且会颠倒社会的价值观，在这被颠倒了价值观的社会，"欺骗就是准则，诚实就是过错；卑鄙无耻获得了一切荣誉，而诚实的人得到的是贫困和耻辱；伪善在庆祝它的胜利，真实被看作是行为不端；"① 在一个连起码的正义感都没有的社会，我们还能指望公共理性和公共精神的存在吗？

因此，今天国民自我培育的关键，是如何正确对待物质利益与物质财富的问题。如果我们失去了精神的方向，我们将会失去评价生活的价值标准，因为"规定我们精神方向的善是这样的，我们用它们来衡量我们生活的价值。"② 我们既需要物质财富，又不能被它所奴役，也不能为了得到它而不择手段，而要能入于物而又出于物。在任何时候，拥有物和物质享受都只是手段，是人借以丰富精神世界、提升精神品质的手段。我们越是拥有物质财富，就越应该丰富和发展人性的方面，越应该在生活中体现人性的因素而不是物的因素。"一切有生命的东西，都是不断进步的东西。如果这样的话，对人类而言，与盲目地跟随这种进步的过程相比，将其提高到意识的这一方无疑是有益的。人们对关于自己的事业的自觉越是深入，其行为就越发成为人的东西。"③ 诚如费希特所言："人的生存目的，就在于道德的日益自我完善，就在于把自己周围的一切弄得合乎感性；如果从社会方面来看人，人的生存目的还在于把人周围的一切弄得更合乎道德，从而使人本身日益幸福。"④ 有了这样的精神观照，个人才会真正拥有"人"的尊严，"人"的生活态度与行为方式，独立、自由、平等、理性、负责任的个体才有可能在精神的呵护下培育出来。

---

① 赫斯：《论货币的本质》，《赫斯精粹》，邓习议编译，南京大学出版社 2010 年版，第 159 页。

② 查尔斯·泰勒：《自我的根源：现代认同的形成》，韩震等译，译林出版社 2001 年版，第 62 页。

③ 赫斯：《人类的圣史》，《赫斯精粹》，邓习议编译，南京大学出版社 2010 年版，第 7 页。

④ 费希特：《论学者的使命 人的使命》，梁志学、沈真译，商务印书馆 1984 年版，第 12 页。

第八章
公共生活的本土文化资源

这里所说的本土文化资源，主要指传统的文化资源，而在传统的文化资源中，又主要是儒家文化。尽管在当今中国，可作为公共生活思想资源的观念文化可能有多种选择，但作为民族文化之根的传统文化则不应该被我们所忽视。

第一节　传统文化与社会转型

每一种社会生活都是生活于其中的该民族的生活，而每一个民族都有两方面的民族特征，一是体型、肤色等生物学方面的特征，二是文化传统所塑造的性格特征，后者更能表现一个民族的特征，因为它体现为一个民族基本的性格趋向和生活样式。"传统"和"历史"是两个不同的概念：历史是已经过去了的现实，而传统则是仍活在当下的。所谓传统，顾名思义，即为可"传"之"统"。"传"体现了这种文化的生命力，说明是可以代代相传的；"统"指某种"社会普遍模式"，即能够被大众所接受并能形成稳定趋向的生活态度与样式。人们平时也用"统"来说明某种具有稳定的传承趋势的东西，如学统、道统、政统等，就是说在学、道、政方面具有稳定趋向的某种普遍模式。因此，传统就是能够传承并能成为社会普遍模式（"统"）的因素。

理解传统的关键在于是否能"世代相传"，真正的传统是能"世代相传"

的。既然是"世代相传"，那它就是活的东西，而且一定是活在现实中的东西，是在现实中具有生命力的东西，否则就不能称为传统。"传统和现代不是两个分割的观点，而是一个互动的连续体，甚至我们可以说现代性中的传统。没有任何一个现代性，美国的现代性，英国的现代性，法国的现代性，新加坡的现代性，东亚社会的现代性，和这些地区的传统能够绝然分开来观察的，因为它们之间有难分难解的纠葛。"因此，"我们必须打破传统与现代的绝然二分，不能把传统和现代看作是相互冲突甚至相互矛盾的东西，正好相反，我认为应该把它们融合在一起来考虑。"① 的确，任何国家和社会的现代性，都应该是以自己的传统为依托的现代性，这种现代性必须有根基，有土壤，而不是空中楼阁。同时，一种现代性，无论它多么时髦，多么"现代"，都必须能够将自己的传统纳入其中；反过来说，一种可称为传统的东西，必须是能够融入现代性的，否则就不是真正的传统。那些在历史上曾经辉煌过却被历史潮流冲刷掉的东西，不能称为传统。因此，传统与现代并不是泾渭分明的，更不是相互隔绝的，而是你中有我，我中有你，交织在一起的。其中，传统是民族性的标志，而现代则是时代精神的表征。一个国家和民族在其社会生活中所呈现出的现代性，总是这个国家和民族的现代性，原因就在于这种现代性既体现了时代潮流，又涵纳了该民族的传统或民族性。对一个民族来说，没有将自己的传统包含在内的现代性，或许只是一个空壳、一句口号、一块招牌。奈斯比特认为，全球化是一个"普遍性悖论，即：全球一致性越高，地方特色越鲜明——人们在经济愈是一致，愈会在其他方面（如语言、文化历史）展现出特色。"② 全球化或"全球一致性"并不能抹杀每个民族自身的特色，相反，越是让每个民族展示并发展自己的文化特色，世界就越是安宁和谐。所以杜维明认为："迄今为止，经过一个多世纪的努力，中国从无条件地向西方取经到用西方方法适应或解释本土经验，在这一运作过程中，西方一些强势的理论模式中的机制有所改变，但其普世化的前提并没有受到很大挑战。""要改变这种依然强势的西方中心主义观点，

---

① 杜维明：《东亚价值与多元现代性》，中国社会科学出版社 2001 年版，第 94 页。

② 约翰·奈斯比特：《亚洲大趋势》，外文出版社、经济日报出版社、上海远东出版社 1996 年版，第 78 页。

关键在于东方如在中国从事学术研究的人能不能以本土经验对西方普世化价值提出挑战和回应。"① 依笔者的理解，所谓"对西方普世化价值提出挑战和回应"，并不是另搞一套与之对抗，也不是宣扬民粹主义，而是构建立足于本土的现代性，以自己的文化特色表达普世价值。普世价值不是某一种特定的价值观，而应该是在全世界普遍适用的价值观。任何一种具有生命力的民族文化，都含有普世价值的因子，都能为维护世界秩序、解决全球性难题作出自己的文化解释，为全世界各民族的和谐共处提供一种态度，一种方式，一种途径。这说明，全球化并不是文化一律化，即不是强势文化按自己的价值观将各民族文化整合成一种单一文化，相反，异彩纷呈的各种文化本身就是全球化的文化支撑。在当今世界，任何单一文化都不能解决全球性问题，更何况，不同的民族事实上也是不可能认同某一单一文化的。从这个意义上说，我们越是发扬传统，越是彰显自己的民族性，就越能体现现代性。

中国社会的转型毫无疑问是向现代社会转型，这样的现代社会无疑也应该将传统文化涵纳其中，并通过社会转型使传统获得新生。在前面的分析中我们已指出，社会转型和社会个体的现代转型是同一个过程，在这一过程中，无疑包含着文化价值观的重新整合，这种整合包括学习、借鉴世界上的一切先进文化，而更重要的是挖掘、提炼本民族文化中优秀的、有生命力的成分，推动传统文化实现现代转型。惟其如此，我们的公共生活才可能有本民族的文化价值观作支撑，社会个体的培育才能得到本土文化的支持，社会的现代化转型才可能成功。有学者指出："没有适当的文化基础，经济现代化是难以启动的，即令经济发生了指向现代化的变动也是难以巩固、难以为继的；并且，在社会经济发展过程中，其组织形式的选择是受文化基础影响的。这里存在着简单明了的作用机理：经济组织形式的选择是人的行为的结果，而人的行为是受其思想、价值观即文化支配和制约的。"② 如果我们认为，经济建设过程实际上是人的内在本质展开的过程，经济发展和经济繁荣实际上是经济活动主体的主体性不断丰富和精神品质不断完善的过程，那

---

① 杜维明：《东亚价值与多元现代性》，中国社会科学出版社 2001 年版，第 13 页。

② 王淘：《文化传统与经济组织》，东北财经大学出版社 1999 年版，第 8 页。

么，对公共生活而言则更是如此，一种公共生活的范式其实就是人的主体性与精神品质的外在表现。转型期的中国社会，旧的还没有彻底破除，新的也还没有完全建立起来，因而不适应现代社会要求的现象还时常可见，有人把这些现象归于制度不健全，其实，任何健全的制度都是需要社会个体的精神品质来支撑的。阿马蒂亚·森在考察日本经济活动的案例时说："有大量的经验证据表明，责任感、忠诚和友善这些偏离自利行为的伦理考虑在其工业成功中发挥了十分重要的作用。"① 可见，塑造个体精神品质，支撑个人正确行为方式的观念文化在社会生活中的作用是多么重要。因此，清理我们的文化遗产，提炼其中有价值的思想资源用于社会个体的精神品质培育，是我们的一种必然选择。

儒家理论主要围绕"礼"与"仁"这两个概念展开，前者主要表示以宗法关系为核心的等级秩序以及社会治理模式（礼制）；② 后者则展示一种人文情怀，一种精神境界及个人的行为方式。随着社会结构的变迁，礼制已经失去了存在的合理性，但"仁"的理论仍然具有生命力。一种思想体系之所以能发挥长久的影响，在于它本身的超越性，而这种超越性又是因为它探究的是人类生活的深层次问题，如人与自然、人与社会、人与人、人自身的肉体与心灵等对待方式这样一些人无法绕开、无法回避的根本性问题。"仁"就是具有超越性的理论与学说，它所展示的境界，所表达的理念，对于今天公共生活中的秩序构建、人际和谐以及个体的精神品质培育，都能发挥重要作用。但是，在当代中国，当人们提到传统文化的时候，一般想到的只是京剧、唐装、烤鸭、胡同、中医等这些带有具体形态的东西，而对传统文化中

---

① 阿马蒂亚·森：《伦理学与经济学》，王宇、王文玉译，商务印书馆 2000 年版，第24 页。

② 礼有多种含义：第一，表示婚丧嫁娶、祭天祭祖的各种礼仪；第二，人际交往的规矩、礼节；第三，国家与社会治理的制度与模式。这些含义都含有规矩的意思，并且相互贯通，此处仅涉及第三种含义。荀子在《礼论》中说："礼有三本：天地者，生之本也；先祖者，类之本也；君师者，治之本也。无天地，恶生？无先祖，恶出？无君师，恶治？三者偏亡，焉无安人。故礼，上事天，下事地，尊先祖而隆君师，是礼之三本也。"（《诸子集成》第一卷，长春出版社 1999 年版，第 188 页）这段论述以天、地、君、亲（先祖）、师为本，表明国家治理必须以这样的等级关系为基本制度架构。

的"魂"则不太关注。美国人列文森在谈到儒学在当代中国的情况时，用了"博物馆"这一概念，他认为儒学是已经进了博物馆的东西了。[①] 意思就是说在中国的现实生活中已经找不到儒学（以及儒家精神）的踪影了。无论他这一观点是否正确，我们今天都应该认真检视传统文化，挖掘其中的精华，以服务于今天的现实生活。

但我们今天所面临的问题是，我们应该以何种态度与方式来解读儒家的经典文本？原封不动地全部照搬经典肯定是不行的，因为那毕竟是几千年以前的文本，我们毕竟生活在现代社会，已经超越了产生儒家文本的社会阶段，我们所面对的生活世界和我们要解决的问题和那个时代相比都很不相同，因而必须有新的视野与解读方式。生活在当代社会的我们与传统文化的关系是一种相互交融的关系：一方面，文化传统给我们一种看问题、思考、言说、行为的思想资源，使我们有区别于其他民族的价值关怀和精神寄托；另一方面，当下的社会实践又不断向我们提出新的课题和需要解决的新问题，这使得原有的价值关怀与价值取向和时代新课题、新问题之间形成一种张力，促使人们去重新审视和解读传统文化的经典文本。从一定意义上说，我们自身或多或少可能就是传统文化的意义之展现。我们的思维方式、思想模式乃至作为无意识的行为习惯，甚至我们用来解读文本的语言等，都已经深含传统的因子，在一定程度上也是我们所解读文本的现实表现。因此，我们今天必须处理好创造与继承的关系：所谓创造并不是另起炉灶，也不是随心所欲地解读传统文本，而是弘扬其思想中应有之意，让其被遮蔽的东西重新"出场"，因而创造不是撕裂传统，而是使老枝发新芽。一种能发挥长久而深远影响的思想文本，已不是单纯意义上的文本，即不是一个纯粹的他在、纯粹的对象，不是与解读主体不相干的文本，解读主体可能已在潜移默化中接受了这种文本所内含的意蕴的熏陶。当然，这种熏陶对解读主体来说可能是片状的、零散的、甚至可能是模糊的，而解读的过程就是解读者对文本之内涵意蕴不断深化、不断明晰化、不断系统化的过

---

① 参见列文森：《儒教中国及其现代命运》，中国社会科学出版社 2000 年版，第 337—338 页。

程。因此，创造性地解读文本并不是脱离文本本身，而只是擦去历史的尘埃，清除已腐烂发霉的东西，匡正人们的误读与歪曲，可以概括为：解其蔽，正其义。

如此看来，传统文化与当前中国的社会转型就有着紧密的联系，如何使传统文化中有价值的因素、成分、观念服务于当今中国的公共生活，是社会转型的目标之一。

第二节　仁爱精神与超越理念

仁无疑是儒家最基本的概念，其中所含的意蕴至今仍有着重要意义。不过需要明白的是，仁并不是儒家的一个最高的终极性概念，在仁之上还有一个更根本的概念："生"。由于人之生命源于天地，因此人对天地怀着一种崇敬和感恩的情怀，儒家将这种情怀提炼成天地之德，"天地之大德曰生"[1] 就是这种情怀的典型表达。梁漱溟认为，儒家学说的基本精神和基本理念就是"生"，他说："这一个'生'字是最重要的观念，知道这个就可以知道所有孔家的话。孔家没有别的，就是要顺着自然道理，顶活泼顶流畅的去生发。他以为宇宙总是向前生发的，万物欲生，即任其生，不加造作必能与宇宙契合，使全宇宙充满了生意春气。"[2] 的确，在早期儒家的文献里，有很多论述和命题都围绕着"生"字展开：如"天地之大德曰生"；"生生之谓易"；[3]"天何言哉，四时行焉，百物生焉，天何言哉"；[4]"唯天下至诚为能尽其性，能尽其性则能尽人之性，能尽人之性则能尽物之性，能尽物之性则可以参天地之化育，可以参天地之化育则可以与天地参矣"；"立天下之大本，知天地之

---

① 《周易·系辞》，《十三经注疏·周易正义》，北京大学出版社1999年版，第297页。

② 梁漱溟：《东西文化及其哲学》，《儒学复兴之路》，上海远东出版社1994年版，第71页。

③ 《周易·系辞》，《十三经注疏·周易正义》，北京大学出版社1999年版，第297、271页。

④ 《论语·阳货》，《诸子集成》第一卷，长春出版社1999年版，第35页。

化育";"大哉圣人之道,洋洋乎发育万物,峻极于天"①等。但是,梁先生的上述理解,只是对"生"的一种自然性的表达,其中完全抛开了人"为"的因素,认为人只要"顺着自然道理",任万物自生,不必造作,宇宙就一定会充满生意。但在笔者看来,儒家的意思是,在"生"面前,人并不是无为的,相反,人要通过自己的努力,去实现天的"生"之目的,实现这一目标的行为与德性就是"仁",因而仁源于儒家对天之道的参悟和人之责任的理解。

在儒家看来,天(地)是化育所有生命的最终根据,而人之生命则是这诸多生命中的一种。人作为生命的存在不应该只是生命的"自在",因为人是万物之灵,人能够在生命的存在中反思生命的根据、价值和意义,这种生命的根据、价值和意义儒家用"仁"表述出来。所以,从"道"产生的逻辑上说,天之"生"为天道,人之"仁"为人道,人道是通过反思生命的根据、价值和意义得来的,所以人道乃天道之内化。"以天为法"或"以天为则"是儒家理论的一个基本出发点,也是儒家的基本思维逻辑。天以其诚意化育生命,对万物具有生之德,人就应该"赞天地之化育",使天能顺利地达到"生"的目标,这同时也是人的自我完善,集中体现为人的仁德。《中庸》说:"诚者,天之道;诚之者,人之道。"②就很清楚地表明了人道与天道的关系:天以"诚"化育生命,但此"诚"在天那里还只是一种化育生命的情怀和目的性,要使这一目的变为现实,还需要人"诚之",即通过人的行为使天化育万物的"诚"之意和"生"之为体现出来,让天道与天德体现在生活世界,即必须让天道体现在人道领域。因此蔡元培说:"子思之所谓诚,即孔子之所谓仁。"③牟宗三也说:"孔子的'仁',实为天命、天道的一个'印证'。④宋儒二程也把"生"与"仁"的关系讲得很清楚:"万物之生意最可观,

① 以上见《礼记·中庸》,《十三经注疏·礼记正义》,北京大学出版社 1999 年版,第 1448、1460、1454 页。

② 《礼记·中庸》,《十三经注疏·礼记正义》,北京大学出版社 1999 年版,第 1446 页。

③ 蔡元培:《中国伦理学史》,东方出版社 1996 年版,第 14 页。

④ 牟宗三:《中国哲学的特质》,上海古籍出版社 1997 年版,第 32 页。

此元者善之长也，斯所谓仁也。"①因此，以仁德配天之生德，是人必须承担的职责和使命。这样看来，仁就不仅仅是指"爱人"这样一种情感，也不仅仅是一种慈爱、宽厚、同情之心，而首先是一种带有超越性的精神关切，即对人的生活世界的超越性把握与关怀，而"爱人"的情感，慈爱、宽厚、善良、恻隐等，都不过是这种超越性关切在现实生活中的表现。因此，儒家学说中的超越理念及超越精神，是我们今天应该首先关注的。

对一个民族而言，是否具有超越精神，不是一个无关紧要的问题。从根本上说，一个没有超越精神的民族是没有希望的，因为它没有精神目标，没有理想，没有责任。这样的民族，不会有超出自身利益之外的关切，除了吃饭、睡觉、发财，不知道这世界上还有别的更有价值的东西，不会对社会及他人有任何担当。很明显，中华民族不是这样的民族，它不仅有辉煌的文明史，而且其文明对世界发生过深远而广泛的影响。很难想象，一个没有超越精神的民族会在世界大家庭中占有如此重要的地位。但是，在有些西方思想家眼里，中华民族并不具有超越精神，而只有实用理性或只讲实际利益。黑格尔就是这种观点的代表之一，他在《哲学史讲演录》中评价孔子时说："孔子只是一个实际的世间智者，在他那里思辨的哲学是一点也没有的——只有一些善良的、老练的、道德的教训，从里面我们不能获得什么特殊的东西。"②在某些西方人看来，只有人们感到存在此岸和彼岸的张力，并且因为此张力而有了超越此岸达到彼岸的冲动，才算得上超越。韦伯就认为，"与佛教截然不同的是，儒教仅仅是人间的俗人伦理。"③因为，"长期以来，儒教至少总是用绝对不可知的根本否定的态度对待任何彼岸的希望。"④在他看来，否定了彼岸，就没有了超越。但中国学者对中国文化中的超越性问题是这样表述的："中国民族之宗教性的超越感情，即宗教精神，因与其所重之伦理道德同来源于一本之文化，而与其伦理道德之精神，遂合一而不可

---

①　《河南程氏遗书》，《二程集》，中华书局1981年版，第120页。

②　黑格尔：《哲学史讲演录》第一卷，贺麟、王太庆译，商务印书馆1959年版，第119页。

③　马克斯·韦伯：《儒教与道教》，王容芬译，商务印书馆1995年版，第203页。

④　同上书，第196页。

分。"① 所谓宗教精神与伦理道德均来源于一本之文化，是说中国的伦理文化中就含有宗教精神，而伦理文化与宗教精神则都同出于一源，即都以"天"为言说根据，所以是"合一而不可分"的。牟宗三对这一点说得很明确："天道高高在上，有超越的意义。天道贯注于人身之时，又内在于人而为人的性，这时天道又是内在的（Immanent）。因此，我们可以用康德喜用的字眼，说天道一方面是超越的(Transcendent)，另一方面又是内在的。"② 唐君毅则是从天、地、人的关系中来说明这一问题："在中国思想中，于天德中开出地德，而天地并称，实表示一极高之形上学与宗教的智慧。……而唯是由一本之天之开出地，以包举自然界而已。天包举自然界，因而亦包举'生于自然之人，与人在自然所创造之一切人文'，……故天一方不失其超越性，在人与万物之上；一方亦内在人与万物之中。"③ 可见，中国文化中的超越情感是既超越（天）又内在（人）的精神理念，因而可称为"内在超越"。其特点在于：中国人对神圣形象的信仰与超越是在此岸世界即在世俗生活中实现并确证的，神圣形象虽然在人之外，但却不是在彼岸，而是灌注于人间。这一信仰对象不是悬置在空中，而是在你和我的生活世界，在人们的心中与性中。这种既内在又超越的精神，由于不是把精神与肉体分为天国与尘世两个世界，因此，人的灵魂与肉体、身与心就不会有被撕裂的紧张与痛苦，而完全可以在世俗的活动中，在平凡的俗务琐事中，在人与自然、人与社会、人与人的相互和谐中实践这种超越。

"内在超越"是儒家特有的超越意识和超越方式，与西方文化传统中的超越方式有很大不同。西方式的超越是在现实的生存之外去寻找生活的终极意义，儒家式的超越则是在现实的生存本身去寻找人生的终极意义。在儒家看来，自然界（天）的最本质功能，就是以"生生不息"的过程创造生命和生机，尽管人只是这一创造过程的结果，但人有能力意识到创造生命是自然界（天）的内在价值，因而人应该有意识地用人之"道"配天之"道"，以人之德配天之德，这就要求人必须以"赞天地之化育"作为自己的生存方

① 唐君毅：《中华人文与当今世界》，（台北）台湾学生书局1975年版，第881页。
② 牟宗三：《中国哲学的特质》，上海古籍出版社1997年版，第21页。
③ 唐君毅：《中国文化之精神价值》，广西师范大学出版社2005年版，第336页。

式和价值追求，即参与到生命与生机的创造过程之中。因此，"赞天地之化育"就是通过人的行为实现自然（天）化育生命的内在价值，而在这一过程中，人也就实现了自己的内在价值。在这一意义上，如下观点是颇有一些道理的："中国哲学不是'本质先于存在'，也不是'存在先于本质'，而是'本质即存在'，本质与存在是不可分开的。"① 在儒家的哲学思维中，人的本质不是事先被预设的，即"本质先于存在"，而是就在人的存在之中；人的存在也不是没有任何承诺和责任的，即"存在先于本质"，而是承载着赞助天地化育万物的责任。在儒家眼里，人的存在过程也就是"仁心"、"仁德"展开的过程，而"仁心"、"仁德"不过是天之"生德"在人身上的体现。人以"仁德"配"天德"也就是在实现超越，这一过程是超越性与内在性的辩证发展："你越能深入自己内在的源泉，你就越能超越，这就是孟子所谓的'掘井及泉'。超越要紧扣其内在，其伦理必须拓展到形而上的超越层面才能最后完成。伦理最高的完成是'天人合一'，但它最高的'天'，一定要落实到具体的人伦世界。既要超越出去，又要深入进去，有这样一个张力，中间的联系是不断的。"② 这就是说，所谓超越，就是在自己身上用功（即所谓"内在"），努力修炼自己的心性，尽心培育自己的德性，使自己具有仁者的情怀，以达到与天德的要求一致。因此杜维明说："儒家的超越不是超离，而是一个能逐渐扩展和突破限制的观念。"③

明白了"仁"的形而上学根据，我们就能明白，仁绝不单是一种情感，因而不能仅仅在同情心或慈爱之心这样的层次上理解仁（尽管包含了这些方面），而更应该理解为，仁是人以人道对天道的践履，是人实现自己价值的方式，因而是人的生活意义和生命价值的最终根据。在儒家看来，生命现象是一个相互联系的整体现象，每一个生命是在与"他者"相联系的整体中存在的。因此，仁德不仅关涉到对整个生命的理解，而且会关系到一个人对普通他者的态度。在一个相互联系的生命整体中，每个人都是生命序列中的一

---

① 蒙培元：《中国哲学的方法论问题》，《哲学动态》2003 年第 10 期。

② 杜维明：《儒学第三期发展的前景问题》，《杜维明文集》第一卷，武汉出版社 2002 年版，第 345—346 页。

③ 同上书，第 304 页。

个环节，是生命延续性的一个中介，因此生命与生命之间是相互支撑的。只有"生生"，才能"不息"。这既指一个种不间断地繁衍从而不断延续下去，又指个体生命彼此之间相互帮衬与支撑，从而使每个生命都能得到发展。前者是历时性的"生生"，即前后相继的生命延续；后者是共时性的"生生"，即一个生命在同一时空中与另一个生命的相互扶持。这两种情况都说明，每个个体之生都是相互支持和维系的，其意义都不是单纯地指向自身，一个生命只有在和他者的联系与互动中，才能体会自身生命的存在。因此，个体生命的存在从根本上说是为了维系这个"生生不息"的系统，从而彰显生命整体的意义和价值。

以这样的视角看问题，就会发现，仁的最基本含义其实就是指向"生"的，被人们所熟知的"樊迟问仁，子曰：'爱人'"①是"仁"的最基本表达，"爱人"当然是"生"的最基本要求。除此之外，仁还表现为对一切生命的关注，乃至一切有利于生活与生机的行为与事件。②在儒家眼里，一切生意盎然、欣欣向荣、蓬勃向上的事物和现象，都属于"生"的范畴，也是仁者应该追求的目标。《周易》说的"自强不息"和"厚德载物"就表达了这样的基本观点：前者要求对生命有所为，即以积极态度去"赞天地之化育"，去创造生活的生机与生意，指一种创造与进取精神；后者要求对生命有所不为，即珍惜生命，护卫生意，不要损害一切生命和生机，表达的是一种对生命的慈爱、善良和宽厚之心。

由"生"的理念所生发的超越精神以及由此产生的仁的品质在今天的公共生活中仍然能够发挥建设性作用。在一般意义上，超越就是超越于现实之上，超越于物欲之上，超越于单纯自我的领域之外。概言之，就是追求高于现实、物质欲望和个人利益的精神目标，而这样的超越就能在现实生活中得

---

① 《论语·颜渊》，《诸子集成》第一卷，长春出版社1999年版，第24页。

② 据《论语》记载：子路曰："桓公杀公子纠，召忽死之，管仲不死。"曰："未仁乎？"子曰："桓公九合诸侯，不以兵车，管仲之力也。如其仁，如其仁。"另据《论语》：子贡曰："管仲非仁者与？桓公杀公子纠，不能死，又相之。"子曰："管仲相桓公，霸诸侯，一匡天下，民到于今受其赐。微管仲，吾其被发左衽矣。"（《论语·宪问》，《诸子集成》第一卷，长春出版社1999年版，第28页）

以实现，因为儒家的超越实际上是一种"在世"的超越，即在尘世中实现超越。所以牟宗三说："我们不要把无限心只移植于上帝那里，即在我们人类身上即可展露出。"①这样，我们在世俗中的一切活动，都带有某种精神意义，都是迈向超越之路的台阶。这种超越不需要另外再找一套程式，比如祈祷、念经等，也不需要寻找一个俗务之外的中介如庙宇、僧侣等。世俗的人在与俗人、俗事打交道的过程中，就能体会天地之性，从而意识到自己作为一个人的职责和使命。在这一意义上，儒家的内在超越与新教的"天职"观具有异曲同工之妙：人在世俗间的活动，是为了达到人之外的一个更高的目标。新教认为人从事世俗活动并不是为了追求自己的私利，而是要履行人对上帝的责任；儒家把天作为信仰对象同样具有相似的逻辑和功效。今天，"由超越而产生责任，由履行责任而实现超越"这样的思维逻辑和精神品格仍然应该融入我们的民族精神之中。儒家关于人的世俗生活应该有使命感、应该承担相应的责任、应该使生活充满生机、应该尊重每一个生命这样的一些理念，是需要今天的我们继承并发扬光大的。所以，尽管韦伯不认为儒家具有超越精神，但他还是这样肯定儒家对人间的良好秩序的追求："儒家只求从社会的粗俗不堪、丧失尊严的野蛮状态下解脱出来，除此之外，别无他求。"②儒家的超越关注的是现实世界，是要在现实生活中建立起具有高尚精神目标的人文环境，所以说："它的超越性和它的现实性是不可分割的两个侧面。儒家要通过现实世界来体现它最高最远的人文理想，因而任务特别艰巨。"③

换一个角度看，人对天所承担的责任其实就是做人的责任。中国传统文化特别是儒家文化特别讲究"做人"，这种提法遭到很多人包括中国人自己的诟病，反对这种观点的人认为，人是不需要"做"的，但凡"做"人，必定有虚伪的成分。这其实是不理解儒家所谓"做人"的深意。几乎可以说，在儒家眼里，做人和超越是两个含义大体相同的概念。因为，所谓做人就是

---

①　牟宗三：《现象与物自身》，（台北）台湾学生书局1975年版，第16页。

②　马克斯·韦伯：《儒教与道教》，王容芬译，商务印书馆1995年版，第207页。

③　杜维明：《儒学第三期发展的前景问题》，《杜维明文集》第一卷，武汉出版社2002年版，第335—336页。

怎样使自己成为一个人。而怎样成为一个人，既不纯粹是个人的事，又是不能仅仅靠思想和观念就能把握的，而必须在承担起相应责任的同时，用自己的实际行动"做"出来的。其逻辑是：人并不是一个孤立的个体，而是被许多关系所规定的，这些关系就是儒家对于天地万物和人之间的意义理解之后被确立下来的：对天地，要承担起"赞天地之化育"的责任；对他人，要承担起"立人"、"达人"的责任，即成就他人的责任；对万物，要以"厚德载物"的胸怀承担起"成物"的责任。所有这些责任归结起来，就是人之所以为人的责任，即作为个体的人自己为自己所承担的责任。因此，一个人做人或成人（成己）的过程，就是为天地万物及他人履行责任的过程；这些责任的履行和兑现过程，也就是人的超越过程。到了宋儒那里，这样的超越已经完全消解了人我、物我界线，使人在为所有的生命体服务中找到生活的意义。程氏兄弟说："仁者，以天地万物为一体，莫非己也。""仁者，浑然与物同体。"① 张载则说得更明确："民吾同胞，物吾与也。""凡天下疲癃残疾、惸独鳏寡，皆吾兄弟之颠连而无告者也。"② 天下所有的人都是我的同胞，那些生活困苦、疾病缠身、鳏寡孤独者，都是我的兄弟，而天下所有的物都是我的朋友，我对他（它）们绝不应该损害、剥夺或占有，而是爱与呵护，这就是仁者的情怀。

这样的超越理念，在今天可以帮助人们摆脱被物所奴役的状态。在以对物的依赖为基础的人的独立性阶段，无论他是否意识到，都有可能陷入对物的崇拜。如果说，对神的崇拜消解了人的世俗生活本身的话，那么，对物的崇拜则可能腐蚀人的灵魂，最终消解人自身。对一个民族而言，没有哪一个民族仅仅靠快快捞钱、一心只想积累财富就能使国家富强、民众幸福的；对一个个体而言，也不会有哪一个仅把追求物质财富作为生活唯一目标的人能够真正实现自己的价值甚至能够真正感受到幸福的。韦伯认为，资本主义应该是一种精神和文化现象，而不是只追求金钱和物质享受："谋利、获取、赚钱、尽可能地赚钱，这类冲动本身与资本主义毫无关系。""贪得无厌绝对

① 《河南二程遗书》，《二程集》，中华书局1981年版，第15页、16页。
② 张载：《正蒙》，《张载集》，中华书局1978年版，第62页。

不等于资本主义，更不等于资本主义精神。"① 这就是说，市场经济（也包括资本主义）不仅是人们获利的方式或资源配置方式，而更重要的是一种文化，一种精神。它所内含的平等、自由、个人权利等，只有真正理解平等、自由、个人权利的正确含义并以正确方式对待时，人们才能拥有这些东西。也就是说，只有具有与平等、自由、个人权利等要求相匹配的精神品质，才可能拥有这些东西。如果人人眼里只有自己，只有物欲，社会将会陷入如韦伯所说的"粗俗不堪、丧失尊严的野蛮状态"。根据儒家的超越观，我们发展生产，繁荣经济，积累财富，固然是为了让我们过上美好生活，但更重要的是实现了天的"好生之德"，让天的"生"之意在人世间朗现，这是我们作为人应该承担的道义。这与新教的超越观有某种程度的相似。丹尼尔·布尔斯廷认为：北美"新英格兰清教徒的思想基础实在比任何人都接近乌托邦思想。他们的《圣经》中有'美好社会'的蓝图；他们历尽艰辛来到北美洲，必然相信在人间这块地方能够建设'天国'。"② 儒家没有"天国"的概念，它只想在人间实现天的目的。正是在这样的意义上，儒家总是用"义"来约束"利"。"义"乃"应该"、"应当"、"正当"的行为方式，在其根本意义上，"义"指人对天所承担的"道义"。"利"指实际利益。利益总是要从属于一个更高、更大的目标。因此，孔子说："不义而富且贵，于我如浮云"；"富与贵，是人之所欲也。不以其道得之，不处也。贫与贱，是人之所恶也。不以其道得之，不去也。"③ 并要求人们"见得思义"，"见利思义"；孟子认为，当生命与道义不可兼得时，要"舍生取义"；荀子则要求"以义制利"。这都是说，对利益的追求应该从属于一个更高的精神目标，即要符合义的要求。今天，即使一个人没有达到超越的境界，但如果恪守基本的"义"（应当）的要求，仍然在客观上具有了某种超越精神。如：遵守市场规则，不以损害社会、损

① 马克斯·韦伯：《新教伦理与资本主义精神》，陕西师范大学出版社 2002 年版，第15 页。

② 丹尼尔·布尔斯廷：《美国人：开拓历程》，生活·读书·新知三联书店 1993 年版，第 32 页。

③ 《论语·述而》、《论语·里仁》，《诸子集成》第一卷，长春出版社 1999 年版，第13、7 页。

害他人的方式获利；对利益的相关方具有明确的责任意识和诚信意识；对所从事的职业和岗位具有敬业精神；正确认识财富对自己、对他人以及对社会的意义；正确处理物质满足与精神需求、获取财富与提升自我精神境界的关系；热心公益事业，维护公共利益，履行社会责任，发扬公共精神等。

中国有句成语叫"麻木不仁"，在医学领域，它是指身体的某一部分失去感觉能力，没有知觉。常用于指肢体神经失去感觉，对刺激没有感觉。但为什么把身体的这种状况称为"不仁"？这实际上与仁的最本初含义相关。由于仁德是对应天的"生"之德的，因而在最本源意义上，仁就是"生"在人间的体现。说身体的某一部分"麻木不仁"，其一是说这一部分器官或组织已经失去了"生机"；其二是说，失去生机的这一部分，已经不能成为这个生命整体的有机组成部分了，这不符合仁要求生命整体的各部分之间相互协调、相互支持的观点，所以也叫"不仁"。诚如程颢所言："如手足不仁，气已不贯，皆不属己"，[①] 所以称为"不仁"。涂尔干在谈到社会分工构成"有机团结"时说："实际上，当每个器官都获得了自己的特性和自由度的时候，有机体也会具有更大程度的一致性，同时它的各个部分的个性也会得到印证。借用这一类比，我们就把归因于劳动分工的团结称为'有机'团结。"[②] 对于生命整体各部分间的关系，儒家也怀着"有机"的理念，这一理念贯穿于仁这个概念始终，不仅医学上的含义如此，伦理学上的含义也如此。只不过，由于伦理学是关于人与人之间基本道理的学说，因而"生"对人有着更高的要求。在伦理学意义上，所谓"麻木不仁"有两层意思：一是对天化育万物、展现生机的"生"之目的性不"知"不"觉"（这相当于医学上讲的有机体的某一部分失去知觉），从而不是自觉地承担起"促生"、"利生"的责任，用自己的行动去创造、去生成、去进取，而是浑浑噩噩、蝇营狗苟，深陷物欲的泥淖不能自拔。这与生命整体的"生生不息"的生机是不相融的，所以是"不仁"；二是指对其他生命采取冷漠的态度，对别人的灾难、痛苦、不幸不闻不问，听之任之，袖手旁观，更有甚者，为了达到自己的目的不惜

---

① 《河南程氏遗书》，《二程集》，中华书局 1981 年版，第 15 页。

② 埃米尔·涂尔干：《社会分工论》，渠东译，生活·读书·新知三联书店 2000 年版，第 92 页。

损害别人的利益，甚至残害别人的生命。这样的态度与行为同样破坏了生命整体的"生机"，因此也称为"麻木不仁"。

在现实生活中，也许很多人不能按照上述第一层含义的要求去做，即自觉承担起"赞天地之化育"的责任，但第二层含义的要求是必须做到的，因为这是做人的底线。根据共时性"生生不息"理念的要求，生命与生命之间是息息相关的，是相互支持并相互协调的，这就构成了生命整体的生机。因此，个体生命与个体生命之间要相互尊重、彼此呵护，至少应该对他人的灾难与不幸表示同情。看到有人摔倒了，上去扶一把；遇到有人陷入不幸的境地，上前伸出援手。这些都是"仁者爱人"的最基本要求，做不到这些，就是麻木不仁。儒学虽然不是宗教，但它却具有悲天悯人的情怀和宽容博大的胸怀，要求对所有人都富有仁慈心和同情心，而仁慈心与同情心则是仁德的最基本的要求，也是最普遍的要求。日本人森岛通夫说："仁慈在中国被认为是儒教的核心美德；而在日本，即便是在 604 年圣德太子发布的十七条宪法（它是在儒教的严重影响下写成的）中，也没有把主要的重点放在这上面。""在日本，是忠诚而不是仁慈被看作是最重要的美德，当日本接近近代时期的时候，这一点就越发变成了事实。"①一个人若失去了仁慈心和同情心，那就是典型的麻木不仁了。

人与人之间的冷漠、敌视以及对他人痛苦和灾难的麻木不仁，是公共生活中最强的腐蚀剂。只要这种状况存在，我们就能知道个体是萎缩的、残缺不全的——精神上的萎缩与心智上的残缺不全。他心里只有自己，只有物质利益，他的生活意义与价值都是以自己是否得到利益以及得到多少为衡量标准，至于别人如何，是与他毫不相干的。他整天或忙忙碌碌，或焦躁不安，或怨天尤人，都是围绕他自己的利益打转。弗洛姆认为，自私是可以和贪婪划等号的："自私是一种贪婪。同所有的贪婪一样，它蕴含着一种不满足性，其结果是永远没有真正的满足。贪婪是一个无底洞，它耗尽了人的精力，人虽然不停地努力使其需求得到满足，但却总是达不到。只要仔细观察便可发现，自私的人总是对自己焦虑异常，他总是不满足，整天心神不定，害怕所

---

① 森岛通夫：《日本为什么"成功"》，胡国成译，四川人民出版社 1986 年版，第 10 页。

得不足，怕错过什么，更怕被剥夺了什么。他对任何可能得到更多的人嫉妒万分。"① 的确，在这类人眼里，只有"得到"和"失去"的功利算计，他把一个息息相关的生命体系变成了一个个以邻为壑的自我堡垒，人被利益所分割——因为你得到的就是我失去的，所以我们不可能找到共同点；心肠由于被物覆盖、被利益侵蚀而硬化——别人的死活与我何干？很明显，如果个体的这种状况得不到改变，我们就不能指望有正常的公共生活，因为我们连"公共"是什么都不知道。

儒家关于"生"的理念以及由此生发的仁德，要求人们必须有一种精神追求，有一个精神目标，具备与人的称号相称的精神品质，无论物质利益对我们有多么重要，都必须纳入精神的框架之内。我们对每一个有生命的个体都怀有责任和感情，因为每一个生命都与我息息相关，不要因为追求自身利益而忘掉了做人的根本。休谟作为效用论的代表人物，几乎把所有的伦理学理论都建立在效用的基础之上，但即使如此，他仍然强调"人道、慷慨、博爱、和蔼、宽大、怜悯和自我克制"这样一些他所说的"社会性德性"，② 而这样一些社会性德性，只要是人都是必须具备的，因为它基本上是从人性中获得而不是通过教养获得的："必须承认，社会性的德性具有一种自然的美和亲切，这种自然的美和亲切最初先于一切训导或教育。"③ 儒家的仁德所展示的"生"的理念，也是可以从人性中得到的：只要你是人，是一个有血有肉的生命体，你对其他生命体天然就怀有同情和慈爱，这样，你就会以一颗善良之心待人，就会将生命、爱、尊重等置于物欲之上，即使你的爱心得不到对方的反应，也"应当坚信：我们所播种在泥土中的善良的种子，必将生根发芽，成为善行。"④

---

① 弗洛姆：《逃避自由》，刘林海译，国际文化出版公司 2000 年版，第 83 页。

② 休谟：《道德原则研究》，曾晓平译，商务印书馆 2001 年版，第 82 页。

③ 休谟：《道德原则研究》，曾晓平译，商务印书馆 2001 年版，第 65 页。

④ 塞缪尔·斯迈尔斯：《人生的职责》，李柏光等译，北京图书馆出版社 1999 年版，第 35 页。

第三节　忠恕之道：公共美德的推理模式

　　忠恕之道是儒家的一以贯之之道，它是儒家根本的为人处事之道，在儒家思想中占有极重要的地位。[①] 在儒家观念中，"道"一般有两种含义：一是指"天道"，二是指"人道"。虽然人道是天道内化而成的，但人道与天道只是一个"道"，即如程氏兄弟所言："故有道有理，天人一也，更不分别"；"天人本无二，不必言合。"[②] 当然，程朱理学所谓的"道"和"理"都已经把天所含的义理实体化了，即对之作了形而上学的抽象，使之成为一个包容所有善因、善德的实体。其实，在先秦儒家那里，"道"并不是一个义理性的实体，即不是一个包容了所有善德的精神实体，而只是一种带有目的性的行动目标和行为方式，被这种目标所规约而产生的具有精神意义的结果，就是"德"。这也就是儒家基本的思维逻辑：人在"道"中有所"得"，便是"德"。这样，天道集中体现为"生"之德，人道则集中体现为"仁"之德。而"忠恕之道"指的就是人的行为之道，即人道。不过，根据儒家的逻辑，天道是人道得以确立的根据，而人道则是天道在人的生活世界的流行。因此，讨论忠恕之道，不能仅在人道的范畴内说事，离开了天道，作为人道之基本行为方式的"忠恕之道"是难以说清的。

　　忠恕之道可分别以忠道和恕道来阐释。但忠道和恕道只是一个"道"的两种对待方式，或者说，是两种有差别的境界，因而并不是两个道。在《论语》中，孔子并没有直接给"忠"释义，《论语》记载了孔子一段话："夫仁者，己欲立而立人，己欲达而达人。能近取譬，可谓仁之方也。"[③] 一般认为这就是"忠道"。关于恕道，《论语》有这样记载：子贡问曰："有一言而可以终身行之者乎？"子曰："其恕乎！己所不欲，勿施于人。"[④] 把上面两方面结

---

　　① 据《论语·里仁》："子曰：'参乎，吾道一以贯之。'……曾子曰：'夫子之道，忠恕而已矣'。"（参见《诸子集成》第一卷，长春出版社 1999 年版，第 8 页）

　　② 《河南程氏遗书》，《二程集》，中华书局 1981 年版，第 20、81 页。

　　③ 《论语·雍也》，《诸子集成》第一卷，长春出版社 1999 年版，第 12 页。

　　④ 《论语·卫灵公》，《诸子集成》第一卷，长春出版社 1999 年版，第 31 页。

合起来，就是忠恕之道。关于忠与恕的关系，儒者多视为两个相互联系的方面，认为忠是比恕更根本、更重要的方面。程氏兄弟说："忠恕一以贯之。忠者天理，恕者人道。忠者无妄，恕者所以行乎忠也。忠者体，恕者用。"①把忠归于天理，把恕归于人道，听起来有点勉强，但由于以"无妄"训忠，就和"诚"联系起来了。在儒家看来，天化育万物只是出于一片诚意，因而是真实无妄的。南宋陈淳说："诚字本就天道论，……天道流行，自古及今，无一毫之妄。"②王夫之也认为，"诚者，周流乎万事万物，而一有则全真无二者也。"③因此二程此论还是儒家"以天为则"的逻辑。根据这一逻辑，"忠"源于天化育万物之"诚"，体现为一种真实无妄的品格。人首先要做到"正己"（无妄），才能推己及人。如果一个人满心私欲，充满邪念，并以此心度别人之心，这样的推己及人会是一个什么结果？正是在这样的意义上，二程才说忠是体，恕是用。忠是比恕更根本的方面，没有忠，恕不仅是无源之水，无本之木，而且所推是否符合正道，则很难保证。王夫之也有类似的看法，他认为，"'己欲立而立人，己欲达而达人'，是仁者性命得正后功用广大事。若说恕处，只在己所不欲上推。"④这就是说，在推己及人之前，有一个"正己"的功夫，自己首先是一个堂堂正正的人，所推之事才是正确的；自己"正"了，就只管推就是了，因为"仁者无不正之欲。且其所推者，但立达而已。"⑤

由此可见，忠是对自己本身的要求，恕是自己对待别人的方式。二程说："以己及物，仁也。推己及物，恕也。"⑥就其中所包含的意义而言，前者是自己对仁道之觉识，以及这种觉识之后所形成的"正己"、"成己"、"勉己"的精神与态度。后者则是在有了"忠"的精神与态度的前提下处理自己与别人的关系，即发生了对待关系的转向——由己对己的对待关系转到己对人的

---

① 《河南程氏遗书》，《二程集》，中华书局1981年版，第224页。
② 陈淳：《北溪字义》，中华书局1983年版，第33页。
③ 王夫之：《读四书大全说》，中华书局1975年版，第154页。
④ 王夫之：《读四书大全说》，中华书局1975年版，第107页。
⑤ 同上书，第108页。
⑥ 《河南程氏遗书》，《二程集》，中华书局1981年版，第224页。

对待关系。朱熹在解释"忠恕"时说："尽己之谓忠，推己之谓恕。"又说："或曰，中心之谓忠，如心为恕，于义亦通。"①"尽己"就是尽自己作为一个人的全部责任，以一种虔诚、认真的态度和极负责任的精神对待人我关系，曾参"三省"之一——"为人谋而不忠乎？"——也相当于此意，都表明一种认真负责的态度与勉力行善的精神。所以在儒家文献中，"忠"往往和"诚"、"信"、"恭"、"敬"这些概念并用或连用，可见"忠"主要表达行为主体的一种态度和精神，即一种极端正、极负责任、极虔诚、极守信用的态度和精神，因此朱熹又说"中心之谓忠"。所谓"中心"，指行为者不是怀着从个人私欲出发的"偏心"，而是一颗尽力行仁道之心，即无私欲之偏的心。有了此心，恕才有了精神之源和行为正确的保障。陈淳对这一点说得很清楚："忠是就心说，是尽己之心无不真实者。恕是就待人接物处说，只是推己心之所真实者以及人物而已。"②"忠是在己的，恕是及人的。""己若无忠，则从何物推去？无忠而恕，便流为姑且，而非所谓由中及物者矣。"③"流为姑且"的推己及人只会造成恶果，若是人人怀着"人不为己，天诛地灭"的观念推己及人，那我们还能期望正常的生活秩序吗？

韦伯认为，儒家也是讲理性的，"儒教的'理性'是一种秩序的理性主义。"④这一说法尽管不无道理，但还没有真正揭示儒家理性的源头以及所要达到的目标。由于儒家思想的基本特征是既内在又超越的，因而其理性也带有这一特征，忠恕之道就是这种理性的表达方式。不错，忠恕之道的确是想通过每个人的推己及人来实现社会生活的秩序，但在其根本意义上，秩序并不是儒家所追求的目标，而只是推己及人之后的自然结果。忠恕之道作为理性的表现，与儒家关于"人"的理念密切相关，这一理念包含着相互联系的三个方面：其一，人不仅是一个生物体，还是一个精神载体，因此，人生在世，不仅仅是为了活着，而更重要的是要努力求人之道，即寻求人的正确生活样式与行为方式。儒家用"仁"来表达人的生活之道，仁道即人道。在儒

① 朱熹：《四书章句集注》，中华书局 1983 年版，第 72 页。
② 陈淳：《北溪字义》，中华书局 1983 年版，第 28 页。
③ 陈淳：《北溪字义》，中华书局 1983 年版，第 30 页。
④ 马克斯·韦伯：《儒教与道教》，王容芬译，商务印书馆 1995 年版，第 221 页。

家眼里，人与仁是可以通读的，只要是人，就应该具备仁德，不仁之人不能称为真正意义上的人。① 但是，人道（仁）并不是一个预先的设定，而是首先源于人对天道、天德的觉识，然后将这种觉识提炼成一种精神之道，只要是人，就应该沿此道而行，所以才有"志于道，据于德，依于仁，游于艺"②的说法。《中庸》开篇即说："天命之谓性，率性之谓道，修道之谓教。"③ 这意味着，从归根到底的意义上说，"人之性"源于"天之性"，人顺着这一"性"发展，按照这种"性"的要求行为，才是正"道"；按照这一"道"的原则修养自己，就能形成人的高尚品质——教，在一般意义上，此"教"就是仁德。天之德内化为人之德（仁）后，人只要在俗世俗务中尽力行道即可，没有必要时时仰望星空，追寻那个在人之外的超越对象。所以孔子的弟子才说："夫子之文章，可得而闻也；夫子之言性与天道不可得而闻也。"④ 人已经被"仁"所规定，不需要把人性和天道天天挂在嘴边。在这一方面，儒家很像宗教改革人物路德的思维。马克思认为，"恩格斯把亚当·斯密叫作国民经济学的路德是对的"，因为路德"把宗教观念变成人的内在本质，从而扬弃了外在的宗教观念"；"把教士移到俗人心中，因而否定了俗人之外的教士"，因此，人"在路德那里被当成了宗教的规定"。⑤ 同样的逻辑，人在儒家那里被当成了精神（仁）的规定，只要你是人，就要受这一精神理念的约束，所以人才需要"正己"，才需要具有中正之心（中心），才需要"尽己"。可见，天道内化为人道以及人被"仁"所规定，是"忠"的形而上学根据。

由此就引出了儒家关于人的第二个观点：人不是浑然自在于世的，而是通过觉识天之德，体悟到自己身上所承担的责任，即所谓"任重而道远"。⑥

① 所以孟子说："仁也者，人也。合而言之，道也。"（《孟子·尽心下》，《诸子集成》第一卷，长春出版社 1999 年版，第 103 页）

② 《论语·述而》，《诸子集成》第一卷，长春出版社 1999 年版，第 13 页。

③ 《礼记·中庸》，《十三经注疏·礼记正义》，北京大学出版社 1999 年版，第 1422 页。

④ 《论语·公冶长》，《诸子集成》第一卷，长春出版社 1999 年版，第 9 页。

⑤ 《马克思恩格斯全集》第 42 卷，人民出版社 1979 年版，第 112—113 页。

⑥ "仁以为己任，不亦重乎？死而后已，不亦远乎？"（参见《论语·泰伯》，《诸子集成》第一卷，长春出版社 1999 年版，第 15 页）

每个人都要以仁为己任，这是人不能推卸的责任。如果说人觉识到了天之"生"德，那就应该努力去促进和创造一切蓬勃向上、生意盎然、欣欣向荣、生生不息的事物和现象，通过"促生"、"保生"、"安生"来达到自我完善。这就是一般意义上的仁德，即人必须承担的责任。这样的责任意识，使儒家把人的成长过程看作是一个精神完善的过程，而不是一个自然过程，因此，"成人"在儒家的理论中有着特别的意义。《中庸》说："诚者，非自成己而已也，所以成物也。成己，仁也；成物，知也，性之德也，合外内之道也。"① 所谓成物，就是顺着天之"生"意，赞天地之化育，实现天化育万物的目的。而在万物之中，首先是人之"生"，因此"成物"的前提就是"成人"（成就他人）。"成人"和"成物"都表现为对"生"的关怀和尊重，对己而言，人与物都是"外"，所以只有由"成人"到"成物"，才能最终完成"赞天地之化育"的任务，从而实现"成己"，这才能真正实现"合外内之道"。可见，"成人"（他人）和"成己"是一个问题的两个方面，只顾自己的生存（立）与发展（达），无论多么成功，也不能叫"成己"，因为你丢掉了人的责任，你就不是一个真正的人，所以说"君子成人之美"。② 正是在这样的意义上，程子说"尽己之谓忠"，尽己者，尽己之责任也。此责任既包含成己（使自己成为一个高尚的人，一个有责任感的人），也包括成人（成就他人）。由此我们可以说，儒家关于人的第二方面含义即人的责任（对己也对人的责任），是忠恕之道的理论根据。

儒家关于人的看法还有第三方面的含义：在所有的有生之物中，人是最高贵、最有灵性的，这是中国绝大多数思想家的观点。孟子特别强调人与禽兽之别，此区别就是人人都具有恻隐、羞恶、是非、辞让"四心"；③ 荀子说："水火有气而无生，草木有生而无知，禽兽有知而无义；人有气，有生，有知，亦且有义，故最为天下贵也。"④《礼运》说："人者，其天地之德，阴

---

① 《礼记·中庸》，《十三经注疏·礼记正义》，北京大学出版社 1999 年版，第1450 页。

② 《论语·颜渊》，《诸子集成》第一卷，长春出版社 1999 年版，第 24 页。

③ 参见《孟子·公孙丑》，《诸子集成》第一卷，长春出版社 1999 年版，第 56 页。

④ 《荀子·王制》，《诸子集成》第一卷，长春出版社 1999 年版，第 140 页。

阳之交，鬼神之会，五行之秀气也。"①董仲舒说："天地人，万物之本也。天生之，地养之，人成之。"②这些说法都表明，人是比其他生物更高贵、更优秀的生物。孟子认为这是因为人有别于其他生物之"才"，此"才"能使人知恻隐，知羞恶，知是非，知辞让，如果你不这样做，不是因为你不具备此"才"，而是因为你陷溺其心。③戴震在解释孟轲的"才"时说："才者，人与百物各如其性以为形质，而知能遂区以别焉。""由成性各殊，故才质亦殊。"④认为各物皆有该物之才质，这是各物相互区别的根本因素。戴震对人之才评价颇高："人有天德之知，有耳目百体之欲，皆生而见乎才者也。"⑤"人之才，得天地之全能，通天地之全德。"⑥正是因为人有区别于禽兽之才，所以程子说："禽兽与人绝相似，只是不能推。"⑦指出人的才质与他物的区别，是为了说明人为万物之长的身份与地位。这里的潜在逻辑是，既然人具有如此优秀之才，拥有如此高贵的地位，那么，人就应该具备和此才与地位相匹配的精神品质，孟子用"践形"这一概念来表达这一思想："形、色，天性也。惟圣人然后可以践形。"⑧人天生就具有区别于别物的形、色，此形色就表明人之性区别于他物之性，包含了人的精神特质。因此，人应该通过自己的行为努力展示这一精神特质，不能将自己等同于动物。王夫之在解释孟子上述言论时说："形之所成斯有性，情之所显惟其形。故曰：形色天性也，惟圣人然后可以践形。"⑨人不能辜负自己的形色，而应该以其内在的"神"配其外在的"形"。这样看来，儒家关于人的第三方面意思表明，人不仅"应该"行忠恕之道——人应该有与其身份地位匹配的精神品质，而且"能"

---

① 《礼记·礼运》，《十三经注疏·礼记正义》，北京大学出版社1999年版，第690页。

② 董仲舒：《春秋繁露·立元神》，《春秋繁露义证》，中华书局1992年版，第168页。

③ 孟子说："若夫为不善，非才之罪也。"（参见《孟子·告子》，《诸子集成》第一卷，长春出版社1999年版，第89页）

④ 戴震：《孟子字义疏证》，中华书局1961年版，第39页。

⑤ 戴震：《原善》，《戴震全书》，第6卷，黄山书社1995年版，第15页。

⑥ 戴震：《原善》，《戴震全书》，第6卷，黄山书社1995年版，第16页。

⑦ 《河南程氏遗书》，《二程集》，中华书局1981年版，第56页。

⑧ 《孟子·尽心》，《诸子集成》第一卷，长春出版社1999年版，第101页。

⑨ 王夫之：《周易外传》，《船山全书》第一卷，中华书局1976年版，第836页。

行忠恕之道——人的才质决定了人能够推己及人，这其实指的是人的推理能力。麦金太尔认为，亚里士多德也十分强调个人的推理能力对构成一个正义行为的重要性，他说："依亚里士多德所见，一个人若没有在实践中进行理性推理的能力，他就不可能达到正义，因为正义需要理智。"[①] 儒家关于人具有高贵地位的观点，也就是强调了这种推理能力。

尽管从字面上看，"己欲立而立人，己欲达而达人"和"己所不欲，勿施于人"的出发点都是"己"，即都是观察、思考与行为的主体，但事实上，这两个"己"所表达意蕴是有区别的。前一个"己"是不自欺之"己"，是具有诚意、诚心之己，是以人道（仁道）去践履天道之己，这是一个"自立"、"自达"的过程，而此过程内在地包含了"立人"与"达人"，因为人自成（成己）与"成人"是一个统一体。后一个"己"是不欺人之己，是以诚信、诚意待人之己：以爱己之心爱人，以待己之心待人；在不自欺的前提下不欺人。如果说前者主要表现为一种刚强、进取、虔诚、恭敬的精神与态度，那么后者则主要表现为尊重、理解、宽容和仁慈的情怀。借用《周易》的说法，前者相当于"天行健，君子以自强不息"，而后者则相当于"地势坤，君子以厚德载物。"正如南宋儒者陈淳所言："大概忠恕只是一物。……盖存诸中者既忠，发出外来的便是恕。……故发出忠的心，便是恕的事；做成恕的事，便是忠的心。"[②] 在这个意义上，忠和恕的关系基本上相当于道德意识与道德行为的关系。

"忠"是与"诚"可以通读的概念，强调这一点非常重要。因为"诚"是天之所以能化育万物的精神和品格，同时也是人之所以能"与天地参"的精神和品格。这是一种进取、刚强、虔诚、恭敬的精神与态度，以此支配的"忠"才是儒家的本意。这就是说，与"诚"相联系的"忠"有这样几方面的表现：一是对自己的信仰、信念和良心的忠诚；二是对自己所从事的事业或者职业、岗位的忠诚；三是对自己所隶属的某种关系的忠诚，如忠于国家、忠于君主、忠于上司等。此外，在一般的人际关系上，忠还表现为尽心

---

① 麦金太尔：《谁之正义？何种合理性？》，万俊人等译，当代中国出版社 1996 年版，第 175 页。

② 陈淳：《北溪字义》，中华书局 1983 年版，第 29 页。

尽力地为他人办事。在这些方面中，儒家最看重、最强调的是第一个方面，即对自己信仰、信念与良心的忠诚，因为只有这一方面是对己、对内的，是对自己境界和品格的要求，这种要求并不因外在的对象而转移或改变。这也就是朱熹认为"中心为忠"有一定道理的缘故。所谓"中心"，即端正自己的心，除了仁道的要求之外，不能有自己特殊的偏好和私心。

正是由于这个缘故，儒家对某个个人的忠诚并不特别强调，但忠诚作为一种美德还是毋庸置疑的，比如，忠于自己的祖国和民族，忠于自己的信仰，忠于职守等一直是被中华民族所推崇的美德。日本人森岛通夫并没有真正理解中国语境中"忠"的含义，他说："忠诚是日本和朝鲜两国的共同美德，可是却没有出现在中国所开列的美德清单中。"① 他的这一结论是由下述逻辑得出的：所谓忠，是一个人对某个个人的绝对忠诚，中国没有这样的忠诚，所以中国的美德清单中没有忠诚："在中国，忠诚意味着对自我良心的真诚。而在日本，虽然它也在同样的意义上被使用，但是它的准确的意义基本上是一种旨在完全献身于自己领主的真诚，这种献身可以达到为自己的领主而牺牲生命的程度。"② 其实，在儒家看来，即使是良心，也不是纯个人的感受，而是受仁道制约的。在中国，既有为民请命的人，也有舍身求法的人，这都是对自己的信念之忠；更重要的是，中华民族为了自己的信念和理想敢于赴汤蹈火，为了自己的国家和民族敢于舍生取义，这已经被无数仁人志士所证明。而这，既是对自己事业、信念、国家和民族的忠诚，也是对自己良心的真诚，二者达到了高度的统一。因此，在今天，忠于祖国和民族，忠于某种高尚的理想和信念，仍然是"忠"的第一要义，这应该是没有疑问的。这就意味着，儒家关于忠的基本思维逻辑和基本理念在今天仍然是有价值的。这就是，"忠"首先是对自己所追求的精神目标以及由此内化为良心的忠诚，是自己对自己的责任和承诺，是一种进取、刚强、虔诚、恭敬的精神与态度，是实事求是、兢兢业业、尽心尽力、踏踏实实的思想和作风。如果说忠是"正己"、"尽己"之精神，那就首先使自己成为一个有精神追求的

---

① 森岛通夫：《日本为什么"成功"》，四川人民出版社 1986 年版，第 9—10 页。
② 同上书，第 10 页。

人，一个以仁者情怀待人接物的人，一个光明磊落、堂堂正正的人，即成为一个如王夫之所说的"性命得正"后的仁者。就今天的个人而言，有了"正己"、"尽己"的精神准备和品质塑造，就会从传统的"关系自我"中解放出来，成为一个独立的、负责任的、有尊严的自我，这样的自我会以理性的方式参与公共交往，在谋求自己的生存（己欲立）与发展（己欲达）时，也能顾及到他人的生存（立人）与发展（达人），正如王夫之所言："推己所不愿，而必然其勿施，则忠矣。"①

但是，严格说来，忠只是忠恕之道的准备阶段而不是实施阶段，尽管忠恕之道是一个完整的行为方式，但忠与恕毕竟是两回事。王夫之就说："忠恕在用心上是两件功夫，到事上却共此一事。"②忠是自己对自己的要求，恕则是待人的。所以陈淳说"忠是在己的，恕是及人的。"③按照王夫之的说法，"尽己"与"推己"分别包含不同的内容，这两个"己"的含义也不一样："合尽己言之，则所谓己者，性也、理也；合推己言之，则所谓己者，情也、欲也。"④前者是在性、理上"正己"，后者则是在情与欲上推己及人。由于"正己"之后的己没有不正之情之欲，因而由此推之就是正道。根据体用关系，无体之用固然会导致滥用，而无用之体也还只是一种可能性，只有由己而推人，才真正实施了忠恕之道，因而必须从"忠"进入到"恕"的领域，这才进入到了生活层面，进入到了现实的人际关系。进入这一层面，才算是真正贯彻了忠恕之道。

"己所不欲，勿施于人"之恕道，已经深深融入中华民族的心灵深处。"将心比心"、"以心换心"、"推己及人"已成为中国人稳定的思维模式和行为方式。但是，当中国人跨入现代社会之时，究竟应该如何看待"己所不欲，勿施于人"？目前学术界对恕道颇有诟病，有人认为以己之心度别人靠不住，因为其推己及人的前提可能是错的；有人认为现代社会靠的是法制，不能寄希望于每个人由良心出发来推己及人；有人认为推己及人是一种收敛

---

① 王夫之:《读四书大全说》，中华书局 1975 年版，第 107 页。

② 同上。

③ 陈淳:《北溪字义》，中华书局 1983 年版，第 30 页。

④ 王夫之:《读四书大全说》，中华书局 1975 年版，第 246 页。

型的性格特征，而这恰好是中华民族的性格弱点。这些观点从表面看似乎都有些道理，但实际上还是没有把握"己所不欲，勿施于人"的真谛。笔者在上文的分析中已经指出，"恕"并不是以行为主体的主观好恶作为推理前提，而是以"忠"为其体的。"忠"的"正己"功夫保证了推己及人前提的正当性。这一点陈淳说得很明确："单言恕，则忠在其中。如曰'推己之谓恕'、'己所不欲，勿施于人'，只己之一字便含忠意了。己若无忠，则从何物推去？"① 因此，当我们说推己及人时，这个"己"就已经是一个具备德性、有正确行为理念的个体了。麦金太尔在分析康德哲学时说："康德哲学的核心是两个简单却易生误解的论点：如果道德规则是合理的，那么它们必然对所有理性的存在者都是一样的，恰如算术规则那样；如果道德规则对所有理性的存在者都有约束力，那么这类理性的存在者遵循这些规则的偶然能力必然是不重要的——重要的是他们履行这些规则的意志。"② 在儒家看来，道德规则（仁道）对所有的理性存在者既是合理的，又是具有普遍约束力的，因而行为者会按照仁道的要求检视自己的动机，"除非我愿意自己的准则也变为普遍规律，我不应行动。"③ 因此，遵守道德规则的偶然能力在儒家那里也是不重要的。在忠恕之道中，"忠"是行仁道之精神准备，而"恕"则是仁道之具体实施。这样，在实际行动前，行为者不仅具有纯正的道德动机，而且是为了道德的目的，这也符合康德的下述原理："要使一件事情成为善的，只是合乎道德规律还不够，而必须同时也是为了道德而作出的。"④ 至于后面的两个质疑，在此只作简单回应：第一，笔者已反复指出，任何法律规范都必须以伦理精神为其底蕴，法律只是实现伦理精神的方式之一。社会个体如果不具备伦理精神所要求的道德品质，无论多么严密的法律体系，无论多么严格的法规，都会失效。对绝大多数社会成员来说，人们并不是因为害怕被抓住后坐牢才不去抢劫、不去偷盗的，也不是因为怕被抓住杀头才不去杀人的。这里有一个基本的道德底线，其中就包含了推己及人。法家思想的实践

---

① 　陈淳：《北溪字义》，中华书局 1983 年版，第 30 页。
② 　麦金太尔：《追寻美德》，宋继杰译，译林出版社 2003 年版，第 56 页。
③ 　康德：《道德形而上学原理》，苗力田译，上海人民出版社 1986 年版，第 51 页。
④ 　同上书，第 38 页。

表明，仅仅靠严刑峻法而忽视人们的精神品质和道德自律，社会的治理必然会失败。澳大利亚人李瑞智（Reg Little）和黎华伦（Warren Reed）指出："中国法家的失宠向中国人民显示，世界，包括人类社会制度，不是一架僵化的机器，而是一个有生命的机体，这一机体的细节难以驾驭，这就表明它具有整体性和条理性，而这种整体性和条理性是内涵的本能特性，非法律所能强制。"① 第二，儒家的确具有内敛的性格特征，但推己及人却恰好不在此列。作为一个整体的忠恕之道，既表达了儒家刚强、进取的精神（忠），又表达了宽容、仁慈的情怀（恕），无论是进取还是宽容，都表达了儒家对"生"的向往与关怀，其中既有理性，又有责任，这完全符合康德关于权利的三个条件。② 因此，把推己及人说成是一种内敛性格其实是对这一思想的误解。

"己所不欲，勿施于人"的"恕道"包含了儒家对每个人的人格独立的肯定，儒家认为，每个人都有自己的尊严、志向、见解、行为方式和利益需求，这些东西都是需要得到别人尊重的。孔子说："三军可夺帅也，匹夫不可夺志也。"③ 孟子说："得志，与民由之；不得志，独行其道。富贵不能淫，贫贱不能移，威武不能屈，此之谓大丈夫。"④ 可见儒家是特别重视独立人格与独特志向的。不管你自己认为自己的观点多么正确，你自己的用意是多么好，你自己的行为方式是多么合理，都不要把自己的观点和立场强加于人。你自己有实现自身价值的追求，但不要妨碍他人也能实现自己的追求。道理很简单：因为你不希望别人对你也这样做。孔子用"君子和而不同，小人同而不和"⑤ 表达了尊重、理解和宽容别人的理念，这种宽阔的胸襟和博大的胸怀同样是现代人必须具备的。张载说："己虽不施不欲于人，然人施于己，能无怨也。"⑥ 宽容既是一种教养，也是一种精神品质，在公共生活中，宽容显得弥足珍贵。当人们挣脱了各种自然形成的纽带成为一个独立自由的个体

---

① 李瑞智、黎华伦：《儒学的复兴》，范道丰译，商务印书馆1999年版，第87页。
② 参见康德：《法的形而上学原理》，沈叔平译，商务印书馆1991年版，第48页。
③ 《论语·子罕》，《诸子集成》第一卷，长春出版社1999年版，第18页。
④ 《孟子·滕文公》，《诸子集成》第一卷，长春出版社1999年版，第66页。
⑤ 《论语·子路》，《诸子集成》第一卷，长春出版社1999年版，第26页。
⑥ 张载：《正蒙》，《张载集》，中华书局1978年版，第45页。

时，人们之间的关系已没有了以往由血缘、亲缘、地缘等织成的温情脉脉的面纱，在公共生活中打交道的几乎都是陌生人，但对于任何一个陌生人，我们都不要冷眼相向，如果以疏远、冷漠甚至敌意对待陌生人，其实就潜在地表明，他人也应该以疏远、冷漠甚至敌意对待我自己。这就是朱熹把"恕"解释为"如心"的深意之所在：如心者，以心度心也。《大学》对此有个较详细地说明："所恶于上，毋以使下；所恶于下，毋事上；所恶于前，毋以先后；所恶于后，毋以从前；所恶于右，毋以交于左；所恶于左，毋以交于右。此之谓絜矩之道。"①"絜"本来是指用绳子来衡量、度量、推度物体的形状、粗细等，此处指衡量事物的法度、规则和准则。"絜矩之道"就是以己之心度人之心，自己所不希望的东西，不要强加给别人。它表示的是对别人的理解、尊重、体谅和宽容。如果人与人之间一发生矛盾就拳脚相加，甚至采取更为极端的手段，那么，正常的社会生活就无从谈起了。

在市场经济条件下，一切疏远、不和及矛盾几乎都可以归结为利益纠纷和利益矛盾，因此，以恕道来对待利益关系，处理利益矛盾，应该成为中华民族特有的精神品质。费尔巴哈在论述他的幸福观时，就引用了儒家的"己所不欲，勿施于人"，以及"忠恕违道不远。施诸己而不愿，亦勿施于人"②。这样的话，认为这个朴素的、通俗的原理是最好的，最真实的。他说："当你有了你所希望的东西，当你幸福的时候，你不希望别人把你不愿意的事施诸于你，即不要对你做坏事和恶事，那么你也不要把这些事施诸于他们。当你不幸时，你希望别人做你所希望的事，即希望他们帮助你，当你无法自助的时候，希望别人对你做善事，那么当他们需要你时，当他们不幸时，你也同样对他们做。"③在利益角逐表面化、公开化、市场化的今天，树立理性的利益观，以恕道为理念处理利益关系，是当代中国人的重要课题，也是公共生活是否有正常秩序的重要条件。首先，确认每个利益主体具有独立、平等的人格，是恕道得以实施的前提。市场实际上是一系列契约的集合，每一

---

① 《礼记·大学》，《十三经注疏·礼记正义》，北京大学出版社 1999 年版，第 1600—1601 页。

② 《礼记·中庸》，《十三经注疏·礼记正义》，北京大学出版社 1999 年版，第 1431 页。

③ 《费尔巴哈哲学著作选集》上卷，商务印书馆 1984 年版，第 578 页。

种市场活动都是在契约关系中的活动。因此，活动于市场中的利益主体，实际上都具有平等的人格，不存在人格上的隶属关系或依附关系。承认这一点，其实就是承认每个人都是和自己一样，具有人格尊严和利益需求的人，你自己想要的事，也是别人想要的；你自己不希望的事，也是别人力图避免的，这是履行恕道的前提。其次，尊重各方利益。在市场经济社会，人格不再是一个空洞的符号或某种名称，而是具有实际内容的利益载体。对利益主体人格的肯定，是通过对其利益的尊重来实现并确立的。承认别人和自己有着相同的利益需求，充分尊重别人的利益，是现代人必须具备的精神品质。因为市场活动的利益主体并不是互不相干、彼此独立的孤立个体，而是在复杂的利益关系中相互联系、相互制约并有自己明确利益趋向的行为主体。在实际的经济活动中，每个利益主体都具有"趋利避害"的天然倾向。而"趋利"和"避害"是一枚硬币的两面，它们总是相伴相随的。在市场竞争中，如果某一利益主体不约束自己的求利行为，那么它的趋利行为就会对对方或第三方造成侵害，从而使对方或第三方的避害成为空话。在市场活动的利益关系中，每一个利益主体都可能成为别人的任性和不负责任行为的受害方，因此，如果你不想别人这样对待你，那你就不应该以损害别人的方式对待别人。

一般认为，市场规则只是一种强制性约束，其实不然。从表面上看，市场规则是一种他律，而实际上则需要各市场参与者的自我约束，遵守市场规则应该是每一个市场参与者为了顺利实现自己的利益所进行的自律，因为市场的正常秩序对各方都是有利的。从这个意义上说，市场也要对市场参与者进行"资格审查"，而每一个市场参与者都要以自己的市场行为品质获得"市场准入"资格，这样的"市场准入"或"资格审查"其实就是市场参与者对市场规则的"一致同意"或普遍认同，而这实际上是市场竞争各方的一种合作。既是竞争中的合作，又是以合作为前提的竞争。没有这种合作，正常竞争就无法进行。正因为如此，彼得·科斯洛夫斯基认为，康德关于"普遍立法"的原则能够解决相互不合作的"囚徒困境"问题。他说："康德的伦理学回答了囚徒困境的问题。康德认为，实现普遍化的动机，根据伦理学的无错推理博弈和宗教的最可靠的无错推理博弈的模式，将由绝对命令和具备必要条件的宗教来保障。""绝对命令对个人提出的要求和康德伦理学对'我应该做什么?'的问题的回答是:'照这样去做,使你的生活准则成为公共的准则。'这种回答符合囚徒困境情况向团体提出的问题:'我们如何使普遍规则也能成为个人行为的准则?'"① 其实,儒家"己所不欲,勿施于人"的恕道与康德的绝对命令具有异曲同工之妙。虽然它不是出于理性的普遍立法,但却基于每个人的自我感受与需要,诉诸每个人的心灵。若是每个人都能以"己所不欲,勿施于人"的理念在行为前对自己的动机进行一番拷问:"我应该怎么做?""我应该怎样对待别人?"就能使自己的行为准则成为普遍的准则。而且,这样的拷问并不需要很高深的道理,它只是基于这样的前提:"我希望别人怎么对待我?"从这个意义上说,它比绝对命令更为有效。

第四节　诚信: 人的基本德性

诚信是儒家特别看重的德性,《中庸》说:"不诚无物","君子诚之为贵";② 孔子说:"人而无信,不知其可也。大车无輗小车无軏,其何以行之哉?"③ 诚信作为人的基本德性,几乎就是人之为人本身——若一个人缺乏诚信,就不是真正意义上的人了,这就是孔子说的,人如果没有信用,就像车没有輗和軏一样,根本无法行走,所以说:"民无信不立"。④

关于"诚",古人有多种训法,如"信也"、"实也"、"成也"、"敬也"、"一也"等,⑤ 南宋陈淳认为:"诚字后世多说差了",只有"到伊川(程颐)方云

---

① 彼得・科斯洛夫斯基:《伦理经济学原理》,中国社会科学出版社1997年版,第66、67页。

② 《礼记・中庸》,《十三经注疏・礼记正义》,北京大学出版社1999年版,第1450页。

③ 《论语・为政》,《诸子集成》第一卷,长春出版社1999年版,第5页。

④ 《论语・颜渊》,《诸子集成》第一卷,长春出版社1999年版,第23页。

⑤ 参见:《说文解字》、《尔雅・释诂》、《孟子・尽心上》、《广雅・释诂》、《说苑・反质》等。

'无妄之谓诚'字义始明；至晦翁（朱熹）又增两字，曰'真实无妄之谓诚'，道理尤见分晓。"① 其实，用"无妄"或"真实无妄"训"诚"，尽管得其真义，却不免粗疏或笼统，甚至有失片面。实际上，《中庸》从天、人、物三个方面对"诚"作了全面地分析，既有哲学本体论的规定，又有伦理学关于道与德、性与心、人性与物性、道德修养和道德境界等方面的分析和论证。把这两方面结合起来，实际上就是儒家对人之道、人之德、人的修养途径和境界等找到了形而上学的根据。《中庸》关于"诚"有一个基本的命题："诚者，天之道也；诚之者，人之道也。"② 这一命题包含了如下内容：第一，揭示了天的根本属性，那就是"诚"；第二，天的这一根本属性是天之所以能够化生万物、生生不息的最终根据；第三，揭示了天道与人道的关系：天道是人道的根据，天的根本属性就是人的行为的基本准则；第四，说明人提高自己精神品质的途径和所要达到的境界：天道为"诚"，人就应该努力去体验和践行（"诚之"）天道，以达到与天道的统一。

儒家之所以这么看重诚，是因为在儒家看来，诚与前面讨论的"仁"和"忠"一样，并不是一种完全靠后天习得的品质，而是人对天道领悟之后的觉识。③ 人以其仁道实现天道，需要一种能动的、负责的、积极的精神与意识，这就是"忠"和"诚"，在现代语境中，我们往往将忠诚连用，是因为这两个概念的意思极其相近，都是对天之"生"意与"生"德的深刻理解和体悟之后的践行。陈淳指出："忠信两字近诚字，忠信只是实，诚也只是实。但诚是自然实的，忠信是做功夫实的。诚是就本然天赋真实道理上立字，忠信是就人做功夫道理上立字。"④ 又说："诚字与忠信字极相近，须有分

---

① 陈淳：《北溪字义》，中华书局1983年版，第32—33页。

② 《礼记·中庸》，《十三经注疏·礼记正义》，北京大学出版社1999年版，第1446页。

③ 《中庸》说："自诚明，谓之性。自明诚，谓之教。"（参见《十三经注疏·礼记正义》，北京大学出版社1999年版，第1447页）说的是达到诚的两种途径，其实都是说的人之性对天之理的觉悟，只是在层次上有所区别，但最后都达到"诚"与"明"的统一。所以王夫之说："曰'自诚明'，有其实理矣；曰'自明诚'，有其实事矣。'性'为功于天者也；'教'为功于人者也。"（参见王夫之：《读四书大全说》，中华书局1975年版，第145页）

④ 陈淳：《北溪字义》，中华书局1983年版，第27页。

别。诚是就自然之理上形容出一字，忠信是就人用功夫上说。"①认为诚与忠信尽管都是"实"的意思，但一个属于自然之理，一个则是人的言行之理。在这里，陈淳似乎认为诚是自然（天）的专有属性，落实到人身上，就表现为忠信了。但实际上，《中庸》分别以"诚"和"诚之"来表示天与人的区别。天的属性是诚，人要将天的这一属性通过自己的行为表现出来，这就是"诚之"，即"使之诚"之意。"诚之"比忠信更具有包容性，凡是人以诚意对待自己的行为的品质，都可以说是"诚之"。它可以是忠、信、敬、实、正、直等。因此，"诚"与"诚之"实际上表达了天道与人道、天之性与人之性的关系（所以《中庸》说"天命之谓性"），天对万物具有"生"之德，对天之"生"意与"生"德，儒家用了一个极抽象也极具包容性的概念："诚"。儒家认为，天极有诚意化生万物、养育万物。《中庸》说："诚者，自成也；而道自道也。诚者，物之终始，不诚无物。是故君子诚之为贵。"②这都是说"诚"是天之性和天之德，它对世间万物都是真实无妄、诚心诚意的。人就应该去领会、理解此"诚"，将之化为自己的品质与信念，然后去践履"诚"，使之变为现实（诚之）。所以程子说："至诚可以赞化育者，可以回造化。"③"赞天地之化育"一直是儒家认定的人之责任和使命，努力完成这一使命就是"诚之"，即让"诚"的理念变为现实。因此，如果用"无妄"训诚，那么此无妄首先是天道之无妄，王夫之说："诚者，周流乎万事万物，而一有则全真无二者也。"④"全真无二"就是指天道化育万物之诚意，绝无偏私。陈淳说的意思也大体相同："诚字本就天道论，……天道流行，自古及今，无一毫之妄。"⑤这说明，"诚"被儒家理解天的一种精神，一种德性，一种品格。天对万物都怀着诚意，都以真实无妄、诚心诚意来对待人间的一切事物。那么，人要行人道，成仁

---

① 陈淳：《北溪字义》，中华书局1983年版，第32页。

② 《礼记·中庸》，《十三经注疏·礼记正义》，北京大学出版社1999年版，第1450页。

③ 《河南二程遗书》，《二程集》，中华书局1981年版，第220页。

④ 王夫之：《读四书大全说》，中华书局1975年版，第154页。

⑤ 陈淳：《北溪字义》，中华书局1983年版，第33页。

德，就应该具备"诚"这种精神与品格。正是源于这一逻辑，二程将"诚"提到天理的高度，并将诚与敬联系起来，表示对天道的诚意与敬意。① 王夫之也是首先在天道的层面谈无妄："无妄则诚矣。诚则物之终始赅而存焉。""夫诚者，实有者也，前有所始，后有所终也。"② 这实际上是从唯物的立场来谈天道，却同样得出"无妄"的结论。另一位持唯物立场的思想家张载不主张以天理来规定天道，而是用"虚空"来说明，认为"诚"是于虚中求出的实："天地之道无非以至虚为实，人须于虚中求出实。""诚者，虚中求出实。"③ 这些观点尽管出发点和立场不一样，但都是在天道的层面讨论"诚"。

在天道的高度指出"诚"乃无妄，是为了给人的言行之无妄（诚）找到形而上的根据。有了这一根据，诚就不仅仅是表里如一或言行一致（这只是诚在人的生活中的具体表现），而首先是一种对天道的信仰。中国有句俗话说：人在做，天在看。意即天对人对物是一片诚意，人只有以诚实待人接物，才对得起天对人的要求。其次，对天负责又转化为人的责任，在这一意义上，诚实不是应该不应该的问题，而是"必须如此"的问题。张载说："人生固有天道。人之事在行，不行则无诚，不诚则无物，故须行实事。"④ 再次，按照这种信仰去履行自己的责任，就形成了个人的精神品质，作为人的精神品质的"诚"是最表层的意思，也是最生活化的表达。因此，思想家们在探讨了诚的形而上学根据之后，大都重点论述人应该怎样对待"诚"的要求，以及应该怎样培养诚信的品质。荀子说："君子养心莫善于诚，致诚则无它事矣。唯仁之为守，唯义之为行。诚心守仁则形，形则神，神则能化矣；诚心行义则理，理则明，明则能变矣。变化代兴，谓之天德。"他进一步论证说："天地为大矣，不诚则不能化万物；圣人为知矣，不诚则不能化万

---

① 程子说："如天理的意思，诚只是诚此者也，敬只是敬此者也，非是别有一个诚，更有一个敬也。"又说："诚者天之道，敬者人事之本。敬者用也。敬则诚。"（《二程集》，中华书局1981年版，第31、227页）

② 王夫之：《尚书引义·说命》，《船山全书》第二卷，中华书局1976年版，第305、306页。

③ 《张子语录》中，《张载集》，中华书局1978年版，第325、324页。

④ 同上书，第325页。

322

民；父子为亲矣，不诚则疏；君上为尊矣，不诚则卑。夫诚者，君子之所守也，而政事之本也。"①人之诚，能够化融各种关系，乃至成为国家治理的根本原则。同时，他以仁作为"诚之守"的原则，以义作为"诚之行"的原则，就已经涉及人的责任层面。理学鼻祖周敦颐则是从德性本体的高度论诚："诚，五常之本，百行之原也。"②仁、义、礼、智、信五常，是人的最基本德性，但这些德性要以诚为本。正本才能清源："本必端；端本，诚心而已矣。"③"身端，心诚之谓也。诚心，复其不善之动而已矣。不善之动，妄也；妄复则无妄矣，无妄则诚矣。"④周敦颐的论述实际上将诚从本到末、从体到用一以贯之，最后落实到人的德性（身端）。

《礼记·大学》是专讲修身的学问，其中讲了八德目：格物，致知，诚意，正心，修身，齐家，治国，平天下。但王守仁说："大学之要，诚意而已矣。"⑤这的确是抓住了《大学》的要义。《大学》在讲"诚意"时说："所谓诚意者，毋自欺也。如恶恶臭，如好好色，此之谓自谦，故君子必慎其独也。"⑥"自谦"在这里是"自足"、"心安理得"之意，即心中无愧。既然是心中无愧，就隐含着"人应该如何"的评价，按照这一标准去做，就心安理得了。因此，所谓诚，不是做给别人看的，不是为了达到某种世俗目的的手段，而只是因为作为一个人"应该如此"，它首先是自己对自己的要求，这也就是周敦颐说的"端本"、"身端"的意思。和前面讨论的"忠"的意思一样，诚首先是一个"正己"的功夫，是一个怎样做人的问题。因而"诚"的第一要义并不是不欺人，而是不自欺，只有首先不自欺，才可能做到不欺人，所以王夫之一方面解释诚说"无妄之谓诚矣"，另一方面要特别注明"尽己以实则无妄"，⑦特别强调"尽己以实"就是强调实实在在做人的功夫，

---

① 《荀子·不苟》，《诸子集成》第一卷，长春出版社 1999 年版，第 116 页。

② 周敦颐：《通书》，《周子通书》，上海古籍出版社 2000 年版，第 32 页。

③ 周敦颐：《通书》，《周子通书》，上海古籍出版社 2000 年版，第 40—41 页。

④ 周敦颐：《通书》，《周子通书》，上海古籍出版社 2000 年版，第 41 页。

⑤ 王守仁：《大学古本序》，《王阳明全集》，上海古籍出版社 1992 年版，第 242 页。

⑥ 《礼记·大学》，《十三经注疏·礼记正义》，北京大学出版社 1999 年版，第 1592 页。

⑦ 王夫之：《读四书大全说》，中华书局 1975 年版，第 192 页。

与"忠"所要求的"尽己"有异曲同工之妙。这样，我们有理由认为，"忠"与"诚"是两个意义最接近的概念，是两个可以同构甚至可以互换的概念。今天我们已经将"忠诚"连用，正是由于它们原本具有相近的含义。虽然"忠"往往和"信"、"恭"、"敬"等概念并用或连用，但这都是"忠"之外在表现，即"忠"之精神和理念表现在外就形成了"信"、"恭"、"敬"等品质；同样，诚也表现为"信"、"恭"、"敬"等品质，因此，"忠"是可以与"诚"通读的。既然"诚"是人"尽性命之道"的一种精神，因而它与天化育万物之诚是相通的，人"思诚"或"诚之"就是人与天沟通的桥梁，是人的根本之道，人以此行仁道（人道），以与天道合。所以蔡元培才认为，《中庸》所谓的"诚"与孔子的"仁"其实是一个意思。[1] 联系到孔子将"己欲立而立人，己欲达而达人"（忠）作为"仁之方"，可知忠与诚（人之诚）都是实现仁道的一种品格。

在生活层面上，我们今天常将"诚信"作为一个词用，实际上，诚和信是两个既有联系又有区别的词。诚在儒家那里的形而上学的意义已如前述，它是和仁道紧密相连的概念。在生活层面上，诚主要是一种虔诚、恭敬、诚实的精神与态度，总体上是一种真实无妄的品格。这一品格用于对己，就是不自欺；用于对人，就是不欺人。如果在这一意义上将二者作出区分，那就可以表述为："不自欺"属诚，"不欺人"属信。《大学》说："诚于中而形于外"，[2] 其意是说，内心有诚，表现在外的行为就自然真实可信。因此，这句话也可以说成"诚于中而信于外"。在一个可视为诚信的行为中，诚与信是表里关系，它们互相印证，共同构成一个完整的诚信事件：诚如果不表现为信，就不是真正的诚，因为它还没得到确认；信如果不是以诚为根据，所表现的信可能是不符合道义的。正是由于这样，诚与信总是如影相随。在人的品质层面上，一般认为信与诚近义，也是指诚实、不欺诈、守信用，所以古人一般将诚与信互训，许慎《说文解字》云："诚，信也。从言从声。""信，

---

① "子思之所谓诚，即孔子之所谓仁。惟欲并仁之作用而著之，故名之以仁。"（参见蔡元培：《中国伦理学史》，东方出版社1996年版，第14页）

② 《礼记·大学》，《十三经注疏·礼记正义》，北京大学出版社1999年版，第1593页。

诚也。从人言。"①《尔雅》也将"诚"训为"信"。②虽然诚与信都表示真实无妄，表示诚实、守信用，但此时，诚主要是不自欺，信则主要是不欺人。即一个主要是对内——诚；而另一个主要是对外——信。这样，诚就是一种内在的品格、情操和境界，而信则主要是一种交往伦理和行为品质。根据这种思路，诚就成了信的根据和内在规定性，信就是诚的外在表现和行为方式。从这个意义上说，诚为体，信为用。当然，我们把两个概念拆开分析，是为了更好地揭示它们的内涵，事实上，在现实生活中，由于它们统一于一个行为，所以往往很难分开。此外，诚与信的关系类似于因与果的关系，诚为因，信为果，在一个完整的因果链条中，要分开它们是不可能的。因此，我们在探讨公共生活的精神品质时，将诚信放在一起一并讨论。

今天，我们要培养诚信品质，应该首先在培养内在之诚上下功夫，要培养自己对人、对事的恭敬、虔诚、认真、负责、尽心竭力的态度和品格，以此态度和品格来为人处事，自然就会有信了。不过，社会转型带来的社会结构与人们生存方式的变化，决定了诚信品质的培育要经历一个艰苦的过程。和自然经济时代人们的生产主要是为了满足自己的生活需要不同，在市场经济社会，人们生产的目的就是为了交换，人们并不需要自己的产品本身，而只想让产品在市场交换中卖个好价钱，因而只关注产品的交换价值。这样，产品在由生产主体向需要主体转移的过程中，就很容易发生失信现象，因为追求利益最大化是经济活动的第一驱动力，这就是所谓"经济人假设"。有学者认为，经济人假设是西方主流经济学的核心概念之一，按照这种理论假设，人是"有理性、会算计、追求最大利益的人"。③经济学家马丁·霍利斯等人也指出："几乎所有的经济学教科书都没有直接阐释理性经济人。理性经济人的潜在假定存在于投入和产出、刺激和反应之间。他不高不矮、不肥不瘦、不曾结婚也不是单身汉。我们不知道他是否爱狗、爱他的妻子或喜欢儿童游戏胜于喜欢诗。我们不知道他要干什么。但我们知道，无论他要什

---

① 许慎：《说文解字》，北京九州出版社 2001 年版，131—132 页。

② 参见《尔雅·释诂》，《十三经注疏·尔雅注疏》，北京大学出版社 1999 年版，第 16 页。

③ 亨利·勒帕日：《美国新自由主义经济学》，北京大学出版社 1985 年版，第 262 页。

么，他会不顾一切地以最大化的方式得到它。"①制度经济学的代表人物凡勃伦就极为否定"经济人"假设，他认为，19世纪的理性"经济人"乃是"一个闪电似的快乐和痛苦的计算者，他在使他到处移动但是于他无损的种种刺激的冲动下，像一个快乐欲望的同性血球那样，踌躇摆动。"②如果撇开制度、市场环境与市场主体的精神品质，在市场中活动的个体就是这样的"经济人"，诚信被"利益最大化"挤得无立足之地了。

此外，在熟人圈子里，人的价值和生活的意义主要在于自己在公众（熟人）中的道德形象和因此而获得的社会评价，因此人们很注意自己在别人心中的形象，从某种意义上说，一个人的形象不仅是人的生活意义与价值之所在，而且也是一种资源，能使人直接或间接从中获得利益。在这样的情况下，人们自然对诚信很重视。但是，在市场经济条件下，人的价值在很大程度上是以其所获得的财富多寡来衡量的，而匿名交换是市场交换的一个重要特征，即交换是在生人圈子里进行的，这就使得道德的约束力大大减弱甚至失效，由于利益驱动所引发的机会主义倾向就会盛行，从而导致失信行为的发生。③这说明，诚信在前市场经济社会还只是一种私人品质，由于交往对象的相对固定，熟人之间有一种基本的信任以及失信的风险较大，所以人们往往选择以诚信待人。根据柏格森的看法，熟人之间的交往由于对交往对象比较了解，因而可以基本预知其行为方式："我们说某一位朋友在某种情况下多半将照某种样子行事；与其说这是对我们朋友的未来行为有所预知，还不如说这是对于他的现有性格，即对于他的过去，下了一个判断。"④这样的

---

① 转引自霍奇逊：《现代制度主义经济学宣言》，北京大学出版社1993年版，第88页。

② 转引自康芒斯：《制度经济学》上，商务印书馆1962年版，第272页。

③ 里查特和林登伯格曾做过一个实验：在由卖方决定价格的情况下，卖方的要价将处于成本价和能够实现利润最大化的价格之间。卖方与买方的关系越密切，则卖方的要价越接近成本价；卖方与买方的关系越疏远，则卖方的要价越接近能够实现利润最大化的价格。他们的结论是："当我与我非常熟悉的某个人进行交易时，不破坏这种关系的愿望会减弱获取收益的动机。"（Edited by Alan Lewis and Karl-Erik Warneryd, *Ethics and Economic Affairs,*Routledge,1994,pp.215-230）

④ 柏格森：《时间与自由意志》，吴士栋译，商务印书馆1958年版，第125页。

预知，使行为者对这种交往的结果有一种正向的期待，想努力维持这种关系的理念使得行为者不得不约束自己的行为，以免失信于对方。但进入市场经济社会后，个人不仅面对着陌生的交往对象，而且面对着与自己有着相同欲望和利益需求的主体，如果没有完善的市场体系与制度监管（这些都需要市场活动主体自身的精神品质作为支撑），诚信交易是很难实现的。黑格尔认为，在市民社会，个人是"作为各种需要的整体以及自然必然性与任性的混合体"，"每个人都以自身为目的，其他一切在他看来都是虚无。"① 在黑格尔的思维逻辑里，此时的个人并不具有普遍意识，而只是自我意识。"自我意识最初是单纯的自为存在，通过排斥一切对方于自身之外而自己与自己相等同；它的本质和绝对的对象对它说来是自我；并且在这种直接性里或在它的这种自为的存在里，它是一个个别的存在。对方在它看来是非本质的、带有否定的性格作为标志的对象。但是对方也是一个自我意识；这里出现了一个个人与一个个人相对立的局面。"② 因此，当个人从各种自然共同体中解脱出来成为一个独立个体的时候，他一开始是任性的，受自己的特殊利益支配的。于是，当社会处于向市场经济生活样式转型过程时，由于社会体系和活动主体均不成熟，诚信就只是作为一种私人交往品质，被限定在私人领域。而在与陌生人的交往中，特别是在市场的交换行为中，诚信是很容易被利益和欲望吞噬的③。

因此黑格尔认为："利己的目的，就在它的受普遍性制约的实现中建立起在一切方面相互倚赖的制度。"④ 只有真正建立起有普遍约束力从而普遍有效的制度，才能保证每个人真正有效地实现自己的利益。否则，一个人今天在欺诈别人的行为中获利，明天就有可能受到别人的欺诈，这样的零和游戏不仅对经济繁荣与社会发展毫无补益，而且会恶化人际关系和社会秩序。但是，所谓"一切方面相互倚赖的制度"，绝不仅仅是宣示一套法律规范那么

---

① 黑格尔：《法哲学原理》，范扬、张企泰译，商务印书馆 1961 年版，第 197 页。

② 黑格尔：《精神现象学》上卷，贺麟、王玖兴译，商务印书馆 1983 年版，第 125 页。

③ 黑格尔认为，在自我意识还没有上升为普遍意识之前，"自我意识就是欲望一般"。（参见黑格尔：《精神现象学》上卷，贺麟、王玖兴译，商务印书馆 1983 年版，第 117 页）

④ 黑格尔：《法哲学原理》，范扬、张企泰译，商务印书馆 1961 年版，第 198 页。

简单，它要求权力之间的制约即所谓制度的外部制衡结构，需要人们对约束规则达成共识，需要行为主体的精神品质作为支撑。中国目前存在的失信问题，与其说是"法制"问题，不如说是"法治"问题：明明有法可依，但监管者或由于渎职或由于受贿而放任欺诈与失信，而这又造成了新的失信——公众失去了对制度乃至政府的信任，使得对失信行为的矫正很难奏效。这里既有制度的制衡结构问题，更有行为主体的精神品质问题。就行为主体而言，树立下述理念是重要的：市场交换不单单是做生意，它本身就是一种社会活动，也是一种文化现象。它表明人以新的方式来确证自我，实现自我的价值。因此，活动于市场交换中的人，应该从中体会到市场活动的深层次意义，体会到人与人之间联系的重要性，体会到自己的利益是和其他人的利益紧密相关的。黑格尔就反复指出这一点，他一方面说，"在市民社会中，每个人都以自身为目的，其他一切在他看来都是虚无。"但另一方面他又指出，"但是，如果他不同别人发生关系，他就不能达到他的全部目的，因此，其他人便成为特殊的人达到目的的手段。但是特殊目的通过同他人的关系就取得了普遍性的形式，并且在满足他人福利的同时，满足自己。"① 所谓"普遍性的形式"，就是建立起人人都能遵守并且人人都能从中获益的制度，所以说，"个人的生活和福利以及他的权利的定在，都同众人的生活、福利和权利交织在一起，它们只能建立在这种制度的基础上，同时也只有在这种联系中才是现实的和可靠的。"② 但是，如果人们在市场交换中眼里只有利润，而不懂得市场活动同时也是对人的精神品质的锤炼，诚信以及诚信的制度就不会成为人的精神需要，即使强行建立起相关制度，也不会见效。黑格尔指出，在原有的共同体瓦解之后，"普遍物已破裂成了无限众多的个体原子，这个死亡了的精神现在成了一个平等［原则］，在这个平等中，所有的原子个体一律平等，就像每个个体一样，各算是一个个人。"③ 每个人成为"一个个人"，并不是自然意义上的。在自然意义上，每个人一生下来就是"一个个人"，但是，如果他在精神上不能成为一个独立的、自由的个体，他就不

---

① 黑格尔：《法哲学原理》，范扬、张企泰译，商务印书馆 1961 年版，第 197 页。

② 同上书，第 198 页。

③ 黑格尔：《精神现象学》下卷，贺麟、王玖兴译，商务印书馆 1983 年版，第 33 页。

是真正意义上的"一个个人"。这样的个人意识不仅能意识到自己是"一个个人"，而且也把他人作为"一个个人"看待，每个人都是一个自尊的主体，自我的尊严就在法律规定的私权中，在行使私权的利益实现中得到体现。在《历史哲学》中，黑格尔指出，当个人进入到法人的地位后，每个人都是平等的原则就确立起来了，个人就在私权中实现自己的人格。"'私权'就是个人以个人身份在现实中受到重视。"①"所谓'法人'，就是指承认个人的重要性，这种承认并不以它的生动性为根据，而是把它当做抽象的个人。"②"抽象个人"的概念十分重要，它意味着无论是法律规定，还是个人意识，都只把个人当作一个"个人"看待，而无需也不能根据个人的财富、地位、出身、社会声望等来确定对待原则，也不能期望通过对不同人的区别对待而从中获得什么好处。每个人面对的就是一个"个人"，是一个和你自己没有差别的（抽象的）个人，你应该以你所希望别人对你的方式对待别人。黑格尔在谈到自我意识的双重运动时说："每一方看见对方作它所作的同样的事。每一方作对方要它作的事，因而也就作对方所作的事，而这也只是因为对方在作同样的事。单方面的行动不会有什么用处的，因为事情的发生只有通过双方面才会促成的。"③你不愿意被欺骗、被愚弄、被伤害，是因为你的自我意识能意识到自己是有人格、有尊严的人，是一个可以在法律规范的保护下实现正当权益的人。你能意识到这些，就应该能意识到别人也是和你一样的"个人"和自我意识。"因此行动之所以是双重意义的，不仅是因为一个行动既是对自己的也是对对方的，同时也因为一方的行动与对方的行动是分不开的。"④如果这样的个体出现了，社会成员就会把诚信作为一种精神需要，不仅有用制度维护诚信的要求，而且会自觉地按诚信规则行为。

因此，今天培育国民的诚信观念和诚信品质，除了加强相关的制度方面的建设之外，重点应该通过各种途径培育国民的精神气质，使诚信成为一种深入人心的信念，并在全社会形成一种良好的社会风气。休谟指出："诚实、

---

① 黑格尔：《历史哲学》，王造时译，上海世纪出版集团 2006 年版，第 295 页。

② 同上书，第 296 页。

③ 黑格尔：《精神现象学》上卷，贺麟、王玖兴译，商务印书馆 1983 年版，第 124 页。

④ 同上。

忠实、真实，因为它们促进社会利益的直接趋向而受到称赞；但是一旦这些德性在这个基础上确立之后，它们也被当作是对这个人自己有益的，被当作是那种唯一能使人在生活中受到尊敬的信赖和信心之源。一个人如果忘记他在这方面对自己和对社会所应尽的义务，就变得不仅可憎，而且可鄙。"① 在他看来，诚实、忠实等品质，一方面是能带来社会效益的因素，另一方面对每一个体都有好处，因为这是每个人受到尊敬的信赖和信心之源。休谟是以"效益论"作为其伦理理论的基础的，在这里他认为诚信具有双重效益：对社会，对每个个人。用效益来证明诚信的作用无疑是有道理的，如果每个人都讲诚信，社会会大大减少管理成本，市场会大大节约交易成本，个人会变得更为自信，更有尊严，更能相互信任，人际关系会和谐得多。诺斯指出："如果一个契约的双方都可以不履行本方的承诺并不受处罚而得到交换的好处，这是由于其利益所致。逃税、欺诈、逃避义务、机会主义和代理问题（以及用于监督与计量的资源）是在遵从规则的过程存在费用的情形下出现的基本问题。"② 这样监管成本必定会很高，"遵从规则的成本是如此之高，以致在对个人的最大化行为缺乏某种制约的情况下，任何规则的执行都将使政治或经济制度无法存在。"③ 刚性规则永远需要柔性的德性与品质为其底蕴和内涵，如果说规则是骨架，德性就是血肉，它们共同组成一个有活力的规约体系。缺少了柔性的方面，刚性的规则无论多么严格缜密，都只会徒增社会监管成本，而不会真正起作用。至于诚信对个人的效用，经济学家和社会学家都有大量研究，美国当代著名社会学家詹姆斯·科尔曼在其《社会理论的基础》一书中指出："在市场交易中，如果两个出售同样货物的卖主都保证在同一期限内交货，毫无疑问，理性行动者将选择其中信任程度较高的一位进行交易。"信任程度较低的卖主则可能遇到以下情形："信任程度较低的卖主以更多的承诺做成信任程度较高的卖主以较少承诺便可做成的交易。"或者是，"信任程度较低的卖主只有在信任程度较高的卖主将货物售完以后，

---

① 休谟：《道德原则研究》，曾晓平译，商务印书馆 2001 年版，第 90 页。

② 道格拉斯·诺斯：《经济史中的结构与变迁》，上海三联书店 1994 年版，第 18—19 页。

③ 同上书，第 19 页。

才能从事交易。"①毫无疑问，信任在这里也成为一种资源，拥有它的人将会获得更大好处。

但是，如果仅仅将信用作为获取利益的手段使用，其有效性是值得怀疑的。泰勒就指出了把信用作为手段和把信用作为目的的人的区别："两个店主可能都不会给顾客少找钱，但一个是出于保持其生意的考虑，而另一个是出于道德律令的要求。有道德的人也许过着与不道德的人同样的外在生活，但不同的精神带来内在的改变。这是由不同的目的所驱使的。"②某个人从获取利益的角度考虑，有时候不得不约束自己的行为，在这里，他把利益作为目的，却并没有因讲信用而改变他的内心世界；一旦他有机会能不讲信用而获利，例如利用别人的轻信，利用别人的好心，甚至利用别人的仁慈等，他就可能背信弃义。更重要的是，并不是所有的讲信用的行为都是符合道德要求的：受贿者对行贿者兑现承诺；两个劫匪为了他们共同的邪恶目标而互守信用；杀手收了佣金之后如约履行杀人行为……一切目标指向不道德的所谓"信用"，都不仅是和诚信格格不入的，而且是直接戕害诚信的。在现实生活中，有的人认为只要不遮遮掩掩、实话实说就是诚信：一个极端自私的人，把公开自己的自私言行视为"坦诚"而我行我素；一个趣味低下、行为猥琐的人，把从不掩饰自己的品格低下视为"真诚"而洋洋自得。这些人信奉的观点是：宁做真小人，不做伪君子。这里的逻辑是，其实人人都是坏人，只是我们勇于承认，其他人遮遮掩掩罢了，所以我们才是诚实的，而其他人都是虚伪的。在这种逻辑的支配下，这些人对自己的不良的甚至丑恶的行为不以为耻，反以为荣，社会上则因此兴起了一股"比坏"的歪风，他们招摇过市，泰然自若，完全没有了羞耻感。试想，我们需要这样的真实吗？其实，孔子早就指出，"言必信，行必果，硁硁然小人哉！"③他认为那种不考虑行为准则正当与否而一味强调言必信、行必果的人是不值得称道的。关于这一

---

① 科尔曼：《社会理论的基础》，邓方译，社会科学文献出版社 1999 年版，第 125 页。

② 查尔斯·泰勒：《自我的根源：现代认同的形成》，译林出版社 2001 年版，第 563 页。

③ 《论语·子路》，《诸子集成》第一卷，长春出版社 1999 年版，第 26 页。

点，孟子说得更为明确："大人者，言不必信，行不必果，惟义所在。"①一切不符合道义要求的言必信、行必果都是有害的。这也就支持了这一观点：把信用、信任完全作为手段使用，不培育人的诚信品质是有害的。

通过前文的分析我们已经明了了诚与信的关系：诚为体，信为用；诚是正己，信是待人。只有"诚于中"才能"信于外"。内心不诚的人，即使作出了讲信用的行为，也是偶然的，靠不住的，有的甚至是有害的。康德说："行为，必须首先按照它们的主观原则来考虑。但是，这个主观原则是否在客观上也有效，只能通过绝对命令的尺度才能为人们所知道。"②在康德看来，理性的绝对命令是人之所以为人的根本特征，作为一个人，其遵循的行为准则只能是理性的命令，而不是任何外在的目的。"理性命令我们应当如何行动，尽管找不到这类行动的榜样，而且，理性也绝不考虑这样行动可能给我们得到什么好处，这种好处事实上只有经验才能真正告诉我们。"③根据这一思路，是否讲诚信，不是根据是否能为自己带来好处判断的，而是作为一个人本应如此。因此，诚信之要义，首先就是怎么样做一个老老实实、规规矩矩、堂堂正正的人。在这方面，我们还是要秉承儒家的思想精华，首先在培养"诚"上下功夫。儒家的诚是实现天道的一种精神和品格，或者说，是以人道配天道的精神和品格。今天，我们虽然不必以诚去实现天道，但做一个真正诚实的人，做一个守信用的人，应该成为每个人的信念。这不是出于任何功利性的考虑，仅仅是"应该如此"，是做人的基本准则。在这一意义上，诚就是自己对得起自己，自己不欺骗自己，这也就是《大学》说的"毋自欺也。"④任何欺骗他人的行为，任何失信于人的行为，都首先是自己欺骗了自己，即丢掉了诚实做人的准则。只有先自欺，才会去欺人——这是"自欺欺人"的最原初含义。自欺而能诚者，找遍天下未之有也；但自欺之人或许有信——或出于利益的考虑，或迫于舆论的压力，或慑于制度的监管，总

① 《孟子·离娄》，《诸子集成》第一卷，长春出版社1999年版，第75页。
② 康德：《法的形而上学原理》，沈叔平译，商务印书馆1991年版，第28页。
③ 同上书，第16页。
④ 《礼记·大学》，《十三经注疏·礼记正义》，北京大学出版社1999年版，第1592页。

之，不是内心之诚使之如此。正是在这一意义上，我们才说"诚为体，信为用"。《大学》提出的"慎独"概念，就是"毋自欺"的逻辑结果。人首先要有"诚"的理念，以虔诚、恭敬、诚实的态度支配自己的行为，做到"毋自欺"，才能做到"慎独"，这样才能对外做到"不欺人"，做到诚实守信。因此王夫之在谈到"慎独"时说："人不知而己知之矣"。[①] 在儒家看来，"慎独"并不仅仅是独善其身，而是以极度的虔诚和诚意来行仁道，是对天之诚意的深切体悟和人之心性的透彻观照，以及由此形成的内心信念。之所以能慎独，是因为做人本该如此，虽然此时此地别人不知道自己的行为，但自己却是心知肚明的，在无人知晓的情形下作了不该做的事，就是自欺。《礼记·王制》认为市场买卖应该诚实可信："用器不中度，不粥［鬻］于市。兵车不中度，不粥于市。布帛精粗不中数，幅广狭不中量，不粥于市。奸色乱正色，不粥于市。"[②] 这里涉及所卖物品的尺寸、数量、颜色等是否合乎要求，即是否保证质量，对于这些，卖家心里一清二楚，所以不能把不合要求的东西卖给顾客。如果卖了，既是自欺，更是欺人。因此，一个不讲诚信的欺骗行为，实际上包含着自欺与欺人这两个环节，这两个环节是紧密相连的。在当前的现实生活中，我们时常能碰到用以次充好、假冒伪劣、有毒有害等商品欺骗消费者，这样的卖家，首先就已经丢掉了做人的准则。根据制度经济学的观点，在市场交换中，买方与卖方的信息是不对称的，"卖桔子的人比买者对桔子的价值属性更为了解，卖车的人比买者更了解汽车的价值属性，医生比病人更为了解服务的数量和技能。"[③] 在对商品信息的获取与判断方面，买方总是处于相对弱势的地位，而卖方则十分了解自己所卖商品的实际情况，但是，"按照一个严格的财富最大化行为假定，当进行交换的一方进行欺骗、偷窃或说谎所获取的收益超过他所获得的可选机会的价值时，他就会这样做。"[④] 制度经济学是想以此说明制度安排的必要性，这固然不错，但

---

① 王夫之：《读四书大全说》，中华书局 1975 年版，第 74 页。

② 《礼记·王制》，《十三经注疏·礼记正义》，北京大学出版社 1999 年版，第 413 页。

③ 道格拉斯·诺斯：《制度、制度变迁与经济绩效》，刘守英译，上海三联书店 1994 年版，第 40—41 页。

④ 同上书，第 41 页。

制度规约至多只能解决"失信"问题，而不能解决"不诚实"问题，而后者才是问题的关键，无论是制度的安排还是制度的有效性，都是与国民的诚实品质紧密相关的。

作为一个诚实的人，当自己所出售的商品不符合质量要求时，就不能昧着良心卖给消费者。这只能根据做人的准则来判断，而不能根据获利与否来判断。中国明清时期有不少商人之所以被称为"儒商"，就是因为他们在做生意时不忘做人的根本，不是见利忘义，而是恪守仁义之道。据资料记载，商人吴鹏翔，平时"指困解囊，好行其德"，"尝市椒八百斛，或辨其有毒，售者请毁议，鹏翔卒与以直而焚之，盖惧其他售而害人也。"[①] 这就是诚信经商，当他判断自己所卖的椒可能有毒时，自己将之全部销毁，生怕卖出去会害人。另据记载：茶商朱文炽，"性古直，尝鬻茶珠江。踰市期，交易文契，炽必书陈茶二字，以示不欺。牙侩力劝更换，坚执不移。屯滞二十余载，亏耗数万金，卒无怨悔。"[②] 绝不会利用人们的粗心、大意和不知情而以陈茶冒充新茶，宁可亏损，也要诚实守信。除了诚信经商的商人之外，也有许多商人坚守信用，据载："程焕铨（清婺源人），……尝与兄业茶，亏折负债数千金，铨鬻己田抵偿。番禺友人张鉴，使宗人运盐二万有奇往海南，属铨管领。比至，鉴已殁，宗人欲瓜分之，铨力争不可，完璧而归，其子感谢。"[③] 尽管委托人已经去世了，但是属于此人的财产还是一分不少地归还其家人。在这些例子中有一个共同点，都是在别人不知情的情况下自己作出的守信决定。这也印证了王夫之解释"慎独"时所说的话："人不知而己知之矣"。虽然别人不知情，但自己对所卖物品的质量却是心知肚明的，昧着良心卖给买家，首先就是自欺了。因此，这些事件表现在外的都是守信，但实际上是以诚作为基础的，这充分说明了只有"诚于中"，才能"信于外"。有时候，过于真诚的人被有些人说成"天真"，而在今天，天真几乎就是傻的代名词。一些人工于心计、瞒天过海，只以获利为唯一诉求，殊不知因此而丢掉了人最宝贵的东西：良心、责任和信用。真正天真的人，会坚守做人的本分，

---

① 张海鹏等编：《明清徽商资料选编》，黄山书社 1985 年版，第 289 页。

② 同上书，第 176 页。

③ 同上书，第 282 页。

而不会考虑这种坚守可能带来的利害得失，这就是天真。孟子说："大人者，不失其赤子之心者也。"① 真正真诚的人，是具有一颗赤子之心的。

从上面分析中可以看出，诚是一个做人原则，信是一个交往原则；而一个真诚的人，其交往行为自然就有信。因而今天讨论诚信问题，关键还是一个培育诚实的个体的问题。作为一个人，首先就应该具备做人的尊严，因此很多思想家都将诚信与人的尊严相联系。泰勒在分析康德的伦理思想时说："像笛卡尔一样，康德道德观的核心是人类尊严的概念。理性存在物有独一无二的尊严。"② 就像黑格尔将"人"与"自我意识"等同一样，康德将"人"等同于"理性存在物"，③ 所谓"人为自己立法"，所谓"绝对命令"、"善良意志"等，无非是要人不能任性冲动、恣意妄为，而是要服从理性的要求，这样，一个人的行为准则才能成为一个普遍原则。依照普遍原则行为，就体现了人的尊严——自己的尊严与他人的尊严。康德说："说谎可能是一种外在的说谎，或者也可能是一种内在的说谎。——由于前者，他使自己在别人眼里成为蔑视的对象，但由于后者，他使自己更为严重地在他自己的眼里成了蔑视的对象，并且伤害了其人格中的人性的尊严。"④"外在的说谎"是欺骗别人，"内在的说谎"是欺骗自己，这两者都失去了人的尊严。"说谎就是丢弃，仿佛就是毁掉其人的尊严。"⑤ 人的尊严几乎就是人自身，丢掉了尊严，也就丢掉了人之为人的重要根据。

具有尊严感的人，一定是一个知耻的人，他会为自己的任性冲动、唯利是图感到羞耻。而一个知耻的人，会因为自己作了昧良心的事而会受到良心的谴责。所以埃利亚斯说："谁若是失去对自身的控制，对他来说更大的危险不是来自他人，而是来自他自身——来自恐惧、羞耻，或者来自良心谴

---

① 《孟子·离娄》，《诸子集成》第一卷，长春出版社 1999 年版，第 75 页。

② 查尔斯·泰勒：《自我的根源：现代认同的形成》，译林出版社 2001 年版，第 562 页。

③ 康德将"以自然的意志为依据"的无理性的东西称为"物件"，将有理性的东西叫作"人身"。（参见《道德形而上学原理》，苗力田译，上海人民出版社 1986 年版，第 80 页）

④ 康德：《道德形而上学》，《康德著作全集》第六卷，中国人民大学出版社 2007 年版，第 438—439 页。

⑤ 同上书，第 439 页。

责。"① 罗素也说:"实际上,'良心'一词包含着好几层不同的意思,其中最简单的含义就是指担心被发现的恐惧。"② 但是,这种情形只对有尊严感的人才有效,对毫无尊严感的人来说,他并不会因为失信而感到羞耻,因为羞耻实际上就是一个人因没有体现自身尊严而产生的一种心理感受;③ 他也不会受到良心的谴责,因为没有羞耻感的人也就没有良心;如果说他还有恐惧,那多半是对不能捞到好处的恐惧,而不会是因丢掉了某种信仰或是失去尊严的恐惧。洛克认为,一种守信行为总是以某种信念或信仰作为支撑的,④ 他谈到的三种情形——服从上帝的意志,对巨灵的恐惧,维护人的尊严——都与信仰或信念有关。对世俗中的人来说,人的尊严就是一种信仰,一种内心信念。当孔子说"三军可夺帅也,匹夫不可夺志也"时⑤,他说的是人的尊严;孟子说"富贵不能淫,贫贱不能移,威武不能屈"⑥ 时,也是说的人必须有尊严,孟子将这样的人称为"大丈夫";荀子说"权力不能倾也,群众不能移也,天下不能荡也",还是说的人的尊严,他把这称为"生乎由是,死乎由是"的"德操",而且认为,具备了这样的德操,才能称之为"成人"。⑦

---

① 诺贝特·埃利亚斯:《个体的社会》,翟三江、陆兴华译,译林出版社 2003 年版,第 134 页。

② 伯特兰·罗素:《幸福之路》,曹荣湘等译,文化艺术出版社 1998 年版,第 62 页。

③ 亚里士多德就认为,羞耻是一种感情,而不是一种品质:"羞耻不能算是一种德性。因为,它似乎是一种感情而不是一种品质。"(参见《尼各马可伦理学》,廖申白译,商务印书馆 2003 年版,第 124 页)罗尔斯也有类似的观点,他认为,"羞耻包含着一种对我们的人格和那些我们赖以肯定我们自己的自我价值感的人们的尤其亲密的相互关系。"因此,"羞耻常常是一种道德情感"。(参见《正义论》,何怀宏等译,中国社会科学出版社 1988 年版,第 430 页)

④ "遵守契约确乎是一个伟大而不能认识的道德规则。不过你如果问一个基督徒,为什么人不可食言,他因为着眼于来世苦乐之故,就会给你一个理由说:那是因为掌着悠久生死权的上帝需要我们那样做。不过你如果问一个霍布士信徒,则他会答复说:那是因为公众需要那样,如果你不那样行事,巨灵(Leviathan)就会来刑罚你。你如果再问异教的一个老哲学家,则他又会说,因为食言是不忠实的,是不合于人的尊严的,是与人性中的最高优点,即德性相反的。"(洛克:《人类理解论》,关文运译,商务印书馆 1959 年版,第 29 页)

⑤ 《论语·子罕》,《诸子集成》第一卷,长春出版社 1999 年版,第 18 页。

⑥ 《孟子·滕文公》,《诸子集成》第一卷,长春出版社 1999 年版,第 66 页。

⑦ 《荀子·劝学》,《诸子集成》第一卷,长春出版社 1999 年版,第 111 页。

具有尊严感的人，内心有一种做人的庄严感，他不会苟且，不会任性，不会把人降低为谋利的手段，因此，他不会自欺，更不会欺人。黑格尔在谈到他那个时代的中国人时，说了一番让每个中国人心里都不是滋味的话："大家既然没有荣誉心，人与人之间又没有一种个人的权利，自贬自抑的意识便极其通行，这种意识又很容易变为极度的自暴自弃。正由于他们自暴自弃，便造成了中国人极大的不道德。他们以撒谎著名，他们随时随地都能撒谎。朋友欺诈朋友，假如欺诈不能达到目的，或者为对方所发觉时，双方都不以为可怪，都不觉得可耻。他们的欺诈实在可以说诡谲巧妙到了极顶。"①这番话的确刺耳，但冷静想想，未尝不是道出了某种实情。没有荣誉心也就是没有尊严感，这样的人很容易自贬自抑，从而自暴自弃。而所谓自贬自抑、自暴自弃，并不是真的瞧不起自己——那些欺骗别人的人或许还认为自己比别人聪明得多——而是丢掉了做人的准则，把自己贬低为谋利的工具；也不顾自己在他人心中的形象，不知人的尊严为何物，为了一点好处而蝇营狗苟、撒谎欺诈。可见，只有保持尊严感，才能真正做一个诚实的人。尊严感对一个人如此重要，所以罗尔斯将"自尊"视为"最为重要的基本善"。"它包括一个人对他自己的价值的感觉，以及他的善概念"。②没有对自己的价值的感觉，就不会有尊严感，也就很难做一个诚实的人。诚如罗尔斯所言，如果没有自尊，"我们就会陷入冷漠和犬儒主义"。③

因此，在公共生活中，诚信不能简单归结为不说谎、不行骗，而应该是一种精神品质和正义感。罗尔斯指出："一个组织良好的社会也是一个由它的公开的正义观念来调节的社会。这个事实意味着它的成员们有一种按照正义原则的要求行动的强烈的通常有效的欲望。"④这说明了两点：第一，一个社会必须有公开的正义观念，这种观念是通过制度安排确立起来且由制度来维护的；第二，每个社会成员都有按照正义原则行动的强烈愿望。诚信就是一种最基本的正义感，也是一个社会维系基本秩序的重要条件，不可想象，一

---

① 黑格尔：《历史哲学》，王造时译，上海世纪出版集团 2006 年版，第 122 页。

② 罗尔斯：《正义论》，何怀宏等译，中国社会科学出版社 1988 年版，第 427 页。

③ 同上。

④ 同上书，第 441 页。

个诚信全无、人人说谎的社会怎么能继续下去。康德说："虽然我愿意说谎，但我却不愿意让说谎变成一条普遍的规律。因为按照这样的规律，也就不可能作任何诺言。……如若我一旦把我的准则变为普遍规律，那么它也就毁灭自身。"① 这是说，人人说谎会毁灭说谎本身，因为人人的话都不可信，那么任何诺言都不能成立，甚至不可能作出任何承诺（以谎言作出的承诺还是谎言），那就没有人相信你的话了。康德是从"普遍立法"的角度来谈说谎不能成为普遍规律的，这无疑是对的，但实际情况可能比这更糟，人人说谎不仅仅会导致说谎失效，而且会使真正的真话没人信，所谓"假作真时真亦假"，这才是最可怕的。"一旦最高的诚实原理受到侵犯之后，不诚实这种恶习就也在与他人的关系中蔓延。"② 一个人人说话都不可信（不管是真话还是假话）的社会，要想正常运行是不可能的。

康德的上述言论含着这样的道理：你想别人怎样对你，你就应该怎样对人，他实际上把诚信完全建立在自律的基础上。笔者认为，尽管诚信归根到底要靠个人自律，并且应成为每个人的内在品质，但我们应该承认，不是每个社会成员都有高度的自律精神的，处于转型期的中国社会尤其如此。因此，当前的诚信品质培育应该首先在社会上公开正义观念，让诚信成为一种道义精神和正义原则。然后，根据这一原则，确立诚信的制度。这有两层含义：其一，以制度的形式鼓励诚信行为，惩罚失信行为；其二，社会的制度运作必须讲究诚信，即政府必须坚持道义与正义原则，以严肃、庄重、恭敬的态度与方式掌管权力运作，对社会成员言而有信。唐代吴兢在《贞观政要》中说："言而不行，言无信也；令而不从，令无诚也。不信之言，无诚之令，为上则败德，为下则危身。"③ 政府若言而无信，或令不行、禁不止，那就带头破坏了规则，对全社会的诚信培育会造成很坏的影响，"上不信则无以使下，下不信则无以事上，信之为道大矣！"④ 一个社会若总是遵守规则的老实

---

① 康德：《道德形而上学原理》，苗力田译，上海人民出版社 1986 年版，第 53 页。
② 康德：《道德形而上学》，《康德著作全集》第 6 卷，中国人民大学出版社 2007 年版，第 440 页。
③ 吴兢：《贞观政要》，中华书局 2009 年版，第 156 页。
④ 同上书，第 158 页。

人吃亏，而投机取巧、撒谎行骗之人得势，不仅不会再有人相信诚信，而且会将诚信本身抛得远远的。

制度的安排与运作无疑对培养社会成员的诚信品质发挥着重要作用，但是，任何制度效能的真正发挥都必须依靠人的素质与品质，在归根到底的意义上，只有社会成员具备了诚信品质，制度才是有效的。康德认为"自律性是道德的唯一原则"，① 这的确道出了道德的根本属性。就诚信制度而言，无论该制度多么完善有效，它对失信行为的惩罚也只是一种纠正的公正，甚至是一种补救措施，社会的诚信是不能完全依赖这样的惩罚的，而只能依靠每个人对规则认同之后的自觉行为，这样的制度规约才是真正有效的。康德对此向我们提出了如下忠告："你不应言而无信，人们把避免这种情况的必然性，不应仅只看为防止其他恶邪而提出的劝导或忠告，不应看做是这样的意思：你不应做不兑现的诺言，以免在谎言被揭穿之后失掉信用，而必须把这种行为本身看做就是坏事。"② 单纯靠制度规约，人们至多会担心"在谎言被揭穿之后失掉信用"，这里本身就有某种或然性，善于投机的人、怀有侥幸心理的人甚至是铤而走险的人，会不断地挑战制度，这样不仅会增加监管成本，而且会因百密一疏而导致制度失效。只有当人们"把这种行为本身看做就是坏事"，这才是最坚实的基础，社会才会有真正的诚信。

19 世纪英国伟大的道德学家塞缪尔·斯迈尔斯说："只有忠诚或诚实的人才值得信赖。这种品质比其他任何品质更能赢得尊重和尊敬，更能取信于人。忠诚是一切人性的优点的基础。它本身要通过行动体现出来。它就是正直——诚实的行为，通过一言一行展现出来。"③ 他认为诚实是"一切人性的优点的基础"，这种说法丝毫不过分，没有诚信、诚实的品质，人就不配人的称号。在现实生活中，有的人上过几次当，受过几次骗，就不再相信诚信做人了，有的人甚至从此"学乖"了，变"成熟"了，也加入了说谎行骗的行列；有的人则是因为自己老实、本分，在生活中经常吃亏，从此也不相信

---

① 康德：《道德形而上学原理》，苗力田译，上海人民出版社 1986 年版，第 94 页。

② 康德：《道德形而上学原理》，苗力田译，上海人民出版社 1986 年版，第 71 页。

③ 塞缪尔·斯迈尔斯：《品格的力量》，刘曙光等译，北京图书馆出版社 1999 年版，第 7 页。

诚信了，想变得"聪明"起来。对于这些人，可以听听康德的下述忠告："如果他竭尽自己最大的力量，仍然还是一无所得，所剩下的只是善良意志（当然不是个单纯的愿望，而是用尽了一切力所能及的办法），它仍然如一颗宝石一样，自身就发射着耀目的光芒，自身之内就具有价值。"①康德在这里谈的是善良意志，在我看来，诚信也一样，它就像一颗宝石一样，自身就发射着耀目的光芒，自身就具有价值。

---

① 康德：《道德形而上学原理》，苗力田译，上海人民出版社 1986 年版，第 43 页。

参考文献

1.《马克思恩格斯选集》第1—4卷，人民出版社1995年版。

2.《马克思恩格斯全集》第2卷，人民出版社1957年版。

3.《马克思恩格斯全集》第3卷，人民出版社1960年版。

4.《马克思恩格斯全集》第42卷，人民出版社1979年版。

5.《马克思恩格斯全集》第46卷，人民出版社1979年版。

6.《马克思恩格斯全集》第21卷，人民出版社1973年版。

7.马克思：《资本论》第一卷，人民出版社1975年版。

8.《马克思恩格斯文集》第1、2、4、8卷，人民出版社2009年版。

9.《毛泽东选集》第二卷，人民出版社1991年版。

10.马克斯·韦伯：《新教伦理与资本主义精神》，陕西师范大学出版社2002年版。

11.马克斯·韦伯：《儒教与道教》，王容芬译，商务印书馆1995年版。

12.埃米尔·涂尔干：《社会分工论》，渠东译，生活·读书·新知三联书店2000年版。

13.埃米尔·涂尔干：《宗教生活的基本形式》，渠东、汲喆译，上海人民出版社1999年版。

14.康德：《历史理性批判文集》，何兆武译，商务印书馆1990年版。

15.康德：《康德著作全集》第六卷，中国人民大学出版社2007年版。

16.康德：《道德形而上学原理》，苗力田译，上海人民出版社1986年版。

17.康德：《实践理性批判》，邓晓芒译，人民出版社2003年版。

18.康德：《法的形而上学原理》，沈叔平译，商务印书馆1991年版。

19.哈贝马斯：《公共领域的结构转型》，曹卫东等译，学林出版社1999年版。

20.哈贝马斯：《交往行为理论：行为合理性与社会合理性》，曹卫东译，上海人民出版社 2004 年版。

21. 哈贝马斯：《在事实与规范之间：关于法律和民主法治国的商谈理论》，上海三联书店 2003 年版。

22. 哈贝马斯：《后民族结构》，曹卫东译，上海人民出版社 2002 年版。

23. 哈贝马斯：《现代性的哲学话语》，曹卫东等译，译林出版社 2004 年版。

24. 哈贝马斯：《交往与社会进化》，张博树译，重庆出版社 1989 年版。

25. 哈贝马斯：《包容他者》，曹卫东译，上海人民出版社 2002 年版。

26. 哈贝马斯：《作为"意识形态"的技术与科学》，李黎、郭官义译，学林出版社 1999 年版。

27. 卢卡奇：《历史与阶级意识》，杜章智等译，商务印书馆 1996 年版。

28. 莫泽斯·赫斯：《赫斯精粹》，邓习议编译，南京大学出版社 2010 年版。

29. 梅因：《古代法》，沈景一译，商务印书馆 1959 年版。

30. 吉尔伯特·赖尔：《心的概念》，徐大建译，商务印书馆 1992 年版。

31. 弗洛姆：《逃避自由》，刘林海译，国际文化出版公司 2000 年版。

32. 弗洛姆：《为自己的人》，孙依依译，生活·读书·新知三联书店 1988 年版。

33. 黑格尔：《法哲学原理》，范扬、张企泰译，商务印书馆 1961 年版。

34. 黑格尔：《精神现象学》，贺麟、王玖兴译，商务印书馆 1979 年版。

35. 黑格尔：《逻辑学》，杨一之译，商务印书馆 1982 年版。

36. 黑格尔：《历史哲学》，王造时译，上海世纪出版集团 2006 年版。

37. 黑格尔：《哲学史讲演录》，贺麟、王太庆译，商务印书馆 1959 年版。

38. 罗尔斯：《正义论》，何怀宏等译，中国社会科学出版社 1988 年版。

39. 罗尔斯：《政治自由主义》，万俊人译，译林出版社 2000 年版。

40. 罗尔斯：《作为公平的正义：正义新论》，姚大志译，上海三联书店 2002 年版。

41. 麦金太尔：《追寻美德》，宋继杰译，译林出版社 2003 年版。

42. 麦金太尔：《谁之正义？何种合理性?》，万俊人等译，当代中国出版社 1996 年版。

43. 查尔斯·泰勒：《现代性之隐忧》，程炼译，中央编译出版社 2001 年版。

44. 查尔斯·泰勒：《自我的根源：现代认同的形成》，韩震等译，译林出版社 2001 年版。

45. 托克维尔：《论美国的民主》，董果良译，商务印书馆 1991 年版。

46. 托克维尔：《旧制度与大革命》，冯棠译，商务印书馆 1997 年版。

47. 皮科·米兰多拉：《论人的尊严》，樊虹谷译，北京大学出版社 2010 年版。

48. 汉娜·阿伦特：《人的条件》，竺乾威译，上海人民出版社 1999 年版。

49. 阿伦特：《精神生活·意志》，姜志辉译，江苏教育出版社 2006 年版。

50. 亚当·斯密：《国民财富的性质和原因的研究》，商务印书馆 1997 年版。

51. 亚当·斯密：《道德情操论》，蒋自强等译，商务印书馆 1997 年版。

52. 卢梭：《论人类不平等的起源和基础》，李常山译，商务印书馆 1997 年版。

53. 卢梭：《社会契约论》，何兆武译，商务印书馆 2003 年版。

54. 卢梭：《忏悔录》，黎星、范希衡译，商务印书馆 1986 年版。

55. 约翰·密尔：《论自由》，程崇华译，商务印书馆 1959 年版。

56. 布罗代尔：《文明史纲》，肖昶等译，广西师范大学出版社 2003 年版。

57. 布罗代尔：《15 至 18 世纪的物质文明、经济和资本主义》，1—3 卷，顾良等译，生活·读书·新知三联书店 1993 年版。

58. 布罗代尔：《论历史》，刘北成、周立红译，北京大学出版社 2008 年版。

59. 雅诺斯基：《公民与文明社会》，柯雄译，辽宁教育出版社 2000 年版。

60. 霍克海默、阿道尔诺：《启蒙辩证法》，渠敬东、曹卫东译，上海世纪出版集团 2006 年版。

61. 阿兰·德波顿：《身份的焦虑》，陈广兴等译，上海译文出版社 2007 年版。

62. 列奥·施特劳斯、约瑟夫·克罗波西：《政治哲学史》，河北人民出版社 1993 年版。

63. 罗斯科·庞德：《法律与道德》，陈林林译，中国政法大学出版社 2003 年版。

64. 迈克尔·桑德尔：《自由主义与正义的局限》，万俊人等译，译林出版社 2001 年版。

65. 迈克尔·沃尔泽：《正义诸领域》，褚松燕译，译林出版社 2002 年版。

66. 齐美尔：《社会学：关于社会化形式的研究》，林荣远译，华夏出版社 2002 年版。

67. 科尔曼：《社会理论的基础》，邓方译，社会科学文献出版社 1999 年版。

68. 理查德·罗蒂：《真理与进步》，杨玉成译，华夏出版社 2003 年版。

69. 罗德里克·马丁：《权力社会学》，丰子义等译，生活·读书·新知三联书店 1992 年版。

70. 罗森堡、小伯泽尔：《西方致富之路》，刘赛力等译，生活·读书·新知三联书店 1989 年版。

71. 道格拉斯·诺斯：《经济史中的结构与变迁》，陈郁、罗华平等译，上海三联书店、上海人民出版社 1994 年版。

72. 道格拉斯·诺斯：《制度、制度变迁与经济绩效》，刘守英译，上海三联书店

1994 年版。

73. 阿马蒂亚·森：《伦理学与经济学》，王宇等译，商务印书馆 2000 年版。

74. 费希特：《论学者的使命人的使命》，梁志学等译，商务印书馆 1984 年版。

75.《古希腊罗马哲学》，商务印书馆 1961 年版。

76. 克里斯多夫·拉斯奇：《自恋主义文化》，陈红雯等译，上海文化出版社 1988 年版。

77. 孔多塞：《人类精神进步史表纲要》，何兆武等译，江苏教育出版社 2006 年版。

78. 迈克尔·罗斯金等：《政治科学》，林震等译，华夏出版社 2001 年版。

79. 罗素：《权力论》，靳建国译，东方出版社 1988 年版。

80. 博登海默：《法理学：法哲学及其方法》，邓正来等译，华夏出版社 1987 年版。

81. 德沃金：《认真对待权利》，信春鹰等译，中国大百科全书出版社 1998 年版。

82. 戴安娜·克兰：《文化生产：媒体与都市艺术》，赵国新译，译林出版社 2001 年版。

83. 爱德华·W. 苏贾：《后现代地理学》，王文斌译，商务印书馆 2004 年版。

84. 简·雅各布斯：《美国大城市的死与生》，金衡山译，译林出版社 2005 年版。

85. 约翰·基恩：《公共生活与晚期资本主义》，马音等译，社会科学文献出版社 1999 年版。

86. M. 舍勒：《资本主义的未来》，罗悌伦等译，生活·读书·新知三联书店 1997 年版。

87. M. 舍勒：《爱的秩序》，林克等译，生活·读书·新知三联书店 1995 年版。

88. 丹尼尔·布尔斯廷：《美国人：开拓历程》，生活·读书·新知三联书店 1993 年版。

89. 亚里士多德：《尼各马可伦理学》，廖申白译，商务印书馆 2003 年版。

90. 亚里士多德：《政治学》，吴寿彭译，商务印书馆 1965 年版。

91. 霍布斯：《利维坦》，黎思复、黎廷弼译，商务印书馆 1985 年版。

92. 洛克：《政府论》，叶启芳等译，商务印书馆 1963 年版。

93. 洛克：《人类理解论》，关文运译，商务印书馆 1959 年版。

94. 休谟：《人性论》，关文运译，商务印书馆 1980 年版。

95. 休谟：《道德原则研究》，曾晓平译，商务印书馆 2002 年版。

96. 诺贝特·埃利亚斯：《个体的社会》，翟三江等译，译林出版社 2003 年版。

97. 塞缪尔·斯迈尔斯：《自己拯救自己》，于卉芹等译，中国商业出版社 2004

年版。

98.塞缪尔·斯迈尔斯:《品格的力量》,刘曙光等译,北京图书馆出版社1999年版。

99.塞缪尔·斯迈尔斯:《人生的职责》,李柏光等译,北京图书馆出版社1999年版。

100.让·梅叶:《遗书》1—3卷,陈太先、睦茂译,商务印书馆1985年版。

101.柏格森:《时间与自由意志》,吴士栋译,商务印书馆1958年版。

102.列文森:《儒教中国及其现代命运》,郑大华、任菁译,中国社会科学出版社2000年版。

103.亨利·勒帕日:《美国新自由主义经济学》,北京大学出版社1985年版。

104.霍奇逊:《现代制度主义经济学宣言》,北京大学出版社1993年版。

105.康芒斯:《制度经济学》,于树生译,商务印书馆1962年版。

106.明恩溥:《中国人的气质》,刘文飞、刘晓旸译,上海三联书店2007年版。

107.孟德斯鸠:《论法的精神》,张雁深译,商务印书馆1961年版。

108.李瑞智、黎华伦:《儒学的复兴》,范道丰译,商务印书馆1999年版。

109.《费尔巴哈哲学著作选集》上卷,商务印书馆1984年版。

110.约翰·奈斯比特:《亚洲大趋势》,外文出版社、经济日报出版社、上海远东出版社1996年版。

111.希尔·米歇尔主编:《宗教社会学》,基础图书公司1973年版。

112.川岛武宣:《现代化与法》,王志安等译,中国政法大学出版社1994年版。

113.山本七平:《日本资本主义精神》,生活·读书·新知三联书店1995年版。

114.森岛通夫:《日本为什么"成功"》,胡国成译,四川人民出版社1986年版。

115.彼得·科斯洛夫斯基、陈筠泉主编:《经济秩序理论和伦理学》,中国社会科学出版社1997年版。

116.彼得·科斯洛夫斯基:《伦理经济学原理》,中国社会科学出版社1997年版。

117.何怀宏编:《西方公民不服从的传统》,吉林人民出版社2001年版。

118.汪晖、陈燕谷主编:《文化与公共性》,生活·读书·新知三联书店1998年版。

119.包亚明主编:《现代性与空间的生产》,上海教育出版社2003年版。

120.刘小枫:《现代性社会理论绪论》,上海三联书店1998年版。

121.俞可平:《权利政治与公益政治》,社会科学文献出版社2003年版。

122.卢现祥:《西方新制度经济学》,中国发展出版社1996年版。

123. 张德胜，《儒家伦理与社会秩序》，上海人民出版社 2008 年版。

124. 王洵:《文化传统与经济组织》，东北财经大学出版社 1999 年版。

125. 燕继荣:《政治学十五讲》，北京大学出版社 2004 年版。

126. 费孝通:《乡土中国·生育制度》，北京大学出版社 1998 年版。

127. 费孝通:《乡土中国》，北京出版社 2005 年版。

128. 梁漱溟:《东西文化及其哲学》，上海远东出版社 1994 年版。

129. 庄则宣、陈学恂:《民族性与教育》，商务印书馆 1949 年版。

130. 牟宗三:《中国哲学的特质》，上海古籍出版社 1997 年版。

131. 牟宗三:《现象与物自身》，（台北）台湾学生书局 1975 年版。

132. 唐君毅:《中华人文与当今世界》，（台北）台湾学生书局 1975 年版。

133. 唐君毅:《中国文化之精神价值》，广西师范大学出版社 2005 年版。

134. 杜维明:《道·学·政》，钱文忠、盛勤译，上海人民出版社 2000 年版。

135. 杜维明:《东亚价值与多元现代性》，中国社会科学出版社 2001 年版。

136. 《杜维明文集》第一卷，武汉出版社 2002 年版。

137. 冯友兰:《中国哲学史新编》，人民出版社 1989 年版。

138. 司马迁:《史记·货值列传》，中华书局 1959 年版。

139. 《十三经注疏·礼记正义》，北京大学出版社 1999 年版。

140. 《十三经注疏·周易正义》，北京大学出版社 1999 年版。

141. 《十三经注疏·尔雅注疏》，北京大学出版社 1999 年版。

142. 《诸子集成》第 1—4 卷，长春出版社 1999 年版。

143. 许慎:《说文解字》，九州出版社 2001 年版。

144. 董仲舒:《春秋繁露义证》，中华书局 1992 年版。

145. 周敦颐:《周子通书》，上海古籍出版社 2000 年版。

146. 吴兢:《贞观政要》，中华书局 2009 年版。

147. 朱熹:《四书章句集注》，中华书局 1983 年版。

148. 陈淳:《北溪字义》，中华书局 1983 年版。

149. 张载:《张载集》，中华书局 1978 年版。

150. 程颢、程颐:《二程集》，中华书局 1981 年版。

151. 王守仁:《王阳明全集》，上海古籍出版社 1992 年版。

152. 王夫之:《读四书大全说》，中华书局 1975 年版。

153. 王夫之:《船山全书》，第一卷，中华书局 1976 年版。

154. 王夫之:《船山全书》第二卷，中华书局 1976 年版。

155. 黄宗羲:《黄宗羲全集》，浙江古籍出版社 1985 年版。

156. 李贽：《李贽全集》第六册，社会科学文献出版社 2010 年版。

157. 颜元：《颜元集》，中华书局 1987 年版。

158. 戴震：《孟子字义疏证》，中华书局 1961 年版。

159. 戴震：《戴震全书》第 6 卷，黄山书社 1995 年版。

160. 梁启超：《梁启超全集》第一册，北京出版社 1999 年版。

161. 梁启超：《梁启超全集》，第五册，北京出版社 1999 年版。

162. 梁启超：《新民说》，辽宁人民出版社 1994 年版。

163. 蔡元培：《中国伦理学史》，东方出版社 1996 年版。

164. 鲁迅：《鲁迅全集》第三卷，人民文学出版社 2005 年版。

165. 胡适：《胡适全集》第三卷，安徽教育出版社 2003 年版。

166. 陈独秀：《独秀文存》，安徽人民出版社 1987 年版。

167. 金观涛、刘青峰：《兴盛与危机——论中国社会超稳定结构》，香港中文大学出版社 1992 年版。

168. 金耀基：《从传统到现代》，（台北）商务印书馆 1992 年版。

169. 方志钦、刘斯奋编注：《梁启超诗文选》，广东人民出版社 1983 年版。

170. 张海鹏等编：《明清徽商资料选编》，黄山书社 1985 年版。

171. 廖申白、孙春晨：《伦理新视点》，中国社会科学出版社 1997 年版。

172. 杨清荣：《经济全球化下的儒家伦理》，中国社会科学出版社 2004 年版。

173. 艾伦·伍德：《马克思论权利与正义：答胡萨米》，《现代哲学》2009 年第 1 期。

174. 林尚立：《社会转型、民主演进与国家成长》，《文汇报》2009 年 11 月 14 日。

175. 林尚立：《有机的公共生活：从责任建构民主》，《复旦政治学评论》第四辑 2009 年 12 月 15 日。

176. 张康之、张乾友：《从共同生活到公共生活》，《探索》2007 年第 4 期。

177. 张镇镇：《中国的公民社会与市民社会》，《福建论坛》2010 年第 6 期。

178. 廖申白：《公民伦理与儒家伦理》，《哲学研究》2001 年第 11 期。

179. 蒙培元：《中国哲学的方法论问题》，《哲学动态》2003 年第 10 期。

180. 郭德宏：《中国现代社会转型研究评述》，《安徽史学》2003 年第 1 期。

181. Ronald H. Coase，"*The Problem of Social Cost*，" Journal of Law and Economics III (October 1960)

182. Edited by Alan Lewis and Karl-Erik Warneryd：*Ethics and Economic Affairs*，Routledge，1994.

183. Fred Hirsch：*Social Limits To Growth*，Cambridge，Harvard University Press，1978.